SISTEMAS PREDIAIS HIDRÁULICOS E SANITÁRIOS

Princípios básicos para elaboração de projetos

Blucher

PROF. ENG. ROBERTO DE CARVALHO JÚNIOR

SISTEMAS PREDIAIS HIDRÁULICOS E SANITÁRIOS

Princípios básicos para elaboração de projetos

5ª edição revista e ampliada

Sistemas prediais hidráulicos e sanitários: princípios básicos para elaboração de projetos, 5ª ed.

Editora Edgard Blücher Ltda.

Publisher Edgard Blücher
Editor Eduardo Blücher
Coordenação editorial Jonatas Eliakim
Diagramação Thaís Pereira
Ilustrações Marcelo Taparo
Capa Laércio Flenic
Imagem da capa iStockphotos

Blucher

Rua Pedroso Alvarenga, 1245, 4º andar
04531-934 – São Paulo – SP – Brasil
Tel.: 55 11 3078-5366
contato@blucher.com.br
www.blucher.com.br

Segundo o Novo Acordo Ortográfico, conforme 5. ed. do *Vocabulário Ortográfico da Língua Portuguesa*, Academia Brasileira de Letras, março de 2009.

Dados Internacionais de Catalogação na Publicação (CIP)Angélica Ilacqua CRB-8/7057

Carvalho Júnior, Roberto de

Sistemas prediais hidráulicos e sanitários: princípios básicos para elaboração de projetos/ Roberto de Carvalho Júnior. -5ª ed.- São Paulo : Blucher, 2023.

378 p.

Bibliografia

ISBN 978-65-5506-403-2

1. Instalações hidráulicas e sanitárias – Projetos e construção. I. Título

22-5004 CDD 696.1

Índices para catálogo sistemático:

1. Instalações hidráulicas e sanitárias – Projetos e construção

Dedico este livro
à minha esposa,
Dijiane Cristina Zago de Carvalho;
às minhas filhas,
Lívia Beatriz de Carvalho e
Maria Luísa de Carvalho;
à minha mãe,
Arleider Lucato Alevi.

AGRADECIMENTOS

Tive a sorte de contar com bons professores, colegas e colaboradores que, direta ou indiretamente, influenciaram este trabalho. Sou particularmente grato e devo especiais agradecimentos ao arquiteto, professor e mestre Ésio Glacy de Oliveira; ao engenheiro Marcelo Taparo, pela colaboração nos desenhos; aos colegas prof. dr. eng. Marcelo Fabiano Costella e prof.ª eng.ª Gabriela Schneider de Souza Bottega, pela colaboração no Anexo 3, sobre a NBR 15575:2021 – Edificações Habitacionais – Desempenho (Parte 6: Requisitos para os Sistemas Hidrossanitários); ao prof. eng. Gil Alves dos Santos Junior, pela colaboração na Seção "Fossa séptica, valas e sumidouro"; ao arquiteto Mário Sergio Pini, que sempre acreditou no meu trabalho, tornando-se um grande aliado na luta para a realização de editá-lo; à Editora Blucher, por meio da coordenação editorial de Jonatas Eliakim, pelo apoio e pelo profissionalismo nesta parceria.

Roberto de Carvalho Júnior

www.robertodecarvalhojunior.com.br

PALAVRAS INICIAIS

O projeto de instalações hidráulicas e sanitárias é indispensável ao bem construir, pois evita inúmeros erros na montagem das instalações. É através dele que a construção receberá os equipamentos, dispositivos e peças necessárias para o devido funcionamento da rede de água fria e quente (se existir), rede de esgoto e do sistema de drenagem de águas pluviais.

Além de sua importância no sistema construtivo, os sistemas prediais hidráulicos e sanitários são responsáveis diretos pelas condições de saúde e higiene requeridas para a habitação. Eles apoiam todas as funções humanas desenvolvidas na habitação: cocção de alimentos, higiene pessoal, condução de esgotos e águas servidas etc.

Pelo fato de as instalações do edifício ficarem embutidas (ocultas), pouca importância é dada a seu projeto. Além disso, na busca por máxima economia e utilizando-se de materiais inadequados e de qualidade inferior e uma execução rica em improvisações e gambiarras, em função da ausência de projeto, acaba-se comprometendo a qualidade final da obra.

Para se ter uma ideia da negligência com relação ao projeto e à execução das instalações hidráulicas e sanitárias, de acordo com diferentes pesquisas e vários autores, estima-se que o maior percentual de patologia dos edifícios é decorrente de problemas relacionados com os sistemas prediais hidráulicos e sanitários e a maior parte dessas falhas tem origem no projeto e na execução das instalações.

Neste novo livro, abordamos os princípios fundamentais para a elaboração de projetos de sistemas prediais de água fria e água quente, em conformidade com a Lei Federal nº 13.312/2016. Essa lei tornou obrigatória a instalação de hidrômetros individualizados nos condomínios a partir de 12/7/2021, aplicando-se exclusivamente às novas edificações. Além disso, exploramos a recente publicação da norma NBR 5626:2020, intitulada "Sistemas prediais de água fria e água quente: projeto, execução, operação e manutenção". Essa norma substitui integralmente as edições anteriores da NBR 5626:1998 - Instalação predial de água fria e NBR 7198:1993 - Projeto e execução de instalações prediais de água quente.

Dessa forma, nosso livro oferece uma abordagem abrangente sobre os princípios essenciais para a elaboração de projetos de sistemas prediais de água fria e água quente, em conformidade com a legislação vigente e as normas atualizadas, incluindo um anexo especial, o Anexo 3, que trata da Parte 6 da NBR 15575:2021 - Edificações habitacionais: desempenho. Esse anexo aborda os requisitos específicos para os sistemas hidrossanitários, levando em consideração as demandas dos usuários e as exigências relacionadas a esses sistemas.

Apesar de a NBR 8160:1999 - Sistemas prediais de esgoto sanitário e a NBR 10844:1989 - Sistemas prediais de águas pluviais ainda não terem sido atualizadas, em nossa abordagem buscamos tratar dessas instalações de forma didática, objetiva e atualizada. Reconhecendo a importância desses sistemas, nos esforçamos para apresentar informações claras e acessíveis, de modo a proporcionar ao leitor um entendimento abrangente e atualizado sobre o assunto. Nosso objetivo é preencher essa lacuna, oferecendo orientações pertinentes para projetos e execução dessas instalações, mesmo diante da ausência de atualizações específicas das normas mencionadas.

No mercado atual, encontramos uma ampla gama de programas computadorizados disponíveis para auxiliar na criação de projetos de sistemas prediais hidráulicos e sanitários, assim como no desenho desses sistemas. No entanto, este livro não tem como objetivo ensinar o uso específico desses softwares. Em vez disso, direcionamos nossos esforços em apresentar os princípios e fundamentos essenciais envolvidos na elaboração de projetos de sistemas prediais hidrossanitários. Nossa intenção é capacitar os profissionais a compreender esses princípios de modo a utilizar os programas de maneira correta e eficiente, otimizando assim o processo de projeto e garantindo a qualidade das instalações.

Para a elaboração deste livro, valemo-nos da bibliografia indicada e da experiência conquistada, no campo profissional, como projetista de instalações hidráulicas e sanitárias e professor de disciplinas de instalações prediais em cursos de graduação nas áreas de Engenharia Civil e Arquitetura e Urbanismo.

Aos leitores: apesar dos melhores esforços do autor, do editor e dos revisores, é inevitável que restem pontos a melhorar no texto. Assim, ficarei muito agradecido às comunicações dos leitores que apontem possíveis correções, eventuais enganos ou que contenham sugestões referentes ao conteúdo ou ao nível pedagógico que auxiliem aprimorar edições futuras. Para isso, contactem a editora Blucher ou escrevam diretamente para o autor no endereço eletrônico rcj.hidraulica@gmail.com

CONTEÚDO

CAPÍTULO 1
Sistemas prediais de água fria

CONSIDERAÇÕES GERAIS

O sistema predial de água fria (temperatura ambiente) constitui-se no conjunto de tubulações, equipamentos, reservatórios e dispositivos, destinados ao abastecimento dos aparelhos e pontos de utilização de água da edificação, em quantidade suficiente, mantendo a qualidade da água fornecida pelo sistema de abastecimento.

O desenvolvimento do projeto de um sistema predial de água fria requer um planejamento cuidadoso e uma abordagem integrada, levando em consideração os requisitos técnicos e econômicos, bem como a compatibilização com os demais projetos. O desenvolvimento do projeto deve ser conduzido concomitantemente com os projetos de arquitetura, estrutura, fundações e outros pertinentes ao edifício, de modo que se consiga a mais perfeita compatibilização entre todos os requisitos técnicos e econômicos envolvidos.

A norma que especifica requisitos para projeto, execução, operação e manutenção de sistemas prediais de água fria e água quente (SPAFAQ) é a NBR 5626:2020. Essa norma substitui as edições anteriores da NBR 5626:1998 – Instalações prediais de água fria e da NBR 7198:1993 – Projeto e execução de instalações prediais de água quente.

A norma abrange somente os sistemas de água potável. Os requisitos estabelecidos tratam fundamentalmente de respeito aos princípios de bom desempenho dos sistemas, uso racional de água e energia e como garantir a preservação da potabilidade da água.

É importante ressaltar que o atendimento aos requisitos estabelecidos nessa norma não dispensa o cumprimento da legislação vigente, como o código sanitário estadual, o código de edificações municipal, o regulamento da concessionária local e o regulamento de prevenção contra incêndio do órgão responsável com jurisdição local.

De acordo com a NBR 5626:2020, os sistemas prediais de água fria e água quente (SPAFAQ) devem ser projetados de modo que, durante a vida útil de projeto desses sistemas do edifício, atendam aos seguintes requisitos:

- Preservar a potabilidade da água.
- Assegurar o fornecimento de água de forma contínua, em quantidade adequada e com pressões e vazões compatíveis com o funcionamento previsto dos aparelhos sanitários, peças de utilização e demais componentes e em temperaturas adequadas ao uso.
- Considerar acesso para verificação e manutenção.
- Prover setorização adequada do sistema de distribuição.
- Evitar níveis de ruído inadequados à ocupação do ambiente.
- Proporcionar aos usuários peças de utilização adequadamente localizadas, de fácil operação.
- Minimizar a ocorrência de patologia.
- Considerar a manutenibilidade.
- Proporcionar o equilíbrio de pressões de água fria e quente a montante de misturadores convencionais, quando empregados.

Após anos de revisão e debates, também está em vigor a Norma de Desempenho (NBR 15575:2021 - Edifícios Habitacionais - Desempenho), publicada em fevereiro de 2013 pela Associação Brasileira de Normas Técnicas (ABNT). O texto institui um nível de desempenho mínimo ao longo da vida útil para os elementos principais (como estrutura, vedações, instalações elétricas e hidrossanitárias, pisos, fachada e cobertura) de toda e qualquer edificação habitacional. A parte 6 da NBR 15575:2021– Edificações Habitacionais - Desempenho (veja Anexo 3) aborda os requisitos para os sistemas hidrossanitários, compreendendo os sistemas prediais de água fria e de água quente, de esgoto sanitário e de ventilação, além dos sistemas prediais de águas pluviais. O texto trouxe duas questões até então não contempladas em normas prescritivas de produtos hidrossanitários: a vida útil e o desempenho acústico.

PARTES CONSTITUINTES DE UM SISTEMA PREDIAL DE ÁGUA FRIA

Os sistemas prediais de água fria podem ser divididos basicamente em quatro subsistemas: sistema abastecimento, sistema de medição, sistema de reservação e sistema de distribuição.

O sistema de abastecimento é responsável pela alimentação da rede de distribuição, seja por meio direto (realizado diretamente da rede pública até os pontos de utilização) ou indireto (em que o sistema de abastecimento alimenta a rede de distribuição por meio de reservatório superior e (ou) inferior). O abastecimento de um sistema de água fria pode, ainda, ser realizado parcialmente por água não potável, proveniente, por exemplo, de um sistema de aproveitamento de água de chuva.

O sistema de medição consiste em medir o consumo de água de uma edificação, contando para tal com medidor (hidrômetro) e complementos (cavalete, válvula, abrigo etc.). Essa medição pode ser coletiva ou individualizada. Neste livro serão apresentados os dois tipos, dando ênfase à medição de água individualizada, uma vez que a partir de 2021 se tornou obrigatória nas novas edificações condominiais, por força de legislação (Lei nº 13.312/2016).

O sistema de reservação garante o abastecimento nas edificações, mesmo quando a concessionária é obrigada a interromper o fornecimento de água para consertar um vazamento ou resolver qualquer outro problema. Esse sistema pode incluir somente o reservatório superior ou, além deste, um reservatório inferior e uma estação elevatória (com bombas e tubulação de recalque). A localização estratégica dos reservatórios de água é outro ponto fundamental. Eles devem ser posicionados de forma a garantir um abastecimento contínuo e equilibrado em toda a edificação, evitando problemas de falta de água em determinados pontos e garantindo uma distribuição eficiente.

O sistema de distribuição é formado pelo conjunto de tubulações constituído de barriletes, colunas de distribuição, ramais e sub-ramais, ou de alguns destes elementos, destinado a levar água aos pontos de utilização. É necessário dimensionar corretamente as tubulações, levando em conta a vazão necessária para atender a demanda dos pontos de utilização, bem como a pressão requerida em cada ponto. Isso assegura um abastecimento adequado e evita problemas como baixa pressão ou fluxo insuficiente de água. Além disso, é preciso escolher os equipamentos e dispositivos adequados, como válvulas, registros e medidores, levando em consideração a qualidade da água fornecida pelo sistema de abastecimento e os requisitos específicos de cada aplicação.

A seguir, são apresentados, em desenho esquemático, os principais elementos constituintes de um sistema predial de água fria, segundo a NBR 5626:2020: ramal predial, cavalete, hidrômetro, alimentador predial, reservatório inferior, conjunto elevatório, tubulações de sução e recalque, reservatório superior, barrilete, colunas e ramais de distribuição. No sistema de medição individualizada de água, além dos hidrômetros individuais, classifica-se os ramais em ramal de distribuição principal (RDP) e ramal de distribuição secundário (RDS).

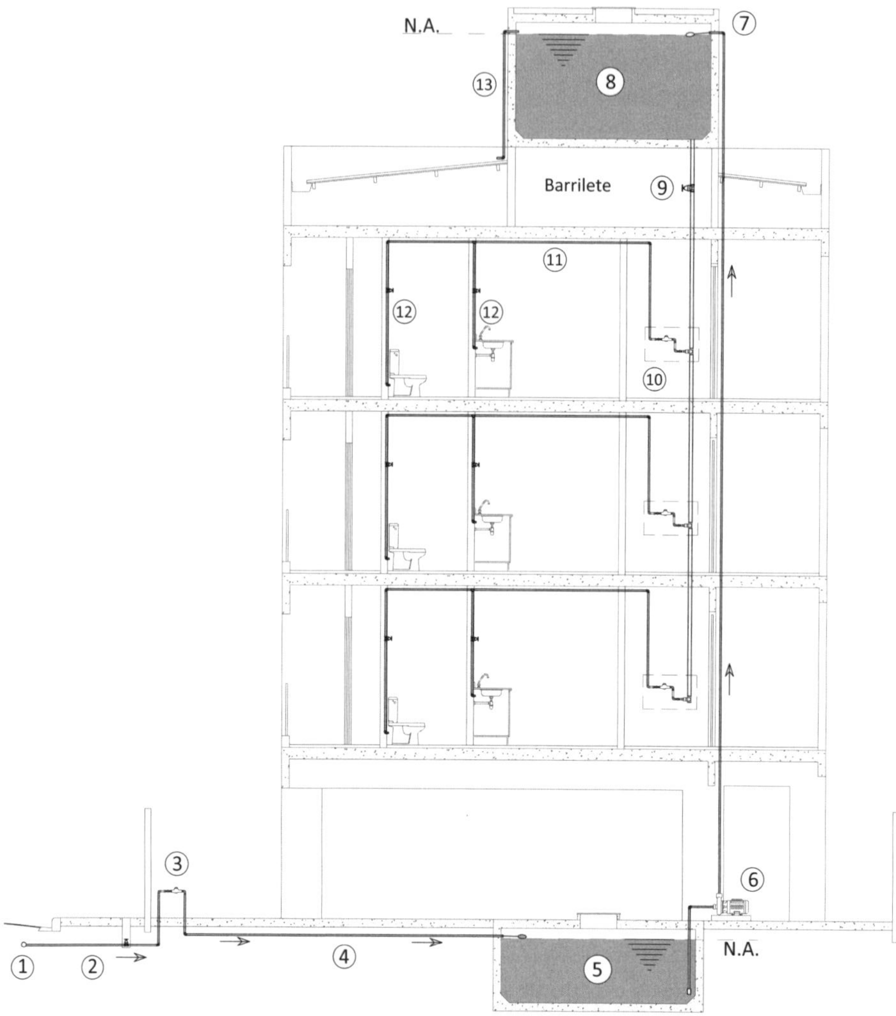

Figura 1.1 Partes constituintes de um sistema predial de água fria.

ENTRADA E FORNECIMENTO DE ÁGUA FRIA

Uma instalação predial de água fria pode ser alimentada de duas formas: pela rede pública de abastecimento ou, quando esta não estiver disponível, por um sistema privado.

Quando o abastecimento de água potável provier de rede pública de distribuição, as exigências da concessionária também devem ser obedecidas. Isso se aplica não só no momento do projeto e da execução de um novo sistema predial de água fria , mas também nos casos de modificação ou desativação de um sistema já existente.

A entrada de água no prédio será feita por meio do ramal predial, executado pela concessionária pública responsável pelo abastecimento, que interliga a rede pública de distribuição de água à instalação predial.

Antes de solicitar o fornecimento de água, o projetista deve realizar uma consulta prévia à concessionária, visando obter informações sobre as características da oferta de água no local de execução da obra. É importante obter informações a respeito de eventuais limitações de vazão, do regime de variação de pressões, das características da água, da constância de abastecimento, e outros que julgar relevantes.

Para a instalação do hidrômetro também devem ser atendidos os requisitos da concessionária. Em geral, é exigida uma certa disposição para os encanamentos, tendo em vista a instalação do hidrômetro em posição horizontal, acima da superfície do solo. Para essa instalação, denominada cavalete, executa-se um abrigo com determinadas dimensões a uma distância do alinhamento do imóvel que não ultrapassa 1,50 m.

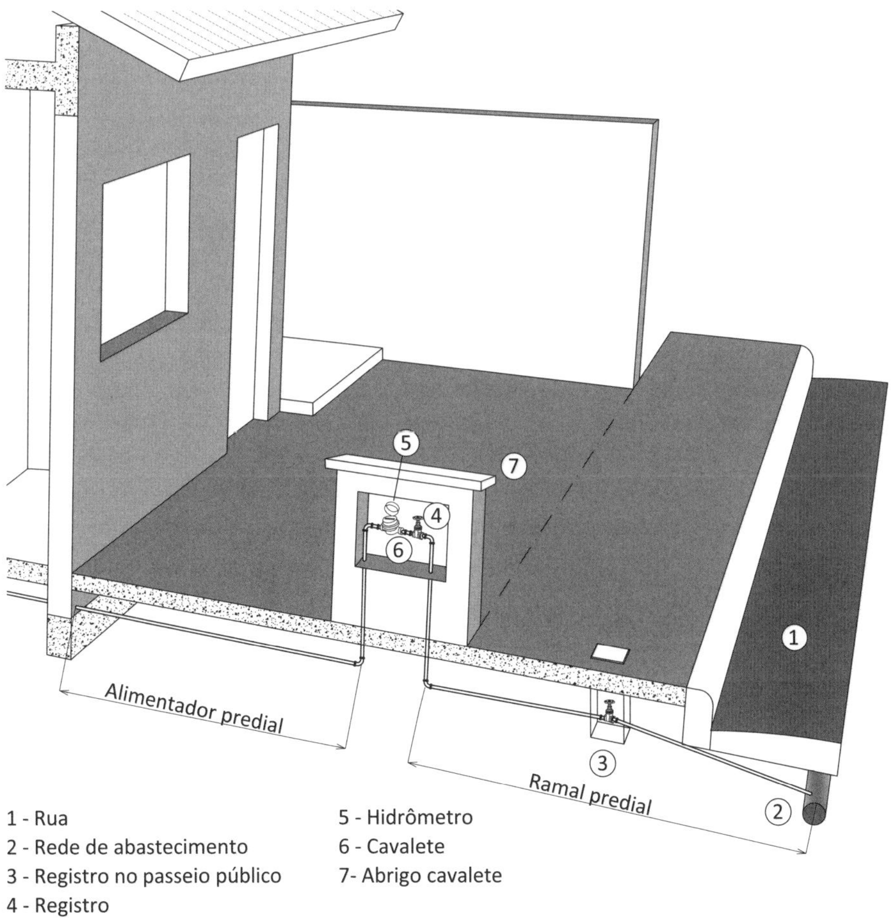

Figura 1.2 Entrada de água fria.

SISTEMAS DE MEDIÇÃO DE ÁGUA

O sistema de medição consiste em medir através de um hidrômetro, de forma periódica (mensal), a quantidade de água consumida por uma edificação. A esse tipo de medição dá se o nome de micromedição.

Essa medição pode ser feita através de um único hidrômetro, instalado na entrada do edifício, ou de forma individualizada, que consiste na instalação de um hidrômetro em cada unidade imobiliária.

Portanto, existem dois métodos de medição do volume de água consumido: o sistema de medição coletiva (SMC) e o sistema de medição individualizada (SMI).

SISTEMA DE MEDIÇÃO COLETIVA (SMC)

No sistema de medição coletiva, o volume de água medido engloba todos os tipos de consumo e consumidores de uma edificação (residencial ou comercial), sendo o medidor geral (hidrômetro) instalado na entrada do edifício. Os edifícios multifamiliares brasileiros, em sua maioria, apresentam esse sistema de medição.

No entanto, esse não é o modelo mais justo para os consumidores de um condomínio, considerando que alguns moradores (usuários) pagam além do que consumiram.

SISTEMA DE MEDIÇÃO INDIVIDUALIZADA (SMI)

A medição de água por meio de um único hidrômetro, em edifícios multifamiliares, há muito tempo, já vinha sendo gradativamente substituída pela medição de água individualizada que constitui sinônimo de economia de água e justiça social (o consumidor paga efetivamente pelo seu consumo). Em nível nacional, agora é lei: os novos condomínios estão obrigados a terem medição individual de água. Aprovada em julho de 2016, a Lei Federal 13.312 determina que o uso de medidores individuais de água seja obrigatório em todos os imóveis entregues a partir de 2021. Dessa forma não teremos mais várias colunas alimentando um apartamento, mas somente uma coluna alimentando vários apartamentos, com medição de água individualizada.

O sistema de medição individualizada de água consiste na instalação de um hidrômetro no ramal de alimentação de cada unidade habitacional, de modo que seja medido todo o seu consumo, com a finalidade de racionalizar o seu uso e fazer a cobrança proporcional ao volume consumido.

A medição individual pode ser concentrada em um único local ou distribuída ao longo do edifício. Na medição concentrada, os medidores são posicionados próximos uns dos outros. Os locais mais indicados são na mesma área do barrilete ou, então agrupados no térreo ou subsolo do edifício. Isso facilita a instalação, manutenção e leitura dos medidores. Na medição distribuída, os medidos são posicionados ao longo de todo o edifício, o mais próximo possível dos apartamentos.

Dependendo do local de instalação dos medidores o traçado do sistema de distribuição pode apresentar diversas configurações.

A locação dos medidores nos halls de cada um dos pavimentos do edifício é a mais utilizada pelos projetistas, pois uma única coluna de distribuição derivada do barrilete pode alimentar todos os aparelhos de medição (hidrômetros). Outra vantagem desta configuração é que possibilita uma melhor distribuição das pressões atuantes sobre os hidrômetros individuais.

É importante ressaltar que, no caso de edifícios com unidade central de aquecimento de água, para cada unidade habitacional devem ser instalados dois aparelhos de medição individual, sendo um para o sistema predial de água fria e um para o sistema predial de água quente.

Antes de se tornar obrigatória, a implantação da medição individualizada em uma edificação já despertava o interesse de arquitetos e projetistas, bem como dos administradores de condomínios e concessionárias (empresas) de abastecimento de água para combater a inadimplência; reduzir o desperdício de água e, consequentemente, o volume efluente de esgotos; reduzir o consumo de energia elétrica, em decorrência da redução do volume de água bombeado para o reservatório superior; conscientização dos moradores de condomínios em relação ao consumo de água; maior facilidade na gestão do condomínio, uma vez que proporciona a redução de custos fixos; além de facilitar a identificação de vazamentos de difícil percepção.

Como desde julho de 2021, a Lei Federal 13.312 é obrigatória para novos conjuntos residenciais, as empresas que construírem condomínios sem a individualização da medição de água estarão em desconformidade com a Lei.

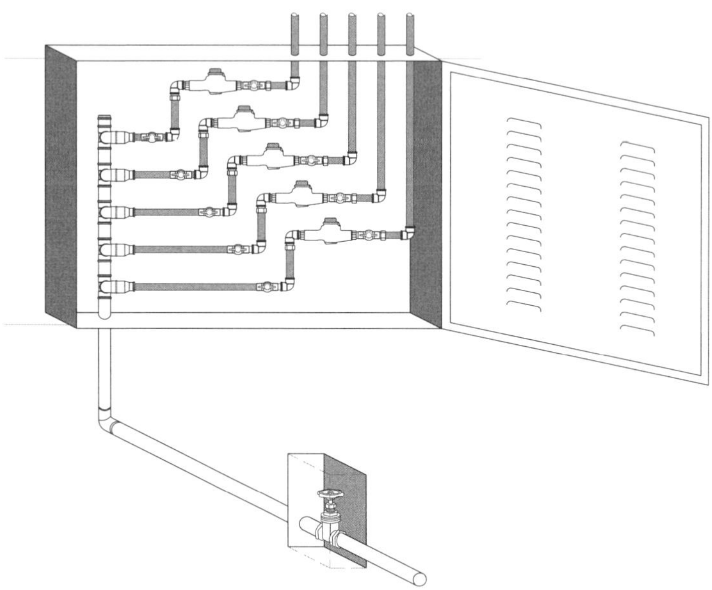

Figura 1.3 Caixa de proteção metálica para seis hidrômetros.

A leitura do consumo de água nos condomínios com sistemas de medição de água individualizada é geralmente realizada de forma automatizada por meio de tecnologias como os medidores de água eletrônicos ou sistemas de telemetria. Esses sistemas permitem uma leitura precisa e eficiente do consumo de água de cada unidade habitacional.

É importante ressaltar que a forma exata de leitura pode variar dependendo do sistema de medição adotado pelo condomínio. Alguns condomínios podem utilizar sistemas de medição pré-pagos, nos quais os moradores adquirem créditos de água e o consumo é descontado automaticamente desses créditos. Em outros casos, pode ser necessária a visita de um profissional para a leitura manual dos medidores.

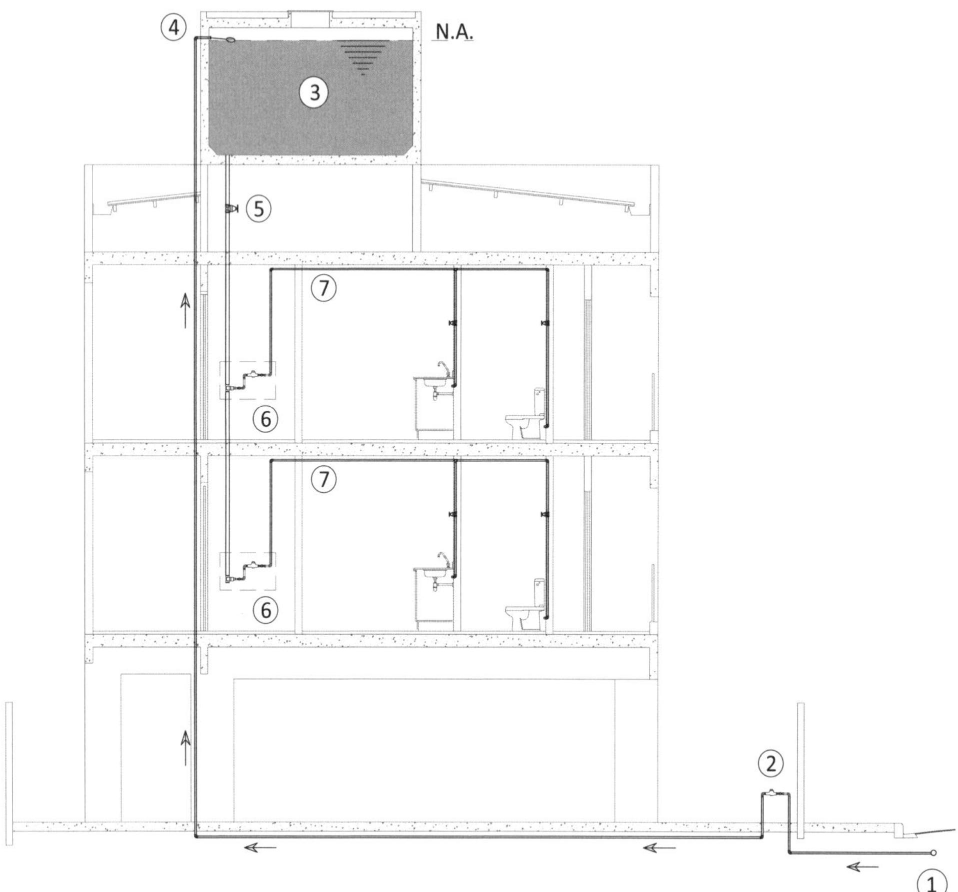

1 - Rede de abastecimento
2 - Hidrômetro principal
3 - Reservatório superior
4 - Abastecimento resevatório
5 - Registro da prumada
6 - Hidrômetro individual
7 - Ramal distribuição

Figura 1.4 Medição individualizada (com reservatório superior).

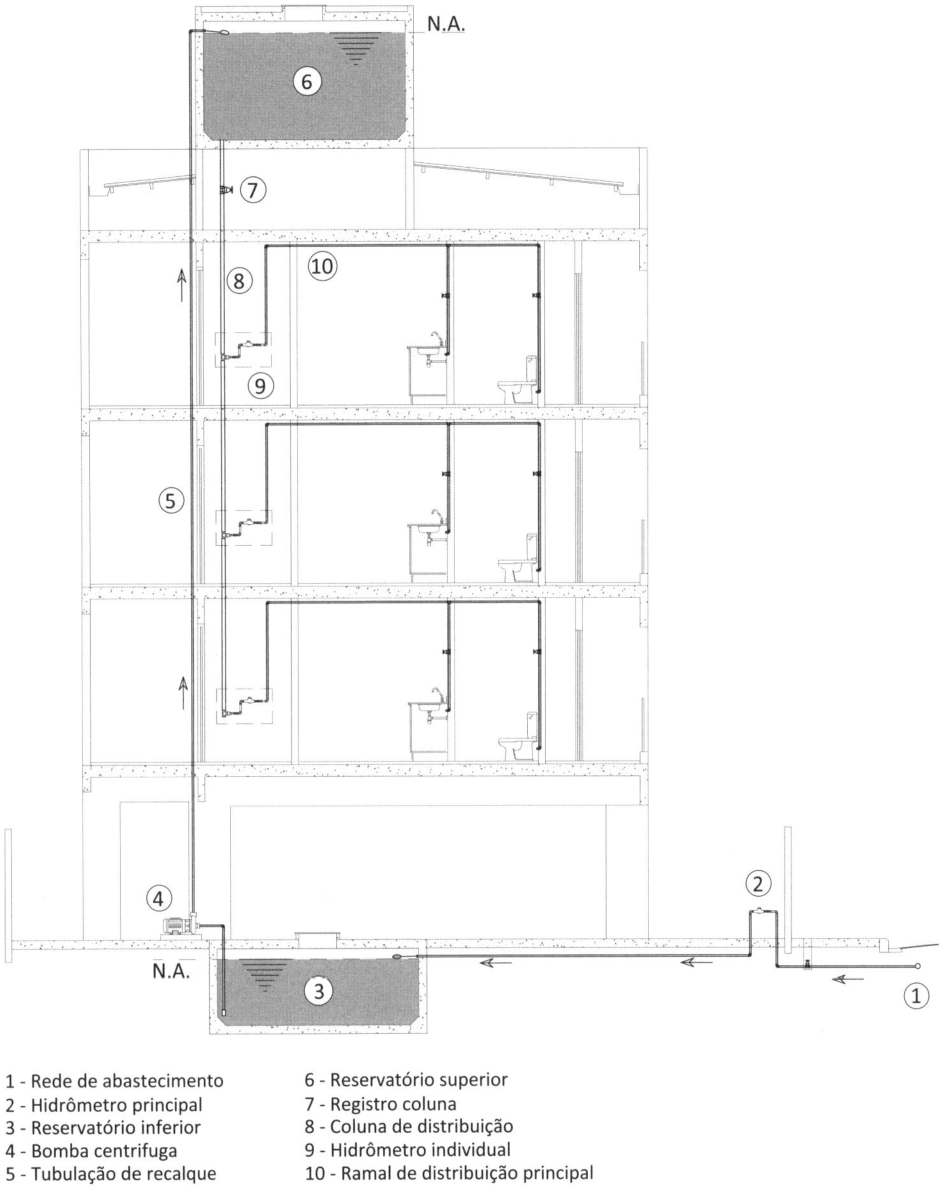

Figura 1.5 Medição individualizada (com reservatório inferior e superior).

SISTEMAS DE ABASTECIMENTO DE ÁGUA

Para a definição do tipo de abastecimento a ser adotado, devem ser utilizadas algumas informações, previamente levantadas nos estudos preliminares para elaboração do projeto hidrossanitário, como:

- características do consumo predial (volumes, vazões máximas e médias, perfil de consumo estimado, entre outras);
- características da oferta de água (disponibilidade de vazão, faixa de variações de pressões, constância do abastecimento, características da água, entre outras);
- valores estimados do indicador de consumo em função da tipologia do edifício;
- necessidades mínimas de reservação;
- no caso de captação local da água, as características da água, o nível do lençol subterrâneo e a avaliação do risco de contaminação, além da vazão de água potável disponível.

Existem três sistemas de abastecimento da rede predial de distribuição: direto, indireto ou misto. Cada sistema apresenta vantagens e desvantagens, que devem ser analisadas pelo projetista, conforme a realidade local, as informações obtidas na concessionária fornecedora de água e as características do edifício em que esteja trabalhando.

SISTEMA DIRETO

Neste sistema, a alimentação da rede predial de distribuição é feita diretamente da rede pública de abastecimento. Nesse caso, não existe reservatório domiciliar, e a distribuição é realizada de forma ascendente, ou seja, as peças de utilização de água são abastecidas diretamente da rede pública.

Por essa razão, esse sistema garante melhor qualidade de água, tendo em vista que o reservatório pode se constituir fonte de contaminação devido a falta de limpeza e possibilidade de entrada de elementos estranhos.

Em sistema de abastecimento direto, deve ser instalado um dispositivo de prevenção contra o refluxo junto a fonte de abastecimento. De acordo com a NBR 5626:2020, deve ser previsto dispositivo de proteção contra o refluxo, o mais próximo possível do ponto de utilização ou de suprimento.

Nesse tipo de sistema, também devem ser tomadas precauções para que os componentes da instalação não fiquem submetidos a pressões superiores à pressão de serviço. Esse sistema só deve ser proposto quando houver garantia da regularidade e atendimento de vazão e pressão mínima pela rede pública de abastecimento. Como, no Brasil não temos essa garantia, esse sistema não é recomendado nas cidades brasileiras, sendo mais comum nas cidades europeias e americanas.

O sistema direto tem baixo custo de instalação devido a inexistência de reservatórios, barrilete, colunas e também pelo alívio da estrutura, porém, se houver qualquer problema que ocasione a interrupção no fornecimento de água no sistema público, certamente faltará água na edificação.

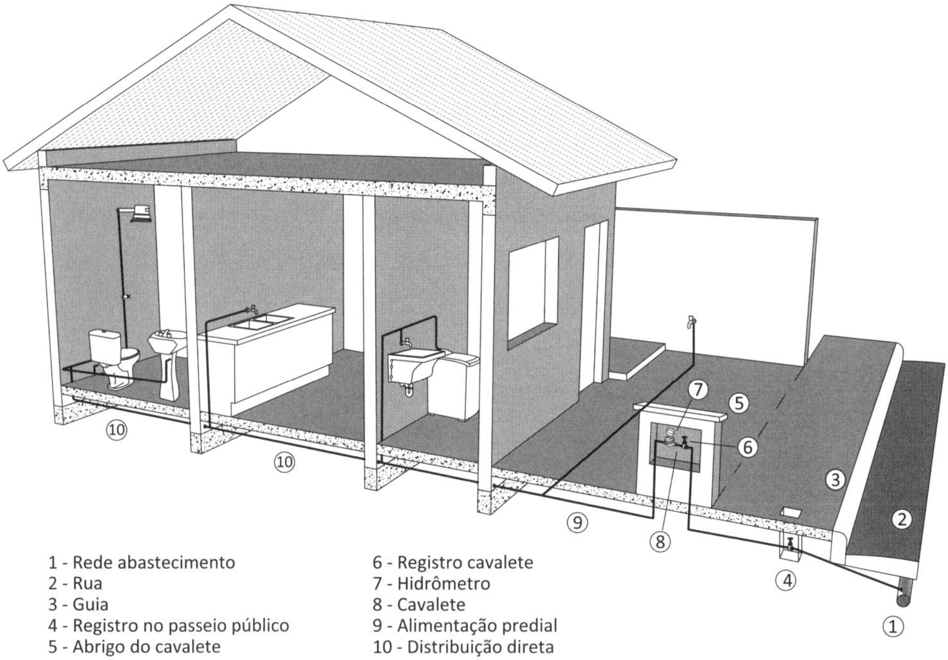

Figura 1.6 Sistema de distribuição direta.

SISTEMA INDIRETO

No sistema indireto, adotam-se reservatórios para minimizar os problemas referentes a intermitência ou a irregularidades no abastecimento de água e a variações de pressões da rede pública. Por essa razão, o sistema tem maior custo e demanda maior tempo de execução da obra, pois a presença do reservatório implica uma estrutura e instalação mais complexa.

Quando for adotado esse tipo de sistema é preciso tomar alguns cuidados com relação a limpeza e estanqueidade do reservatório para evitar a contaminação da água. A limpeza e desinfecção dos reservatórios deve ser feita pelo menos duas vezes ao ano, para garantir a potabilidade da água, a qual pode ser veículo direto ou indireto para transmissão de doenças. No sistema indireto, consideram-se três situações, descritas a seguir.

Sistema indireto sem bombeamento

Este sistema é adotado quando a pressão na rede pública é suficiente para alimentar o reservatório superior. O reservatório interno da edificação ou do conjunto de edificações alimenta os diversos pontos de consumo por gravidade; portanto, deve estar sempre a uma altura superior a qualquer ponto de consumo.

Obviamente, a maior vantagem desse sistema é que a água do reservatório garante o abastecimento interno, mesmo que o fornecimento da rede pública seja provisoriamente interrompido, o que o torna o sistema mais utilizado em edificações de até dois pavimentos. Além disso, há economia energia elétrica, pois o reservatório é alimentado diretamente da rua sem necessidade de um conjunto moto-bomba.

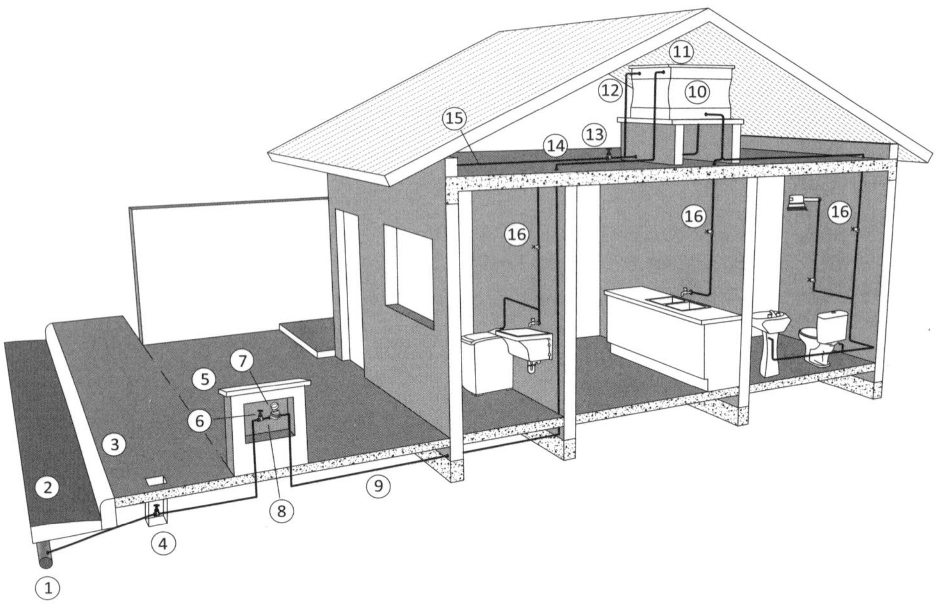

1 - Rede de abastecimento
2 - Rua
3 - Guia
4 - Registro no passeio público
5 - Abrigo do cavalete
6 - Registro cavalete
7 - Hidrômetro
8 - Cavalete
9 - Alimentação predial
10 - Reservatório
11- Abastecimento com bóia
12 - Ladrão
13 - Registro
14- Limpeza
15- Desagua na guia
16- Coluna de distribuição

Figura 1.7 Sistema indireto sem bombeamento.

Sistema indireto com bombeamento

Este sistema, normalmente, é utilizado quando a pressão da rede pública não é suficiente para alimentar diretamente o reservatório superior – como em edificações com mais de dois pavimentos, por exemplo.

Neste caso, adota-se um reservatório inferior, de onde a água é bombeada até o reservatório elevado, por meio de um sistema de recalque. A alimentação da rede de distribuição predial é feita por gravidade, a partir do reservatório superior.

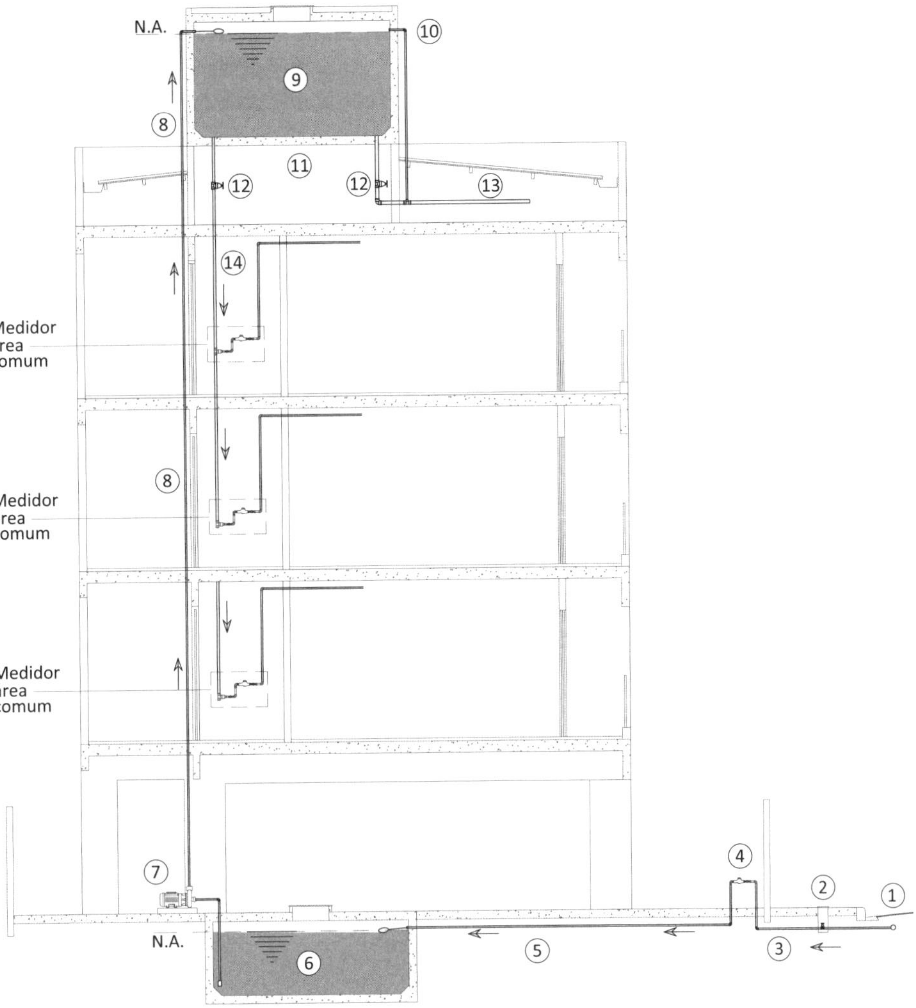

1 - Rua
2 - Registro passeio público
3 - Ramal predial
4 - Cavalete
5 - Alimentador predial
6 - Reservatório inferior
7 - Bomba recalque
8 - Tubulação recalque
9 - Reservatório superior
10 - Ladrão
11 - Barrilete
12 - Registro
13 - Limpeza
14 - Coluna de distribuição

Figura 1.8 Sistema indireto com bombeamento.

Sistema indireto hidropneumático

Este sistema de abastecimento requer um equipamento para pressurização da água a partir de um reservatório inferior. No sistema hidropneumático, o escoamento na rede de distribuição é pressurizado através de um tanque de pressão contendo ar e água. Existem três formas de instalação do sistema: com ou sem bombeamento, ou, ainda, com bombeamento e reservatório inferior. Ele é adotado sempre que há necessidade de pressão em determinado ponto da rede, que não pode ser obtida pelo sistema indireto por gravidade ou, quando, por razões técnicas e econômicas, não se constrói um reservatório elevado.

O sistema hidropneumático é um sistema que demanda alguns cuidados especiais. Além do custo adicional, exige manutenção periódica. Além disso, caso falte energia elétrica na edificação, ele fica inoperante, necessitando de gerador alternativo para funcionar.

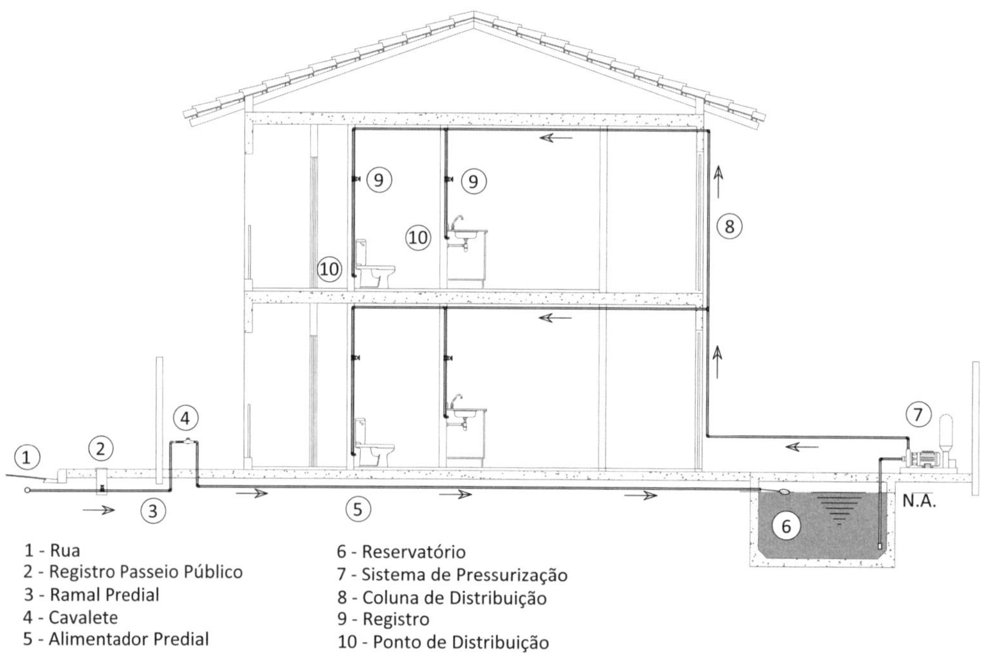

Figura 1.9 Sistema hidropneumático com bombeamento e reservatório inferior.

Na maioria das instalações prediais residenciais, o sistema hidropneumático com bombeamento e reservatório inferior é o mais utilizado. Isso ocorre devido às vantagens que esse sistema oferece em termos de fornecimento contínuo de água com pressão adequada, mesmo durante períodos de alta demanda.

O sistema com bombeamento e reservatório inferior permite que a bomba forneça água com pressão constante para a rede de distribuição. Além disso, o reservatório inferior atua como uma reserva de água, garantindo que a bomba não precise ser acionada constantemente para atender a demanda momentânea, como durante o uso simultâneo de várias torneiras ou chuveiros.

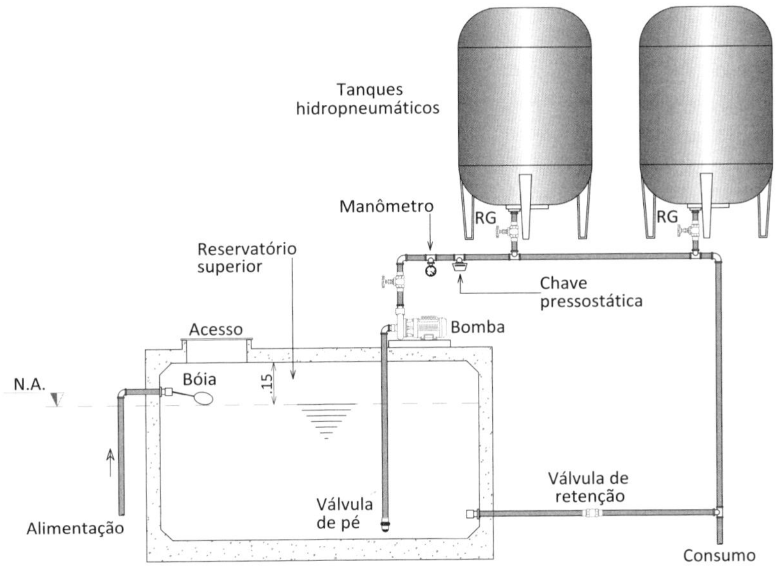

Figura 1.10 Sistema hidropneumático utilizando reservatório elevado.

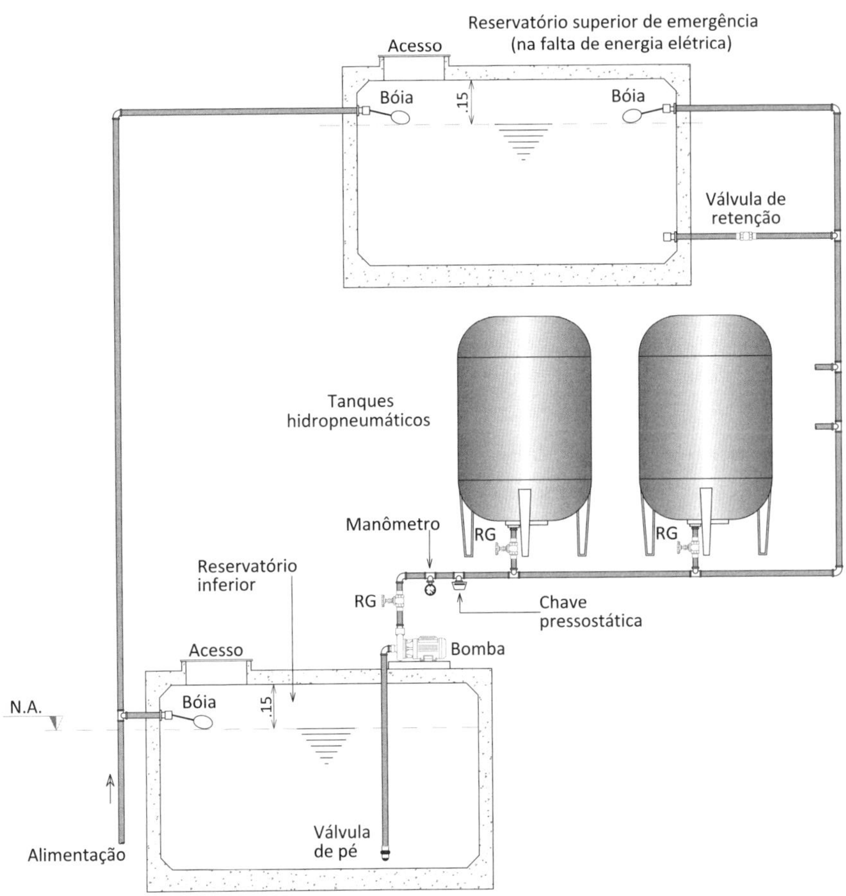

Figura 1.11 Sistema hidropneumático com reservatório superior de emergência.

SISTEMA MISTO

No sistema de distribuição misto, parte da alimentação da rede de distribuição predial é feita diretamente pela rede pública de abastecimento e parte pelo reservatório superior.

Este sistema é o mais usual e vantajoso que os demais, pois algumas peças podem ser alimentadas diretamente pela rede pública, como torneiras externas, tanques em áreas de serviço ou edícula, situados no pavimento térreo. Neste caso, como a pressão na rede pública quase sempre é maior do que a obtida partir do reservatório superior, estes pontos de utilização de água terão maior pressão.

Em residências unifamiliares o sistema misto é mais indicado, pois evita a utilização de água do reservatório superior quando não há necessidade.

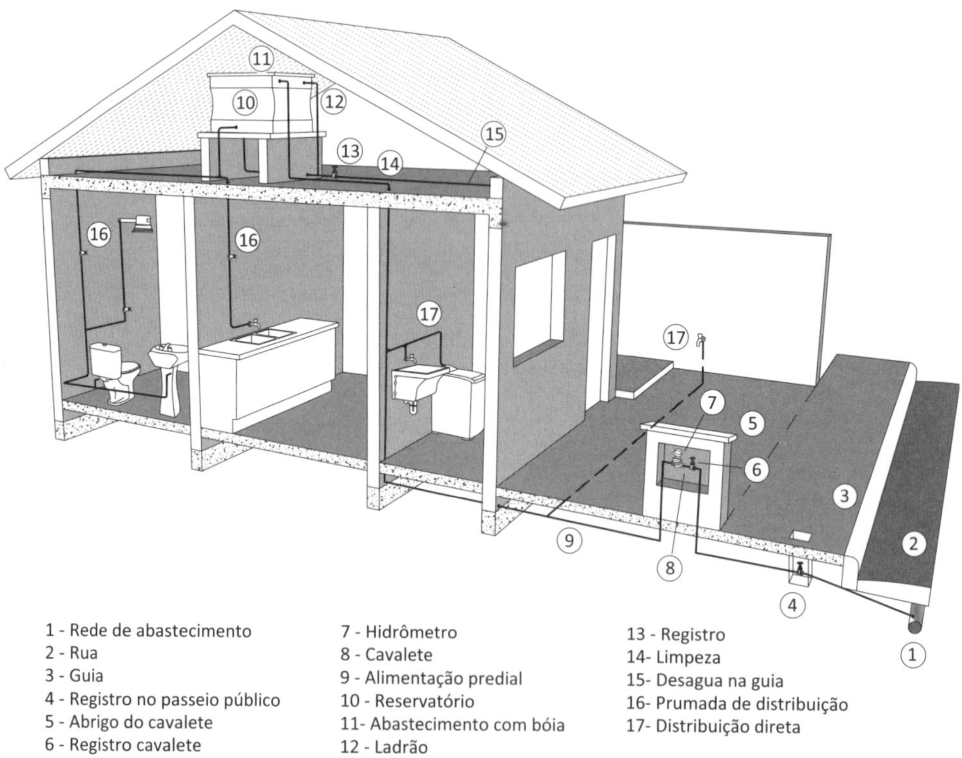

Figura 1.12 Sistema de distribuição misto.

ALIMENTADOR PREDIAL

É a tubulação compreendida entre o ramal predial e a primeira derivação ou válvula de flutuador do reservatório (inferior ou superior). Para o dimensionamento do alimentador predial, é necessário, antes que se obtenha a vazão que passa pelo mesmo (veja Seção "Dimensionamento do alimentador predial"). A vazão a ser considerada para o dimensionamento é obtida a partir do consumo diário (veja seção "Consumo médio diário nas edificações").

De acordo com a NBR 5626:2020, "no projeto do alimentador predial deve-se considerar o valor máximo e o valor mínimo da pressão da água proveniente da fonte de abastecimento. O alimentador predial deve possuir resistência mecânica adequada para suportar a pressão máxima e deve possuir capacidade de vazão suficiente para abastecer o reservatório de consumo, conforme estabelecido na referida norma, considerando a pressão mínima". Quando submetidos a essas pressões, os componentes do alimentador predial devem apresentar funcionamento adequado no tocante à geração de ruídos e vibrações. As pressões mínimas e máximas, quando provenientes da rede pública de abastecimento de água, são informadas pela concessionária. No caso de o alimentador predial ser enterrado, deverá ser afastado de fontes poluidoras e, havendo lençol freático próximo, deverá estar localizado em cota superior a esse lençol.

O alimentador predial deve ser dotado, na sua extremidade à jusante, de torneira de boia ou outro componente destinado ao controle automático de admissão da água e à manutenção do nível desejado. Esse componente deve permitir ajuste do nível operacional e garantir proteção contra o refluxo. Recomenda-se que um registro de fechamento seja instalado fora do reservatório para permitir sua manobra sem necessidade de remover a tampa do reservatório.

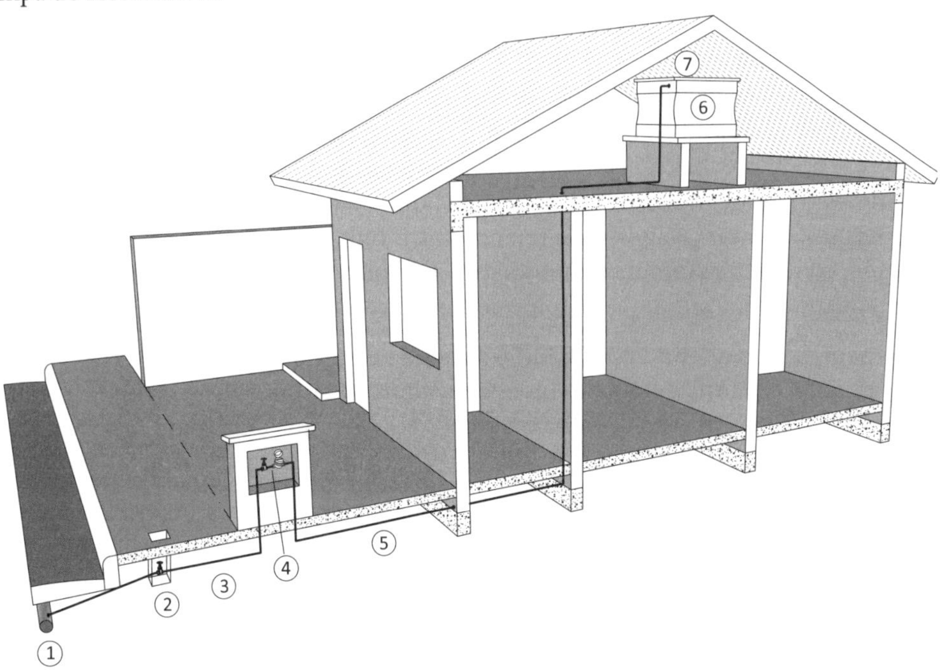

1 - Rede de abastecimento
2 - Registro no passeio público
3 - Ramal predial
4 - Cavalete
5 - Alimentador predial
6 - Reservatório
7- Abastecimento com bóia

Figura 1.13 Alimentador predial (sistema indireto sem bombeamento).

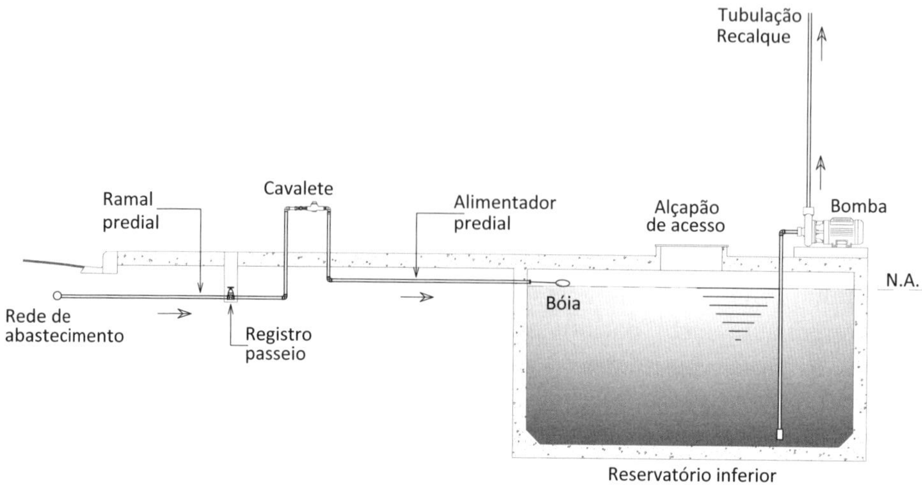

Figura 1.14 Alimentador predial (sistema indireto com bombeamento).

SISTEMA ELEVATÓRIO

Como foi visto, no sistema de abastecimento indireto, quando a pressão da rede pública não é suficiente para alimentar diretamente o reservatório superior – como em edificações com mais de dois pavimentos, adota-se um reservatório inferior, de onde a água é bombeada até o reservatório elevado, por meio de um sistema de recalque, ou seja, de bombas. O conjunto elevatório é composto de: bombas centrifugas; motores elétricos de indução (um para cada bomba); tubulações de sucção e de recalque; registro de gaveta; válvulas de retenção na tubulação de sucção e na tubulação de recalque; comando automático (automático de boia); quadros elétricos de comando; eventualmente uma válvula anti-golpe de aríete; como esquematizado na Figura 1.15.

De acordo com a NBR 5626:2020, "o sistema de recalque deve possuir no mínimo duas bombas com funcionamento independente entre si, com vistas a garantir o abastecimento de água em caso de falha ou desativação de uma delas para manutenção".

Normalmente, o bombeamento da água nas edificações é feito por meio de bombas centrífugas de rotor fechado acionadas por motores elétricos. As bombas podem ser mono ou multiestágios e devem ser selecionadas de modo a não possibilitar cavitação ou turbulência e devem operar com o melhor desempenho dentro de suas faixas de trabalho.

INSTALAÇÃO HIDRÁULICA

Existem dois tipos de disposição das bombas centrífugas com relação à posição do eixo em relação ao nível d'água: acima do reservatório ou em posição inferior, no nível do piso do reservatório (bomba afogada).

Se forem bem dimensionados, ambos os sistemas funcionam corretamente. Porém, é mais comum a bomba em nível mais elevado (veja Figura 1.15). Além de não estar sujeita a inundações, seja por falhas de impermeabilização do reservatório inferior ou vazamentos do próprio sistema, em geral permite construção mais econômica e melhores condições de manutenção do sistema.

A bomba afogada muitas vezes é utilizada para evitar a cavitação, um fenômeno físico de vaporização de um líquido e que consiste na formação de bolhas de vapor pela redução da pressão durante seu movimento. A cavitação provoca um ruído diferente do ruído de operação normal da mesma, pois dá a impressão de que ela está bombeando areia, pedregulhos ou outro material que cause impacto. Na verdade, são as bolhas de ar "implodindo" dentro do rotor.

A instalação elevatória deve ser dimensionada de acordo com a vazão de projeto (vazão de recalque) e a altura manométrica (veja a Seção "Dimensionamento do sistema elevatório"). O primeiro passo é calcular a vazão de recalque (vazão obtida em função do consumo diário do empreendimento e do número de horas de trabalho da bomba). O segundo passo é calcular a distância vertical da coleta de água até a entrada do reservatório superior (desnível sucção + recalque) e as perdas de carga de sucção e recalque. A pressão de recalque será igual a soma da perda de carga da sucção + perda de carga de recalque + desnível da sucção + desnível do recalque. Além disso, deve-se somar 1 mca, que corresponde a pressão mínima de entrada de água no reservatório superior.

INSTALAÇÃO ELÉTRICA

Na instalação elétrica de bombeamento em sistemas prediais hidráulicos e sanitários, é importante permitir tanto o funcionamento automático da bomba quanto a operação de comando manual direto. Isso garante flexibilidade e controle sobre o sistema de bombeamento. Geralmente, o comando manual é implementado por meio de um dispositivo de controle, como um interruptor ou um botão, que está localizado em um painel de controle próximo à bomba. Os dispositivos comumente utilizados para o comando automático são o automático de boia e o controle automático de nível, como mencionado anteriormente.

O automático de boia utiliza uma boia flutuante que está conectada a um interruptor elétrico. Instala-se um automático de boia superior e um inferior, a bomba será comandada pelo automático do reservatório superior. Caso o nível no reservatório inferior atinja uma situação abaixo da qual possa vir a ficar comprometida a aspiração, pela entrada de ar no tubo de aspiração, o automático inferior deverá desligar a bomba, embora ainda não tenha atingido o nível desejado no reservatório superior.

O comando boia pode ficar em uma das câmaras do reservatório superior, com cabo suficiente para ser instalado na outra câmara quando necessário, pois as duas câmaras funcionam como vasos comunicantes, ou seja, o nível da água é o mesmo nas duas câmaras, por isso, o comando pode estar somente em uma delas.

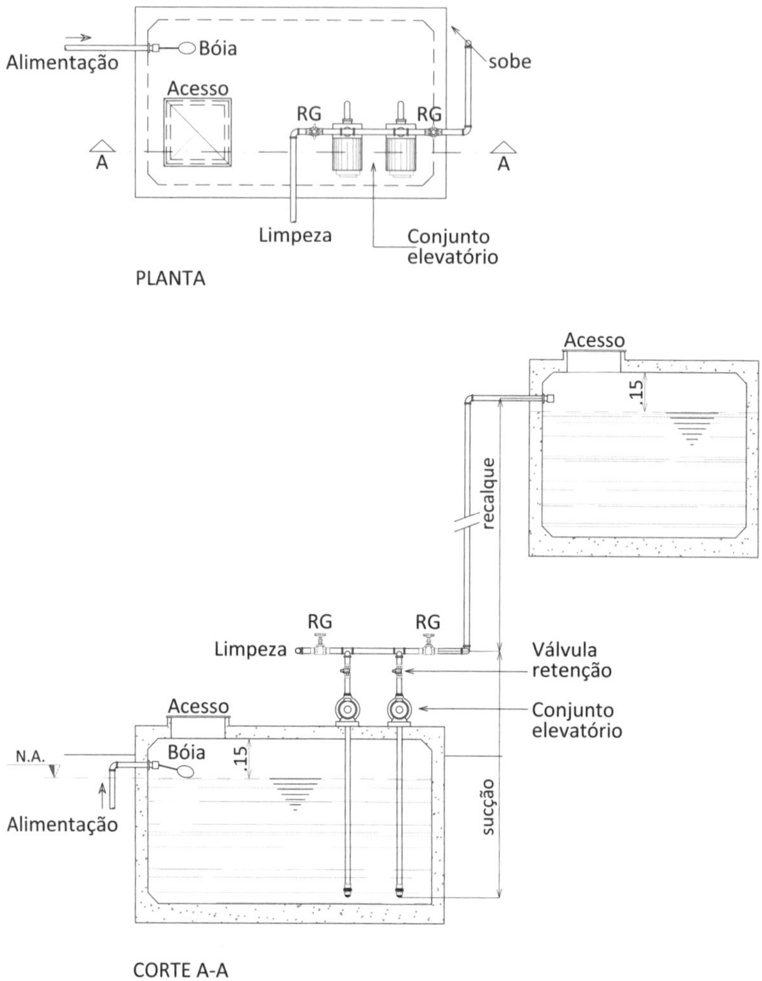

Figura 1.15 Esquema geral de um sistema elevatório.

SISTEMA DE RESERVAÇÃO

Enquanto, em alguns países da Europa e nos Estados Unidos, o abastecimento de água é feito diretamente pela rede pública, as edificações brasileiras, normalmente, utilizam um reservatório superior, fazendo com que as instalações hidráulicas funcionem sob baixa pressão. Os reservatórios domiciliares têm sido comumente utilizados para compensar a falta de água na rede pública, em virtude das falhas existentes no sistema de abastecimento e na rede de distribuição.

Em resumo, sabe-se que, em uma instalação predial de água, o abastecimento pelo sistema indireto, com ou sem bombeamento, necessita de reservatórios para garantir sua regularidade e que o reservatório interno alimenta os diversos pontos de consumo por gravidade; dessa maneira, está sempre a uma altura superior a qualquer ponto de consumo.

Os reservatórios devem ser fechados e cobertos de modo a não permitirem a entrada de luz natural ou de elementos que possam poluir ou contaminar as águas. Devem possibilitar fácil acesso ao seu interior para inspeção, limpeza e conservação da qualidade da água.

O acesso para verificação e limpeza deve ser garantido por meio de abertura com dimensão suficiente. O espaço a ser previsto em torno do reservatório deve ser suficiente para permitir a realização das atividades de verificação e manutenção, garantindo a segurança da pessoa encarregada de executá-las.

Tubulação de limpeza

De acordo com a NBR 5626:2020, "os reservatórios devem ser dotados de tubulação de limpeza para permitir o seu completo esvaziamento. Na tubulação de limpeza, deve haver um registro de fechamento em posição de fácil acesso e operação, situado próximo à saída do reservatório".

A vazão de dimensionamento dessa tubulação é função direta do tempo requerido para esvaziamento da câmara ou do reservatório completo em função do esquema de operação das instalações, sendo que raramente existe a necessidade de consideração do tempo de esvaziamento na limpeza.

Deve-se evitar diâmetros menores que 32 mm, pois o lodo acumulado no fundo do reservatório pode, eventualmente, entupir a tubulação.

Tubulação do extravasor

De acordo com a NBR 5626:2020, os reservatórios devem ser providos de tubulações que permitam a extravasão do volume de água em excesso em seu interior caso o nível ultrapasse a cota operacional máxima prevista. A água proveniente da tubulação de aviso de extravasão deve ser descarregada em local adequado e de forma prontamente constatável. É vedada a sua interligação direta com tubulações dos sistemas prediais de esgoto sanitário e de águas pluviais.

Segundo a norma, "o diâmetro interno da tubulação de aviso de extravasão deve ser suficiente para escoar o volume de água em excesso em regime de escoamento livre e impossibilitar o bloqueio pelo ingresso eventual de partículas porventura flutuantes na superfície líquida da água armazenada no reservatório".

De modo geral, o diâmetro do extravasor é determinado adotando-se uma bitola comercial imediatamente superior à bitola do alimentador predial ou da tubulação de recalque. Por exemplo, se o alimentador predial de uma residência tem diâmetro de 25 mm, a tubulação do extravasor terá um diâmetro mínimo de 32 mm. Se a tubulação de recalque de um edifício tem 32 mm, a tubulação do extravasor terá um diâmetro de 40 mm.

TIPOS DE RESERVATÓRIO

A escolha do reservatório depende da necessidade de armazenamento da edificação. Outras variáveis, como condições do local de instalação, características de abastecimento da região, manutenção e preço também podem influenciar na escolha.

Com relação a localização do terreno, os reservatórios de água podem ser construídos: abaixo do solo (reservatórios enterrados) e acima do solo (reservatórios de superfície).

Nas edificações, podem ser utilizados reservatórios de fabricação em série (industrializados) ou moldados no local. Com a proibição dos reservatórios de fibrocimento, pela presença de amianto na composição, outros materiais ganharam força no mercado de reservatórios pré-fabricados. Com isso, as três opções mais utilizadas são polietileno, aço inox e poliéster com fibra de vidro. Os reservatórios podem ter diversos tamanhos e formatos.

O reservatório de aço inox tem maior resistência e durabilidade, além de proporcionar facilidade na hora de limpar a caixa. O reservatório de poliéster com fibra de vidro é mais barato, porém não resiste a grandes perfurações ou fortes impactos. Por ter um preço acessível, é o reservatório mais vendido no Brasil. Entretanto, o reservatório de polietileno é o mais utilizado no mundo inteiro quando se trata de reservação de água. Tem proteção contra raios UV, e como a superfície é bem lisa, sua limpeza e manutenção são fáceis de serem feitas.

Reservatórios moldados *in loco*

Os reservatórios moldados *in loco* são instalações presentes em projetos com alta demanda de armazenamento de água, como indústrias, edifícios e condomínios residenciais.

Nos edifícios de múltiplos pavimentos, o reservatório elevado deve ser dividido em dois ou mais compartimentos para permitir operações de manutenção sem interromper o abastecimento de água.

A capacidade do menor compartimento deve ser suficiente para atender à demanda correspondente ao maior período de pico de consumo do edifício durante o intervalo de tempo estimado para uma operação normal de manutenção.

De acordo com a NBR 5626:2020, "havendo reservatórios inferior e superior, o reservatório inferior pode ser constituído de compartimento único sempre que o volume de água destinada a consumo no reservatório superior superar o volume demandado durante o período de tempo estimado para uma operação normal de limpeza do reservatório inferior, dispensando-se a necessidade de subdivisão em compartimentos independentes".

Segundo a norma, o volume total de água potável armazenada no reservatório deve ser limitado a um valor que assegure a sua potabilidade dentro do período de detenção médio, sob utilização normal, de modo a evitar redução excessiva da ação residual do agente desinfetante.

O reservatório deve ter uma forma geométrica e volumetria que favoreça o contínuo fluxo de mistura por igual da água, não permitindo zonas de estagnação que comprometam o seu equilíbrio de potabilidade. A água sempre deve ser renovada, através de sua movimentação equilibrada em todo o seu volume da água que ingressa e a água que sai para o consumo.

As tampas que dão acesso ao reservatório devem ser estanques em seu fechamento, impedindo a entrada de insetos, roedores e sujeiras que possam vir a comprometer a potabilidade da água. A falta de detalhamento das tampas dos reservatórios (às vezes, o projeto de arquitetura nem contempla a locação desses itens) pode ser uma das causas de contaminação da água.

Outro detalhe importante: o reservatório "moldado in loco" deve ter cantos internos arredondados ou chanfrados e fundo com superfície dotada de ligeira declividade no sentido do bocal ou flange da tubulação de limpeza. Esse detalhe é muito importante, pois facilita a impermeabilização e a operação de limpeza.

A quantidade de água que o reservatório receberá deve estar de acordo com o projeto do empreendimento, assegurando uma reserva de emergência e de incêndio nas células instaladas dentro do reservatório (veja a Seção "Capacidade dos reservatórios").

Os reservatórios de concreto armado devem ser executados de acordo com a NBR 6118:2014 – Projeto de estruturas de concreto – procedimento – e a NBR 14931:2004 – Execução de estruturas de concreto – procedimento. Alguns cuidados com a impermeabilização também são importantes. Para tanto, deve ser consultada a NBR 9575:2010 – Impermeabilização – seleção e projeto.

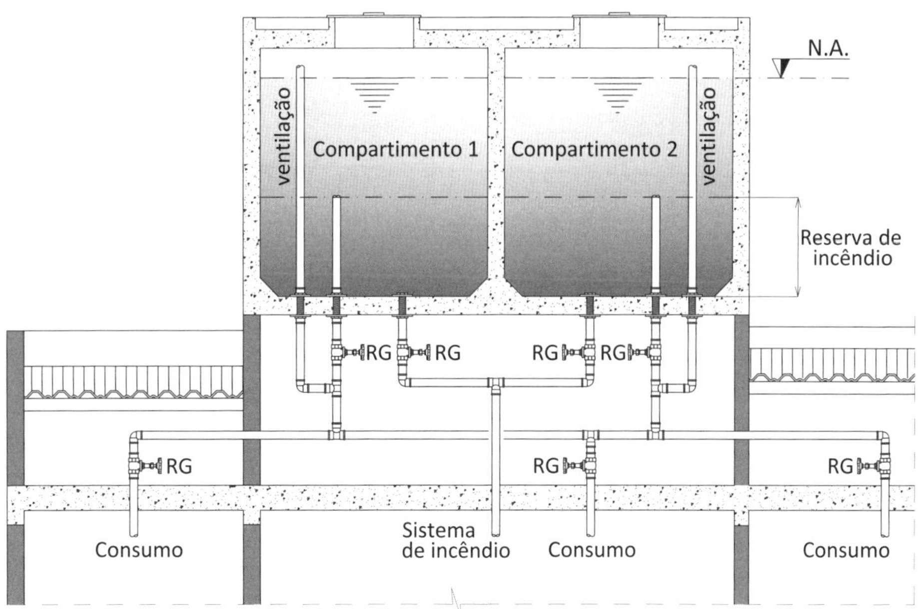

Figura 1.16 Reservatório de concreto moldado *in loco*.

Altura da lâmina d'água

Para calcular a altura da lâmina de água (consumo e reserva de incêndio) nos reservatórios moldados *in loco* utiliza-se a fórmula:

$$V = A \times h$$

onde:

V = capacidade do reservatório (m^3);

A = área do reservatório (m^2);

h = altura do reservatório (m).

Exemplos de cálculo

Exemplo 1

Qual deve ser a altura da lâmina d'água (consumo) de um reservatório de 7.200 litros cujas dimensões em planta são 2,0 × 3,0 m?

Solução:

$$V = 7.200 \text{ L} = 7{,}2 \text{ m}^3$$

$$V = A \times h$$

$$h = \frac{7{,}2 \text{ m}^3}{6 \text{ m}^2}$$

$$h = 1{,}2 \text{ m}$$

Exemplo 2

Calcular a altura da reserva de incêndio de um reservatório, moldado *in loco*, cuja área é 2,0 × 3,0 m e o volume da reserva é de 9.000 litros.

Solução:

$$V = A \times h$$

$$h = \frac{9 \text{ m}^3}{6 \text{ m}^2}$$

$$h = 1{,}5 \text{ m}$$

Exemplo 3

Calcular o volume de um reservatório cilíndrico que possui em sua base um círculo com raio medindo 1,0 m e altura correspondente a 2,0 m.

Solução:

$V = \pi \times r^2 \times h$

$V = 3{,}14 \times 1^2 \times 2$

$V = 6{,}28\ m^3$

$V = 6.280\ L$

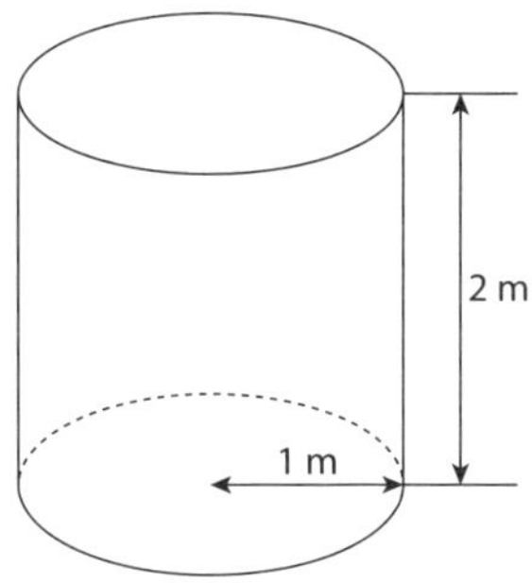

Reservatórios industrializados

Os reservatórios industrializados normalmente são usados para pequenas e médias reservas (capacidade máxima em torno de 1.000 litros a 2.000 litros). Em casos extraordinários, podem ser fabricados sob encomenda para grandes reservas (principalmente os reservatórios de aço).

Esses reservatórios vêm sendo muito utilizados nas instalações prediais, em virtude de algumas vantagens que apresentam em relação aos demais reservatórios: pelo fato de sua superfície interna ser lisa, acumulam menos sujeira que os demais, sendo, portanto, mais higiênicos; são mais leves e têm encaixes mais precisos, além da facilidade de transporte, instalação e manutenção. Outra vantagem desses reservatórios é que são fabricados também para médias e grandes reservas, ocupando menos espaço que os convencionais, de menor capacidade.

Os reservatórios pré-fabricados devem ser instalados em locais bem ventilados para evitar condensação nas paredes da caixa. Caso o ambiente não seja bem ventilado deve-se providenciar aberturas para melhorar a circulação de ar. Os reservatórios devem ser apoiados sobre bases planas e estáveis, capazes de resistir aos esforços atuantes e de impedir as consequentes deformações. No local que abriga esse tipo de reservatório, devem ser previstos meios capazes de escoar a água que porventura venha a vazar em atividades de manutenção e na eventualidade de ruptura de reservatório. As tubulações ligadas ao reservatório não podem transmitir esforços adicionais às suas paredes.

Na compra de um reservatório industrializado, devem ser verificadas sempre as especificações das normas pertinentes.

As normas da ABNT para caixas-d'água plásticas são: NBR 14799:2018 – Reservatório poliolefínico para água potável – requisitos; NBR 14800:2018 – Reservatório poliolefínico para água potável – instalações em obra.

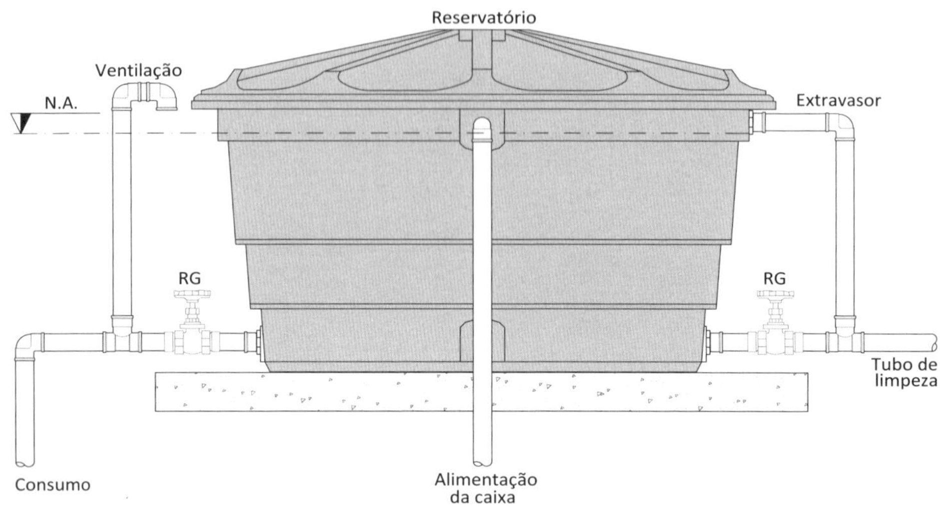

Figura 1.17 Reservatórios industrializados.

ALTURA E LOCALIZAÇÃO DO RESERVATÓRIO

A altura do reservatório no projeto de arquitetura é determinante no cálculo das pressões dinâmicas nos pontos de utilização. Dessa maneira, independentemente do tipo de reservatório adotado (industrializado ou moldado *in loco*), deve-se posicioná-lo a uma determinada altura, para que as peças de utilização tenham um funcionamento perfeito.

A pressão da água é geralmente medida em metros de coluna d'água (m.c.a.) ou em pascal (Pa), e é determinada pela diferença de altura entre o nível da água no reservatório e o ponto de utilização. Quanto maior a altura do reservatório em relação ao ponto de utilização, maior será a pressão da água nesse ponto (veja Seção "Pressão estática").

De acordo com a NBR 5626:2020, a pressão dinâmica mínima em cada ponto de utilização é dada pelo correspondente desnível geométrico ao nível d'água de cota mais baixa no reservatório, descontada a perda de carga até o ponto considerado. Essa pressão deve ser calculada pelo projetista de instalações e, depois, compatibilizada com a altura estabelecida no projeto de arquitetura. O projetista de instalações hidráulicas deve considerar não apenas a altura do reservatório, mas também as perdas de carga ao longo do sistema, garantindo que a pressão dinâmica mínima seja alcançada em cada ponto de utilização (veja Seção "Cálculo da Pressão dinâmica em função da perdas de carga").

Como foi visto, a altura do reservatório é um elemento importante a ser considerado no projeto hidráulico de um edifício, pois influencia diretamente a pressão estática e a pressão dinâmica da água nos pontos de utilização. Se o reservatório estiver localizado a uma altura insuficiente, a pressão da água nos pontos mais altos do edifício será baixa, o que pode resultar em dificuldades no funcionamento de chuveiros, torneiras e outros dispositivos. Além disso, uma altura de reservatório bem calculada é crucial para sistemas de combate a incêndios, irrigação e outras aplicações que requerem uma pressão considerável.

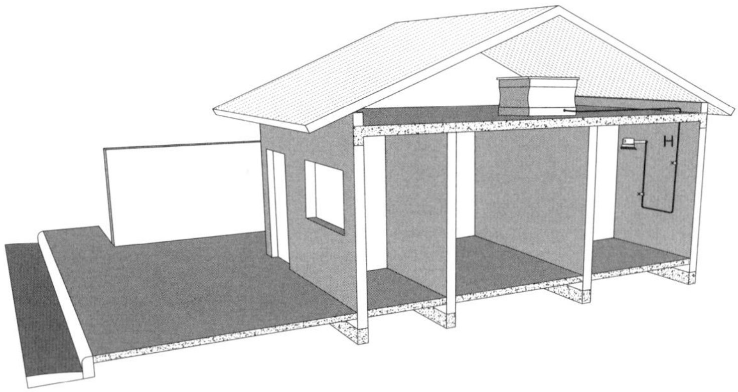

Figura 1.18 Reservatório sob o telhado (< pressão no chuveiro).

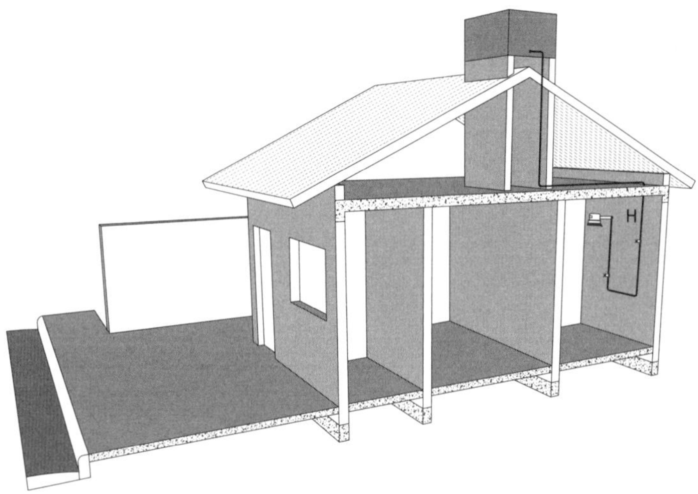

Figura 1.19 Reservatório sobre o telhado (> pressão no chuveiro).

A localização inadequada do reservatório no projeto de arquitetura também pode interferir na pressão dinâmica nos pontos de utilização. Isso se deve às perdas de carga (veja a Seção "Perdas de carga nas canalizações") que ocorrem durante o percurso da água na rede de distribuição. Quanto maior a perda de carga em uma canalização, menor a pressão dinâmica nos pontos de utilização.

Dessa maneira, deve-se encurtar o comprimento das canalizações além de reduzir o número de conexões, sempre que possível, caso se pretenda aumentar a pressão no início das colunas e nos pontos de utilização.

O reservatório deve ser localizado o mais próximo possível dos pontos de consumo, para que não ocorram perdas de carga exageradas nas canalizações, o que acarretaria uma redução da pressão nos pontos de utilização. O ideal seria localizá-lo em uma posição equidistante dos pontos de consumo, reduzindo, consequentemente, as perdas de carga e a altura necessária para compensar essas perdas. Cabe ao arquiteto compatibilizar os aspectos técnicos para o posicionamento da caixa-d'água e sua proposta arquitetônica.

Na Figura 1.20, observa-se um reservatório posicionado no forro da cobertura e distante do ponto do chuveiro. Neste caso, a altura provavelmente será insuficiente para o bom funcionamento do chuveiro. Levando-se em consideração o conceito de perdas de carga, o arquiteto sempre deve posicionar o reservatório a uma determinada altura (Figura 1.21), para compensar essas perdas, para que não ocorra um comprometimento da pressão no ponto do chuveiro.

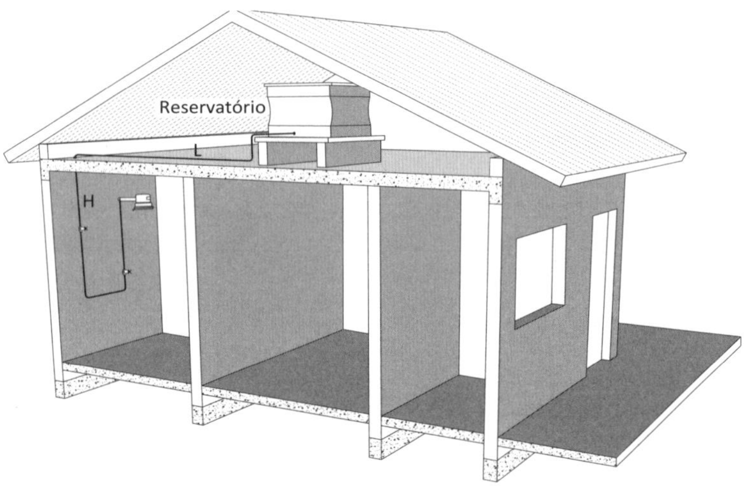

Figura 1.20 Reservatório no forro do telhado e distante do ponto de utilização (< pressão no chuveiro).

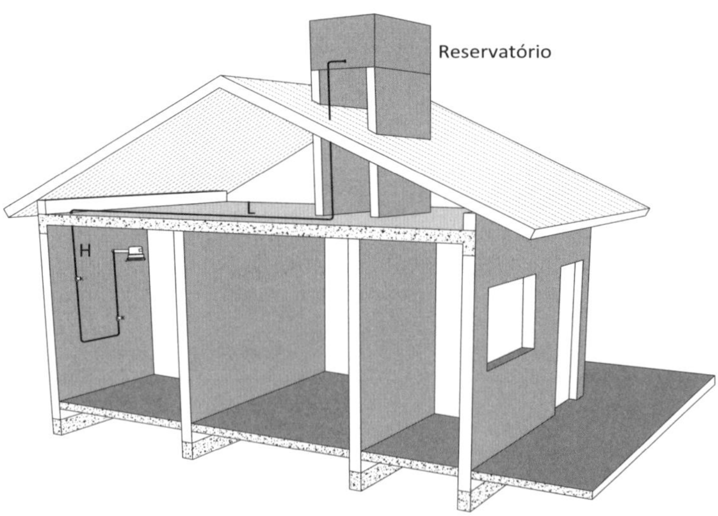

Figura 1.21 Reservatório sobre o telhado e distante do ponto de utilização (> pressão no chuveiro).

RESERVAÇÃO DE ÁGUA FRIA

Os reservatórios deverão ser dimensionados de forma a garantir o abastecimento contínuo e adequado de toda a edificação. De acordo com a NBR 5626:2020, o volume de água reservado para uso doméstico deve ser, no mínimo, o necessário para 24 horas de consumo normal no edifício, e deve considerar eventual volume adicional de água para combate a incêndio quando esse estiver armazenado conjuntamente.

Em alguns casos, tendo em vista a intermitência do abastecimento da rede pública, e na falta de informações, é recomendável dimensionar reservatórios com capacidade suficiente para, no mínimo, dois dias de consumo.

Na impossibilidade de determinar o volume máximo permissível, recomenda-se limitar o volume total ao valor que corresponda a três dias de consumo diário ou que assegurem a preservação das características da água potável.

Consumo médio diário nas edificações

O consumo diário de água em uma edificação varia de acordo com vários fatores, incluindo o número de ocupantes, o tipo de edifício e as atividades realizadas dentro dele, pressão e vazão nos pontos de utilização, quantidade e frequência de utilização dos aparelhos, condições socioeconômicas e clima, entre outros. O memorial descritivo de arquitetura também deve ser convenientemente estudado, pois algumas atividades básicas e complementares, como piscina e lavanderia, podem influenciar no consumo diário.

Em geral, as edificações residenciais consomem uma média de 150 a 250 litros de água por pessoa por dia, levando em consideração atividades como banho, higiene pessoal, lavagem de roupas e louças, além do consumo de água potável para beber e cozinhar.

Tendo em vista o uso racional da água, um dos parâmetros que influenciam o seu consumo é a pressão (veja a Seção "Pressões mínima e máxima"). O estabelecimento de níveis moderados de pressão de trabalho contribui para reduzir perdas de água tanto durante o uso, provocadas por vazões excessivas, como aquelas provocadas por vazamentos devidos a rupturas em tubulações e engates flexíveis.

Na ausência de critérios e informações, para calcular o consumo diário de uma edificação, utilizam-se tabelas apropriadas: verifica-se a taxa de ocupação de acordo com o tipo de uso do edifício (veja Tabela 1.1) e o consumo *per capita* (veja Tabela 1.2). O consumo diário (Cd) pode ser calculado pela seguinte fórmula:

$$Cd = P \times q$$

onde:

Cd = consumo diário (L/dia);

P = população que ocupará a edificação;

q = consumo *per capita* (L/dia).

Tabela 1.1 Taxa de ocupação de acordo com a natureza do local

Natureza do local	Taxa de ocupação
Residências e apartamentos	Duas pessoas por dormitório
Bancos	Uma pessoa por 5,00 m² de área
Escritórios	Uma pessoa por 6,00 m² de área
Lojas (pavimento térreo)	Uma pessoa por 2,50 m² de área
Lojas (pavimento superior)	Uma pessoa por 5,00 m² de área
Shopping centers	Uma pessoa por 5,00 m² de área
Museus e bibliotecas	Uma pessoa por 5,50 m² de área
Salões de hotéis	Uma pessoa por 5,50 m² de área
Restaurantes	Uma pessoa por 1,40 m² de área
Teatro, cinemas e auditórios	Uma cadeira para cada 0,70 m² de área

Fonte: Creder, 1991.

Tabela 1.2 Consumo predial diário (valores indicativos)

Prédio	Consumo (litros/dia)
Alojamento provisório	50 a 80 *per capita*
Ambulatórios	20 a 25 por atendimento
Apartamentos sem individualização	95 a 160 *per capita*
Apartamentos com individualização	75 a 125 *per capita*
Apartamentos de luxo	165 a 280 *per capita*
Cinemas e teatros	1 a 2 por lugar
Creches	40 a 50 *per capita*
Edifícios públicos ou comerciais	30 a 50 *per capita*
Escolas com período integral	35 a 55 *per capita*
Escolas (internatos)	70 a 120 *per capita*
Escolas por período	17 a 27 *per capita*
Escritórios e consultórios (médicos, dentistas etc.)	30 a 50 *per capita*
Garagens	30 a 50 *per capita*
Hotéis (sem cozinha e sem lavanderia)	80 a 120 por hóspede
Hotéis (com cozinha e com lavanderia)	200 a 300 por hóspede

(continua)

Tabela 1.2 Consumo predial diário (valores indicativos) *(continuação)*

Jardins (rega)	1 a 2 por m²
Lavanderias	30 por kg de roupa seca, 1.700 por máquina de lavar
Mercados	3 a 5 por m² de área
Oficinas de costura	30 a 50 *per capita*
Orfanatos, asilos, berçários	70 a 120 *per capita*
Postos de serviços para automóveis	100 a 150 por veículo
Quartéis	70 a 120 *per capita*
Residências	70 a 120 *per capita*
Residência de luxo	120 a 210 *per capita*
Restaurantes e outros similares	15 a 40 por refeição, 20 a 26 por m²
Templos	0,5 a 1 por lugar
Padarias (com refeição)	100 a 300 por empregado
Padarias (sem refeição)	30 a 220 por empregado

Fonte: Norma Técnica SABESP NTS 181.

Capacidade dos reservatórios

Como foi visto, de acordo com a NBR 5626:2020, o volume de água reservado para uso doméstico deve ser, no mínimo o necessário para atender 24 horas de consumo normal do edifício, sem levar em consideração a reserva de incêndio. Recomenda-se, entretanto, no caso de edifícios de múltiplos pavimentos, adotar o consumo de dois dias no mínimo, por precaução contra eventuais falhas no sistema elevatório ou no fornecimento de água. Então, a quantidade total de água a ser armazenada será:

$$CR = 2 \times Cd$$

onde:

CR = capacidade total do reservatório (litros);

Cd = consumo diário (litros/dia).

Para os casos de edifícios altos (vários pavimentos), recomenda-se a seguinte distribuição, a partir da reservação total (CR):

Reservatório inferior: 60% CR;

Reservatório superior: 40% CR.

RESERVA TÉCNICA DE INCÊNDIO (RTI)

É importante verificar a necessidade ou não da reserva técnica de incêndio (RTI), que deverá ser acrescida à capacidade destinada ao consumo quando colocada no reservatório superior ou em um reservatório independente. A RTI é função da tipologia, das características e do número de pavimentos do prédio.

A NBR 13717:2000 – Sistemas de hidrantes e de mangotinhos para combate a incêndio estabelece a necessidade de se dispor desse volume para combate a incêndio em edificações com área construídas superior a 750 m2 e/ou altura superior a 12 m. Entretanto, a Norma não se aplica a locais onde exista legislação específica, como é o caso do estado de São Paulo.

Exemplo de dimensionamento

Calcular a capacidade dos reservatórios (superior e inferior) de um edifício residencial de dez pavimentos, com dois apartamentos por pavimento, sendo que cada apartamento possui dois dormitórios. Adotar consumo *per capita* de 160 L/dia e reserva de incêndio de 10.000 L, prevista para ser armazenada no reservatório superior.

Solução:

$Cd = P \times q$

Adota-se: duas pessoas/dormitório

$P = (2 \times 2) = 4$ pessoas/apto $\times$ 20 aptos

$P = 80$ pessoas

$Cd = 80 \times 160$ L/dia/pessoa = 12.800 L

$CR = 2\ Cd$

$CR = 2 \times 12.800 = 25.600$ L

CR (superior) = $(0{,}4 \times 25.600) + 10.000$ L = 20.240 L

CR (inferior) = $0{,}6 \times 25.600 = 15.360$ L

SISTEMA DE DISTRIBUIÇÃO DE ÁGUA FRIA

O sistema de distribuição de água fria é constituído pelo conjunto de canalizações que interligam os pontos de consumo ao reservatório da edificação. Suas tubulações devem ser projetadas e instaladas tendo em vista o tipo de distribuição (com medição coletiva ou medição individualizada) bem como as particularidades de cada tipo de material selecionado pelo projetista, observadas as respectivas normas de produto e aplicação. Os elementos que compõem este sistema são o barrilete, as colunas de distribuição, ramais e os sub-ramais.

Apesar da obrigatoriedade de medição individualizada de água para novas edificações condominiais a partir de 2021 (Lei Federal 13.312, aprovada em julho de 2016), ainda existem edificações em que a medição coletiva é a mais adequada, tais como hotéis, motéis, teatros, hospitais, dentre outros.

Para estudar o traçado de uma rede de distribuição, com medição coletiva, é sempre aconselhável realizar uma divisão dos pontos de consumo. Dessa forma, os pontos de consumo do banheiro devem ser alimentados por uma canalização, e os pontos de consumo da cozinha e da área de serviço por outra.

Tal fato se justifica por dois motivos: canalização mais econômica e uso não simultâneo. Quanto menor for o número de pontos de consumo de uma canalização, tanto menor será seu diâmetro e, consequentemente, seu custo.

O sistema de distribuição com medição individualizada de água se diferencia do sistema tradicional, que considera a medição coletiva, basicamente, pela existência de hidrômetros individuais (um para cada unidade residencial) e pelo traçado das colunas e ramais (veja a Seção "Sistema de distribuição com medição individualizada").

Havendo medição individualizada, os medidores devem ser previstos em local de fácil acesso, ser facilmente removíveis e atender às legislações vigentes aplicáveis.

Para possibilitar a manutenção de qualquer parte do sistema de distribuição deve ser prevista setorização, mediante a previsão de registros de fechamento ou de dispositivos de idêntica finalidade.

De acordo com a NBR 5626:2020, “devem ser previstos registros de fechamento, particularmente:

- No barrilete, posicionado no trecho que alimenta o próprio barrilete; no caso de abastecimento indireto, posicionado em cada trecho que liga o barrilete ao reservatório;
- Na coluna de distribuição, posicionado a montante do primeiro ramal;
- No ramal, posicionado a montante do primeiro sub-ramal em ao menos um dos ambientes sanitários da unidade autônoma;
- Havendo medição individualizada, a montante do hidrômetro.”

Antes de fazer o traçado das tubulações, é preciso fazer um estudo de compatibilização do sistema de distribuição com os projetos de arquitetura e de estrutura, de modo que os componentes do sistema não fiquem solidários a elementos estruturais e submetidos aos esforços deles provenientes. Isso também vale para as tubulações de esgoto. A passagem de tubulações por vigas e lajes só poderá ser feita após a avaliação do projetista de estrutura e de acordo com os requisitos estabelecidos pela NBR 6118:2014 - Projeto de estruturas de concreto — Procedimento. Não será permitida, em hipótese alguma, a passagem de tubulações por pilares.

Depois de definir o posicionamento das prumadas, elaborar o esquema vertical das colunas e fazer o traçado do barrilete, dimensiona-se o sistema de distribuição.

Em virtude do fato de as tubulações serem dimensionadas como condutos forçados é necessário que fiquem perfeitamente definidos no projeto hidráulico, para cada trecho da canalização, os quatro parâmetros hidráulicos do escoamento: vazão, velocidade, perda de carga e pressão (veja Seção "Dimensionamento do sistema de distribuição").

Tabela 1.3 Parâmetros hidráulicos do escoamento

Parâmetros	Unidades	Símbolos
Vazão	Litros por segundo Metros cúbicos por hora	L/s m^3/h
Velocidade	Metros por segundo	m/s
Perda de carga unitária	Metro de coluna d'água por metro	m.c.a./m
Perda de carga total	Metro de coluna d'água	m.c.a
Pressão	Quilopascal Metro de coluna d'água	kPa m.c.a.

BARRILETE

Barrilete é o conjunto de tubulações que se origina no reservatório superior e conecta os dois compartimentos do mesmo e abastece as colunas de distribuição. O barrilete pode ser do tipo: concentrado ou ramificado. O tipo concentrado tem a vantagem de abrigar os registros de operação em uma área restrita, facilitando a segurança e o controle do sistema, possibilitando a criação de um local fechado, embora de maiores dimensões. O tipo ramificado é mais econômico, possibilita uma quantidade menor de tubulações junto ao reservatório, os registros são mais espaçados e colocados antes do início das colunas de distribuição.

Em uma residência, o barrilete de água é projetado para fornecer água potável para diferentes áreas, como banheiros, cozinha e área de serviço. O traçado é feito de forma direta, ligando o barrilete à entrada de água principal e distribuindo a água para os pontos de consumo.

O traçado do barrilete na cobertura de um edifício de múltiplos pavimentos é mais complexo, pois envolve um projeto hidráulico detalhado para garantir uma distribuição eficiente e adequada da água para todas as unidades habitacionais. O dimensionamento do barrilete envolve a determinação dos diâmetros das tubulações principais e secundárias, levando em consideração a vazão necessária, as perdas de carga, a velocidade da água e a pressão disponível nos trechos do mesmo.

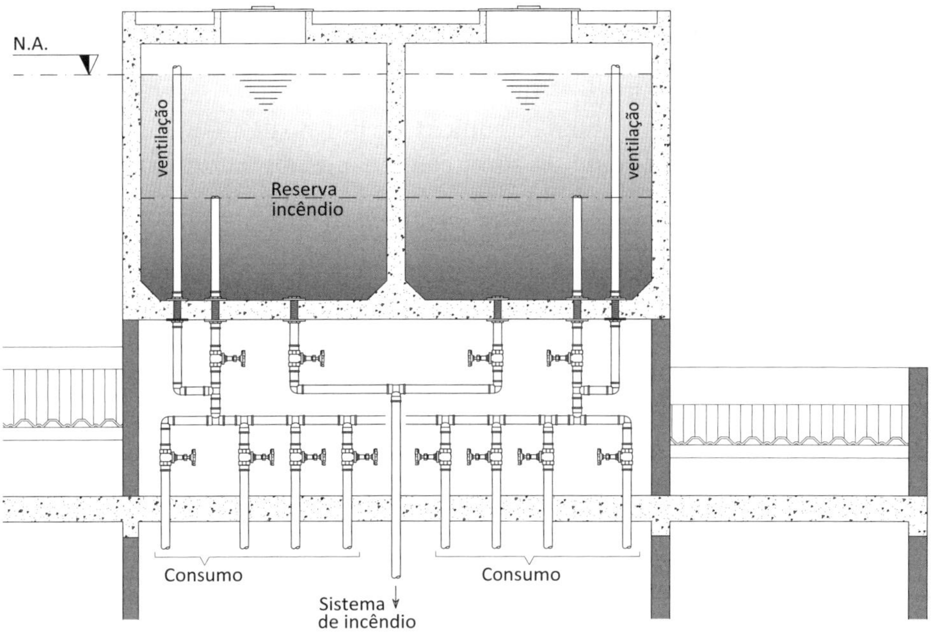

Figura 1.22 Barrilete concentrado.

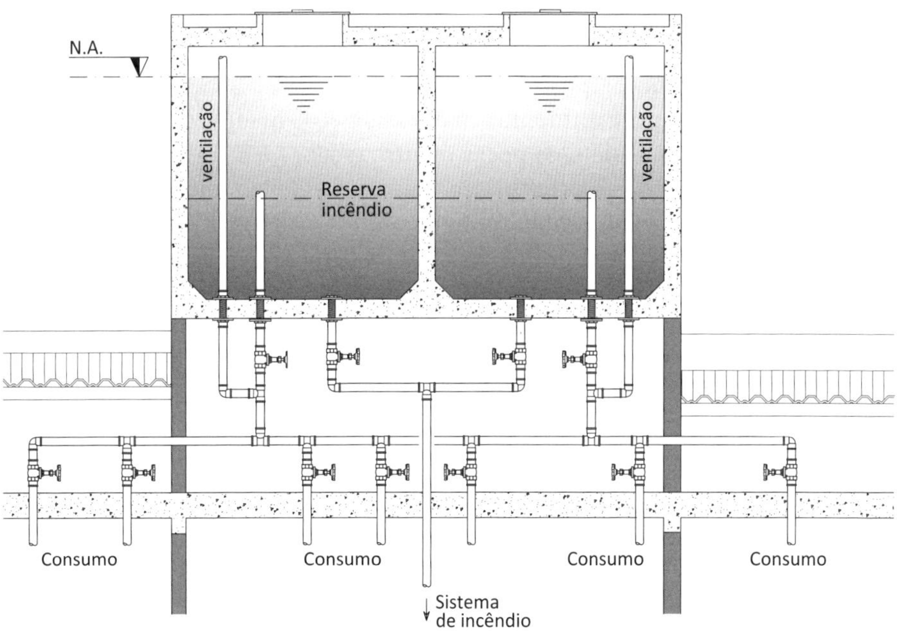

Figura 1.23 Barrilete ramificado.

COLUNAS, RAMAIS E SUB-RAMAIS

Antes de definir o posicionamento das colunas e o traçado dos ramais de distribuição de água fria e água quente, é fundamental realizar um estudo minucioso dos projetos de arquitetura e estrutural do edifício. No projeto de arquitetura, serão identificados os pontos de consumo de água, como banheiros, cozinhas, lavanderias e outras áreas onde há necessidade de abastecimento. Além disso, é importante considerar as alturas dos pavimentos, a localização dos reservatórios e a rota de distribuição vertical e horizontal. Já o estudo da estrutura do edifício é crucial para compreender a disposição das lajes, vigas, pilares e demais elementos construídos. Isso permitirá identificar a melhor forma de passar as tubulações de água sem comprometer a integridade da estrutura.

O traçado das colunas deve ser planejado de forma a garantir uma distribuição uniforme da água para todos os pavimentos do edifício. Cada coluna deverá conter um registro de gaveta posicionado à montante do primeiro ramal. Na compatibilização com os projetos de arquitetura e de estrutura, as colunas de distribuição podem ser propostas dentro de paredes, com largura mínima de 25 cm, ou em shafts, para facilitar o acesso e a manutenção do sistema, em caso de necessidade.

Às vezes, dependendo da arquitetura ou da estrutura, o projetista de instalações precise propor desvios para as prumadas. Porém, é importante ressaltar que quanto mais desvios houver, maiores serão as perdas de carga na tubulação, o que, consequentemente influenciará na pressão disponível para os aparelhos sanitários.

Nas edificações que possuem válvulas de descarga deve-se utilizar coluna exclusiva para evitar interferências com os demais pontos de utilização. Entretanto, em razão da economia, muitos projetistas e instaladores utilizam a mesma coluna, que abastece a válvula para alimentar as demais peças de utilização. Além da perda de vazão e pressão nas demais peças de utilização, no caso de uso simultâneo, a válvula de descarga muito próxima ao chuveiro elétrico, quando acionada, diminui a temperatura da água momentaneamente, o que pode causar a queima da resistência do chuveiro. Quando for utilizado aquecedor de água, jamais se deve ligá-lo a ramal servido por coluna que também atenda a ramal com válvula de descarga, pois o golpe de aríete acabará por danificar o aquecedor.

Na medição de água coletiva, as colunas de distribuição de água fria derivam do barrilete, descem na posição vertical e alimentam os ramais nos pavimentos que, por sua vez, alimentam os sub-ramais das peças de utilização (trecho que liga o ramal ao ponto de utilização ou aparelhos sanitários).

Na medição de água individualizada, a configuração das colunas pode variar dependendo da locação dos medidores (hidrômetros). O ramal de distribuição principal (RDP) corresponde à tubulação derivada da coluna de distribuição. Este ramal se desenvolve horizontalmente pela unidade habitacional com o objetivo de abastecer o ramal de distribuição secundário (RDS), que por sua vez alimenta dois ou mais pontos de utilização dentro de cada área molhada (banheiro, cozinha e área de serviço). O sub-ramal é o trecho que alimenta um único ponto de utilização.

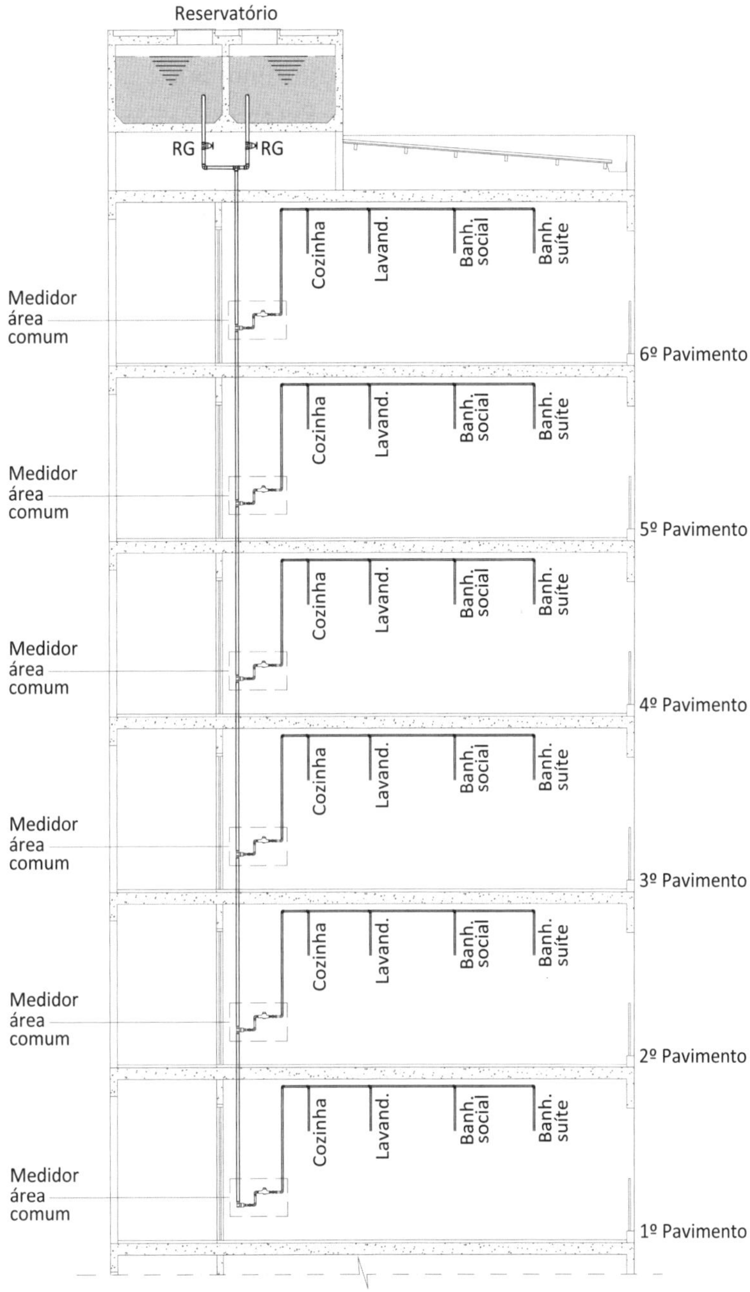

Figura 1.24 Coluna de distribuição em sistema de medição individualizado.

VENTILAÇÃO DE COLUNA DE DISTRIBUIÇÃO

De acordo a NBR 5626:2020, "em edifícios de múltiplos pavimentos alimentados a partir de reservatório superior, além da separação atmosférica, cada coluna de distribuição deve dispor de meio capaz de admitir ar por ocasião de seu esvaziamento e de expulsar durante o enchimento, assim como expulsar bolhas segregadas que se formam naturalmente com o sistema em operação". É importante ressaltar que a solução adotada não pode criar trechos de estagnação de água. A operação do registro de fechamento da coluna de distribuição não pode impedir a atuação do recurso adotado como meio de proteção localizada (veja Figura 1.25a).

Segundo a norma, para a aplicação de recursos de ventilação, como válvulas ventosas, deve-se verificar a faixa de pressões de operação, que definem o melhor ponto de aplicação, conforme mostra a Figura 1.25a. O ponto de junção da tubulação de ventilação ou da válvula ventosa de duplo efeito com a coluna de distribuição deve estar localizado a jusante do registro de fechamento da própria coluna.

Quando se trata de residências unifamiliares alimentadas a partir de um reservatório superior, a proteção de todos os pontos de utilização da rede predial de distribuição pode ser obtida pela ventilação da rede de distribuição, conforme mostra a Figura 1.25b. O tubo ventilador deverá ser instalado na saída de água do reservatório, logo após o registro de passagem existente. Ele deve ter a extremidade superior aberta acima do nível máximo do reservatório e ter diâmetro igual ou superior ao da coluna (rede de distribuição).

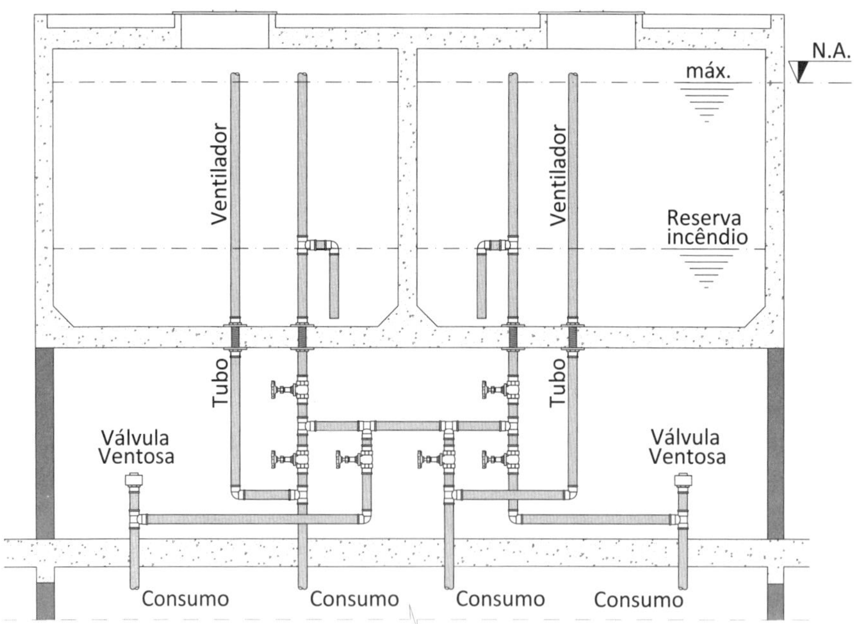

Figura 1.25a Ventilação de coluna de distribuição em edifícios de múltiplos pavimentos.

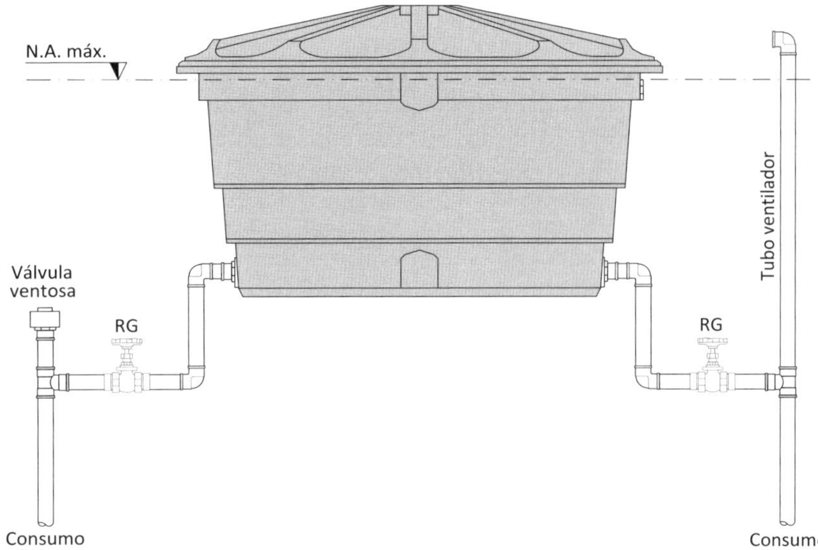

Figura 1.25b Ventilação da rede predial em residências unifamiliares.

MATERIAIS UTILIZADOS

Uma escolha adequada dos materiais, dispositivos e peças de utilização é condição básica para o bom funcionamento das instalações, pois, mesmo existindo um bom projeto, na etapa de construção poderá ocorrer uma série de erros que pode comprometer a qualidade da edificação.

O conhecimento de alguns aspectos tecnológicos das instalações prediais, visando à sua adequação aos sistemas construtivos, é de fundamental importância para o projetista.

Normalmente, as tubulações destinadas ao transporte de água potável são executadas com tubos de plástico (PVC), imunes à corrosão. Existem vários fabricantes de tubos e conexões de PVC. Para uso em instalações prediais de água fria, a Tigre, por exemplo, produz dois tipos: o PVC rígido soldável marrom, com diâmetros externos que variam de 20 mm a 110 mm, e o PVC rígido rosqueável branco, com diâmetros que vão de 1/2" a 4".

As principais vantagens dos tubos e conexões de PVC em relação aos outros materiais são: leveza e facilidade de transporte e manuseio; durabilidade ilimitada; resistência à corrosão; facilidade de instalação; baixo custo e menor perda de carga. As principais desvantagens são: baixa resistência ao calor e degradação por exposição prolongada ao sol.

O policloreto de vinila clorado (CPVC) possui características similares às do PVC. Os tubos e conexões de CPVC são indicados para água quente e fria. As soldagens são realizadas a frio, por isso o sistema é mais prático e rápido em comparação com o cobre, tem baixa condutividade térmica e suporta temperatura de até 80 °C.

O polipropileno copolímero random (PPR) une tubo e conexão por meio de termofusão, eliminando a necessidade de soldas, pastas e colas e evitando o risco de vazamentos. Suporta temperatura de até 80 °C e a mantém constante durante todo o percusso, sem a necessidade de revestimentos térmicos.

Os tubos metálicos apresentam como vantagens: maior resistência mecânica; menor deformação; resistência a altas temperaturas (não entram em combustão nas temperaturas usuais de incêndio). As desvantagens são: suscetibilidade à corrosão; possibilidade de alteração das características físico-químicas da água pelo processo de corrosão e de outros resíduos; maior transmissão de ruídos ao longo dos tubos e maior perda de pressão.

Os tubos e conexões de ferro galvanizado, geralmente, são utilizados em instalações aparentes e nos sistemas hidráulicos de combate a incêndios. As conexões, principalmente os cotovelos, são muito utilizadas nos pontos de torneira de jardim, pia, tanque etc., por serem mais resistentes.

Os tubos e conexões de cobre são tradicionalmente utilizados nas instalações de água quente, mas também podem ser utilizados nas de água fria. As tubulações de cobre proporcionam menores diâmetros no dimensionamento, entretanto, seu custo é maior que as de PVC.

O uso do PEX nos últimos anos trouxe uma oportunidade a mais para racionalizar a execução das instalações prediais, agregando precisão, agilidade e diminuindo a necessidade de itens a gerenciar. O sistema flexível PEX se assemelha a uma instalação elétrica. A instalação é feita com a inserção do tubo flexível dentro de um tubo-guia (rígido ou corrugado) a partir de um quadro, denominado manifold, até os pontos de consumo, sem derivações (veja Seção Sistema Pex – tubos flexíveis de polietileno reticulado).

Qualquer que seja o material escolhido para a instalação, é importante verificar se obedecem a alguns parâmetros fixados pelas normas brasileiras. Portanto, ao comprar tubos e conexões, deve-se verificar se contêm a marcação com o número da norma ABNT correspondente e a marca do fabricante.

A falta de observância das normas, bem como deficiências no material e na mão de obra, aliadas à eventual negligência dos projetistas e construtores, pode comprometer a qualidade da obra e gerar vícios construtivos.

DISPOSITIVOS CONTROLADORES DE FLUXO

São dispositivos destinados a controlar, interromper e estabelecer o fornecimento da água nas tubulações e nos aparelhos sanitários. Normalmente, são confeccionados em bronze, ferro fundido, latão e PVC, satisfazendo as especificações das normas vigentes.

Os mais importantes dispositivos controladores de fluxo utilizados nas instalações hidráulicas são: torneiras, misturadores, registros de gaveta (que permitem a abertura ou fechamento de passagem de água por tubulações); registros de pressão (utilizados em pontos em que se necessita de regulagem de vazão, como chuveiros, duchas, torneiras etc.); válvulas de descarga (presentes nas instalações de bacias sanitárias); válvulas de retenção (utilizadas para que a água flua somente em um determinado sentido na tubulação); válvulas de alívio ou redutoras de pressão (que mantêm constante a pressão de saída na tubulação, já reduzida a valores adequados).

INSTALAÇÃO DE REGISTROS

Os registros hidráulicos são componentes empregados nas instalações de água fria e quente dos sistemas hidráulicos prediais e são divididos em dois tipos: de gaveta e de pressão.

O registro de gaveta deve ser utilizado com a finalidade de fechar o fluxo de água para a manutenção da rede predial e como registro geral nos trechos de alimentação dos ambientes. Recomenda-se que, sempre que possível, seja definido um ramal para cada área molhada (banheiro, cozinha e área de serviço), cada qual com possibilidade de isolamento (fechamento do registro de gaveta). O registro de pressão tem a função de controlar a vazão que passa pela tubulação e é instalado no trecho da tubulação que alimenta um ponto de utilização, como o do chuveiro. A passagem da água neste registro é bem diferente em relação ao registro de gaveta, o registro de pressão possui passagem reduzida, o que permite uma regulagem de vazão de forma a ser ajustada de acordo com a necessidade do usuário sem danificar o registro.

O registro de pressão possui uma elevada perda de carga (perda de pressão e vazão), em relação à pressão proporcionada pela instalação, sem promover nenhum desgaste nos componentes internos.

Diferente do registro de gaveta, o registro de pressão possui sentido de fluxo e, se for instalado de forma errada, impedirá quase que por completo a passagem de água, por isso deve-se prestar atenção na hora de sua instalação.

As principais características dos registro hidráulicos a serem observadas são: diâmetro, que deve ser equivalente ao diâmetro da tubulação; temperatura de utilização (água fria e/ou quente); tipo de acoplamento (roscável ou soldável); e tipo da instalação, que pode ser bruta ou com acabamento, que dependem da instalação ser aparente ou embutida e constam das normas técnicas da Associação Brasileira de Normas Técnicas (ABNT).

Depois de escolher o modelo de registro adequado ao tipo de tubulação da instalação (soldável ou roscável) o projetista deve estudar o posicionamento e a altura de cada registro dentro do compartimento.

A altura padrão do registro de gaveta é de 180 cm em relação ao piso acabado. Seu posicionamento na parede depende do detalhe isométrico de água fria e quente e das interfaces com o leiaute do compartimento.

A colocação de registros de pressão dentro do *box* deve ser estudada de maneira que os registros do chuveiro possam ser abertos e fechados sem que o usuário se molhe. Isso é muito importante principalmente no inverno, quando a água fria causa maior desconforto. A altura ideal desses registros deve estar compreendida entre 100 cm e 110 cm em relação ao piso acabado.

Com relação ao registro de pressão para banheira de hidromassagem, a altura é variável, pois dependerá das dimensões especificadas pelo fabricante. Além disso, o arquiteto pode posicionar a banheira em um nível mais alto do que o do piso do banheiro.

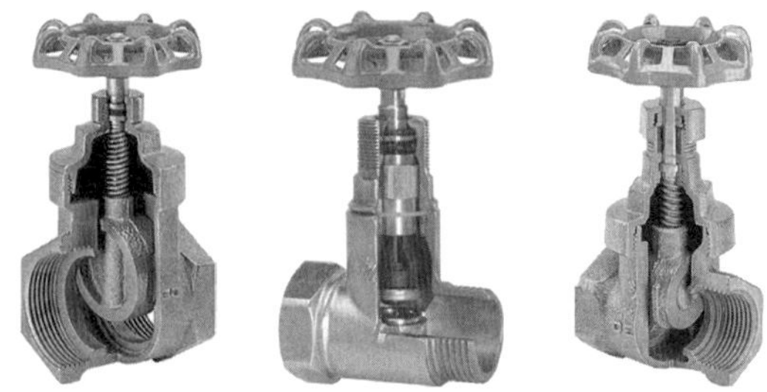

Registro de gaveta — Registro de pressão — Registro de metal

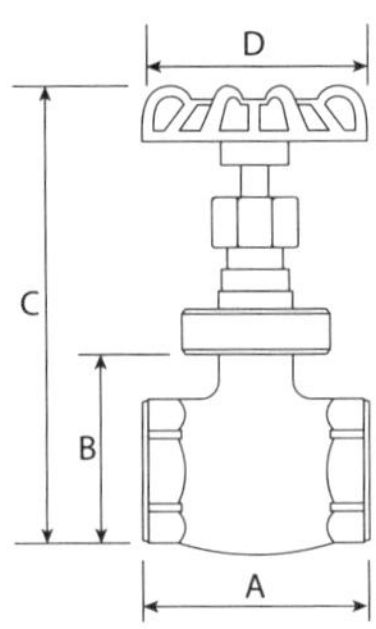

Bitola	A	B	C	D
DN 15 (½")	46	35	102	47
DN 20 (¾")	52	42	115	55
DN 25 (1")	57	52	136	62
DN 32 (1¼")	62	65	150	69
DN 40 (1½")	67	76	170	75
DN 50 (2")	74	93	210	85
DN 65 (2½")	93	117	250	95
DN 80 (3")	100	143	294	109
DN 100 (4")	140	195	340	156

Fonte: Deca.

Figura 1.26 Tipos de registro.

APARELHOS SANITÁRIOSE PEÇAS DE UTILIZAÇÃO DE ÁGUA

São componentes da instalação destinados ao uso da água ou ao recebimento de dejetos líquidos e sólidos (na maioria das vezes, pertencentes à instalação de esgoto sanitário).

Aparelhos sanitários são aqueles cujos fins são higiênicos ou para receber dejetos e (ou) águas servidas. Incluem-se nessa definição aparelhos como lavatórios, bacias sanitárias, banheiras de hidromassagem, pias, tanques, máquinas de lavar roupa e de lavar louça etc.

Peças de utilização são os dispositivos ligados aos sub-ramais destinados a utilização de água, como as torneiras, chuveiros etc. Devem ser locadas de modo a atender as exigências do usuário quanto ao conforto e ao padrão da edificação. Também é importante levar em consideração os aspectos ergonômicos e de segurança.

Recomenda-se que os aparelhos sanitários e as peças de utilização possuam vazões que permitam tornar o mais eficiente possível o uso da água, o que implica a redução do consumo de água a valores mínimos necessários e suficientes para o bom funcionamento dessas peças e para o atendimento dos requisitos do usuário.

As normas brasileiras fixam as exigências para fabricação dos aparelhos sanitários, que devem satisfazer as condições de conforto, higiene, facilidade de limpeza e desobstrução, durabilidade etc. Existe, no mercado, grande variedade de marcas e dimensões, todas buscando atender às condições mencionadas.

Por outro lado, os chuveiros e demais aparelhos elétricos que utilizam água, devem atender às exigências da NBR 5410:2004 – Instalações elétricas de baixa tensão.

Em qualquer tipo de edifício, o projetista deve prever quantidades adequadas de aparelhos sanitários. Para isso, deve consultar o Código de Obras da municipalidade, para saber das exigências locais. Caso não consiga as informações necessárias, poderá consultar a Tabela 1.4, que serve de orientação aos projetistas. Essa tabela, publicada no *Uniform Plumbing Code*, de 1955, do United States Department of Commerce, apresenta as instalações sanitárias mínimas em função do tipo de edifício ou ocupação.

O conhecimento das normas pertinentes, assim como de alguns códigos estaduais que regulamentam a questão, são também de extrema importância. Muitos órgãos e entidades governamentais possuem suas próprias regulamentações, critérios e itens, que devem ser analisados e considerados. Para áreas molhadas que necessitem de acessibilidade , a norma NBR 9050:2015 - Acessibilidade a edificações, mobiliários, espaços e equipamentos urbanos, deve ser consultada.

APARELHOS PASSÍVEIS DE PROVOCAR RETROSSIFONAGEM

Chama-se retrossifonagem o refluxo de águas servidas, poluídas ou contaminadas, para o sistema de consumo, em decorrência de pressões negativas na rede. Esse fenômeno indesejado pode levar à contaminação da água potável por agentes contaminantes, como substâncias químicas, bactérias, vírus ou resíduos presentes nas águas servidas ou interferir no funcionamento normal dos sistemas de abastecimento.

Alguns dos aparelhos sanitários mais comuns que são passíveis de sofrerem o fenômeno da retrossifonagem são: válvulas de descarga de bacias sanitárias, torneiras de pia, banheiras e outros aparelhos sanitários, como bidês e lavadoras de roupas com conexão direta à rede de água potável, também podem ser afetados pela retrossifonagem.

Os aparelhos sanitários, bem como suas instalações e ramais internos, devem ser garantidos pelo fabricante, de forma que não provoquem a retrossifonagem.

Tabela 1.4 Instalações mínimas

Tipo de edifício ou de ocupação	Bacias sanitárias	Mictórios	Lavatórios	Banheiras ou chuveiros	Bebedouros*
Residência ou apartamento**	1 para cada residência ou apartamento + 1 para serviço		1 para cada residência	1 para cada residência ou apartamento + 1 chuveiro para serviço	
Escolas primárias	Meninos: 1 para cada 100; Meninas: 1 para cada 35	1 para cada 30 meninos	1 para cada 60 pessoas		1 para cada 75 pessoas
Escolas secundárias	Meninos: 1 para cada 100; Meninas: 1 para cada 45	1 para cada 30 meninos	1 para cada 100 pessoas	1 para cada 20 alunos (havendo Educação Física)	
Edifícios públicos ou de escritórios	Nº de pessoas – Nº de aparelhos 1-15 – 1 16-35 – 2 36-55 – 3 56-80 – 4 81-110 – 5 111-150 – 6 Acima de 150, adicionar 1 aparelho para cada 40 pessoas	Havendo mictórios, instalar 1 WC a menos para cada um, desde que o número de WC não seja reduzido a menos de 2/3 do especificado	Nº de pessoas – Nº de aparelhos 1-15 – 1 16-35 – 2 36-60 – 3 61-90 – 4 91-125 – 5 Acima de 125, adicionar 1 aparelho para cada 45 pessoas		1 para cada 75 pessoas

* Bebedouros não devem ser instalados em compartimentos sanitários.

(*continua*)

** 1 tanque para cada residência ou 2 para cada 10 apartamentos.
1 pia de cozinha para cada residência ou apartamento.

Tabela 1.4 Instalações mínimas (*continuação*)

<table>
<tr><th>Tipo de edifício ou de ocupação</th><th colspan="2">Bacias sanitárias</th><th colspan="2">Mictórios</th><th colspan="2">Lavatórios</th><th>Banheiras ou chuveiros</th><th>Bebedouros*</th></tr>
<tr><td rowspan="2">Indústrias</td><td>Nº de pessoas
1-9
10-24
25-29
30-74
75-100</td><td>Nº de aparelhos
1
2
3
4
5</td><td colspan="2" rowspan="2">Havendo mictórios, instalar 1 WC a menos para cada mictório, desde que o número de WC não seja reduzido a menos de 2/3 do previsto</td><td>Nº de pessoas
1-100</td><td>Nº de aparelhos
1 para cada 10 pessoas</td><td rowspan="2">1 chuveiro para cada 15 pessoas expostas a calor excessivo ou contaminação de pele com substâncias venenosas ou irritantes</td><td rowspan="2">1 para cada 75 pessoas</td></tr>
<tr><td colspan="2">Acima de 100, adicionar 1 aparelho para cada 30 empregados</td><td colspan="2">Acima de 100
1 para cada 15 pessoas ***</td></tr>
<tr><td rowspan="2">Teatros, auditórios e locais de reunião</td><td>Nº de pessoas
1-100
101-200
201-400</td><td>Nº de aparelhos homem/mulher
1/1
2/2
3/3</td><td>Nº de homens
1-100
101-200
201-600</td><td>Nº de aparelhos
1
2
3</td><td>Nº de pessoas
1-200
201-400
401-750</td><td>Nº de aparelhos
1
2
3</td><td rowspan="2"></td><td rowspan="2">1 para cada 100 pessoas</td></tr>
<tr><td colspan="2">Mais de 400:
1 aparelho para cada 500 homens ou 300 mulheres</td><td colspan="2">Acima de 600:
1 aparelho para cada 300 homens adicionais</td><td colspan="2">Acima de 750:
1 para cada 500 pessoas</td></tr>
</table>

* Bebedouros não devem ser instalados em compartimentos sanitários. (*continua*)

*** Onde houver contaminação da pele com germens ou matérias irritantes, prever 1 lavatório para cada 5 pessoas.

Tabela 1.4 Instalações mínimas (*continuação*)

<table>
<tr><th>Tipo de edifício ou de ocupação</th><th colspan="2">Bacias sanitárias</th><th>Mictórios</th><th>Lavatórios</th><th>Banheiras ou chuveiros</th><th>Bebedouros*</th></tr>
<tr><td rowspan="3">Dormitórios</td><td>Nº de pessoas
1-10
1-8</td><td>Nº de aparelhos homem/mulher
1/0
0/1</td><td rowspan="3">1 para cada 25 homens
Acima de 150, adicionar 1 aparelho para cada 50 homens</td><td rowspan="3">1 para cada 12 pessoas (prever lavatórios para higiene dental, na razão 1 para cada 50 pessoas).
Adicionar 1 lavatório para cada 20 homens, 1 para cada 15 mulheres</td><td rowspan="3">1 para cada 8 pessoas.
No caso de dormitório de mulheres, adicionar banheiras, 1 para cada 30 pessoas</td><td rowspan="3">1 para cada 75 pessoas</td></tr>
<tr><td colspan="2">Acima de 10:
1 para cada 25 homens adicionais</td></tr>
<tr><td colspan="2">Acima de 8:
1 para cada 20 mulheres adicionais</td></tr>
</table>

INSTALAÇÃO DE APARELHOS SANITÁRIOS

A definição e a localização desses aparelhos deverão, obrigatoriamente, constar do projeto de arquitetura. Para tanto, é necessário o conhecimento de alguns aspectos técnicos dos diversos aparelhos existentes no mercado, como condição básica para uma perfeita integração e compatibilização da arquitetura com os projetos de estrutura e instalações do edifício. A estética e o custo também devem ser analisados pelo projetista, antes da escolha e da especificação do produto.

No estabelecimento da localização dos aparelhos sanitários devem ser consideradas as exigências do usuário, particularmente no que se refere a conforto, segurança e aspectos ergonômicos. Os projetos hidrossanitário e elétrico devem ser rigorosamente observados na instalação dos aparelhos. Na definição e instalação de aparelhos sanitários em um projeto de arquitetura, existem diversos cuidados que o projetista deve ter para garantir um bom funcionamento e conforto aos usuários. Aqui estão alguns pontos importantes a serem considerados:

Normas e regulamentos

É fundamental que o projetista esteja familiarizado com as normas e regulamentos que regem a instalação de aparelhos sanitários. Isso inclui o cumprimento de requisitos de acessibilidade, dimensões mínimas, fluxo de água, entre outros.

Espaço adequado

Verifique se há espaço suficiente para a instalação do aparelho sanitário em cada ambiente. Considere a circulação de pessoas ao redor e certifique-se de que haja espaço para movimentação confortável.

Ergonomia

Considere a ergonomia ao posicionar os aparelhos sanitários. Certifique-se de que a altura e o espaço em torno deles sejam adequados para uso confortável. Isso inclui a altura do vaso sanitário, da pia e do chuveiro.

Acessibilidade

Certifique-se de que os aparelhos sanitários sejam acessíveis a todas as pessoas, incluindo aquelas com mobilidade reduzida. Isso pode envolver a instalação de barras de apoio, portas com largura adequada, vaso sanitário com altura adequada, entre outras medidas.

Ventilação

É importante garantir uma ventilação adequada nos ambientes onde os aparelhos sanitários estão localizados. Isso ajudará a evitar o acúmulo de odores desagradáveis e melhorar a qualidade do ar.

Escolha dos aparelhos sanitários

Ao selecionar os aparelhos sanitários, leve em consideração a qualidade, a durabilidade e a eficiência deles. Considere também a facilidade de limpeza e manutenção.

Integração com o projeto

Os aparelhos sanitários devem ser integrados harmoniosamente ao projeto arquitetônico como um todo. Considere a estética, a funcionalidade e a coerência visual com os demais elementos do ambiente.

Hidráulica

O projetista deve considerar a localização dos pontos de água e esgoto, garantindo que a instalação hidráulica seja adequada para o funcionamento dos aparelhos sanitários. É importante seguir as boas práticas de instalação e garantir o correto dimensionamento dos tubos e conexões.

Embora o posicionamento dos pontos de entrada de água fria e quente, de saída de esgoto, dos registros de gaveta e pressão, bem como de outros elementos, possa variar em função de determinados modelos e *designs*, é extremamente importante seguir as recomendações do projeto hidrossanitário.

Esses são alguns dos principais cuidados que o projetista deve ter na definição e instalação de aparelhos sanitários em um projeto de arquitetura. No entanto, é importante ressaltar que cada projeto pode ter requisitos específicos, portanto, é sempre recomendado consultar as normas e regulamentos, bem como contar com a assessoria de profissionais especializados em projetos hidrossanitários.

DESENHOS DAS INSTALAÇÕES

Os desenhos das instalações baseiam-se no projeto de arquitetura; portanto, um projeto bem resolvido, com as peças sanitárias e os equipamentos corretamente definidos e localizados, pontos de água devidamente cotados com a utilização do sistema de eixos longitudinais e transversais, ao longo das paredes e/ou pilares, é condição básica para conseguir um *layout* adequado para a futura elaboração do projeto de instalações hidrossanitárias.

As tubulações dos sistemas prediais de água fria e água quente são representadas por uma linha única (linha cheia, no caso de água fria, e linha tracejada, no caso de água quente) e símbolos gráficos indicando os registros, válvulas e conexões (veja Seção "Simbologias utilizadas em projeto).

Um projeto completo deve constar planta baixa de cada pavimento (tipo, térreo, subsolo, cobertura etc.), em escala 1:50, contendo a indicação das tubulações, materiais e diâmetros, com localização precisa dos aparelhos sanitários e pontos de consumo, indicação de conexões. Nas pranchas de desenho deverá constar uma legenda adequada indicando a função de cada tubulação (alimentação do reservatório, linha de recalque, linha de alimentação dos pontos de consumo etc.).

Deve ser incluído também nos desenhos um esquema vertical das colunas de água fria em escala 1:50 ou 1:75, sempre que a obra tiver mais do que um pavimento, ou sempre que o projetista julgar necessária sua apresentação. No desenho do esquema vertical, colocam-se as cotas e os ramais que derivam das colunas, e determina-se os diâmetros em função das vazões nos trechos e dos limites de velocidade (veja Seção "Dimensionamento das colunas").

DETALHES ISOMÉTRICOS

Além das plantas baixas de cada pavimento (tipo, térreo, subsolo, cobertura etc.), em escala 1:50 e do esquema vertical, para melhor visualização da rede de distribuição de água fria, desenham-se os compartimentos sanitários em perspectiva isométrica. Os detalhes isométricos, geralmente, são elaborados nas escalas 1:20 ou

1:25. Desenham-se com traços finos os contornos das paredes e marca-se a posição das portas e janelas.

Os aparelhos sanitários são representados por suas convenções em traços de maior espessura, bem como as tubulações, os registros e outros detalhes.

PROGRAMAS COMPUTADORIZADOS

A informática progride na velocidade da luz e representa uma importante ferramenta para os profissionais das áreas de arquitetura e engenharia.

O surgimento do AutoCAD gerou uma revolução tecnológica que possibilitou grandes avanços no segmento da computação gráfica até chegar ao sofisticado universo digital de hoje.

O mercado de trabalho exige cada vez mais do projetista a elaboração de projetos de modo ágil e com qualidade. A execução dessa tarefa sem a utilização de um bom software para elaboração de projetos é uma tarefa muito difícil. Os objetivos desses programas computadorizados são auxiliar o profissional a otimizar a elaboração de plantas baixas e isométricas de instalações hidráulicas, detalhando os esgotos primário e secundário, utilizando vários materiais, e também gerar listas de materiais com o intuito de minimizar erros e permitir orçar com mais eficiência.

Existem no mercado diversos programas computadorizados que auxiliam na elaboração dos projetos de instalações prediais hidráulicas e sanitárias e em seu desenho, inclusive de perspectivas isométricas.

A tecnologia BIM (Building Information Modeling) tem se tornado cada vez mais importante nos projetos de sistemas prediais hidráulicos e sanitários. O BIM é um processo de modelagem tridimensional que permite a criação virtual e integrada de um edifício, abrangendo todas as suas disciplinas, incluindo arquitetura, estrutura, instalações hidrossanitárias, elétricas, entre outras.

Com o uso do BIM, é possível identificar antecipadamente potenciais conflitos entre as instalações hidráulicas e sanitárias e outros subsistemas. Por exemplo, é possível verificar se há interferência entre tubulações e elementos estruturais ou entre tubulações e sistemas elétricos. Isso ajuda a evitar problemas durante a construção e a minimizar retrabalhos. O BIM não se limita a um único programa, os modelos podem ser criados no programa que mais se adeque a cada subsistema e depois utilizados em programas de visualização, de análise e simulações entre outros.

Entre outras vantagens, o BIM oferece uma representação visual mais precisa e detalhada das instalações hidrossanitárias. Isso facilita a compreensão dos projetos por parte de todas as partes interessadas, incluindo clientes, construtores e operadores. A visualização em 3D ajuda na tomada de decisões, na avaliação estética e na comunicação eficaz do projeto.

ALTURA DOS PONTOS DE UTILIZAÇÃO

Recomenda-se que as posições e alturas relativas ao nível do piso acabado dos pontos de utilização dos sistemas prediais de água fria e água quente (SPAFAQ) atendam à NBR 16728-2:2019 – Tanques, lavatórios e bidês, Parte 2: Procedimento para instalação e à NBR 16727-2:2019 –Bacia sanitária, Parte 2: Procedimento para instalação, a normas de aplicação de produtos e a normas de procedimentos de instalação de aparelhos sanitários específicos; na ausência destas, devem ser seguidas as recomendações dos fabricantes. O posicionamento dos pontos de entrada de água e a posição de registros e outros elementos pode variar de acordo com determinados modelos de aparelhos. Porém, as alturas mais utilizadas para diversos tipos de aparelhos são:

BS – bacia sanitária c/válvula *h* = 33 cm;

BCA – bacia sanitária c/caixa acoplada *h* = 20 cm;

DC – ducha higiênica *h* = 50-55 cm;

BI – bidê *h* = 20 cm;

BH – banheira de hidromassagem *h* = 50 cm;

CH – chuveiro ou ducha *h* = 220 cm;

LV – lavatório *h* = 60 cm;

MIC – mictório *h* = 105 cm;

MLR – máquina de lavar roupa *h* = 60 cm;

MLL – máquina de lavar louça *h* = 85 cm;

PIA – (com torneira saindo da parede) *h* = 110 cm;

PIA – (com torneira saindo da bancada) *h* = 50-60 cm;

FI – filtro de água *h* = 180 cm;

TQ – tanque *h* = 10-120 cm;

TL – torneira de limpeza *h* = 60 cm;

TJ – torneira de jardim *h* = 75 cm;

RP – registro de pressão *h* = 110 cm;

RG – registro de gaveta *h* = 180 cm;

VD – válvula de descarga *h* = 110 cm.

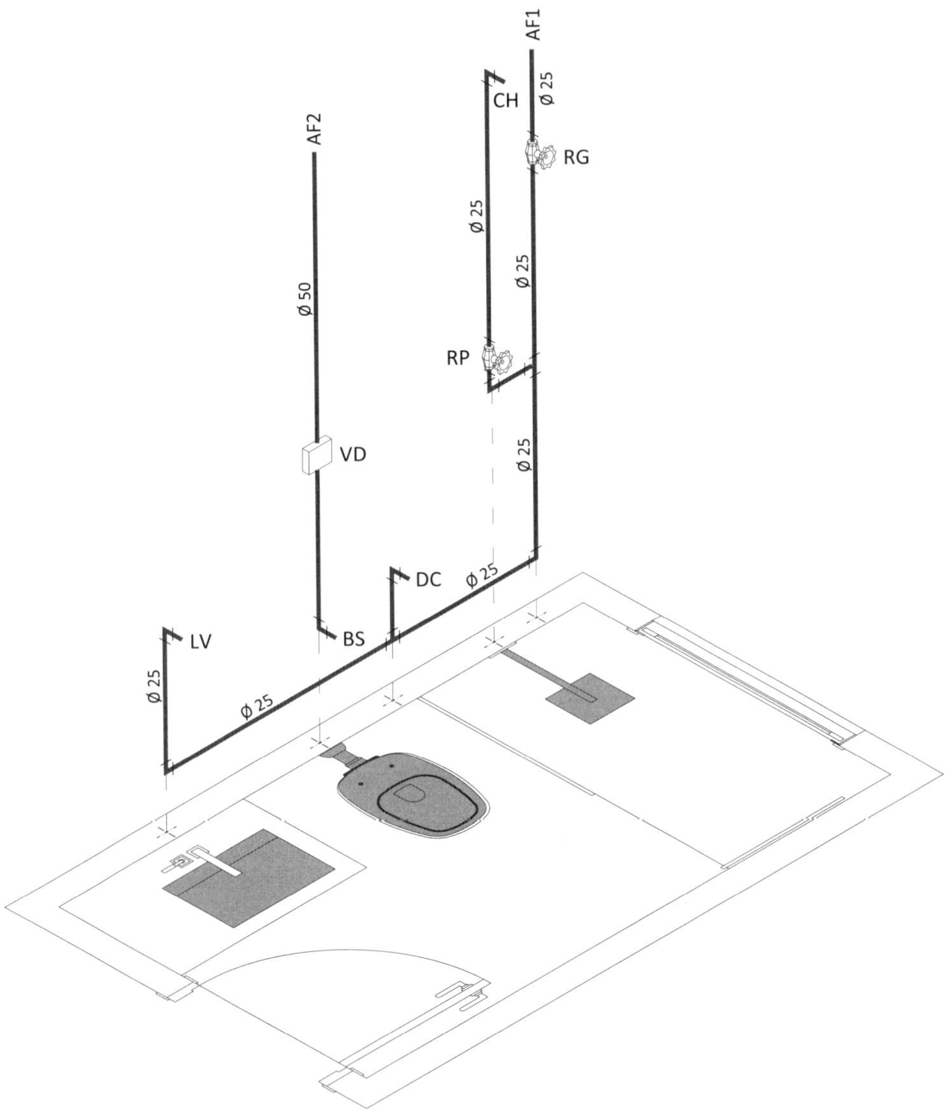

Figura 1.27 Detalhe isométrico de banheiro (bacia sanitária acionada por válvula de descarga).

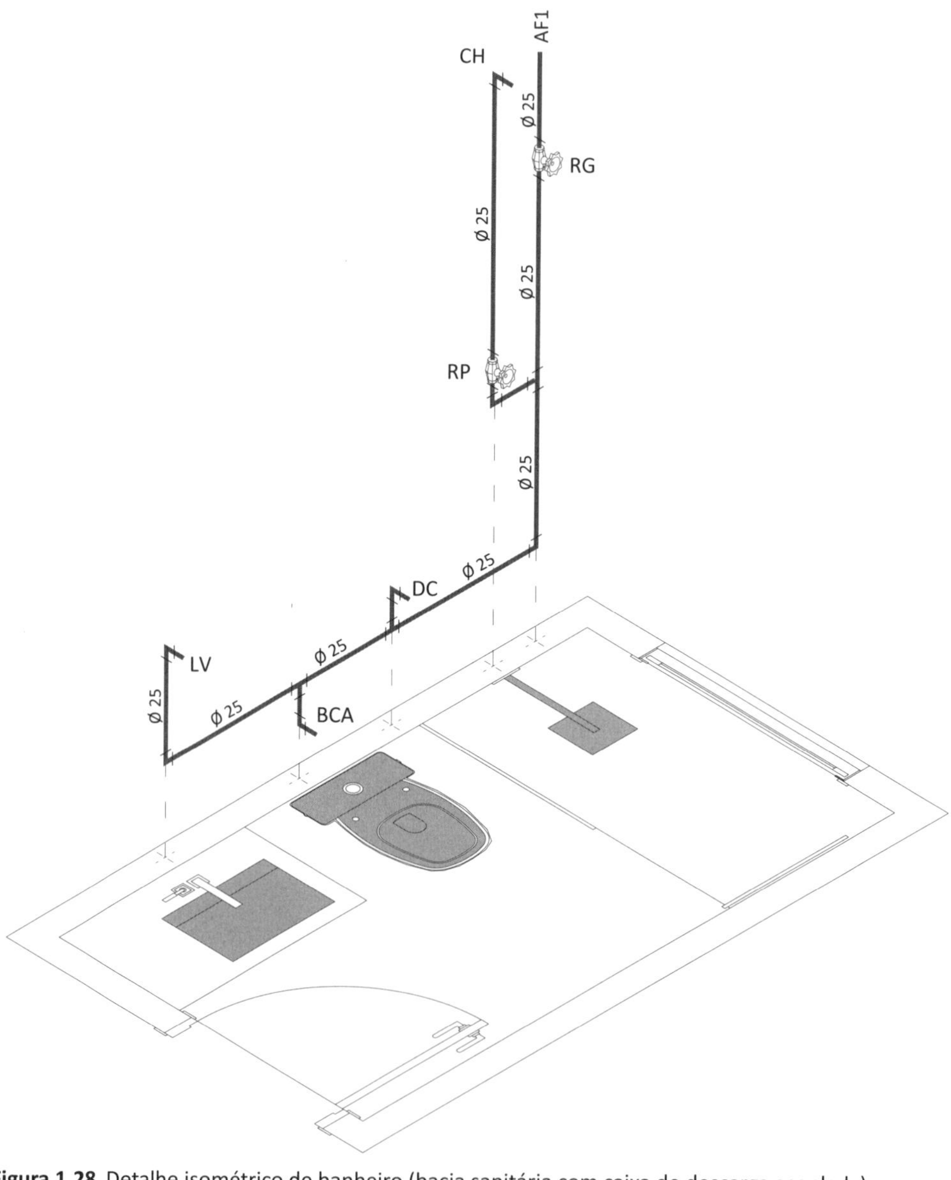

Figura 1.28 Detalhe isométrico de banheiro (bacia sanitária com caixa de descarga acoplada).

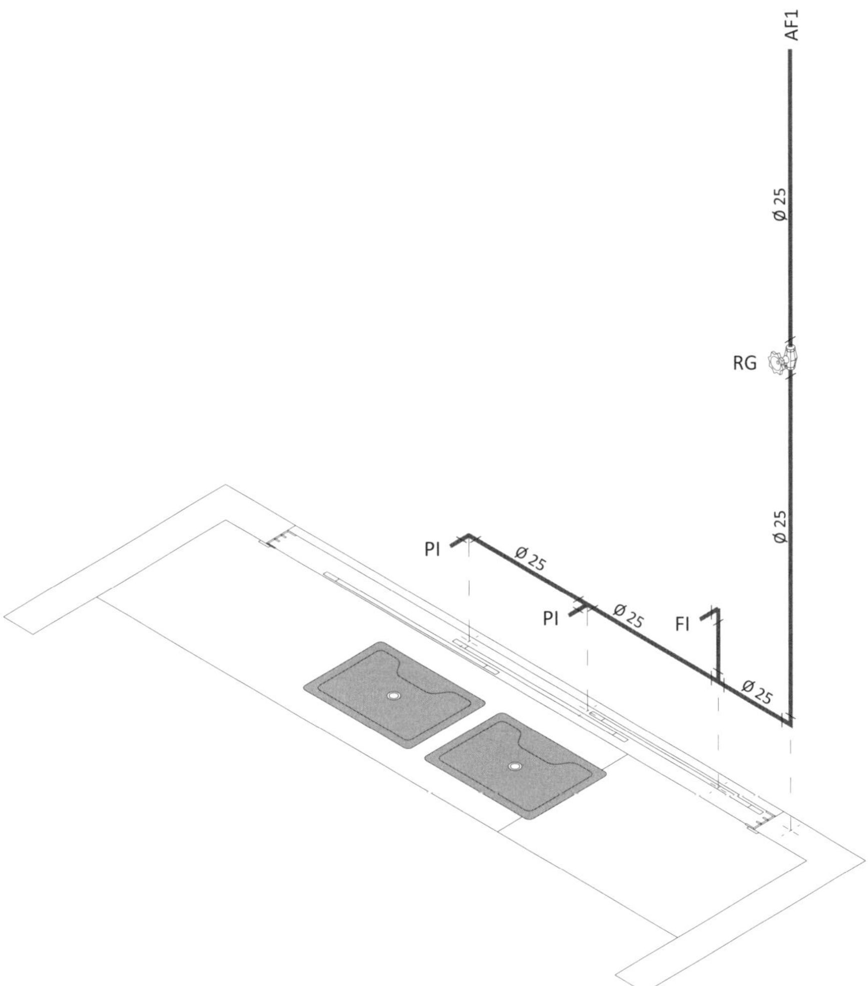

Figura 1.29 Detalhe isométrico (cozinha).

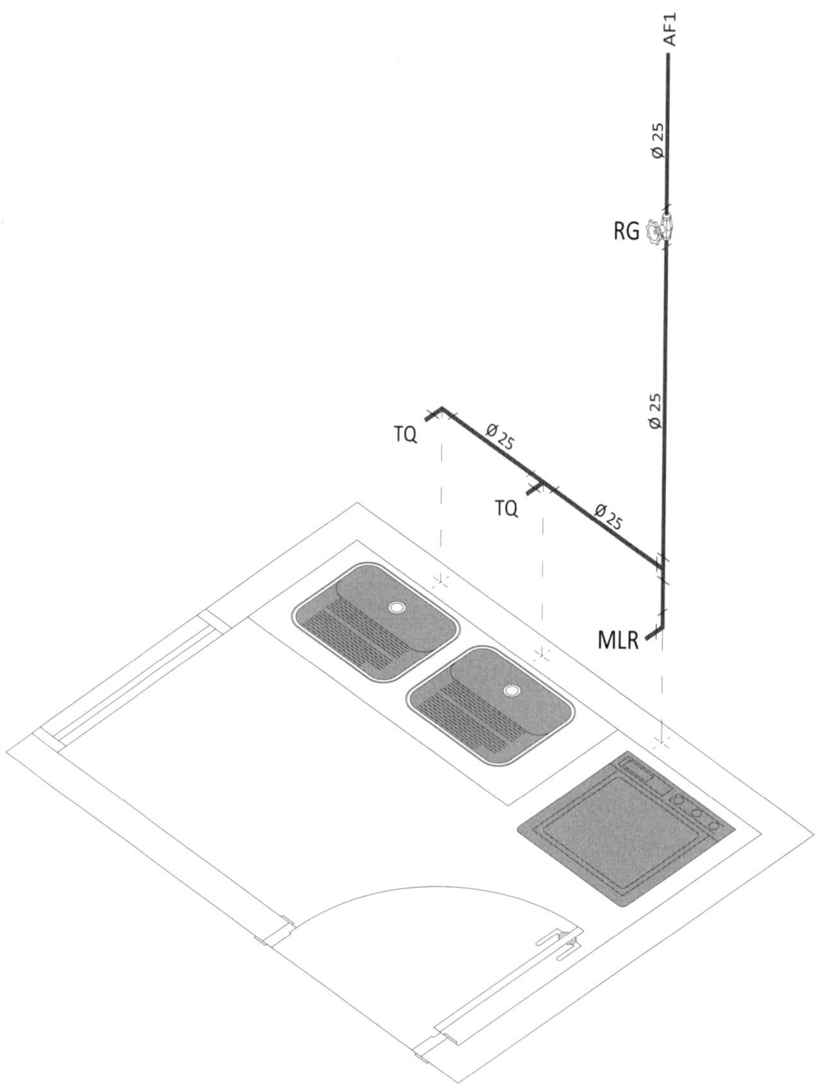

Figura 1.30 Detalhe isométrico (área de serviço).

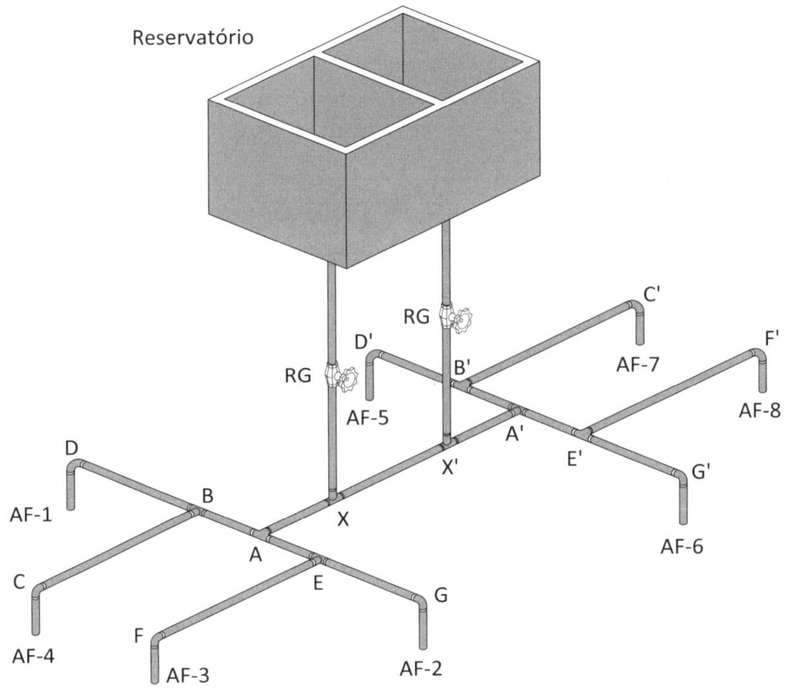

Figura 1.31 Detalhe isométrico (barrilete).

VAZÕES NO SISTEMA PREDIAL

Nos sistemas prediais de água fria e água quente (SPAFAQ) temos três conceitos de vazão: vazão de projeto (valor de vazão de referência para o dimensionamento do sistema), vazão máxima (maior valor admissível de vazão, na saída de um aparelho ou componente) e vazão mínima (menor valor admissível de vazão, na saída de um aparelho sanitário ou componente).

VAZÕES NOS PONTOS DE UTILIZAÇÃO

De acordo com a NBR 5626:2020, "o projeto deve estabelecer e explicitar as vazões consideradas nos pontos de utilização dos aparelhos sanitários para o dimensionamento do sistema de distribuição, quando um ou mais pontos de utilização estiverem em uso".

Para garantir a suficiência do abastecimento de água, e também por razões econômicas, deve-se determinar a vazão em cada trecho da tubulação (veja a Seção "Estimativa das vazões").

O emprego de aparelhos sanitários e componentes com consumo superior ao previsto em projeto será de responsabilidade do usuário, podendo afetar o desempenho dos sistemas da própria unidade ou de unidades vizinhas. Segundo a norma, "essa informação deve ser transmitida ao responsável pela elaboração do manual de operação, uso e manutenção a ser entregue ao usuário final, conforme NBR 14037:2011 – Diretrizes para elaboração de manuais de uso, operação e manutenção das edificações – Requisitos para elaboração e apresentação dos conteúdos".

VAZÃO DE ABASTECIMENTO DE RESERVATÓRIO DE ÁGUA POTÁVEL

Nos pontos de suprimento de reservatórios de água potável, a vazão a ser considerada deve ser suficiente para a reposição total do volume destinado ao consumo diário de água em até 6 horas. No caso de residências unifamiliares, de acordo com a NBR 5626:2020, o tempo de reposição deve ser de até 3 horas.

VELOCIDADE MÁXIMA DA ÁGUA

De acordo com a NBR 5626:2020, "as tubulações devem ser dimensionadas de modo a limitar a velocidade de escoamento a valores que evitem golpes de aríete com intensidades prejudiciais aos componentes do sistema e a geração e a propagação de ruídos em níveis que excedam os valores descritos na NBR 10152:2017 – Acústica – Níveis de pressão sonora em ambientes internos a edificações".

É importante ressaltar que o dimensionamento da tubulação, assumindo um limite máximo de velocidade média da água de 3 m/s, não evita a ocorrência de golpes de aríete, mas limita a magnitude dos picos de sobrepressão.

Conhecendo-se as vazões de projeto e o diâmetro dos trechos, pode-se efetuar o cálculo da velocidade, uma vez que pela equação da continuidade temos:

$$Q = A \times V \qquad A = \frac{Q}{V} \qquad \frac{\pi D^2}{4} = \frac{Q}{V} \qquad V = \frac{4Q}{\pi D^2}$$

onde:

Q = vazão de projeto (m^3/s);

A = área mínima da seção transversal do tubo (m^2);

V = velocidade (m/s);

D = diâmetro interno (m).

Observação

A limitação da velocidade do escoamento não se aplica a trechos onde comprovadamente a tubulação não fique sujeita a golpes de aríetes, ou provoque ruídos atentatórios ao conforto acústico da edificação, sendo assim a NBR 5626:2020 deixa vago o limite dessas velocidades.

Entretanto, para minimizar a ocorrência de ruídos e limitar a magnitude dos picos de sobrepressão, recomenda-se que a velocidade de escoamento em cada trecho deve obedecer a duas inequações, que são:

$$V \leq 3 \text{ m/s}$$

$$V \leq 14 \times \sqrt{D}$$

Tabela 1.5 Velocidades e vazões máximas **preconizadas na antiga norma** (NBR 5626:1998)

Diâmetro DN (mm)	Velocidade máxima (m/s)	Vazão máxima (L/s)
20	1,98	0,62
25	2,21	1,08
32	2,50	2,01
40	2,80	3,51
50	3,00	5,89
60	3,00	8,48
75	3,00	13,25
85	3,00	17,02
110	3,00	28,51

Nota: Essa tabela não se aplica mais na nova norma (NBR 5626:2020).

PRESSÕES MÍNIMA E MÁXIMA

No projeto do sistema de distribuição, devem ser verificadas as pressões mínimas e máximas disponíveis ao final dos trechos. Para que os aparelhos funcionem adequadamente, é preciso verificar as pressões estática (pressão com a água parada) e dinâmica (pressão com a água em movimento) estabelecidas para cada um.

As pressões são medidas em kgf/cm^2 (quilograma força por centímetro quadrado), entretanto, existem outras formas de expressar medidas de pressão; a mais usual nas instalações prediais de água fria é o m.c.a (metro de coluna d'água). Com relação à equivalência entre ambas, 1 kgf/cm^2 é a pressão exercida por uma coluna d'água de 10 m de altura.

PRESSÃO ESTÁTICA

A pressão estática pode ser entendida como a força que a água exerce, quando parada, em determinada superfície, ou seja, a pressão da água quando está parada dentro da tubulação. O seu valor é medido pela altura que existe entre, por exemplo, o chuveiro e o nível da água no reservatório superior. Se for instalado um manômetro no ponto do chuveiro e a altura até o nível da água no reservatório for de 3 metros, o manômetro marcará 0,3 kgf/cm², ou, 3 m.c.a. Com relação à pressão estática, a NBR 5626:2020 diz o seguinte: "Em uma instalação predial de água fria, em qualquer ponto de utilização, a pressão estática não pode superar 400 kPa (40 m.c.a.)".

Isso significa que a diferença entre o nível da água no reservatório superior e o ponto mais baixo da instalação predial não deve ser maior que 40 metros.

Uma pressão acima desse valor ocasionará ruído, golpe de aríete e necessidade de manutenção constante nas instalações. Dessa maneira, devem-se tomar alguns cuidados com edifícios com mais de 40 m de altura, normalmente edifícios com mais de 13 pavimentos convencionais (pé-direito de 3 m × 13 = 39 m).

Uma solução amplamente adotada por arquitetos e projetistas para lidar com o problema de excesso de pressão em edifícios com mais de 40 metros de altura é o uso de válvulas redutoras de pressão (veja a Seção "Dispositivos controladores de pressão). A localização dessas válvulas demanda um espaço planejado para abrigá-las, coisa que quase nenhum arquiteto lembra quando projeta uma edificação com mais de 40 metros de altura.

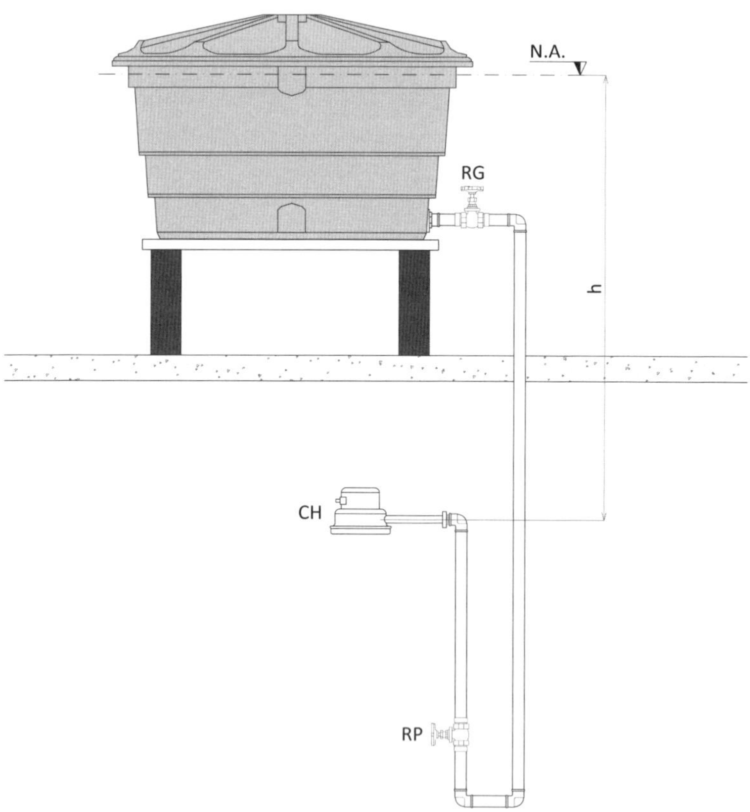

Figura 1.32 Pressão estática (sem escoamento).

PRESSÃO DINÂMICA NO SISTEMA DE DISTRIBUIÇÃO

É a carga de pressão ou carga piezométrica (energia de pressão por unidade de peso de água) atuante em determinada seção de tubulação sob escoamento, considerada em sua linha de eixo. A pressão dinâmica depende do traçado da tubulação e dos diâmetros adotados para os tubos. Com relação à pressão dinâmica, de acordo com a NBR 5626:2020, "em qualquer ponto da rede predial de distribuição, a pressão da água em regime de escoamento não deve ser inferior a 5 kPa (0,5 m.c.a.), excetuados os trechos verticais de tomada d'água nas saídas de reservatórios elevados para os respectivos barriletes em sistemas indiretos, em que a pressão dinâmica mínima em cada ponto é dada pelo correspondente desnível geométrico ao nível d'água de cota mais baixa no reservatório, descontada a perda de carga até o ponto considerado". Esse valor visa impedir que o ponto crítico da rede de distribuição, geralmente o ponto de encontro entre o barrilete e a coluna de distribuição, possa obter pressão negativa.

PRESSÃO DINÂMICA NOS PONTOS DE UTILIZAÇÃO

É a pressão da água em regime de escoamento nos pontos de consumo, como torneiras, chuveiros, vasos sanitários, entre outros. É importante que essa pressão seja adequada para garantir o funcionamento correto dos aparelhos sanitários e proporcionar conforto aos usuários.

A pressão da água, por exemplo, afeta diretamente o desempenho do chuveiro, incluindo a vazão e a sensação de conforto durante o banho. Existem dois cenários principais relacionados à pressão da água nos chuveiros: pressão baixa e pressão alta. Para lidar com essas situações, é comum o uso de dispositivos como reguladores de pressão ou restritores de vazão, que ajustam a pressão da água para garantir um banho agradável e equilibrado.

A pressão dinâmica mínima nos pontos de utilização deve ser aquela necessária para assegurar a vazão de projeto. De acordo com a NBR 5626:2020, "a pressão requerida para o adequado funcionamento da peça de utilização ou do correspondente aparelho sanitário operando com vazão de projeto pode ser obtida junto ao respectivo fabricante ou responsável pela colocação do produto no mercado nacional, ou à especificação técnica do componente."

As pressões dinâmicas recomendadas pelos fabricantes de aparelhos sanitários e peças de utilização podem variar de acordo com cada fabricante e modelo específico. Em qualquer caso, de acordo com norma, a pressão dinâmica no ponto de utilização não pode ser inferior a 10 kPa (1 m.c.a.).

É importante ressaltar que uma pressão excessiva tende a aumentar desnecessariamente o consumo de água. Portanto, em condições dinâmicas, os valores das pressões devem ser controlados para resultarem próximos aos mínimos necessários para o adequado funcionamento da peça de utilização ou do correspondente aparelho sanitário operando com vazão de projeto.

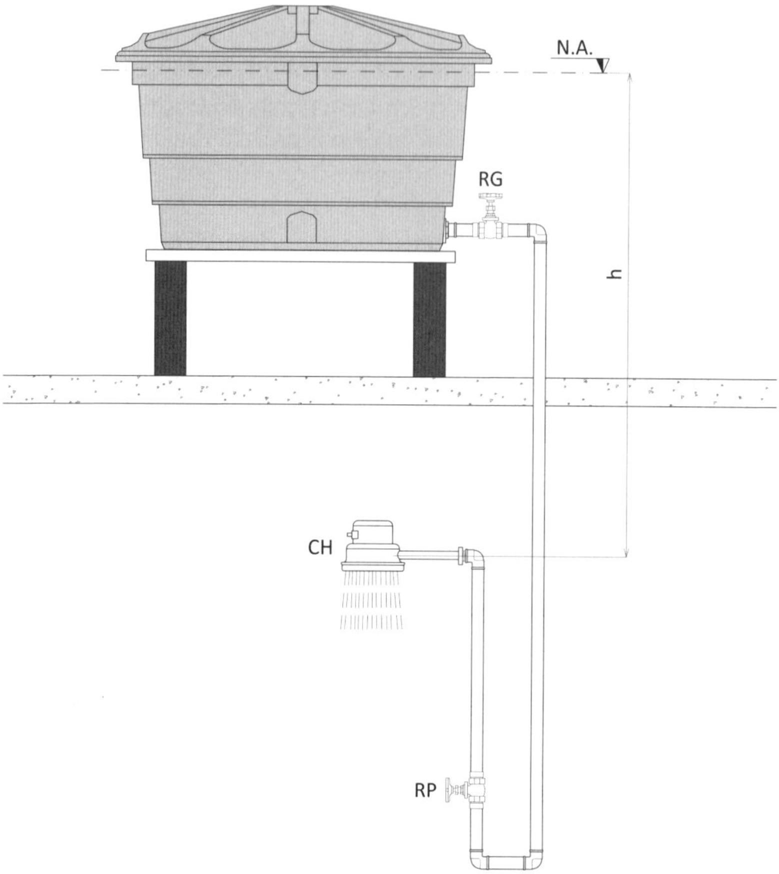

Figura 1.33 Pressão dinâmica (com escoamento).

Tabela 1.6 Tabela de conversão de unidades de pressão

Tabela de conversão de unidades: Pressão								
	atm	**PSI (lbf/pol^2)**	**Kgf/cm^2**	**Bar**	**mmHg (Torricelli)**	**mH_2O**	**pol Hg**	**Pascal (Pa)**
atm	1	14,6959	1,033	1,01325	760	10,33	29,92	101325
PSI (lbf/pol^2)	0,068	1	0,07031	0,06895	51,71	0,70307	2,04	6894,8
Kgf/cm^3	0,96778	14,2234	1	0,98	735,514	10	28,9572	98066,5
Bar	0,9869	14,5	1,02	1	750,061	10,195	29,53	10000
mmHg	0,001315789	0,01933677	0,00135951	0,001333224	1	0,0136	0,03937	133,3224
mH_2O	0,09678	1,42234	0,1	0,0980872	73,5514	1	2,89572	9803,1178
pol Hg	0,03342	0,49119	0,03453	33900	25,4	0,34534	1	3386,5
Pascal (Pa)	0,00001	0,000145038	0,00001	0,00001	0,007500617	0,0001	0,000295	1

PRESSÃO DE SERVIÇO

A ocorrência de sobrepressões devidas a transientes hidráulicos deve ser considerada no dimensionamento das tubulações. De acordo com a NBR 5626:2020, "estas sobrepressões em relação à pressão dinâmica prevista em projeto são admitidas desde que não superem 200 kPa (20 m.c.a.)".

Isso significa que a pressão de serviço não deve ultrapassar 60 m.c.a., pois é o resultado da máxima pressão estática (40 m.c.a.) somada à máxima sobrepressão (20 m.c.a.).

Para uso em instalações prediais de água fria, de acordo com alguns fabricantes, os tubos e conexões soldáveis e roscáveis podem trabalhar com pressões de serviço de até 7,5 Kgf/cm^2 (750 kPa), ou seja 75 m.c.a., valores especificados pela NBR 5648:2018 - Tubos e conexões de PVC-U com junta soldável para sistemas prediais de água fria - Requisitos. Esse valor de 75 m.c.a. é superior ao valor máximo da pressão para tubulações prediais de água fria exigido pela NBR 5626:2020.

Alguns profissionais da construção civil que executam instalações em prédios com grandes alturas utilizam tubos metálicos, pensando que estes são mais resistentes que os tubos de PVC. É importante ressaltar que o conceito de pressão máxima independe do tipo de tubulação, pois a norma não faz distinção quanto ao tipo de material.

DISPOSITIVOS CONTROLADORES DE PRESSÃO

As peças de utilização são projetadas de modo a funcionar com pressões estática ou dinâmica (máximas e mínimas) preestabelecidas pelos fabricantes dos tubos, dispositivos e aparelhos sanitários. Portanto, uma das maiores preocupações em relação às redes hidráulicas é a pressão nos pontos de utilização.

Atualmente, existem, no mercado, dispositivos que elevam ou reduzem a pressão da água nas canalizações. Quando falta pressão na rede, o pressurizador é um recurso eficiente; quando a pressão é elevada (acima de 40 m.c.a.), utilizam-se válvulas reguladoras de pressão (VRP).

SISTEMA DE PRESSURIZAÇÃO

Um dos problemas mais comuns em todo tipo de edificação é a falta de pressão de água do reservatório. Para resolvê-lo, geralmente são utilizados pressurizadores para aumentar e manter a pressão nas redes. Além do custo reduzido, esses dispositivos praticamente não exigem manutenção. São encontrados em diversos modelos no mercado e podem ser utilizados em residências, apartamentos, hotéis, motéis, hospitais, restaurantes e escritórios, para alimentação de lavatórios, chuveiros, duchas, máquinas de lavar etc.

Cada modelo apresenta suas vantagens. Antes de escolher o equipamento, no entanto, devem-se consultar os catálogos dos fabricantes e os revendedores autorizados.

Alguns fabricantes mais conscienciosos recomendam alguns cuidados com relação à instalação desses equipamentos, principalmente quanto à localização e à prevenção de ruídos.

O pressurizador deverá estar localizado o mais distante possível de locais em que é necessário silêncio (dormitórios, escritórios, salas de reunião). Para que não haja ruído em razão de vibrações, deverá ser evitada a instalação diretamente sobre lajes, principalmente sobre as de grandes dimensões e pequena espessura – quando for colocado sobre lajes, deverá haver base provida de amortecedores.

A maioria dos pressurizadores no mercado tem regulagem de pressão. Isso é útil em situações onde se tem tubulações muito velhas que não suportam pressões muito altas; onde não se deseja ter uma pressão muito alta pelo fato dos pontos estarem muito próximos ou quando se deseja aumentar a pressão quando os pontos estão muito distantes do pressurizador.

TIPOS DE PRESSURIZADORES

Os pressurizadores de água normalmente são compostos por uma ou mais bombas com controle de vazão ou pressão e, basicamente, são dois os tipos de comando: com acionador fluxostato ou com acionador pressostato.

PRESSURIZADOR COM ACIONADOR FLUXOSTATO

O fluxostato é um sensor que detecta automaticamente o fluxo de água e inicia o funcionamento da bomba quando um chuveiro, uma torneira ou registro são abertos. Ao contrário, a bomba também é desligada quando o fluxo de água é fechado, ou seja, quando ocorre o fechamento do ponto, o fluxostato corta a alimentação e a bomba desliga. O fluxostato é um equipamento mais simples e não mantém a rede pressurizada, pois precisa de um fluxo e pressão mínima de água para ser acionado.

O pressurizador com acionamento fluxostato é mais recomendado para casas onde a rede hidráulica é mais antiga, mas por outro lado não pode pressurizar pontos de consumo acima de seu local de instalação, por isso não pode ser instalado abaixo dos pontos de consumo.

As vantagens do fluxostato é o preço mais atrativo, maior durabilidade, menor incidência de manutenção, pode ser instalado em redes hidráulicas mais antigas e caso ocorra pequenos vazamentos não fica acionando. Porém, pode demorar um pouco para acionar e só atender os pontos de consumo que estão abaixo dele, além de ter mais restrições em relação ao local de instalação. Outra desvantagem é que não pode ser utilizado com boiler, o que pode restringir suas possibilidades de aplicação em sistemas que fazem uso desse equipamento para aquecimento de água. Portanto, é importante considerar esses aspectos ao escolher o tipo de pressurizador mais adequado para atender às necessidades específicas de cada instalação.

PRESSURIZADOR COM ACIONADOR PRESSOSTATO

O pressurizador de água residencial que tem o seu acionamento por pressostato, aciona a bomba sempre que ocorre uma queda de pressão, a bomba então funciona até que a pressão da rede seja alcançada, só então a bomba cessa o seu funcionamento. Este sistema é conhecido como duplo comando – o equipamento liga por pressão e desliga por fluxo. Todo sistema controlado por pressostato é necessário que haja uma válvula de retenção que, normalmente, acompanha os equipamentos.

O pressostato mantém a rede hidráulica sempre pressurizada, sendo o equipamento ideal para trabalhar com boilers de alta pressão. Trata-se de um equipamento mais complexo que mantém a rede hidráulica sempre pressurizada.

A vantagem do pressurizador com acionamento pressostato é que quando um ponto de consumo é aberto já recebe água pressurizada. Além disso, tem mais flexibilidade na instalação, podendo estar abaixo ou acima dos pontos de consumo.

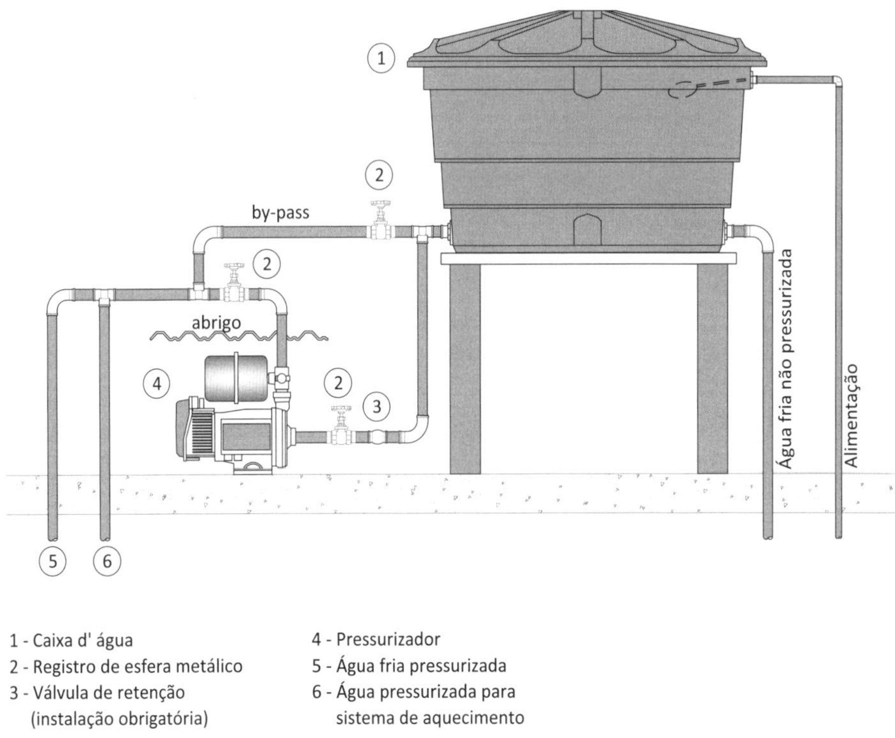

Figura 1.34 Pressurizador em uma residência.

Observação importante

De acordo com a NBR 5626:2020, é necessário que existam dois conjuntos motobombas independentes para que, em caso de falha ou manutenção, o sistema continue operando.

Segundo a norma, "o sistema deve ser montado de forma a garantir a continuidade do abastecimento. Deve ser previsto um desvio (by-pass) com válvula de retenção e sem válvulas de bloqueio, de forma que o abastecimento por gravidade seja automático na falha ou parada da bomba para manutenção."

A entrada em funcionamento do sistema de pressurização não pode comprometer o abastecimento de outras prumadas, especialmente quando o barrilete contar com filtros instalados antes das derivações. Neste caso, a alimentação do sistema de pressurização pode ser feita, por exemplo, por tubulação exclusiva, diretamente do reservatório.

O sistema de pressurização também deve contar com dispositivo (s) capaz (es) de admitir ar na tubulação quando de seu esvaziamento, de expulsar o ar nas operações de enchimento e de expulsar bolhas que se formem durante sua operação normal.

CRITÉRIOS PARA ESPECIFICAÇÃO DE PRESSURIZADORES

Na definição do sistema de pressurização deve-se considerar o aproveitamento mais eficiente da pressão disponível, bem como consultar os requisitos para projeto no item 6.5.11 da NBR 5626:2020.

Para pressurizar somente um ponto de consumo de água como uma torneira ou uma máquina de lavar, os pressurizadores de ponto são os mais indicados. Já para aumentar a pressão de mais de um ponto de consumo ao mesmo tempo, como no chuveiro e torneira, os pressurizadores de linha são os mais indicados.

Para especificar corretamente um pressurizador é preciso saber a pressão desejada no ponto mais desfavorável (considerando o desnível geométrico e as perdas de carga) e a vazão de projeto. Com essas informações basta conferir na curva da bomba, a pressão do pressurizador funcionando em sua vazão máxima. Se atender, então é só especificar.

Se a pressão que chega no ponto de utilização está abaixo da pressão recomendada pelo fabricante do aparelho, deve-se escolher um pressurizador que supra essa diferença. No entanto, é importante ressaltar que esta pressão pode sofrer perdas de carga conforme o traçado da tubulação no local da instalação (veja Seção "Cálculo das perdas de carga").

Com relação a vazão de projeto, deve-se considerar o numero de pontos de consumo simultâneos que ele irá atender para saber a vazão em litros por minuto. Para calcular a vazão máxima de atuação do pressurizador soma-se as vazões dos aparelhos abastecidos por ele. Porém, dificilmente esses pontos serão acionados simultaneamente.

Exemplo de dimensionamento

Calcular a vazão de um pressurizador de linha para atender 3 duchas, 3 torneiras de lavatório, 1 torneira de pia e 1 torneira de tanque. Dadas as seguintes vazões:

- ducha = 0,20 litros/s;
- torneira de lavatório = 0,15 litros/s;
- torneira de pia = 0,25 litros/s;
- torneira de tanque = 0,25 litros/s.

Solução
Vazão dos chuveiros
Q = 3 x 0,20 = 0,60 litros/s.
Q = 36 litros/min.

Vazão das torneiras de lavatório
Q = 3 x 0,15 = 0,45 litros/s.
Q = 27 litros/min.

Vazão da torneira de pia
Q = 1 x 0,25 = 0,25 litros/s.
Q = 15 litros/min.

Vazão da torneira de tanque
Q = 1 x 0,25 = 0,25 litros/s.
Q = 15 litros/min.

Vazão total
Q = 36 + 27 + 15 + 15 = 93 litros/min.

Observação

Será necessário especificar um pressurizador de linha com vazão aproximada de 93 litros/minuto, o que pode ser verificado nas características técnicas do pressurizador (catálogo do fabricante). É importante observar a pressão de serviço do pressurizador, pois a pressão está totalmente ligada á vazão.

VÁLVULAS REDUTORAS DE PRESSÃO (VRP)

A válvula redutora de pressão (VRP) é o subsistema formado por componentes com a finalidade de regular a pressão de saída da água para setores coletivos da rede de distribuição predial de água fria e/ou quente. Esse tipo de válvula é utilizado para regular a pressão da rede predial para que não haja danos nos ramais, ruídos nas instalações, golpe de aríete, consumo excessivo de água ou pane em equipamentos ligados à rede hidráulica pela excessiva pressão da água.

Atualmente existem diferentes tipos de válvulas e modelos de aplicação no mercado, que podem, por exemplo, ser instalados nos pavimentos em áreas técnicas acessíveis, como o hall de serviços, o térreo ou o subsolo do edifício.

Sendo necessário realizar a instalação de válvulas redutoras de pressão, devem ser instaladas pelo menos duas válvulas em paralelo, servindo uma como reserva da outra em caso de retirada para manutenção, visando prover continuidade de abastecimento aos pontos de utilização. De acordo com a NBR 5626:2020, "essa exigência não se aplica quando a válvula redutora de pressão não for instalada em estação redutora de pressão e se destinar a uma única unidade condominial ou a reduzir a pressão dinâmica para um dado setor do edifício ou trecho do respectivo sistema de distribuição ou ponto de utilização. Neste caso, a redução pode ser feita por meio de uma só válvula, sem tubulação de desvio (by-pass). Para tanto, o projeto deve especificar que ao menos uma válvula sobressalente de idênticas características deve ser mantida na edificação, para reposição em caso de retirada da válvula para manutenção."

A válvula deve ser instalada, preferencialmente, com o fluxo paralelo ao plano horizontal. Ou seja, instalada na horizontal. Quando não for possível, pode ser instalada na vertical devendo dar preferência ao fluxo vertical de baixo para cima (ascendente). O fluxo vertical "descendente" deve ser a última opção.

CRITÉRIOS PARA ESPECIFICAÇÃO DE VRP

O dimensionamento de tubulação que abastece a válvula redutora de pressão deve considerar o menor valor da pressão dinâmica e a pressão estática, atuantes a montante da VRP. É importante ressaltar que a tubulação de alimentação da VRP pode ter pressão estática maior que 40 m.c.a., pois só depende do material utilizado e especificações da válvula (a pressão de 40 m.c.a. se aplica somente no sistema de distribuição).

A VRP deve ser selecionada de modo a superar a pressão dinâmica desejada à jusante em valor igual ou superior ao valor do diferencial mínimo especificado para o equipamento. Na seleção da válvula redutora de pressão deve ser respeitado o limite da relação de redução de pressões e a faixa de vazões especificadas para o equipamento.

Cada fabricante tem suas especificações e formas para se dimensionar e escolher a válvula redutora de pressão mais adequada para o uso. Porém a metodologia e parâmetros necessários são os mesmos.

Para especificar uma válvula redutora de pressão, deve-se levar em conta à vazão de projeto. É usual utilizar a vazão máxima provável, que pode ser calculada pelo método empírico dos pesos relativos (veja Seção "Método do consumo máximo provável").

Com esta informação, cada modelo de válvula tem a sua velocidade recomendável de acordo com as especificações do fabricante. Deve-se escolher a VRP que melhor satisfaz esta condição.

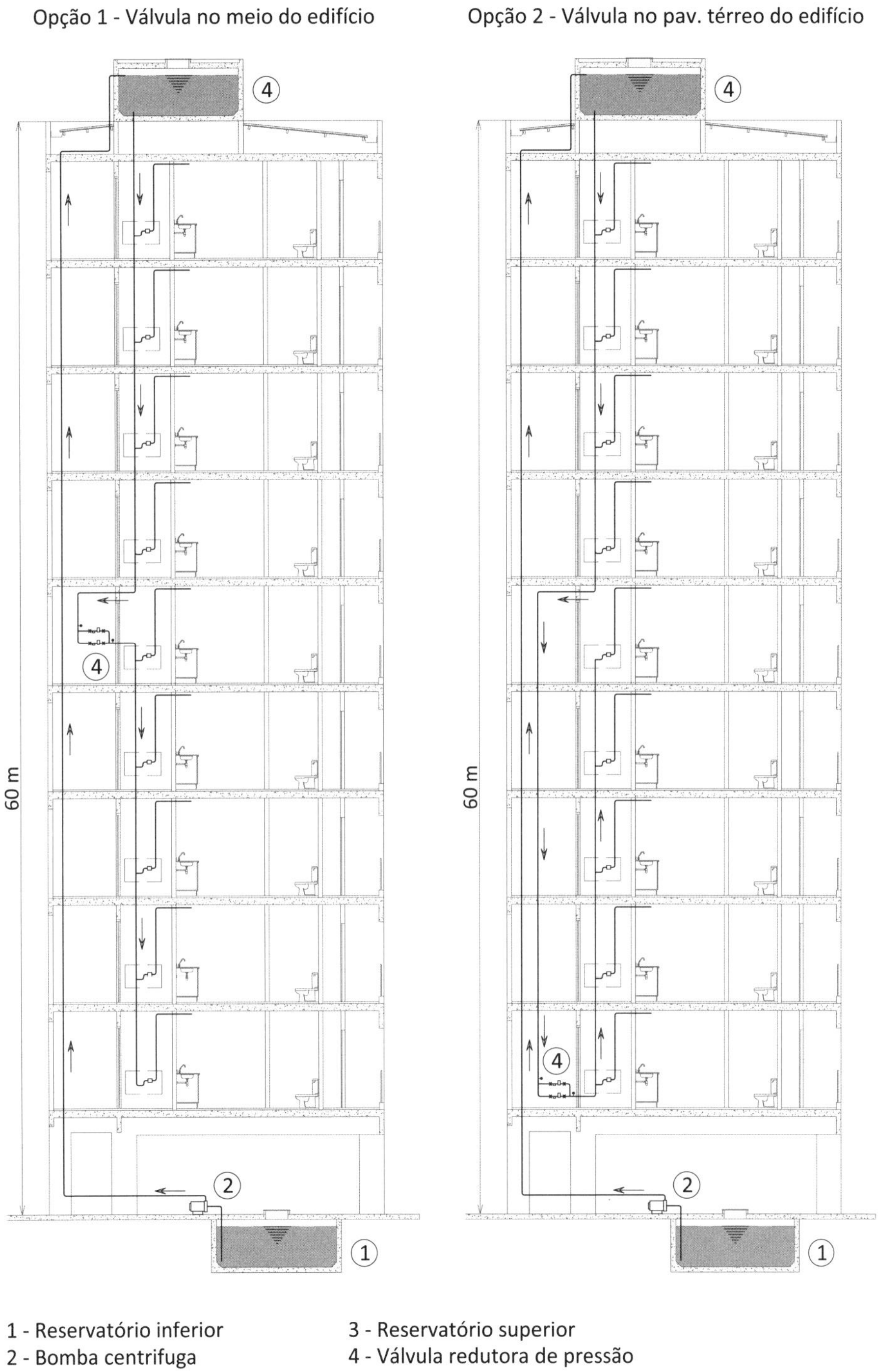

Figura 1.35 Soluções com válvulas redutoras de pressão.

Para prédios que adotam a medição individualizada de água adota-se a instalação de um redutor de pressão de menor porte, para limitar e regular a entrada de água nos vários pavimentos do edifício, a fim de que cada apartamento receba a água com pressão adequada, normalmente 10 m.c.a. Além de reduzir a pressão, os redutores otimizam o consumo de água e evitam o desgaste prematuro das instalações hidráulicas.

Embora a norma não faça distinção sobre qual ou quais materiais devem compor as instalações com pressão estática acima de 40 m.c.a, devem-se adotar tubos mais resistentes e tomar cuidados redobrados quanto às emendas e conexões.

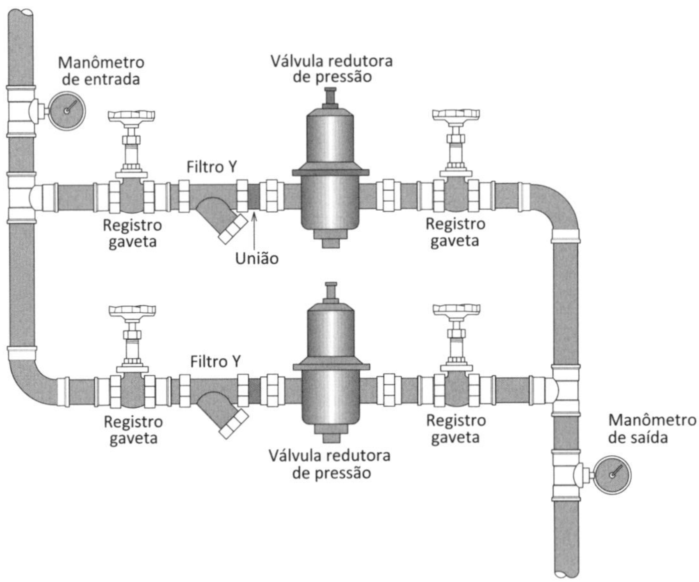

Figura 1.36 Esquema de montagem de VRP.

GOLPE DE ARÍETE

O golpe de aríete é um fenômeno que ocorre nas instalações hidráulicas, quando a água, ao descer em velocidade elevada pela tubulação, é bruscamente interrompida. Isto provoca golpes de grande força (elevação de pressão) nos equipamentos da instalação podendo causar rupturas em conexões.

Podem causar golpe de aríete: máquinas de lavar roupa ou louça, bombas hidráulicas, registros (principalmente os de 1/4 de volta) e válvulas de descarga desreguladas ou muito antigas. O misturador monocomando é um dispositivo de alto grau de funcionalidade, porém requer cuidados com eventuais sobrepressões decorrentes de fechamento rápido. Para minimizar o golpe de aríete, deve-se evitar o fechamento brusco de válvulas, especificar modelos de equipamentos que não causem o efeito; evitar trechos longos ligados diretamente a válvulas e torneiras; reduzir velocidade da água e utilizar dispositivo amortecedor próximo ao local de origem.

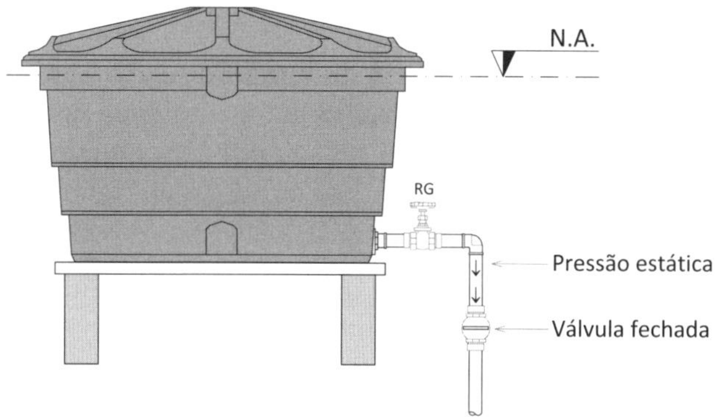

SITUAÇÃO A
Válvula fechada - temos apenas a pressão estática da rede - pressão normal

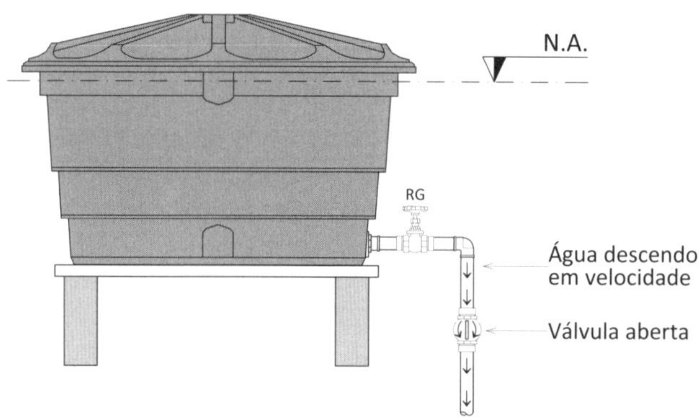

SITUAÇÃO B
Válvula aberta - a água começa a descer, aumentando gradativamente a velocidade dentro do tubo. A pressão contra as paredes se reduz ao máximo.

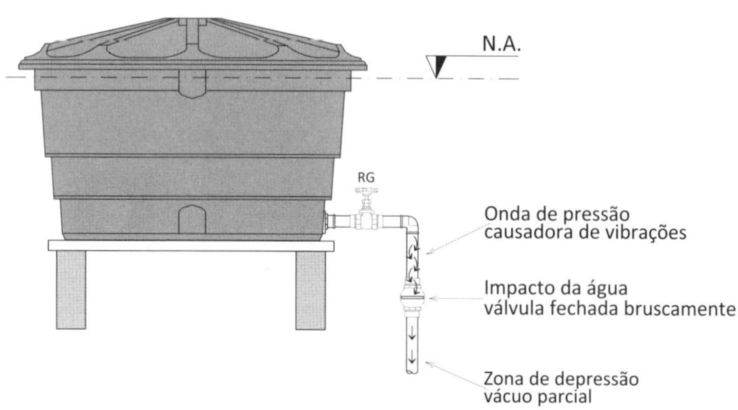

SITUAÇÃO C
Fechamento rápido da válvula - ocorre a interrupção brusca da água, causando violento impacto sobre a válvula e demais equipamentos, além de vibrações e fortes pressões na tubulação.

Figura 1.37 Golpe de aríete.

Fonte: Tigre, 2008.

PERDAS DE CARGA NAS CANALIZAÇÕES

Quando um fluido escoa, existe um movimento relativo entre suas partículas, resultando um atrito entre elas. Essa energia é dissipada sob a forma de calor. Assim, a perda de carga em uma canalização pode ser entendida como a diferença entre a energia inicial e a energia final de um líquido, quando ele flui em uma canalização de um ponto ao outro.

Dois fatores são determinantes para que ocorra uma maior ou menor perda de carga: a viscosidade e a turbulência. Quanto mais rugoso for o material do tubo, maior será o atrito interno, assim como maiores serão os choques das partículas entre si.

As perdas de carga poderão ser: distribuídas (ocasionadas pelo movimento da água na tubulação) ou localizadas (ocasionadas por conexões, válvulas, registros etc.). Portanto, maior comprimento de tubos, maior número de conexões, tubos mais rugosos e menores diâmetros geram maiores atritos e choques e, consequentemente, maiores perdas de carga e menor pressão nas peças de utilização.

É importante lembrar que, na prática, não existe escoamento em tubulações sem perda de carga. O que deve ser feito é reduzi-la aos níveis aceitáveis para que não ocorra uma redução de pressão nas peças de utilização. Os tubos de PVC, por terem paredes mais lisas, oferecem menores perdas de carga.

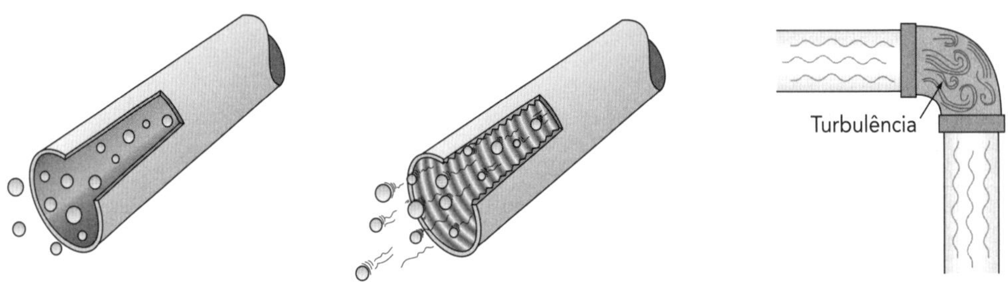

Tubo liso (pequenos atritos e choques) < perda de carga

Tubo rugoso (grandes atritos e choques) > perda de carga

Perda de carga localizada (conexão)

Figura 1.38 Tubo liso, tubo rugoso e perda de carga localizada.

Fonte: Tigre, 2008.

CÁLCULO DAS PERDAS DE CARGA

De acordo com a NBR 5626:2020, a determinação das perdas de carga nas tubulações deve ser feita mediante o emprego de equações pertinentes. A "Equação Universal" de Darcy Weissbach é a mais indicada. Em caso de utilização de equações empíricas, (Hazen-Williams, Flamant ou Fair-Whipple-Hsiao), convém adotar a mais adequada para o material e o diâmetro do trecho de tubulação considerado. A perda de carga total (Δh) é a soma das perdas de carga nos trechos retilíneos de tubulação e das perdas de carga localizadas.

PERDAS DE CARGA DISTRIBUÍDAS

As perdas de carga distribuídas ocorrem ao longo da tubulação por atrito da água com a mesma. Segundo a NBR 5626:2020, "para calcular o valor da perda de carga nos tubos, recomenda-se utilizar a "Equação Universal", obtendo-se os valores das rugosidades junto aos fabricantes dos tubos". Na falta dessas informações, podem ser utilizadas as expressões de Fair-Whipple-Hsiao (FWH), recomendadas para tubulações de pequeno diâmetro, variando entre 15 mm e 50 mm.

- Para tubos rugosos (tubos de aço carbono, galvanizado ou não):

$$J = 0{,}002021 \times \frac{Q^{1,88}}{D^{4,88}}$$

- Para tubos lisos (tubos de plástico, cobre ou liga de cobre):

$$J = 0{,}00085 \times \frac{Q^{1,75}}{D^{4,75}}$$

Onde:

J = perda de carga unitária, em m/m;

Q = vazão estimada na seção considerada, em m^3/s;

D = diâmetro interno do tubo, em m.

Observação importante

É importante ressaltar, que o fluido é conduzido pela tubulação considerando sua seção interna, ou seja, seu diâmetro interno (DI). O diâmetro nominal (DN) é uma aproximação desse valor.

O ábaco de Fair-Whipple-Hsiao é uma representação gráfica que permite determinar rapidamente as perdas de carga distribuídas sem a necessidade de realizar cálculos complexos. Ele mostra, de modo gráfico, a correlação entre diâmetro, vazão, velocidade e perdas de carga para tubulações de ferro galvanizado e ferro fundido (Figura 1.39) e para tubulações de cobre e plástico (Figura 1.40), facilitando e agilizando os cálculos, obtendo-se facilmente o valor da perda de carga unitária (*J*), lembrando que, para limitar a magnitude dos picos de sobrepressão, recomenda-se que a velocidade máxima da água não exceda 3 m/s.

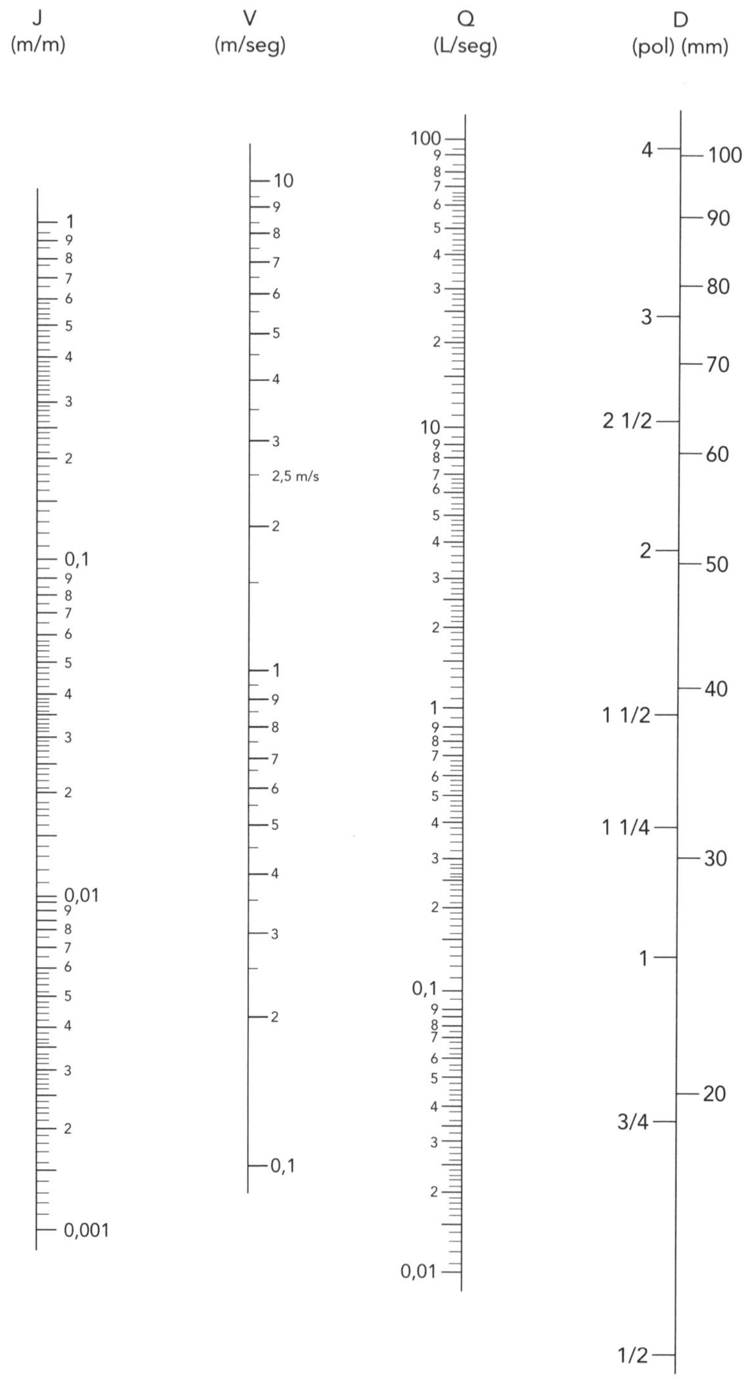

Fórmula de Fair-Whipple-Hsiao ($Q = 27{,}113 \times J^{0{,}632} \times D^{2{,}596}$)

Figura 1.39 Ábaco de Fair-Whipple-Hsiao para tubulações de aço galvanizado e ferro fundido.

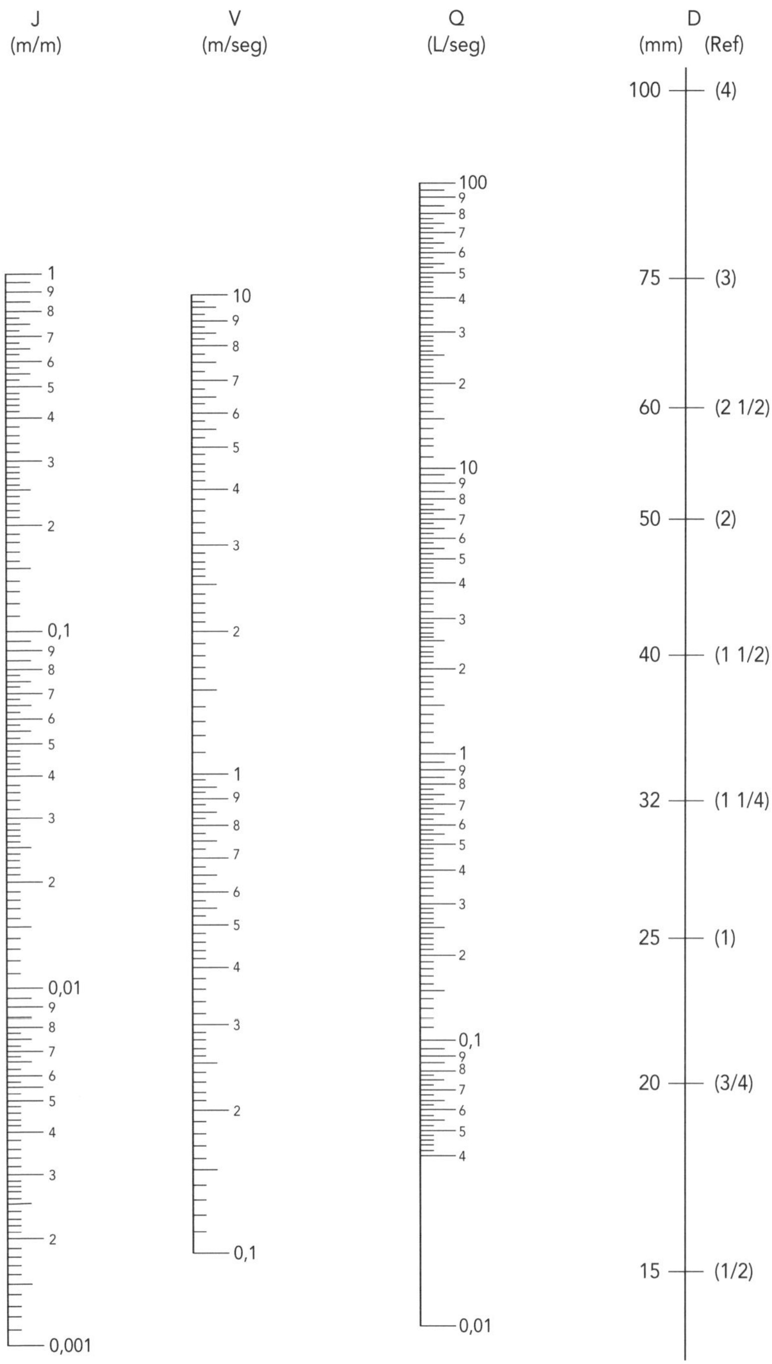

Fórmula de Fair-Whipple-Hsiao ($Q = 55{,}934 \times J^{0{,}571} \times D^{2{,}714}$)

Figura 1.40 Ábaco de Fair-Whipple-Hsiao para tubulações de cobre e plástico.

PERDAS DE CARGA LOCALIZADAS

A perda de carga nas conexões é expressa em termos de comprimento equivalente das tubulações e varia, também, em função do seu diâmetro interno, da rugosidade da sua superfície interna e da vazão. Essas perdas são obtidas por meio de tabelas dos fabricantes de tubos e conexões, que fornecem as perdas localizadas diretamente em "comprimento equivalente de canalização (L_{eq})". A perda de carga dos registros de pressão e dos hidrômetros individuais são obtidas por meio de equações (veja observação da Tabela 1.7)

Perda de carga total

A perda de carga total é obtida, multiplicando a perda de carga unitária (J) pelo comprimento total (L total), que corresponde ao comprimento real mais os comprimentos equivalentes. Portanto, pode ser calculada por meio da equação:

$$\Delta h = J \times L_{total}$$

onde:

Δh = perda de carga total no trecho em m;

J = perda de carga unitária em m/m;

L_{total} = comprimento total ($L_{real} + L_{eq}$) em m.

Tabela 1.7 Perdas de carga localizadas (sua equivalência em metros de tubulação de PVC rígido)

		DIÂMETROS								
DN (mm)		20	25	32	40	50	60	75	85	110
Joelho 90°		1,1	1,2	1,5	2,0	3,2	3,4	3,7	3,9	4,3
Joelho 45°		0,4	0,5	0,7	1,0	1,0	1,3	1,7	1,8	1,9
Curva 90°		0,4	0,5	0,6	0,7	1,2	1,3	1,4	1,5	1,6
Curva 45°		0,2	0,3	0,4	0,5	0,6	0,7	0,8	0,9	1,0
TE 90°passagem direta	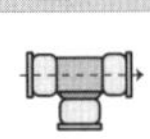	0,7	0,8	0,9	1,5	2,2	2,3	2,4	2,5	2,6
TE 90° saída de lado	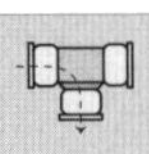	2,3	2,4	3,1	4,6	7,3	7,6	7,8	8,0	8,3
TE 90° saída bilateral	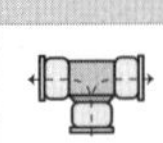	2,3	2,4	3,1	4,6	7,3	7,6	7,8	8,0	8,3
Entrada normal	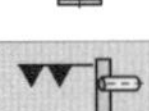	0,3	0,4	0,5	0,6	1,0	1,5	1,6	2,0	2,2

(continua)

Tabela 1.7 Perdas de carga localizadas (sua equivalência em metros de tubulação de PVC rígido) *(continuação)*

DIÂMETROS										
DN (mm)		20	25	32	40	50	60	75	85	110
Entrada de borda		0,9	1,0	1,3	1,8	2,3	2,8	3,3	3,7	4,0
Saída de canalização	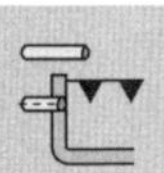	0,8	0,9	1,3	1,4	3,2	3,3	3,5	3,7	3,9
Válvula de pé e crivo		8,1	9,5	13,3	15,5	18,3	23,7	25,0	26,8	28,6
Válvula de retenção tipo leve		2,5	2,7	3,8	4,9	6,8	7,1	8,2	9,3	10,4
Válvula de retenção pesado		3,6	4,1	5,8	7,4	9,1	10,8	12,5	14,2	16,0
Registro globo aberto		11,1	11,4	15,0	22,0	35,8	37,9	38,0	40,0	42,3
Registro gaveta aberto	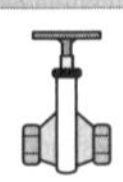	0,1	0,2	0,3	0,4	0,7	0,8	0,9	0,9	1,0
Registro ângulo aberto		5,9	6,1	8,4	10,5	17,0	18,5	19,0	20,0	22,1

Obs.:

* A perda de carga em registro de pressão pode ser obtida por meio da seguinte equação:

$\Delta h = 8 \times 10^6 \times K \times Q^2 \times \pi^{-2} \times d^{-4}$ onde:

Δh = perda de carga no registro, em quilopascal (1 kPa = 0,10 m. c. a.);

K = coeficiente de perda de carga do registro;

Q = vazão estimada na seção considerada, em litros por segundo;

d = diâmetro interno da tubulação, em milímetros.

* A perda de carga em hidrômetro pode ser estimada empregando-se a seguinte equação:

$\Delta h = (36 \times Q)^2 \times (Q_{máx.})^{-2}$ onde:

Δh = perda de carga no hidrômetro, em quilopascal (1 kPa = 0,10 m. c. a.);

Q = vazão estimada na seção considerada, em litros por segundos;

$Q_{máx.}$ = vazão máxima específica para o hidrômetro, em metros cúbicos por hora.

CÁLCULO DA PRESSÃO DINÂMICA EM FUNÇÃO DAS PERDAS DE CARGA

Um ponto positivo no texto na NBR 5626:2020, foi a adoção de referência para plano de pressões disponíveis, agora claramente definida como sendo o nível d'água mais baixo no reservatório. De acordo com a norma: "...a pressão dinâmica mínima em cada ponto é dada pelo correspondente desnível geométrico ao nível d'água de cota mais baixa no reservatório, descontada a perda de carga até o ponto considerado."

Portanto, a pressão disponível é calculada a partir da altura geométrica do reservatório no projeto arquitetônico (fundo do reservatório até a laje de cobertura). A pressão à jusante em um trecho qualquer do barrilete ou das colunas de distribuição é obtida a partir da seguinte expressão:

$P_{jusante} = P_{montante} \pm \text{desnível} - \text{perda de carga}$

onde:

$P_{jusante}$ = pressão dinâmica disponível a jusante do trecho considerado;

$P_{montante}$ = pressão dinâmica disponível a montante do trecho considerado;

desnível = diferença de cotas geométricas dos pontos que definem o trecho.

Exemplo de cálculo

Calcular a pressão dinâmica disponível no chuveiro do esquema hidráulico representado na Figura 1.41, sabendo-se que a perda de carga total entre o reservatório e o chuveiro é de 0,60 m.c.a (metros de coluna de água).

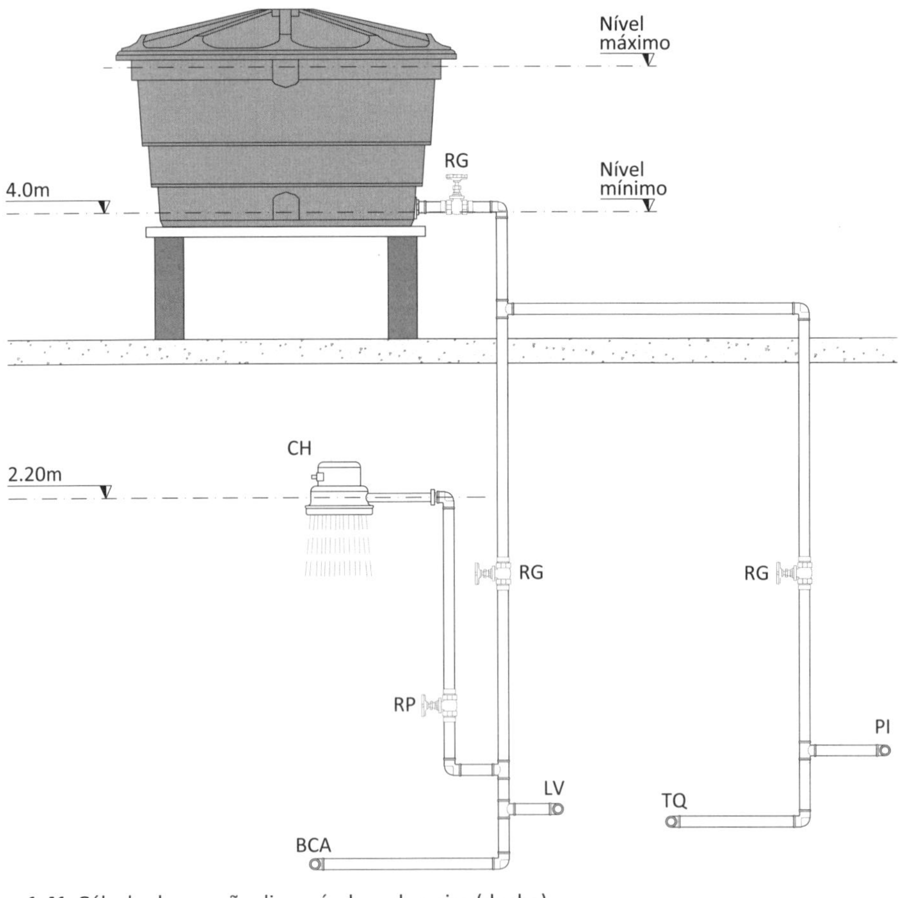

Figura 1.41 Cálculo da pressão disponível no chuveiro (ducha).

Solução:

A pressão dinâmica disponível é dada pelo correspondente desnível geométrico ao nível d'água de cota mais baixa no reservatório, descontada a perda de carga até o ponto do chuveiro.

Ao analisar o esquema hidráulico da Figura 1.41, observa-se que o nível mínimo de água do reservatório está localizado na cota 4,00 m e o ponto do chuveiro está na cota 2,20 m. A pressão estática será a diferença de cota entre o nível mínimo do reservatório e o ponto do chuveiro:

$Pe = 4{,}00 - 2{,}20$

$Pe = 1{,}80$ m.c.a.

A pressão dinâmica será a diferença entre a pressão estática e a somatória das perdas de carga:

$Pd = Pe - \Delta h$

$Pd = 1{,}80 - 0{,}60$

$Pd = 1{,}20$ m.c.a.

Observação importante

Quando a pressão no ponto do chuveiro for menor que a pressão estabelecida pelo fabricante ou insuficiente (< 1 m.c.a.), o projetista deve adotar algumas medidas, como: aumentar a altura do reservatório, reduzir as perdas de cargas ou pressurizar a rede de distribuição.

DIMENSIONAMENTO DO SISTEMA PREDIAL DE ÁGUA FRIA

O dimensionamento do sistema predial de água fria e água quente (SPAFAQ), consiste em dimensionar os seguintes componentes: estimar o consumo diário de água da edificação; dimensionar o sistema de abastecimento (ramal predial, hidrômetro e alimentador predial); dimensionar o sistema de reservação (reservatórios inferior e superior e reserva técnica de incêndio); dimensionamento do sistema elevatório (tubulações de recalque e sucção e conjunto motobomba) e dimensionamento do sistema de distribuição (barrilete, colunas, ramais e sub-ramais).

A norma que fixa os requisitos para o dimensionamento dos SPAFAQ é a NBR 5626:2020 (ABNT, 2020).

Depois de definir o sistema de abastecimento da rede predial e dimensionar o sistema de reservação, no caso de sistemas indiretos (veja Seção "Sistemas de abastecimento"), dimensiona-se, em ordem sequencial: o ramal predial e o alimentador predial de água fria, o sistema elevatório e o sistema de distribuição (água fria e água quente). O dimensionamento das tubulações do sistema de distribuição deve ser efetuado para promover o abastecimento de água com vazões e pressões conforme parâmetrosde projeto.

De acordo com a norma, "os diâmetros devem ser escolhidos em decorrência dos valores das velocidades e vazões consideradas, da limitação de ruído e meio de isolação acústica adotado, da forma de instalação, do tipo de material especificado e da disponibilidade de perda de carga, atendendo-se às pressões dinâmicas mínimas necessárias para o funcionamento dos respectivos aparelhos sanitários com as vazões de projeto adotadas. Não há limitação dos respectivos diâmetros nominais mínimos de sub-ramais e respectivos engates ou tubos de ligação."

DIMENSIONAMENTO DO RAMAL PREDIAL

O ramal predial é a tubulação compreendida entre a rede pública de abastecimento de água e a extremidade a montante do alimentador predial ou da rede de distribuição. É importante ressaltar que o ponto onde termina o ramal predial é convencionado pela concessionária.

Para o dimensionamento do ramal predial e do melhor hidrômetro a ser utilizado, quando da primeira ligação, é feita uma estimativa de consumo conforme informações prestadas pelo interessado em formulário específico fornecido pela concessionária, onde fica caracterizado a que uso(s) se destinará o imóvel e todos os detalhes da instalação. O dimensionamento é feito a partir de parâmetros estabelecidos pelas concessionárias, tais como pressão (em m.c.a), tipo de economia e consumo diário.

DIMENSIONAMENTO DO ALIMENTADOR PREDIAL

Para o dimensionamento do alimentador predial deve ser considerado o sistema de distribuição a ser adotado.

Se a distribuição for direta, o cálculo do alimentador predial se faz como o das canalizações de água fria. Já no caso da distribuição indireta ou mista, a vazão a ser considerada no abastecimento do reservatório deve ser suficiente para a reposição total do volume destinado ao consumo diário de água em até 6 horas. No caso de residencias unifamiliares, o tempo de reposição deve ser de até 3 horas.

Para o dimensionamento do diâmetro do alimentador predial, é necessário, antes, que se obtenha a vazão que passa pelo mesmo. A vazão a ser considerada para o dimensionamento é obtida a partir do consumo diário, como apresentado pela equação:

$$Q\ min \geq \frac{CD}{86400}$$

onde:

Q_{min} = vazão mínima a ser considerada no alimentador predial em litros/s;

CD = consumo diário em litros;

24 horas = 86.400 segundos.

Para o dimensionamento do diâmetro adota-se, na pratica, a velocidade do alimentador predial oscilando entre os valores de 0,60 a 1,00 m/s. De posse do valor da vazão, é possível, então, obter o diâmetro do alimentador predial, calculado por meio da seguinte equação:

$$D \geq \sqrt{\frac{4 \times Qmin}{\times V}}$$

onde:

D = diâmetro do alimentador predial em m;

Q min = vazão no alimentador predial em m^3/s;

V = velocidade no alimentado predial variando entre 0,6 m/s e 1,0 m/s.

Observação importante

O diâmetro calculado é o diâmetro mínimo. A determinação deste diâmetro é importante em razão do tempo de enchimento do reservatório, pois, se mal calculado, pode provocar uma grande demora no enchimento dos reservatórios (seja inferior ou superior). Nos horários de pico, essa demora na reposição do suprimento de água pode provocar o colapso do sistema.

Algumas concessionárias fornecedoras de água adotam o diâmetro de 25 mm para o ramal predial de residências. Porém, deve-se consultar a concessionária para se estabelecer o diâmetro do ramal predial, particularmente no caso de instalações especiais, com maior consumo e cálculo diferenciado.

Proteção contra o refluxo de água

De acordo com a NBR 5626:2020, "devem ser tomadas medidas de proteção contra o refluxo de água considerada servida, não potável ou de qualidade desconhecida, para preservar a potabilidade da água da fonte de abastecimento nos pontos de suprimento e de utilização dos sistemas prediais de água fria e água quente (SPAFAQ)."

A separação atmosférica padronizada (veja Figura 1.42) constitui o recurso mais efetivo de prevenção ao refluxo, considerando os valores mínimos indicados na tabela inserida dentro da figura. De acordo com a norma, outros recursos podem ser utilizados desde que apresentem resultado satisfatório. É importante ressaltar que "quebradores de vácuo" não constituem proteção contra o refluxo de água onde ocorre o mecanismo de vasos comunicantes.

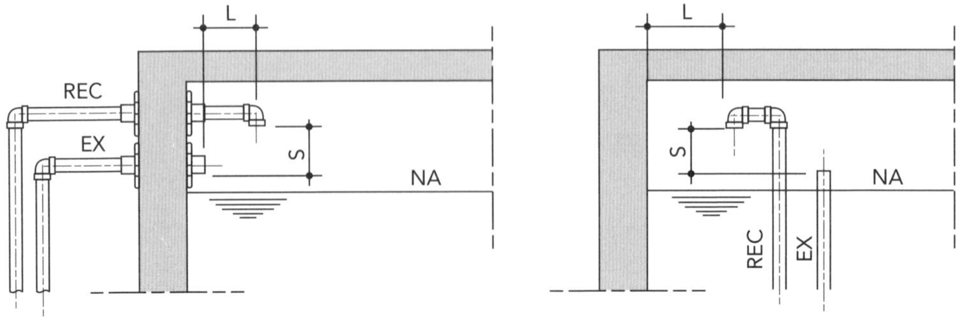

Separação atmosférica padronizada em reservatório superior

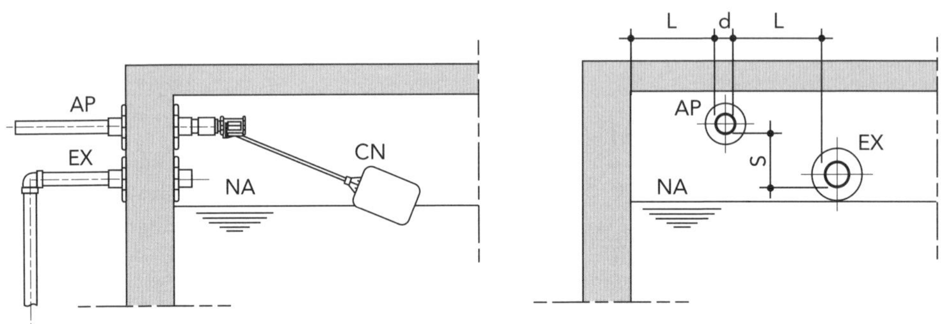

Separação atmosférica padronizada em reservatório inferior

Legenda

AP – Alimentador predial

CN – Dispositivo automático de controle de nível

EX – Extravasor

REC – Recalque

NA – Nível d'água (máximo)

d – Diâmetro interno do tubo a montante no ponto de suprimento ou de utilização

L – Distância mínima entre o ponto de suprimento ou de utilização e qualquer obstáculo periférico (L ≥ 3d)

S – Separação atmosférica mínima

d **mm**	**S** **mm**
≤ 14	≥20
14 < d ≤ 21	≥25
21 < d ≤ 41	≥70
d > 41	≥2d

Figura 1.42 Separação atmosférica padronizada em reservatórios inferior e superior.

Fonte: adaptada de NBR 5626:2020.

DIMENSIONAMENTO DO SISTEMA ELEVATÓRIO

Para elevação da água do reservatório inferior até o reservatório superior, normalmente, utiliza-se bombas centrífugas acionadas por motores elétricos (veja a Seção "Sistema elevatório"). A instalação elevatória deve ser dimensionada de acordo com a vazão de projeto (vazão de recalque) e a altura manométrica.

Vazão da bomba de recalque

A vazão de recalque refere-se à quantidade de água que a bomba deve ser capaz de bombear para atender às demandas do sistema.

No caso de edifícios de múltiplos pavimentos, a bomba centrífuga funciona por cerca de 6 horas (no período de 24 horas) para proceder com o enchimento do reservatório por completo, tem-se que essa relação pode ser, nesse caso, igual a 0,25.

A vazão da bomba será:

$$Q = \frac{Cd}{T}$$

onde:
Cd = consumo diário, em litros;

T = número de horas de funcionamento da bomba no período de 24 horas.

A vazão (Q) da bomba pode ser expressa em várias unidades, sendo as mais empregadas: l/s; m^3/s; l/h e m^3/h.

Diâmetro das canalizações de recalque e sucção

Para calcular o diâmetro da tubulação de recalque utiliza-se a fórmula Forchheimmer:

$$Dr = 1{,}3\sqrt{Q} \times \sqrt[4]{x}$$

onde:

Dr = diâmetro nominal da tubulação de recalque, em m;

Q = vazão da bomba, em m^3/s;

X = relação entre o número de horas de funcionamento da bomba e o número de horas do dia ($X = 6/24 = 0{,}25$).

Por meio da fórmula apresentada, define-se o diâmetro da tubulação de recalque, em função do tempo desejado de funcionamento. O gráfico de Forchheimmer para o dimensionamento de tubulação de recalque (veja a Figura 1.43) também pode ser utilizado, sendo, inclusive, de uso mais prático. A tubulação de sucção é determinada, adotando-se uma bitola comercial imediatamente superior à bitola da tubulação de recalque.

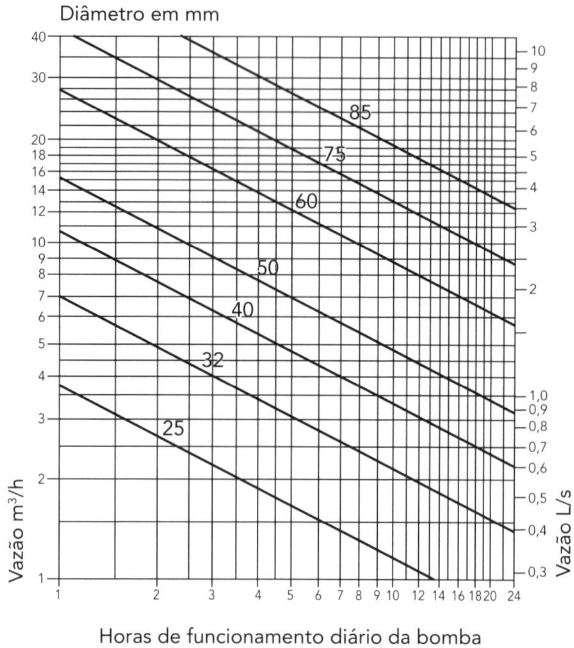

Figura 1.43 Ábaco de Forchheimmer para determinação do diâmetro da tubulação de recalque.

Bombas centrífugas

A vazão bombeada dependerá dos seguintes fatores: características da bomba; altura total de elevação; potência do motor e outras peculiaridades do sistema de bombeamento.

Como foi visto, o bombeamento da água nas edificações é feito por meio de bombas centrífugas acionadas por motores elétricos (veja a Seção “Sistema elevatório”). Ao dimensionar uma bomba, é necessário conhecer a vazão de projeto (vazão de recalque) e a altura manométrica.

Existem dois tipos de disposição das bombas centrífugas com relação à posição do eixo em relação ao nível d'água: acima do reservatório ou em posição inferior, no nível do piso do reservatório (bomba afogada).

Se a bomba centrífuga não for bem dimensionada pode ocorrer sobreaquecimento do motor, vibrações e ruídos anormais. Normalmente, isso ocorre por falhas de projeto (baixa pressão, excesso de vazão; alta pressão, pouca vazão). Em ambos os casos a bomba está trabalhando fora da faixa de rendimento.

Uma bomba operando em um ponto abaixo de sua eficiência máxima, seja devido a um superdimensionamento ou subdimensionamento, pode levar a altos custos de energia e ter um impacto negativo no aspecto sustentável do sistema.

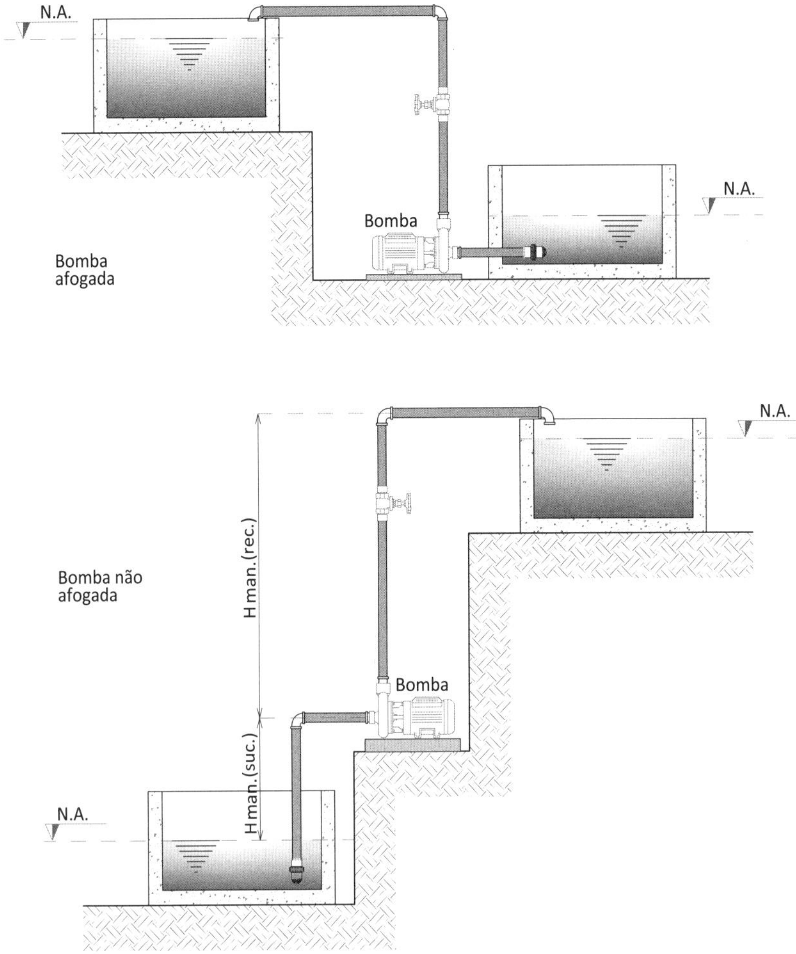

Figura 1.44a Localização da bomba em relação ao nível de água.

Altura manométrica

É a energia que a bomba deverá transmitir ao líquido para transportar a vazão de recalque (*Q*) do reservatório inferior ao reservatório superior. Portanto, a altura manométrica (*Hman.*) deve vencer o desnível geométrico, as perdas de carga e a diferença de pressões nos reservatórios.

A relação entre a potência da bomba e a altura manométrica está diretamente relacionada ao trabalho necessário para vencer a altura e as perdas de carga do sistema. Em termos gerais, a potência da bomba aumenta à medida que a altura manométrica total aumenta.

Altura manométrica de sucção

A altura manométrica de sucção é a diferença das cotas do nível do centro da bomba e o nível da superfície livre do reservatório inferior, acrescidas das perdas de carga na tubulação de sucção (entre os níveis citados).

$H_{\text{man. (suc.)}} = H_{\text{est. (suc.)}} + \Delta h_{\text{(suc.)}}$

onde:

$H_{\text{man. (suc.)}}$ = altura manométrica de sucção, em m;

$H_{\text{est. (suc.)}}$ = altura estática de sucção, em m;

$\Delta h_{\text{(suc.)}}$ = perdas de carga na sucção, em m de água/m.

Altura manométrica de recalque

A altura manométrica de recalque é a diferença das cotas entre os níveis de saída da água no reservatório superior e do centro da bomba, acrescida das perdas de carga na tubulação de recalque (entre os níveis citados).

$H_{\text{man. (rec.)}} = H_{\text{est. (rec.)}} + \Delta h_{\text{(rec.)}}$

onde:

$H_{\text{man. (rec.)}}$ = altura manométrica de recalque, em m;

$H_{\text{est. (rec.)}}$ = altura estática de recalque, em m;

$\Delta h_{\text{(rec.)}}$ = perdas de carga no recalque, em m de água/m.

Altura manométrica total

$H_{\text{man. (total)}} = H_{\text{man. (suc.)}} + H_{\text{man. (rec.)}}$

onde:

$H_{\text{man. (total)}}$ = altura manométrica, em m;

$H_{\text{man. (suc.)}}$ = altura manométrica de sucção, em m;

$H_{\text{man. (rec.)}}$ = altura manométrica de recalque, em m.

Observação importante

A adição de uma taxa de segurança na altura manométrica total é uma prática comum em projetos de sistemas de bombeamento. Isso é feito para levar em consideração fatores como desgaste da bomba ao longo do tempo e possíveis encrostamentos ou obstruções na tubulação. Normalmente, acrescenta-se uma taxa de segurança de 5% a 10% no valor da altura manométrica total.

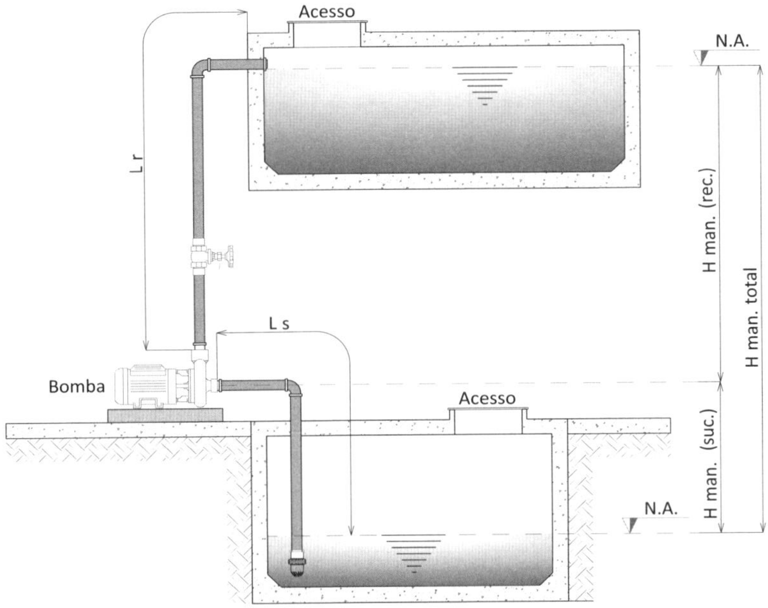

Figura 1.44b Alturas manométricas de sucção e recalque de um sistema elevatório.

Potência do conjunto motobomba

Para calcular a potência do conjunto motobomba, é preciso levar em consideração a vazão de recalque, a altura manométrica total e a eficiência da bomba. A potência motriz (também chamada de potência do conjunto motobomba) é definida pela equação:

$P = (Q_{rec} \text{ x } H_{man})/(75 \text{ x } n)$

onde:

P = potência em CV;

Q_{rec} = vazão de recalque em L/s;

H_{man} = altura manométrica total em m;

n = rendimento total (relação entre a potência útil, que é aquela fornecida pela bomba ao liquido, e a potência cedida à bomba pelo eixo girante do motor).

Adicionar uma margem de segurança, conforme mostra a Tabela 1.8, é uma prática comum para garantir que a potência do sistema de bombeamento seja adequada mesmo em condições de operação desfavoráveis, como aumento das perdas de carga ao longo do tempo devido a incrustações ou obstruções na tubulação.

Tabela 1.8 Acréscimo de potência sobre o valor calculado

Potência calculada (CV)	Acréscimo (%)
Até 2	50
2 - 5	30
5 - 10	20
10 - 20	15
20	10

Método prático para escolha da bomba

Como foi visto, apenas duas variáveis serão usadas para a escolha do tipo da bomba centrífuga: vazão necessária (vazão de projeto) e altura manométrica total. Com esses dados entra-se na tabela de seleção de bombas centrífugas, fornecida nos catálogos de fabricantes (veja Tabela 1.9).

Tabela 1.9 Seleção de bombas centrífugas (de 3.500 rpm)

Modelo de fábrica	Potência do motor acoplado (cv)	Diâmetros mínimos – Sucção (mm)	Diâmetros mínimos – Recalque (mm)	Altura manométrica total (m) – 12	13	16	18	20	25	30
				Vazão (m^3/h)						
XY–1	1	40	32	7,8	7,5	7	6,5	5		
XY–2	1,5	50	40		13	12,5	11,5	7		
XY–3	2	50	40		25	24	22	18	13	
XY–4	3	50	40		27	26	24	20	15	
XT–1	3	40	32						13	11
XT–2	4	40	32						20	17
XT–3	5	40	32						20	16
XT–4	5	60	50					30	28	25
XM–1	7,5	50	40						35	32

Fonte: Botelho; Ribeiro Jr., 2006.

Caso os valores da vazão e da altura manométrica não sejam exatamente os valores constantes da tabela, devem ser adotados os valores imediatamente superiores.

Se o valor do diâmetro calculado pela fórmula ou pelo ábaco de Forchheimmer (veja a Figura 1.43) não corresponder ao diâmetro indicado na tabela, para a bomba escolhida, devem-se instalar peças de redução para ampliação nas junções das tubulações com a bomba ou adotar o diâmetro indicado na tabela.

Observação

Esta tabela foi composta a partir de dados dos fabricantes e tem objetivos exclusivamente didáticos. Para a escolha da bomba, é primordial consultar as tabelas dos fabricantes.

Os catálogos dos fabricantes desempenham um papel fundamental no dimensionamento de bombas centrífugas. Eles fornecem informações técnicas específicas sobre as características e o desempenho das bombas.

Exemplo de dimensionamento

Dimensionar o conjunto elevatório representado na Figura 1.45.

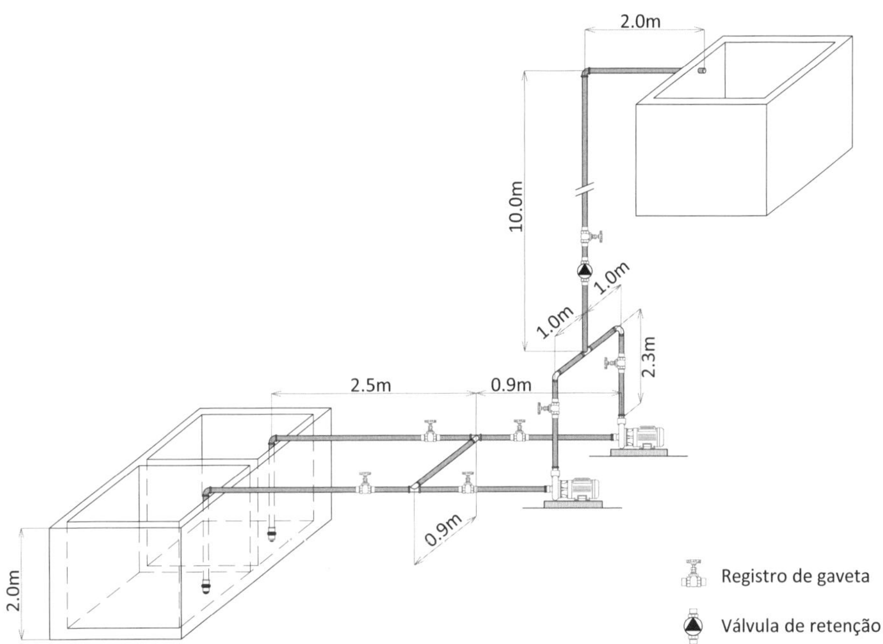

Figura 1.45 Exemplo de dimensionamento de conjunto elevatório.

Dados: consumo diário (Cd) = 36 m^3; tempo de funcionamento da bomba (T) = 6 horas.

Solução:

a) Cálculo da vazão (Q) da bomba de recalque:

$$Q = \frac{Cd}{T} = \frac{36}{6} = 6\ m^3/h = 0{,}00166 m^3/s = 1{,}66 L/s$$

b) Determinação dos diâmetros de recalque (*Dr*) e sucção (*Ds*)

1º processo: fórmula de Forchheimmer:

$$Dr = 1,3\sqrt{Q} \times \sqrt[4]{X}$$

onde:

Dr = diâmetro da tubulação de recalque, em m;

$Q = 0,00166\ m^3/s$;

$$X = \frac{6}{24} = 0,25$$

$$Dr = 1,3 \times \sqrt{0,00166} \times \sqrt[4]{0,25}$$

Dr = 0,037 m = 37 mm;

Adota-se *Dr* = 40 mm.

Obs. O diâmetro comercial da tubulação de sucção é de 50 mm, ou seja, uma bitola imediatamente superior ao recalque.

c) Verificar a velocidade da água na tubulação de recalque utilizando como informações: $Q_{rec} = 0,00166\ m^3/s$ e $D_{rec} = 40$ mm (DN = 32 mm).

$$V_{rec} = \frac{4Q}{\pi D^2} = \frac{4 \times 0,00166}{3,1416 \times 0,032^2} = \frac{0,00664}{0,0032} = 2,075\ m/s$$

$V_{rec} = 2,075\ m/s < 3,00\ m/s \rightarrow$ OK

d) Cálculo da altura manométrica de sucção:

$$H_{man.\,(suc.)} = H_{est.\,(suc.)} + \Delta h_{(suc.)}$$

- determinação da altura geométrica de sucção

  $H_{est.\,(suc.)} = 2,00$ m;

- determinação das perdas de carga na sucção (Δh)

  $$\Delta h_{(suc.)} = J_{(suc.)} \times L_{(total)}$$

  $$\Delta h_{(suc.)} = J_{(suc.)} \times (L_{real} + L_{equ.})$$

onde:

$\Delta h_{(suc.)}$ = perdas de carga na tubulação de sucção;

$J_{(suc.)}$ = perda de carga unitária em m/m;

L_{real} = comprimento real do trecho = 6,30 m;

$L_{equ.}$ = comprimentos equivalentes.

Comprimentos equivalentes ($L_{equ.}$)	
1 válvula de pé com crivo	18,30
1 curva 90º raio longo	1,20
2 registros de gaveta (2 x 0,7)	1,40
2 TEs de saída lateral (2 x 7,3)	14,60

Então:

$L_{total} = L_{real} + L_{equ.} = 6{,}30 + (18{,}30 + 1{,}20 + 1{,}40 + 14{,}60)$

$L_{total} = 6{,}30 \text{ m} + 35{,}50 \text{ m}$

$L_{total} = 41{,}80 \text{ m}$.

Com a vazão $Q = 1{,}66$ L/s e $D = 50$ mm, entra-se no ábaco de Fair-Whipple Hsiao para tubulações de ferro galvanizado (Figura 1.39) e obtém-se $J_{suc.} = 0{,}018$ m/m

$\Delta h_{suc.} = J_{suc.} \times L_{total} = 0{,}018 \times 41{,}80$

$\Delta h_{suc.} = 0{,}75 \text{ m}$

Então:

$H_{man.\,(suc.)} = H_{est.\,(suc.)} + \Delta h_{(suc.)}$

$H_{man.\,(suc.)} = 2{,}00 + 0{,}75$

$H_{man.\,(suc.)} = 2{,}75 \text{ m}$

e) Cálculo da altura manométrica de recalque:

$H_{man.\,(rec.)} = H_{est.\,(rec.)} + \Delta h_{(rec.)}$

- determinação da altura geométrica de recalque

  $H_{est.\,(rec.)} = 12{,}30$ m;

- determinação das perdas de carga no recalque (Δh)

  $\Delta h_{(rec.)} = J_{(rec.)} \times L_{(total)}$

  $\Delta h_{(rec.)} = J_{(rec.)} \times (L_{real} + L_{equ.})$

onde:

$\Delta h_{(rec.)}$ = perdas de carga na tubulação de recalque;

$J_{(rec.)}$ = perda de carga unitária em m/m;

L_{real} = comprimento real do trecho = 15,30 m;

$L_{equ.}$ = comprimentos equivalentes.

Comprimentos equivalentes ($L_{equ.}$)	
2 registros de gaveta (2 x 0,4)	0,80
1 válvula de retenção leve	4,90
2 curvas de raio longo (2 x 0,7)	1,40
1 TE de saída lateral	4,60
1 saída de tubulação	1,40

$L_{total} = L_{real} + L_{equ.} = 15{,}30 + (0{,}80 + 4{,}90 + 1{,}40 + 4{,}60 + 1{,}40)$

$L_{total} = 15{,}30 \text{ m} + 13{,}10 \text{ m}$

$L_{total} = 28{,}40 \text{ m}$

Com a vazão Q = 1,66 L/s e D = 40 mm, entra-se no ábaco de Fair-Whipple Hsiao para tubulações de ferro galvanizado e obtém-se $J_{rec.} = 0{,}095$ m/m.

$\Delta h_{rec.} = J_{rec.} \times L_{total} = 0{,}095 \times 28{,}40$

$\Delta h_{rec.} = 2{,}70 \text{ m}$

Então:

$H_{man.\,(rec.)} = H_{est.\,(rec.)} + \Delta h_{(rec.)}$

$H_{man.\,(rec.)} = 12{,}30 + 2{,}70$

$H_{man.\,(rec.)} = 15{,}00 \text{ m}$

f) Altura manométrica total:

$H_{man.} = H_{man.\,(suc.)} + H_{man.\,(rec.)}$

onde:

$H_{man.}$ = altura manométrica total, em m;

$H_{man.\,(suc.)} = 2{,}75$ m;

$H_{man.\,(rec.)} = 15{,}00$ m.

Então:

$H_{man.} = 2{,}75 + 15{,}00$

$H_{man.} = 17{,}75 \text{ m}$

g) Potência da bomba centrífuga

Para assegurar eventuais desgastes da bomba e/ou encrostamento da tubulação, será acrescida uma taxa de segurança de 10% (1,77 m) no valor da altura manométrica total. Para o rendimento da bomba será considerado 60%.

$$P = \frac{Q_{rec} \times H_{man}}{75 \times n}$$

onde:

P = potência em CV;

Q_{rec} = 1,66 L/s;

H_{man} = 17,75 + 1,77 = 19,52 m;

n = rendimento da bomba (60%).

$$P = \frac{1,66 \times 19,52}{75 \times 0,60} = 0,72\ CV$$

Como a potência calculada é menor que 2 CV (veja Tabela 1.8), com o acréscimo de 50%, serão adotadas duas bombas com $P \geq 1,0\ CV$;

DIMENSIONAMENTO DO SISTEMA DE DISTRIBUIÇÃO

O sistema de distribuição deve ser dimensionado de forma que garanta pressão, vazão e volume compatíveis com o uso, associado a cada ponto de utilização, considerando a possibilidade de uso simultâneo.

É importante ressaltar que as tubulações trabalham como condutos forçados, razão pela qual é necessário dimensionar e caracterizar os quatro parâmetros hidráulicos do escoamento (vazão, velocidade, perda de carga e pressão) em cada trecho da tubulação. Para a determinação dessas variáveis, utilizam-se as fórmulas básicas da hidráulica, sendo que muitas estão materializadas em ábacos para facilitar os cálculos.

É importante ressaltar que foi removido o Anexo A (normativo) da antiga norma, NBR 5626:1998 - Procedimento para dimensionamento de tubulações da rede predial de distribuição, que dava orientações precisas para o desenvolvimento do projeto e dimensionamento. A nova versão (NBR 5626:2020) não traz mais os limites mínimos de vazão a que cada ponto de utilização (ducha, lavatório, pia etc.) deverá atender. Também não há mais limitação de diâmetros mínimos para as tubulações, permitindo ao projetista adequar melhor seu dimensionamento às pressões de serviço necessárias.

Quando se trata de instalações pequenas, não existem grandes diferenças no cálculo dos diâmetros. Nesses casos, é possível que se torne antieconômico utilizar vários diâmetros diferentes por duas razões: por causa das sobras que normalmente ocorrem, em virtude da variedade de diâmetros, e pela necessidade de aquisição de um maior número de conexões (reduções).

Roteiro de cálculo

1º Passo: Determinar os trechos

No dimensionamento de tubulações, para garantir a suficiência do abastecimento de água, e também por razões econômicas, deve-se dividir a instalação em trechos. Sempre que houver uma mudança de vazão ou do diâmetro da tubulação um novo trecho deve ser criado.

2º Passo: Estimar vazões

A NBR 5626:2020 não especifica mais quais deverão ser os métodos de cálculo adotados no projeto, dando mais liberdade ao projetista para utilizar qualquer método reconhecido e fundamentado de sua preferência. A justificativa é que a versão anterior (NBR 5626:1998) trazia valores que não atendiam a alguns aparelhos sanitários mais sofisticados que surgiram depois dela, então o projeto deverá ser feito com base nas especificações destes aparelhos. A vazão de projeto pode ser calculada por métodos empíricos ou probabilísticos (veja Seção "Estimativa de vazões").

3º Passo: Determinar os diâmetros

De acordo com a NBR 5626:2020, os diâmetros devem ser escolhidos em decorrência: dos valores das velocidades e vazões consideradas; da limitação de ruído e meio de isolação acústica adotado; da forma da instalação e do tipo de material especificado no memorial descritivo e da disponibilidade de perda de carga.

Os diâmetros devem atender às pressões dinâmicas mínimas necessárias para o funcionamento dos respectivos aparelhos sanitários com as vazões de projeto adotadas. Apesar da norma não ter mais valores mínimos de vazões e diâmetros, nas peças de utilização, o projetista terá que declarar e explicar a vazão considerada no projeto.

4º Passo: Verificar a velocidade da água

Com relação a velocidade da água, a NBR 5626:2020 adota um critério genérico de "conforto aos usuários". As tubulações devem ser dimensionadas de modo a limitar a velocidade de escoamento a valores que evitam a geração e propagação de ruídos em níveis que excedam os valores descritos na NBR 10152:2017 - Acústica - Níveis de pressão sonora em ambientes internos a edificações (veja Seção "Velocidade máxima da água). Não se aplica mais limites de velocidade em trechos onde comprovadamente a tubulação não fique sujeita a golpes de aríetes, ou provoque ruídos atentatórios ao conforto acústico da edificação, sendo assim a norma deixa vago o limite dessas velocidades.

5º Passo: Determinar as perdas de carga

Como foi visto, a NBR 5626:2020 (ABNT, 2020) apenas sugere que o cálculo da perda de carga seja feito pela "Equação universal de Darcy Weissbach". Portanto, a determinação das perdas de carga nas tubulações também pode ser feita pelas fórmulas empíricas.

Este livro adotará as expressões de Fair-Wipple-Hsiao para o cálculo das perdas de carga. Tais equações variam em função do material que estiver sendo utilizado, a saber: tubos lisos, como tubos de plástico, cobre ou liga de cobre e tubos rugosos, como tubos de aço carbono, galvanizado ou não.

6º Passo: Determinar as pressões

A NBR 5626:2020 delimita as pressões máximas e mínimas de utilização, a pressão máxima admitida nas tubulações é de 400 kPa (40 m.c.a). Já a pressão mínima requerida para o adequado funcionamento da peça de utilização ou do correspondente aparelho sanitário operando com vazão de projeto pode ser obtida junto ao respectivo fabricante. Em qualquer caso, a pressão dinâmica da água no ponto de utilização não pode ser inferior a 10 kPa (1m.c.a).

Uma boa dica para não ter problemas no dimensionamento é escolher aparelhos que tem vazões constantes por mais que a pressão varie. Portanto deve-se observar (ter foco) nas curvas de vazões dos aparelhos.

ESTIMATIVA DAS VAZÕES

De acordo com a NBR 5626:2020, a vazão de cálculo em cada trecho do sistema de distribuição deve ser estabelecida mediante adoção de um método reconhecido ou devidamente fundamentado, seja ele empírico ou probabilístico.

No método empírico a técnica de determinação das vazões de projeto bascia-se no uso de tabelas, gráficos e expressões matemáticas, estabelecidas a partir da experiência e julgamento de seus propositores, enquanto a metodologia probabilística baseia-se em conceitos determinísticos, utilizando a função de distribuição de probabilidades binomial como ferramenta básica.[1]

No Brasil, o "método dos pesos relativos" recomendado pela NBR 5626 (ABNT, 1998), é utilizado até hoje para a determinação das vazões de projeto nos sistemas prediais de água fria e quente. Esse método se baseia em valores estabelecidos empiricamente em função da vazão de projeto. A equação utilizada para a determinação das vazões é a do modelo da raiz quadrada, de origem alemã, sendo ainda hoje utilizado com algumas particularidades.

1 Gonçalves, 1986.

Os métodos probabilísticos de dimensionamento são especialmente indicados para se obter vazões de projeto em sistemas de distribuição com medição setorizada de consumo, a exemplo de medição individualizada de consumo em unidades condominiais. Esses métodos também são indicados para a seleção e o dimensionamento dos respectivos medidores de consumo (hidrômetros). Apesar da NBR 5626:2020 não ter mais valores mínimos de vazões e diâmetros, nas peças de utilização, o projetista terá que declarar e explicar a vazão considerada no projeto.

Método do consumo máximo possível

Esse método considera o uso de todas as peças de utilização atendidas por um mesmo ramal, ao mesmo tempo. O uso simultâneo de todas as peças de utilização instaladas dificilmente ocorrerá em instalações normais, tais como em residências. O consumo simultâneo (máximo possível) ocorre em locais onde a utilização de peças é simultânea, em razão de horários específicos como nos quartéis militares, escolas, estabelecimentos industriais, estádios de futebol, os quais, no momento de sua maior utilização têm todos os pontos funcionando ao mesmo tempo, particularmente os lavatórios e chuveiros. Com isso, a vazão no inicio dos trechos corresponde ao somatório das vazões de todos os aparelhos. Esse método também é conhecido como "método das seções equivalentes". A seguir apresenta-se um roteiro para o cálculo do diâmetro por meio desse método:

a) utiliza-se como referência a tubulação de 20 mm (1/2"), a partir da qual todos os demais diâmetros são referidos, apresentando-se com seções equivalentes;

b) adota-se os diâmetros mínimos dos sub-ramais a partir da tabela de diâmetros mínimos dos sub-ramais (veja a Tabela 1.10);

c) somam-se as seções equivalentes ao longo dos trechos considerados, obtendo-se as seções equivalentes de cada trecho, com o uso da tabela de seções equivalentes (veja a Tabela 1.11);

d) determinam-se os diâmetros dos sub-ramais a partir da Tabela 1.11 (de seções equivalentes).

Tabela 1.10 Diâmetros mínimos dos sub-ramais de alimentação

Peças de utilização	Diâmetro	
	DN (mm)	Ref. (pol.)
Aquecedor de alta pressão	20	1/2
Aquecedor de baixa pressão	25	3/4
Banheira	20	1/2

Tabela 1.10 Diâmetros mínimos dos sub-ramais de alimentação (*continuação*).

Peças de utilização	Diâmetro	
	DN (mm)	Ref. (pol.)
Bebedouro	20	1/2
Bidê	20	1/2
Caixa de descarga	20	1/2
Chuveiro	20	1/2
Filtro de pressão	20	1/2
Lavatório	20	1/2
Máquina de lavar pratos ou roupas	25	3/4
Mictório autoaspirante	32	1
Mictória não aspirante	20	1/2
Pia de cozinha	20	1/2
Tanque de despejo ou de lavar roupas	25	3/4
Válvula de descarga	40	1 1/4

Observação: Esta tabela da NBR 5626:1998 não se aplica mais na NBR 5626:2020.

Tabela 1.11 Seções equivalentes

Diâmetros em polegadas	Diâmetros DN (mm)	Número de tubos de 20 mm, com a mesma capacidade
1/2	20	1
3/4	25	2,9
1	32	6,2
1 1/4	40	10,9
1 1/2	50	17,4
2	60	37,8
2 1/2	75	65,5
3	85	110,5
4	110	189

Exemplo de dimensionamento

Dimensionar os ramais de um banheiro coletivo pelo método das seções equivalentes (consumo máximo possível), representado na Figura 1.46.

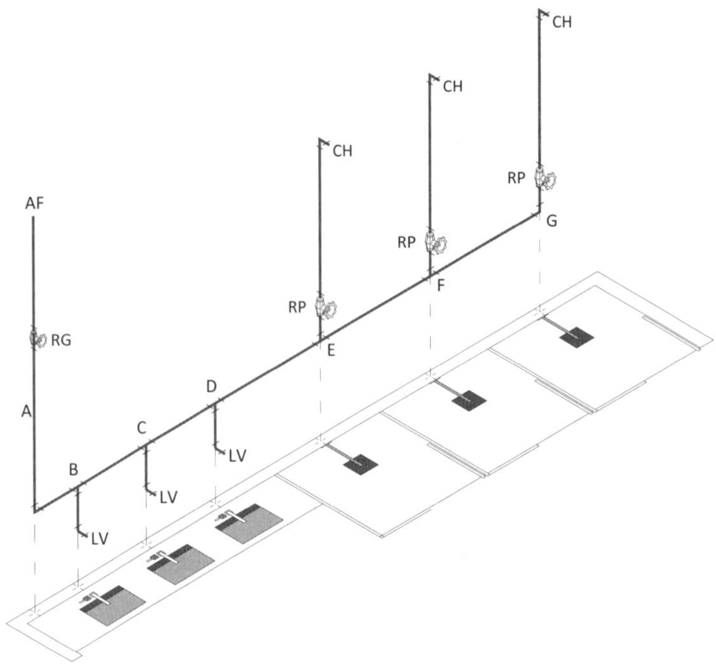

Figura 1.46 Isométrico de banheiro coletivo.

Observação

Neste caso, temos três lavatórios e três chuveiros com possibilidade de uso simultâneo; devemos, então, dimensionar pelo método das seções equivalentes.

Elabora-se uma Tabela de Cálculo com os trechos na primeira coluna, iniciando-se a partir dos trechos mais distantes da coluna de alimentação. Usando-se a Tabela 1.10 (Diâmetros mínimos dos sub-ramais), determina-se o diâmetro mínimo de cada sub-ramal, no caso 20 mm para os lavatórios e, também, 20 mm para os chuveiros. A seguir, na segunda coluna, usando-se a Tabela 1.11 (Seções equivalentes), anota-se a seção equivalente de cada trecho.

No caso de lavatórios e chuveiros com DN 20, a seção equivalente é 1. Somam-se as seções equivalentes, isto é, o número de tubos de 20 mm equivalentes, determinando-se as seções acumuladas para cada trecho, na terceira coluna. Por fim, determina-se os diâmetros para cada trecho, na quarta coluna, com base na Tabela 1.11 (Seções equivalentes).

Cálculo de seções equivalentes			
Trecho	**Seção equivalente**	**Seção acumulada**	**DN (mm)**
G - F	1	1	20
F - E	1	2	25
E - D	1	3	32
D - C	1	4	32
C - B	1	5	32
B - A	1	6	32

Método do consumo máximo provável

Este método se baseia na hipótese de que o uso simultâneo dos aparelhos de um mesmo ramal é pouco provável e na possibilidade do uso simultâneo diminuir com o aumento do número de aparelhos. Esse método conduz a diâmetros menores que pelo método anterior (consumo máximo possível). A vazão, pode ser calculada pela teoria das probabilidades ou a partir da experiência acumulada pela observação de instalações similares, por meio de pesos relativos, estabelecidos empiricamente em função da vazão de projeto. O "método dos pesos relativos" é um método empírico de determinação de vazões de projeto, sendo muito utilizado em construções verticais (edifícios residenciais e comerciais, hotéis, hospitais etc.). Este livro adotará esse método como forma de cálculo.

Cada peça de utilização necessita de uma determinada vazão para um perfeito funcionamento. Essas vazões estão relacionadas empiricamente com um número convencionado de peso das peças. Esses pesos, por sua vez, têm relação direta com os diâmetros mínimos necessários para o funcionamento das peças.

Nesse método, deve-se prever quais peças (do ramal que está sendo dimensionado) serão utilizadas simultaneamente, somar seus pesos (veja a Tabela 1.12) e verificar qual o diâmetro correspondente no ábaco simplificado para o somatório de 0 a 100 (veja a Tabela 1.14). Caso o somatório de pesos seja maior que 100, pode ser utilizado o normograma de pesos, vazões e diâmetros (veja a Figura 1.47), que mostra a correlação entre os pesos e as vazões prováveis de modo gráfico, bem como os diâmetros correspondentes, facilitando e agilizando os cálculos, obtendo-se facilmente os diâmetros e vazões, já levando em consideração o limite máximo de velocidade média da água no valor de 3 m/s para evitar ruídos, corrosão nas tubulações e, também, como forma de controlar o golpe de aríete.

Para determinar as vazões de projeto nos trechos do sistema de distribuição, pode-se utilizar a seguinte equação:

$$Q = C \times \sqrt{\Sigma P}$$

onde:

Q = vazão estimada na seção considerada em litros por segundo;

C = coeficiente de descarga (0,30 L/s);

ΣP= soma dos pesos relativos de todas as peças de utilização alimentadas pela tubulação considerada.

Observação importante

Como foi visto, o método do consumo máximo provável é baseado na demanda simultânea total do grupo de peças de utilização considerado, que é expressa como uma estimativa da vazão a ser usada no dimensionamento da tubulação. Assim, apesar de ser uma metodologia que se mostrou, até então, adequada para o dimensionamento das tubulações, ressalta-se que os pesos atribuídos aos aparelhos sanitários são função apenas da demanda, não tendo sido considerados nem o tempo e nem o intervalo de tempo dos mesmos.

Tabela 1.12 Pesos relativos nos pontos de utilização, identificados em função do aparelho sanitário e da peça de utilização

Aparelho sanitário	Peça de utilização	Vazão de projeto (litros/s)	Peso relativo
Bacia sanitária	Caixa de descarga	0,15	0,3
	Válvula de descarga	1,70	32
Banheira	Misturador (água fria)	0,30	1,0
Bebedouro	Registro de pressão	0,10	0,1
Bidê	Misturador (água fria)	0,10	0,1
Chuveiro ou ducha	Misturador (água fria)	0,20	0,4
Chuveiro elétrico	Registro de pressão	0,10	0,1
Lavadora de louças ou de roupas	Registro de pressão	0,30	1,0

Tabela 1.12 Pesos relativos nos pontos de utilização, identificados em função do aparelho sanitário e da peça de utilização (*continuação*)

Aparelho sanitário		Peça de utilização	Vazão de projeto (litros/s)	Peso relativo
Lavatório		Torneira ou misturador (água fria)	0,15	0,3
Mictório cerâmico	Com sifão integrado	Válvula de descarga	0,50	2,8
	Sem sifão integrado	Caixa de descarga, registro de pressão ou válvula de descarga para mictório	0,15	0,3
Mictório tipo calha		Caixa de descarga ou registro de pressão	0,15 por metro de calha	0,3
Pia		Torneira ou misturador (água fria)	0,25	0,7
		Torneira elétrica	0,10	0,1
Tanque		Torneira	0,25	0,7
Torneira de jardim ou lavagem em geral		Torneira	0,20	0,4

Tabela 1.13 Vazões máximas sugeridas para uso racional da água nos pontos de utilização

Aparelho sanitário		Peça de utilização	Vazão máxima (L/s)
Bebedouro		Registro de pressão	0,08
Bidê		Registro de pressão/misturador	0,08
Chuveiro	Ducha	Registro de pressão/misturador	0,20
	Elétrico	Registro de pressão	0,12
Ducha higiênica		Registro de pressão/misturador	0,08
Lavatório		Torneira/misturador	0,10
Pia (uso residencial)		Torneira/misturador	0,12

(continua)

Tabela 1.13 Vazões máximas sugeridas para uso racional da água nos pontos de utilização

Aparelho sanitário		Peça de utilização	Vazão máxima (L/s)
Torneira	de jardim	Torneira	0,25
	de lavagem	Torneira	0,25
	de tanque	Torneira	0,15

Nota: para aparelhos sanitários/peças de utilização que não constam nesta tabela, verificar limites estabelecidos nas respectivas normas de produto.

Método probabilístico

Os modelos fechados, frequentemente utilizados para a determinação da vazão nos sistemas prediais de distribuição de água, nem sempre são adequados às particularidades de cada situação de projeto. Em alguns casos, esses modelos não fornecem ao projetista os parâmetros necessários para o dimensionamento correto do sistema predial de distribuição de água.

Como foi visto, nos modelos empíricos, as vazões são determinadas com o auxílio de tabelas, equações e ábacos que foram convencionados experimentalmente, enquanto a metodologia probabilística se baseia em conceitos determinísticos, utilizando a função de distribuição de probabilidades binomial como ferramenta básica.

A maioria dos modelos estudados para a determinação das vazões de projeto nos sistemas prediais de distribuição de água potável é composta por procedimentos simplistas, fundamentados em considerações, teóricas ou não, que nem sempre representam a complexidade do problema.[2]

Segundo Gonçalves (1986), "essa complexidade se deve à interação entre o usuário e o sistema de equipamentos sanitários nos pontos de utilização e à dificuldade da manipulação das diversas variáveis oriundas dessa relação, visto que a própria utilização dos aparelhos é feita ao acaso, podendo mudar de acordo com as atividades dos usuários, tipo de edificação, fatores sociais, climáticos, fisiológicos, quantidade e disposição dos aparelhos sanitários na edificação etc.". Por essa razão, a determinação da vazão em determinado trecho do sistema de distribuição de água é aleatória, pois a própria utilização dos aparelhos é feita ao acaso.

As variáveis intervenientes são assim agrupadas no modelo probabilístico: frequência de utilização do conjunto dos aparelhos sanitários e vazões unitárias de cada tipo de aparelho sanitários utilizado na edificação.

A frequência de utilização do conjunto de aparelhos é constituída pelas seguintes variáveis: duração da descarga de um aparelho sanitário e intervalo de tempo entre

2 Gonçalves, 1986.

descargas consecutivas – dependente do número de aparelhos do tipo considerado instalados a jusante do trecho no ambiente sanitário, duração do período de pico, número de usos *per capita* de um tipo de aparelho durante o período de pico e população atendida pelo aparelho.

Diante desses estudos, Gonçalves (1986) formulou um modelo aberto no qual os parâmetros estatísticos e os fatores de falha admissíveis no sistema predial de distribuição de água são definidos particularmente, oferecendo maior flexibilidade ao projetista para a tomada de decisão. Esse modelo de cálculo de vazões está detalhadamente explicitado no trabalho de Ilha, Oliveira e Gonçalves (2010).

DIMENSIONAMENTO DO RAMAL E DO SUB-RAMAL

O dimensionamento dos ramais que atendem aos pontos de utilização, por razões econômicas, pode ser feito trecho a trecho pelo "método dos pesos relativos". Para calcular o diâmetro dos ramais apresenta-se a seguir um roteiro bem simples:

a) obtém-se os "pesos" na tabela de pesos relativos nos pontos de utilização (veja a Tabela 1.12);

b) somam-se os pesos das peças e obtêm-se os pesos dos trechos correspondentes;

c) utiliza-se o ábaco simplificado (somatórios de 0 a 100) no caso de pequenas instalações (veja a Tabela 1.14) ou o Normograma de pesos, vazões e diâmetros (veja a Figura 1.47), no caso de construções verticais de múltiplos pavimentos.

Nos sistemas de medição individualizada de água, em edifícios de múltiplos pavimentos, devem ser dimensionados o ramal de distribuição principal (RDP) e os ramais de distribuição secundários (RDS) de cada área molhada (veja a Seção "Dimensionamento do sistema de distribuição com medição individualizada").

O sub-ramal é a tubulação que liga o ramal de distribuição (ou o ramal de distribuição secundário, no caso de medições de água individualizada) ao ponto de utilização ou aparelhos sanitários. O dimensionamento dos sub-ramais é muito simples. Cada peça de utilização (torneira, válvula etc.) tem o seu sub-ramal com um diâmetro mínimo, predeterminado em função de ensaios laboratoriais (conforme Tabela 1.10) ou, em casos especiais de equipamentos de laboratórios, industriais, lavanderias, hospitais etc., fornecidos pelos fabricantes.

O registro de gaveta geralmente é posicionado a montante do primeiro sub-ramal das áreas molhadas (banheiro, cozinha e lavanderia). Essa configuração é recomendada para permitir o isolamento e o fechamento total do ramal em caso de manutenções, reparos ou emergências. Ao posicionar o registro de gaveta a montante dos sub-ramais das áreas molhadas, é possível interromper o fluxo de água em todo o ramal principal, evitando que a água continue fluindo para essas áreas específicas, durante a manutenção ou reparo. As modernas válvulas de descarga já possuem registro próprio, em seu corpo, para sua regulagem e manutenção, eliminando o registro na linha (sub-ramal).

Tabela 1.14 Ábaco simplificado (somatório de 0 a 100)

Soma dos pesos	0	⇔	1,1	⇔	3,5	⇔	18	⇔	44	⇔	100
ø Soldável (mm)		20		25		32		40		50	
ø Roscável (pol.)		1/2		3/4		1		1 1/4		1 1/2	

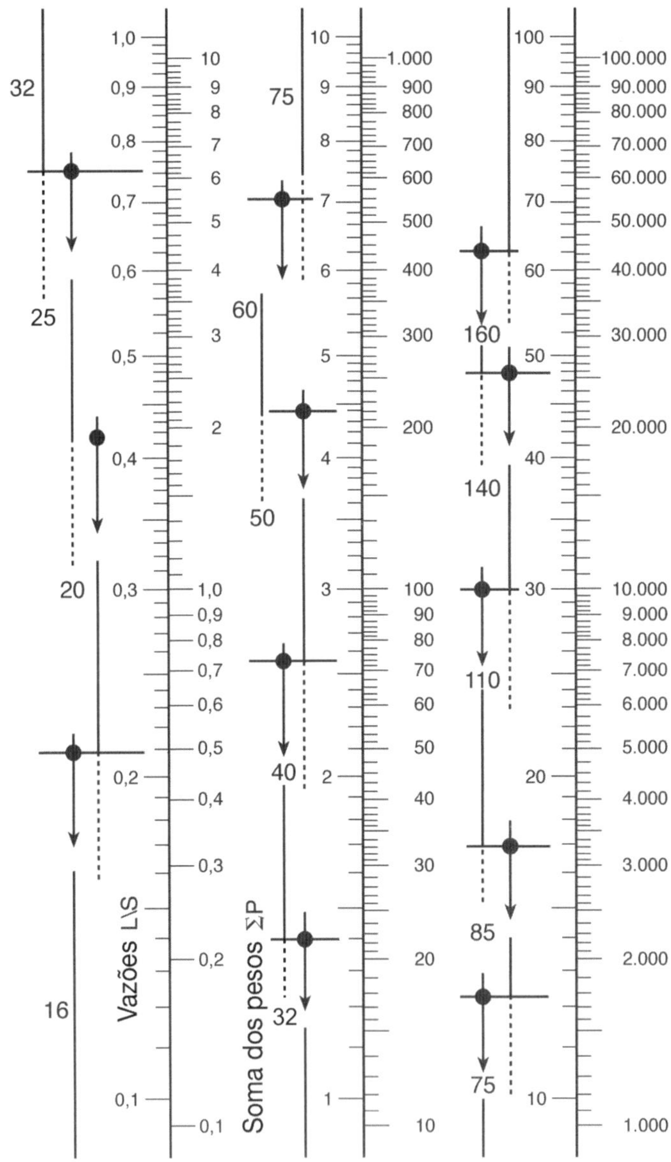

Figura 1.47 Normograma de pesos, vazões e diâmetros.

Observação

No "Normograma de pesos, vazões e diâmetros", sempre que os diâmetros estiverem dentro da chamada "faixa de transição" (linha pontilhada), recomenda-se adotar o maior diâmetro.

Diâmetros nominal e comercial

Muitas vezes vemos em algumas literaturas, catálogos ou em apostilas técnicas dos fabricantes as siglas DN ou DE. Quando aparece a sigla DN, está sendo usado como referência o diâmetro nominal, um simples número adimensional que serve como designação para projeto e para classificar, em dimensões, os elementos de tubulações (tubos, conexões, dispositivos e acessórios) e que corresponde aproximadamente ao diâmetro interno dos tubos, em milímetros. Ele não corresponde ao diâmetro comercial da linha soldável dos maiores fabricantes do país. Já o DE, ou diâmetro externo, representa exatamente o diâmetro externo de determinada peça. Nas conexões, o diâmetro externo é medido pelo lado interno das bolsas, pois é ali que se encaixa o diâmetro externo dos tubos.

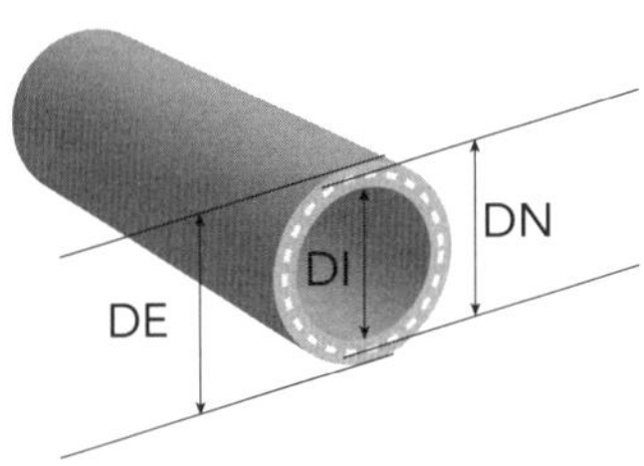

Na linha soldável de PVC rígido, desenvolvida especialmente para a condução de água em temperatura ambiente (20 °C), os diâmetros comerciais variam de DE 20 a 110 mm.

Diâmetro nominal (DN)	Diâmetro externo (DE)
15	20
20	25
25	32
32	40
40	50
50	60
60	75
75	85
100	110

Exemplo de dimensionamento

Calcular os diâmetros dos trechos de uma instalação residencial que abastece: 1 bacia sanitária com válvula de descarga, 1 ducha higiênica,1 lavatório (torneira), 1 chuveiro elétrico com registro de pressão, 1 pia (torneira), 1 torneira de tanque e 1 torneira de jardim.

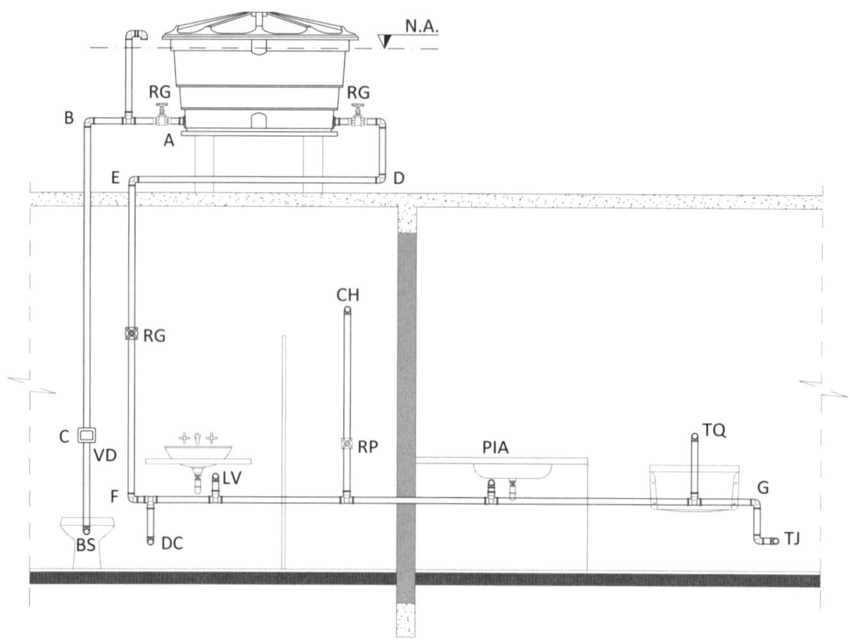

Figura 1.48 Rede predial de distribuição.

Fonte: Tigre, 2008.

Peças de utilização	Pesos
1 bacia sanitária com válvula	32
1 ducha higiênica	0,4
1 lavatório (torneira)	0,3
1 chuveiro elétrico	0,1
1 pia (torneira)	0,7
1 tanque (torneira)	0,7
1 torneira de jardim	0,4

Solução:

Cada trecho (ramal) terá o peso e seu diâmetro correspondente, em função dos aparelhos que alimentam. Neste caso, por tratar-se de pequena instalação utiliza-se o ábaco simplificado (veja a Tabela 1.14) para o cálculo dos diâmetros.

Trechos	Pesos	DN (mm)	DE (mm)
A–B (barrilete): bacia sanitária com válvula	32	40	50
B–C (coluna): bacia sanitária com válvula	32	40	50
D–E (barrilete): DC, LV, CH, PIA, TQ, TJ	2,6	25	32
E–F (coluna): DC, LV, CH, PIA, TQ, TJ	2,6	25	32
F–G (ramal): DC, LV, CH, PIA, TQ, TJ	2,6	25	32

DIMENSIONAMENTO DAS COLUNAS

O dimensionamento depende de vários fatores, como o número de apartamentos, o tipo de uso (residencial, comercial, etc.), a demanda de água prevista para cada unidade etc. Desenham-se esquematicamente as colunas de distribuição, colocam-se as cotas e os ramais que derivam das colunas. Cada coluna deverá conter um registro de gaveta posicionado a montante do primeiro ramal. O cálculo dos diâmetros pode ser efetuado da mesma maneira como para os ramais, trecho a trecho, pelo somatório de pesos.

Os diâmetros das colunas são determinados em função das vazões nos trechos e dos limites de velocidade. Uma mesma coluna pode ter dois ou mais trechos com diâmetros diferentes, pois a vazão de distribuição reduz à medida que atinge os pavimentos inferiores. Também deve se levar em conta o critério de economia ao subdividir a coluna em vários diâmetros. Ao considerar a redução das vazões nos pavimentos mais baixos, é necessário ajustar os diâmetros das tubulações para garantir que a velocidade da água permaneça dentro de limites seguros. O excesso de velocidade pode aumentar as perdas de carga e levar a problemas como golpes de aríete e aumento do ruído no sistema.

É importante ressaltar que deve ser usada coluna específica e com ventilação própria para válvulas de descarga, tanto por segurança contra o refluxo como para evitar interferências com os demais pontos de utilização. Nas edificações que empregam a medição de água individualizada, o uso de bacias sanitárias com válvula de descarga é vetado.

Exemplo de dimensionamento

Dimensionar as colunas de distribuição (AF-1 e AF-2) para a edificação multifamiliar de 10 pavimentos, representada na Figura 1.49. Nos pavimentos-tipo, cada coluna abastece uma unidade habitacional. Cada unidade (apartamento) possui: 1 lavatório, 1 bacia sanitária com caixa de descarga, 1 ducha de chuveiro, 1 torneira de pia de cozinha, 1 lavadora de loucas, 1 torneira de tanque e 1 lavadora de roupas.

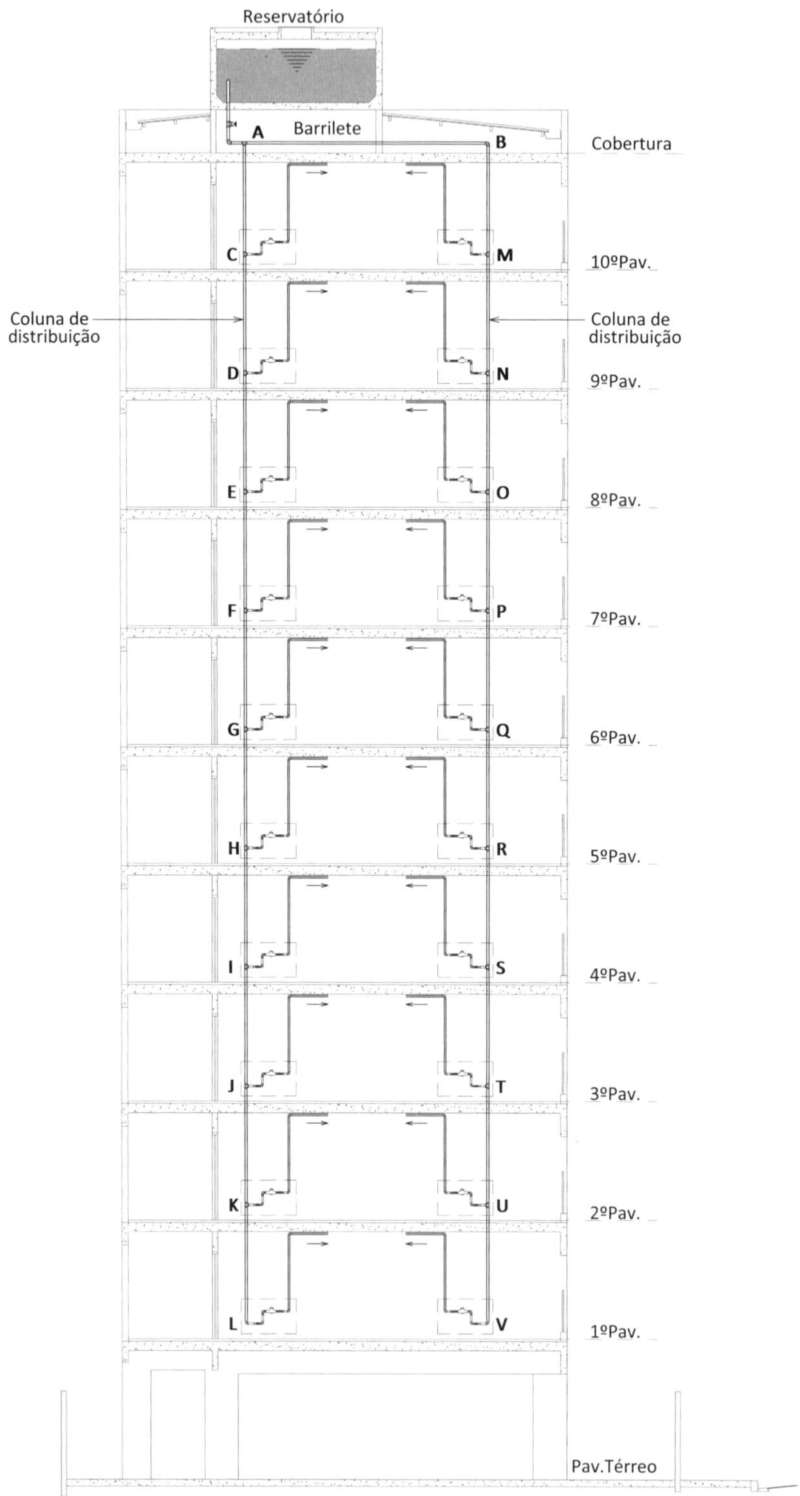

Figura 1.49 Detalhe esquemático para dimensionamento das colunas de distribuição de água fria.

Solução:

a) Para calcular o diâmetro dos trechos elabora-se uma planilha parcial com o somatório de pesos, por pavimento, obtendo-se os pesos acumulados em cada trecho, correspondente a cada pavimento.

b) Pelo "Ábaco simplificado" (veja a Tabela 1.14) determinam-se os diâmetros para cada trecho das colunas. A vazão em cada trecho pode ser calculada por meio da fórmula: $Q = 0{,}3\sqrt{\Sigma P}$ (veja a Seção "Método do consumo máximo provável").

Dimensionamento das colunas AF-1 (AF-2)				
Trechos	**Pesos acumulados**	**Vazão (litros/seg.)**	**DN (mm)**	**DE (mm)**
A-C (B-M)	44	1,98	50	60
C-D (M-N)	39,6	1,88	40	50
D-E (N-O)	35,2	1,77	40	50
E-F (O-P)	30,8	1,66	40	50
F-G (P-Q)	26,4	1,54	40	50
G-H (Q-R)	22	1,40	40	50
H-I (R-S)	17,6	1,25	32	40
I-J (S-T)	13,2	1,08	32	40
J-K (T-U)	8,8	0,88	32	40
K-L (U-V)	4,4	0,62	32	40

Observação: O fluido é conduzido pela tubulação considerando sua seção interna, ou seja, seu diâmetro interno (DI). O diâmetro nominal (DN) é uma aproximação desse valor e é aquele utilizado para dimensionamento em projetos. O diâmetro externo (DE) será utilizado como referência comercial das tubulações.

É importante ressaltar a importância de se limitar a velocidade de escoamento da água nas tubulações. Uma velocidade alta pode resultar em ruídos, desgaste prematuro das tubulações devido à ocorrência e maior probabilidade de golpes de aríete. Portanto, é essencial selecionar um diâmetro adequado para as tubulações, levando em consideração a demanda de água e limitando a velocidade de escoamento para valores abaixo de 3 m/s.

O dimensionamento das colunas deve ser acompanhado de uma planilha de cálculo completa (veja Figura 1.50). Essa planilha é muito útil para o projetista, pois permite o conhecimento das pressões em todas as suas derivações (ramais e sub-ramais). Por meio dessas pressões pode-se verificar as pressões de funcionamento dos diversos aparelhos em qualquer pavimento do edifício (principalmente a pressão dinâmica do chuveiro do último pavimento que é considerada a mais crítica).

Coluna	Trecho	Pesos		Vazão Q (L/s)	Diâmetro D (mm)	Velocidade (m/s)	Comprimento			Pressão disponível (m.c.a.)	Perda de carga		Pressão disponível (m.c.a.)	Pressão mínima do aparelho (m.c.a.)
		Unitário	Acumulado				Real (m)	Equiv. (m)	Total (m)		Unitário (m.c.a.)	Total (m.c.a.)		

Figura 1.50 Planilha de cálculo de instalações prediais de água fria.

DIMENSIONAMENTO DO BARRILETE

Os diâmetros devem ser escolhidos em decorrência dos valores de vazões e velocidades consideradas nos trechos. O método adotado para a determinação das vazões de projeto deve ser convenientemente justificado nos elementos descritivos integrantes do projeto.

A Figura 1.51 mostra a planta baixa e o esquema isométrico do barrilete de um edifício residencial de 10 pavimentos. O dimensionamento do barrilete pode ser efetuado da mesma maneira como para as colunas de distribuição, trecho a trecho, pelo somatório de pesos. Como foi visto, esse método (empiricamente comprovado) associa, a cada aparelho sanitário, um peso, sendo a vazão máxima provável função da somatória de pesos de todos os aparelhos alimentados pela canalização.

Depois de calcular o diâmetro dos trechos, estes poderão ser modificados em função da pressão mínima para os diversos aparelhos. Às vezes, é necessário aumentar o diâmetro de alguns trechos para diminuir as perdas de carga.

Assim como no dimensionamento das colunas, é importante lembrar que os diâmetros nominais (DN) calculados no dimensionamento do barrilete são diâmetros de referência. Por isso, é importante a elaboração de uma tabela parcial com a correlação entre os diâmetros nominais (DN) e os diâmetros externos (DE), que correspondem aos diâmetros comerciais das tubulações soldáveis.

VERIFICAÇÃO DAS PRESSÕES

Uma vez calculados os diâmetros dos trechos, desde o sub-ramal até o barrilete, resta verificar a pressão existente na instalação, ou seja, verificar as suas condições de funcionamento, as quais devem estar dentro das condições preconizadas pela NBR 5626:2020.

VERIFICAÇÃO DA PRESSÃO DINÂMICA

A pressão dinâmica disponível residual é calculada a partir da altura geométrica do reservatório no projeto arquitetônico. Como foi visto, a pressão a jusante em um trecho qualquer é obtida por meio da seguinte expressão:

$$P_{\text{jusante}} = P_{\text{montante}} \pm \text{Desnível} - \text{Perda de carga}$$

onde:

P_{jusante} = pressão dinâmica disponível a jusante do trecho considerado;

P_{montante} = pressão dinâmica disponível a montante do trecho considerado;

Desnível = diferença de cotas geométricas dos pontos que definem o trecho.

Nenhum trecho do barrilete deve ter pressão dinâmica inferior a 0,5 m.c.a. e nos pontos de utilização, a pressão dinâmica disponível deve atender a pressão especificada pelo fabricante do aparelho, lembrando que não pode ser inferior a 1 m.c.a.

Se a pressão dinâmica disponível for insuficiente, ou seja, abaixo da mínima admissível nos pontos de utilização, ocasionará o mau funcionamento das peças de utilização como o chuveiro, que não propiciará o conforto esperado, pois não apresentará a vazão mínima.

No caso de pressão acima da permitida, ocasionará perdas e desperdício de água no sistema hidráulico, chegando até mesmo a comprometer o funcionamento de equipamentos específicos.

VERIFICAÇÃO DA PRESSÃO ESTÁTICA

A pressão estática residual é dada pela soma da pressão disponível com o desnível geométrico, como apresentado pela equação:

$$P_{\text{estática residual}} = P_{\text{disponível}} + \text{Desnível}$$

Pontos críticos em residências

No caso de residências e edificações de pequeno porte, a pressão estática não gera problemas, pois as pressões nos pontos de utilização não atingem os valores máximos estabelecidos pela norma, ou seja, 40 m.c.a. Portanto, a preocupação maior é com relação à pressão dinâmica no ponto mais desfavorável geometricamente, o chuveiro. A altura do reservatório sempre é definida no projeto arquitetônico e depois compatibilizada com a altura calculada no projeto hidráulico para atendimento da pressão no ponto mais desfavorável.

Pontos críticos em edifícios com múltiplos pavimentos

No caso de edifícios com vários pavimentos além da pressão mínima, existem os pontos em que ocorrerá pressão máxima, particularmente, no caso de edifícios altos, exatamente no pavimento de cota mais baixa. Caso a pressão estática seja maior que 40 m.c.a., deve-se prever válvulas redutoras de pressão (veja a Seção "Dispositivos controladores de pressão").

Com relação à pressão dinâmica mínima, os pontos críticos são o encontro entre o barrilete e a coluna de distribuição mais distante, e o chuveiro do último pavimento. Então, é praxe calcular a pressão no inicio da coluna de distribuição mais distante do reservatório, ou seja, mais desfavorável, bem como a pressão no ponto do chuveiro do último pavimento, alimentado por esta coluna.

Como foi visto, a pressão da água em regime de escoamento no sistema de distribuição não deve ser inferior a 0,50 m.c.a. Uma pressão acima desse valor visa impedir que o ponto crítico da rede de distribuição (geralmente o ponto de encontro entre o barrilete e a coluna de distribuição mais desfavorável) obtenha pressão negativa.

Com relação ao ponto de utilização atendido pela coluna mais desfavorável, a NBR 5626:2020 recomenda que a pressão dinâmica da água atenda a pressão estabelecida pelo fabricante do aparelho que será instalado. Em qualquer caso, a pressão dinâmica não pode ser inferior 1 m.c.a.

Soluções para melhorar a pressão

Quando a pressão calculada for insatisfatória, o projetista pode lançar mão de algumas alternativas para tentar reverter essa situação. Essas alternativas podem ser empregadas individualmente ou combinadas entre si. Para melhorar a pressão sem elevar a altura do reservatório no projeto arquitetônico podem ser tentadas algumas medidas:

- Aumentar o diâmetro em alguns trechos do barrilete para diminuir a perda de carga no sistema;
- Refazer o traçado proposto inicialmente para diminuir o comprimento (perda de carga distribuída);
- Diminuir conexões, priorizar conexões em 45° ao invés de 90° e substituir todos os joelhos por curvas para diminuir a perda de carga localizada.

Caso nenhuma dessas medidas seja suficiente para atingir a pressão desejada no inicio da coluna e no ponto de utilização, deve-se aumentar a cota do reservatório superior ou pressurizar o sistema de distribuição.

Exemplo de dimensionamento

Dimensionar o barrilete para uma edificação multifamiliar, representado na Figura 1.51, que abastece oito colunas de distribuição. O barrilete deve ser calculado com base nas mesmas premissas utilizadas para as colunas. Dados:

AF- 1→ $\Sigma P = 14$ AF- 2→ $\Sigma P = 17$

AF- 3→ $\Sigma P = 17$ AF- 4→ $\Sigma P = 14$

AF- 5→ $\Sigma P = 14$ AF- 6→ $\Sigma P = 1{,}7$

AF- 7→ $\Sigma P = 14$ AF- 8→ $\Sigma P = 17$

Com base nessas informações, determinar:

a) os diâmetros dos trechos do barrilete;

b) a pressão no início da coluna mais desfavorável (AF-3);

c) a pressão no chuveiro do último pavimento, alimentado pela coluna AF-3, sabendo-se que a pressão deverá ser superior a 10 kPa (1 m.c.a.).

A vazão máxima provável em cada trecho do barrilete será:

$$Q = 0{,}3\sqrt{\Sigma P}$$

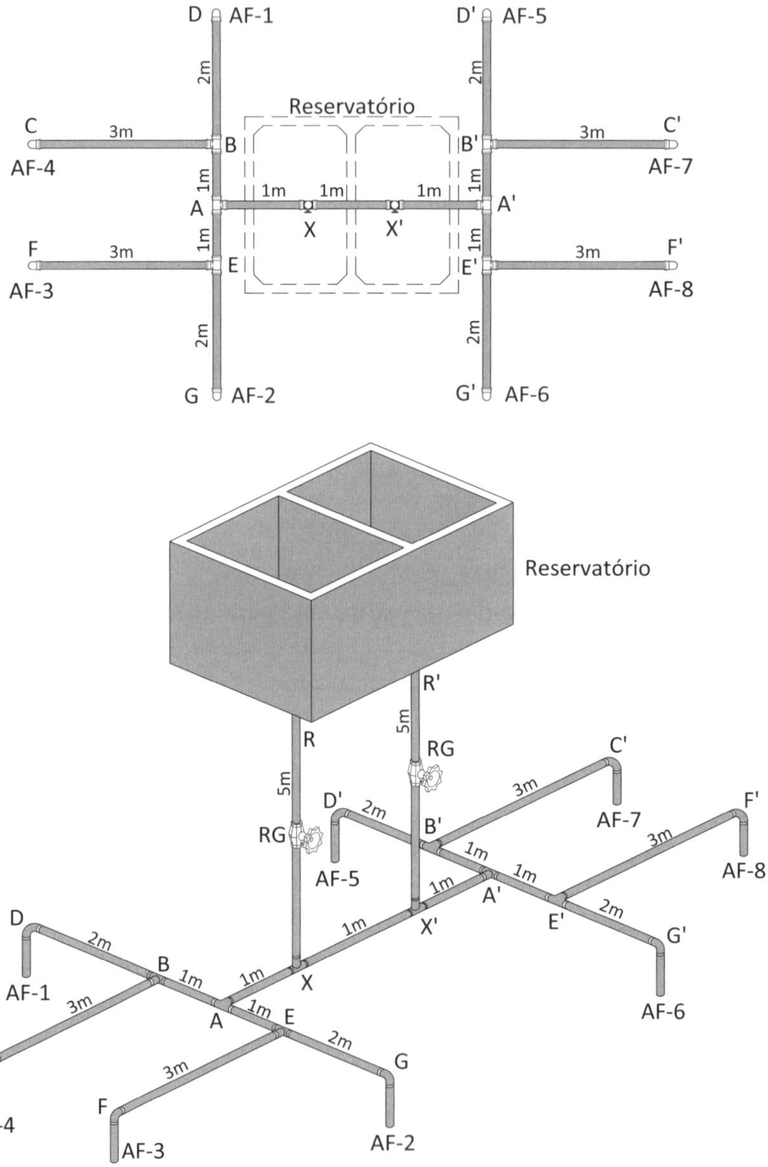

Figura 1.51 Planta baixa e isométrico do barrilete (dimensões em metros)

O desenho do traçado do barrilete na cobertura do prédio é de extrema importância para minimizar as perdas de carga nas tubulações e garantir uma pressão satisfatória no início das colunas de distribuição. Quanto mais curto for o caminho percorrido pela água, menor número de conexões e substituição de cotovelos por curvas suaves, menores serão as perdas de carga ao longo das tubulações. Isso resulta em uma melhor eficiência hidráulica e redução das perdas de pressão.

Trecho	Colunas abastecidas	Peso	Vazão (L/s)	DN (mm)	DE (mm)
R-X	AF-1 + AF-2 + AF-3 + AF-4 + AF-5 + AF-6 + AF-7 + AF-8	124	3,34	50	60
X-A	AF-1 + AF-2 + AF-3 + AF-4	62	2,36	50	60
A-B	AF-1 + AF-4	28	1,58	40	50
B-C	AF-4	14	1,12	40*	50
B-D	AF-1	14	1,12	40*	50
A-E	AF-2 + AF-3	34	1,75	40	50
E-F	AF-3	17	1,24	40*	50
E-G	AF-2	17	1,24	40*	50

Observação importante

*Nos trechos B-C, B-D, E-F, E-G, embora o diâmetro calculado seja DN 32, foi adotado DN 40 para diminuir as perdas de carga.

Depois de calcular o somatório de pesos, a vazão e o diâmetro dos trechos, verifica-se a pressão dinâmica no ponto F (início da coluna mais desfavorável do barrilete).

O trecho R-X′ abastece AF-1, AF-2, AF-3, AF-4, AF-5, AF-6, AF-7 e AF-8, quando o compartimento esquerdo do reservatório estiver sendo lavado. Portanto, é o trecho mais desfavorável para abastecer a coluna mais distante (AF-3).

Com a vazão e o diâmetro dos trechos sequenciais até chegar no início da coluna mais desfavorável (AF-3), entra-se no ábaco de Fair-Whipple-Hsiao (Figura 1.40) e calcula-se o valor da perda de carga unitária (J) de cada trecho do barrilete. A perda de carga unitária também pode ser calculada pela fórmula Fair-Whipple-Hsiao (veja Seção "Perdas de carga distribuídas"). Com a perda de carga unitária, o comprimento real do trecho e os comprimentos equivalentes (veja a Tabela 1.7), calcula-se a perda de carga total (Δh) de cada trecho. A pressão dinâmica no ponto a jusante do primeiro trecho (R-X') será a diferença entre a pressão estática (altura do fundo do reservatório até a laje de cobertura) e as perdas de cargas do trecho. Depois, em planta, calcula-se a pressão dinâmica no ponto a jusante de cada trecho até o ponto F (mais desfavorável).

Para fins didáticos, neste primeiro trecho (R-X'), a perda de carga unitária (J) foi calculada por meio do ábaco, lembrando que ela também pode ser calculada pela equação de "Fair Wipple Hsiao" (veja Seção "Perdas de cargas distribuídas").

Trecho R–X'

Q = 3,34 L/s

DN = 50 mm

V = 1,80 m/seg

J = 0,060 m/m

L_{real} = 5,0 m

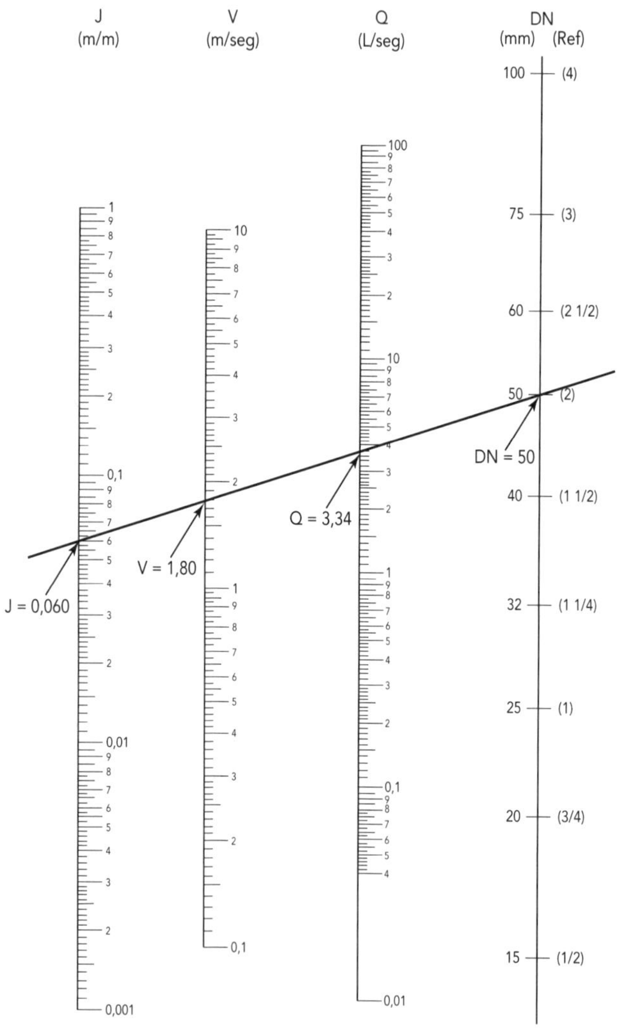

Fórmula de Fair-Whipple-Hsiao ($Q = 55{,}934 \times J^{0{,}571} \times D^{2{,}714}$)

Comprimentos equivalentes ($L_{equ.}$):

Entrada normal = 1,0

Registro de gaveta aberto = 0,7

Tê de saída lateral = 7,3.

Comprimento total do trecho (L_{total}):
$L_{total} = L_{real} + L_{equ.}$
$L_{total} = 5 + (1{,}0 + 0{,}7 + 7{,}3)$
$L_{total} = 14$ m

Perdas de cargas no trecho (Δh):
$\Delta h_{R-X}' = J \times L_{total}$
$\Delta h_{R-X}' = 0{,}060 \times 14$
$\Delta h_{R-X}' = 0{,}84$ m

Pressão no ponto X':
$P_X' =$ altura do reservatório $- \Delta h_{R-X}'$
$P_X' = 5{,}0 - 0{,}84$
$P_X' = 4{,}16$ m.c.a.

Trecho X'–A
$Q = 2{,}36$ L/s
$DN = 50$ mm
V = 1,12 m/seg
$J = 0{,}027$ m/m
$L_{real} = 2$ m

Comprimentos equivalentes ($L_{equ.}$):
Tê de passagem direta = 2,2
Tê de saída bilateral = 7,3.

Comprimento total do trecho (L_{total}):
$L_{total} = L_{real} + L_{equ.}$
$L_{total} = 2 + (2{,}2 + 7{,}3)$
$L_{total} = 11{,}5$ m

Perda de carga no trecho (Δh):
$\Delta h_{X'-A} = J \times L_{total}$
$\Delta h_{X'-A} = 0{,}027 \times 11{,}5$
$\Delta h_{X'-A} = 0{,}31$ m

Pressão no ponto A:
$P_A = P_X' - \Delta h_{X'-A}$
$P_A = 4{,}16 - 0{,}31$
$P_A = 3{,}85$ m.c.a.

Trecho A–E
$Q = 1{,}75$ L/s
$DN = 40$ mm
V = 1,40 m/seg
$J = 0{,}055$ m/m
$L_{real} = 1{,}0$ m

Comprimento equivalente ($L_{equ.}$):
Tê de saída bilateral = 4,6.

Comprimento total do trecho (L_{total}):
$L_{total} = L_{real} + L_{equ.}$
$L_{total} = 1{,}0 + 4{,}6$
$L_{total} = 5{,}6$ m

Perda de carga no trecho (Δh):
$\Delta h_{A-E} = J \times L_{total}$
$\Delta h_{A-E} = 0{,}055 \times 5{,}6$
$\Delta h_{A-E} = 0{,}31$ m

Pressão no ponto E:
$P_E = P_A - \Delta h_{A-E}$
$P_E = 3{,}85 - 0{,}31$
$P_E = 3{,}54$ m.c.a.

Trecho E–F
$Q = 1{,}24$ L/s
$DN = 40$ mm
V = 1,00 m/seg
$J = 0{,}029$ m/m
$L_{real} = 3{,}0$ m

Comprimento equivalente ($L_{equ.}$):
Curva de 90° = 0,7.

Comprimento total do trecho (L_{total}):
$L_{total} = L_{real} + L_{equ.}$
$L_{total} = 3{,}0 + 0{,}7$
$L_{total} = 3{,}7$ m

Perda de carga no trecho (Δh):
$\Delta h_{E-F} = J \times L_{total}$
$\Delta h_{E-F} = 0{,}029 \times 3{,}7$
$\Delta h_{E-F} = 0{,}10$ m

Pressão no ponto F:
$P_F = P_E - \Delta h_{E-F}$
$PF = 3{,}54 - 0{,}10$
$PF = 3{,}44$ m.c.a.

Observação

Os cálculos efetuados devem constar em uma planilha completa com os quatro parâmetros hidráulicos do escoamento (vazão, velocidade, perda de carga e pressão) definidos em todos os trechos do barrilete. Após o preenchimento de toda a planilha, o projetista deve verificar as pressões dinâmicas e estáticas residuais em cada trecho. Nenhum trecho do barrilete deve ter pressão dinâmica inferior a 0,5 m.c.a. No exemplo apresentado, a pressão no ponto F, início da coluna mais desfavorável (AF-3), é de 3,44 m.c.a, portanto é satisfatória.

Barrilete	Trecho	Pesos		Vazão Q (L/s)	Diâmetro D (mm)	Velocidade V (m/s)	Comprimento			Pressão disponível (m.c.a.)	Perda de carga		Pressão disponível à jusante (m.c.a.)
		Unitário	Acumulado				Real (m)	Equiv. (m)	Total (m)		Unitário (m.c.a.)	Total (m.c.a.)	
AF3	R-X'	-	124	3,34	50	1,80	5	9	14	-	0,060	0,84	4,16
	X-A	-	62	2,36	50	1,12	2	9,5	11,5	4,16	0,027	0,31	3,85
	A-E	-	34	1,75	40	1,40	1	4,6	5,6	3,85	0,055	0,31	3,54
	E-F	-	17	1,24	40	1,00	3	0,7	3,7	3,54	0,029	0,11	3,43
AF4	R-X'	-	124	3,34	50	1,80	5	9	14	-	0,060	0,84	4,16
	X-A	-	62	2,36	50	1,12	2	9,5	11,5	4,16	0,027	0,31	3,85
	A-B	-	28	1,59	40	1,20	1	4,6	5,6	3,85	0,040	0,22	3,63
	B-C	-	14	1,12	40	0,83	3	0,7	3,7	3,63	0,020	0,07	3,55
AF2	R-X'	-	124	3,34	50	1,80	5	9	14	-	0,060	0,84	4,16
	X-A	-	62	2,36	50	1,12	2	9,5	11,5	4,16	0,027	0,31	3,85
	A-E	-	34	1,75	40	1,40	1	4,6	5,6	3,85	0,055	0,31	3,54
	E-G	-	17	1,24	40	1,00	2	0,7	2,7	3,54	0,031	0,08	3,46
AF1	R-X'	-	124	3,34	50	1,80	5	9	14	-	0,060	0,84	4,16
	X-A	-	62	2,36	50	1,12	2	9,5	11,5	4,16	0,027	0,31	3,85
	A-B	-	28	1,59	40	1,20	1	4,6	5,6	3,85	0,040	0,22	3,63
	B-D	-	14	1,12	40	0,83	2	0,7	2,7	3,63	0,020	0,05	3,57

Verificação da pressão no chuveiro (último pavimento)

Depois de calcular a pressão no ponto *F*, no início da coluna mais desfavorável (AF-3), calcula-se a pressão no ponto que alimenta o chuveiro do último pavimento. A pressão no ponto do chuveiro será a diferença entre a pressão no ponto *F*, a diferença de cotas geométricas dos pontos que definem os trechos e a perda de carga total do ramal até o ponto do chuveiro.

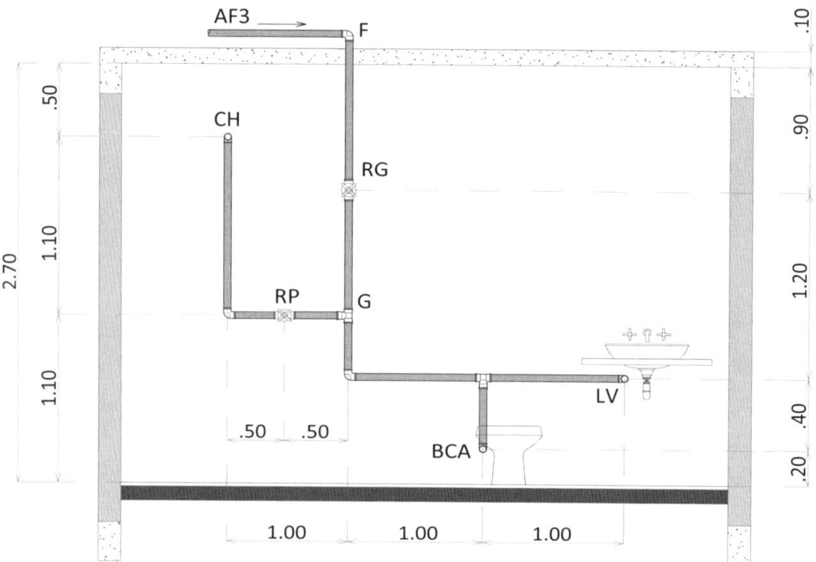

Figura 1.52 Corte longitudinal do banheiro do último pavimento.

A pressão dinâmica no chuveiro pode ser obtida por meio da fórmula:

$P_{CH} = P_F \pm \text{desnível} - \Delta h_{\text{F-CH}}$

onde:

P_{CH} = pressão no ponto do chuveiro;

P_F = pressão no ponto F (início da coluna AF-3);

desnível = diferença de cota do ponto F até o chuveiro

$\Delta h_{\text{F-CH}}$ = perda de carga total do ponto F até o ponto do chuveiro.

Obtém-se os "pesos" e as vazões correspondentes na tabela de pesos relativos nos pontos de utilização (veja a Tabela 1.12). Calculam-se os diâmetros e as vazões dos trechos pelo método do consumo provável:

$Q = 0,3\sqrt{\Sigma P}$

Peças de utilização	Vazão (L/s)	Pesos
1 lavatório	0,15	0,3
1 bacia sanitária c/caixa de descarga	0,15	0,3
1 chuveiro (misturador)	0,20	0,4

O trecho F–G alimenta: chuveiro (misturador), bacia sanitária com caixa de descarga e lavatório. O trecho G–CH alimenta apenas o chuveiro (misturador), cuja vazão de projeto estabelecida é 0,20 litros/s.

Trechos	Pesos	DN (mm)	Vazão (L/s)
F–G	1,0	20	0,30
G–CH	0,4	20	0,20

Trecho F–G

$Q = 0{,}30$ L/s

$DN = 20$ mm

V = 0,90 m/seg

$J = 0{,}08$ m/m

$L_{real} = 1{,}6$ m

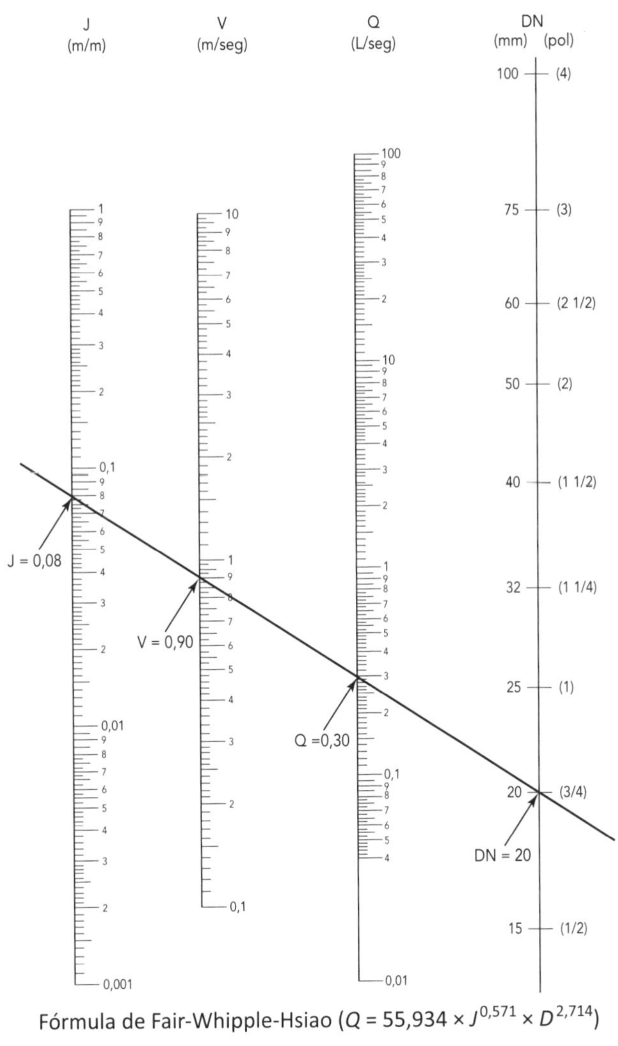

Fórmula de Fair-Whipple-Hsiao ($Q = 55{,}934 \times J^{0{,}571} \times D^{2{,}714}$)

Comprimentos equivalentes ($L_{equ.}$):
Registro de gaveta aberto = 0,1
Tê de saída lateral = 2,3.

Comprimento total do trecho (L_{total}):
$L_{total} = L_{real} + L_{equ.}$
$L_{total} = 1{,}7 + (0{,}1 + 2{,}3)$
$L_{total} = 4{,}10$ m

Perda de carga no trecho (Δh):
$\Delta h_{F-G} = J \times L_{total}$
$\Delta h_{F-G} = 0{,}08 \times 4{,}10$
$\Delta h_{F-G} = 0{,}32$ m

Pressão no ponto G:
$P_G = P_F + 1{,}70 - \Delta h_{F-H}$
$P_G = 3{,}44 + 1{,}70 - 0{,}32$
$P_G = 4{,}82$ m.c.a.

Trecho G-CH
$Q = 0{,}20$ L/s
$DN = 20$ mm
V = 0,75 m/seg
$J = 0{,}05$ m/m
$L_{real} = 2{,}10$ m

Comprimento equivalente ($L_{equ.}$):
2 Joelhos de 90º = 2,2.
Registro de pressão = 11,1 (valor adotado)

Comprimento total do trecho (L_{total}):
$L_{total} = L_{real} + L_{equ.}$
$L_{total} = 2{,}1 + 13{,}3$
$L_{total} = 15{,}4$ m

Perda de carga no trecho (Δh):
$\Delta h_{G-CH} = J \times L_{total}$
$\Delta h_{G-CH} = 0{,}05 \times 15{,}4$
$\Delta h_{G-CH} = 0{,}77$ m

Pressão no ponto do chuveiro:
$P_{CH} = P_G \pm \text{desnível} - \Delta h_{G-CH}$
$P_{CH} = P_G - 1{,}10 - \Delta h_{G-CH}$
$P_{CH} = 4{,}82 - 1{,}10 - 0{,}77$
$P_{CH} = 2{,}95$ m.c.a.

$P_{CH} > 1$ m.c.a.

Observação

De acordo com a NBR 5626:2020, a pressão no ponto do chuveiro deve ser igual ou maior maior que a pressão requerida para o adequado funcionamento do aparelho operando com vazão de projeto. Como foi visto, essa pressão deve ser obtida junto ao respectivo fabricante ou responsável pela colocação do produto no mercado nacional, ou à especificação técnica do componente. Em qualquer caso, a pressão dinâmica da água no ponto de utilização não pode ser inferior a 10 kPa (1 m.c.a).

No exemplo apresentado a pressão dinâmica no chuveiro é 2,95 m.c.a. Caso não atenda a pressão estabelecida pelo fabricante do aparelho ou fosse menor que 1 m.c.a., o projetista pode lançar mão de algumas alternativas para tentar reverter essa situação (veja a Seção "Verificação das pressões").

SISTEMA DE DISTRIBUIÇÃO COM MEDIÇÃO INDIVIDUALIZADA

De forma semelhante às instalações convencionais, os sistemas de distribuição com medição individualizada (SMI) devem ser projetados e executados de modo a garantir o fornecimento de água contínua, em quantidade suficiente, com pressões e velocidades adequadas ao perfeito funcionamento de todas as peças de utilização, preservando rigorosamente a qualidade da água proveniente do abastecimento público e também o conforto dos usuários, incluindo-se a redução dos níveis de ruído. Devem ser observados todos os requisitos e exigências da NBR 5626:2020 - Sistemas prediais de água fria e água quente: Projeto, execução, operação e manutenção.

No entanto, o traçado da rede de distribuição de água é bem diferente do traçado das instalações convencionais. As colunas de água são centralizadas, de modo que a distribuição horizontal é feita em cada apartamento, gerando a necessidade de rebaixo em gesso ou sancas no interior das unidades habitacionais.

De modo geral, com relação aos medidores, a opção mais utilizada pelos projetistas é a que aloca os aparelhos de medição no hall dos pavimentos. Qualquer que seja a escolha do projetista com relação à instalação dos hidrômetros individuais deve-se consultar a concessionária local para verificar as normas vigentes.

Como foi visto, na medição individual, há uma diferenciação de nomenclatura com relação aos ramais. O ramal de distribuição principal (RDP) corresponde à tubulação derivada da coluna de distribuição, mas que tem seu traçado horizontal previsto ao longo da unidade habitacional (apartamento), com o objetivo de abastecer o ramal de distribuição secundário (RDS). Este, por sua vez, se desenvolve dentro de cada área molhada (banheiro, cozinha e área de serviço) a partir do registro de gaveta.

O traçado da rede interna de distribuição de água dentro do apartamento deve ser estudado com muito critério para minimizar o impacto na estética, o custo da instalação e evitar interferências com os elementos estruturais.

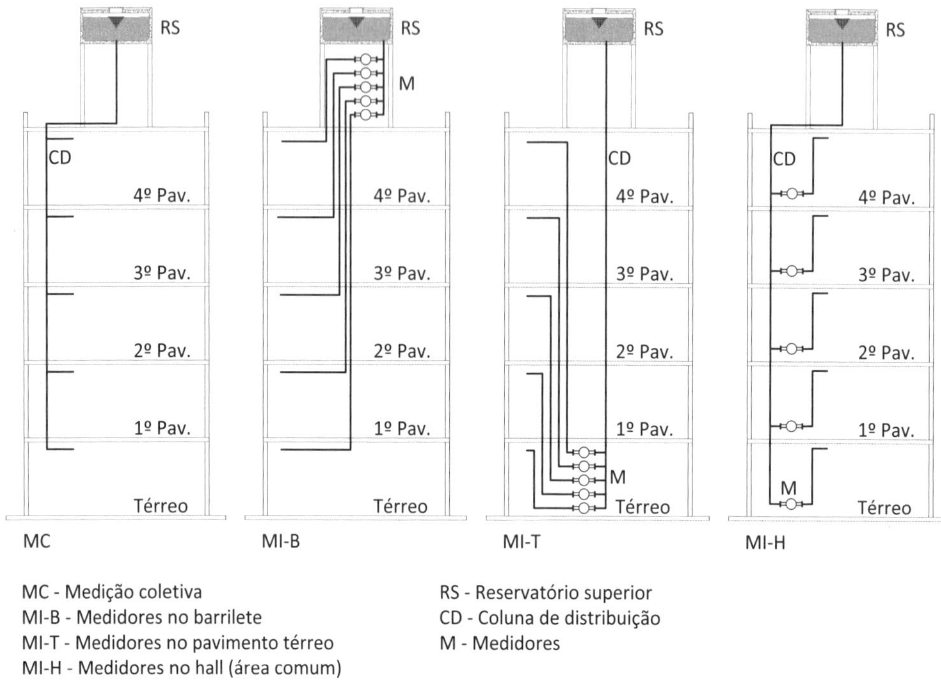

Figura 1.53 Tipos de medição individualizada de água em edifícios.

MEDIDORES DE CONSUMO (HIDRÔMETROS)

O hidrômetro é o componente principal do sistema, pois é o instrumento destinado a medir e indicar continuamente o volume de água que o atravessa.

Algumas concessionárias de água têm normas específicas para orientação na execução de sistemas de medição individualizada (SMI). Entre estas orientações está a correta especificação de um hidrômetro. De acordo com a Portaria do INMETRO nº 246, os hidrômetros podem ser classificados como classe A, B e C, sendo que os de maior sensibilidade à marcação de pequenas vazões são de Classe C, seguidos pela Classe B, e, por fim, Classe A. Já os mais utilizados atualmente nos sistemas prediais são os de Classe B.

Os hidrômetros instalados na rede de água quente, além das especificações dos hidrômetros de água fria, devem resistir a uma temperatura máxima admissível de 90ºC, com pressão máxima de 16 bar (160 m.c.a.).

A seguir apresentam-se dois tipos de medidores utilizados nos sistemas prediais com mediação de água individualizada. Os hidrômetros Unijato Magnético e Multijato Magnético (LAO) são projetados para atender, de forma dinâmica, as normas técnicas, regulamentos e demandas críticas de aplicação, preservando sua inviolabilidade.

Tabela 1.15a Hidrômetro unijato magnético LAO - Classe B – Especificações

Modelo		UJBX		UJB0		UJB1		UJB2
Diâmetro nominal (DN)	in	1/2'	3/4'	1/2'	3/4'	1/2'	3/4'	3/4'
	mm	15	20	15	20	15	20	20
Classe metrológica		B		B		B		B
Vazão máxima (Qmax)	m^3/h	1,2		1,5		3		5
Vazão nominal (Qn)	m^3/h	0,6		0,75		1,5		2,5
Vazão de transição (Qt)	m^3/h	0,048		0,06		0,12		0,2
Vazão mínima (Qmin)	m^3/h	0,012		0,015		0,03		0,05
Vazão de partida	l/h	6		6		15		25
Máxima perda de carga em CNO	MPa	0,1		0,1		0,1		0,1
Erro máximo admissível	Campo sup.	± 2						
	Campo inf.	± 5						
Leitura do mostrador	máx. m^3	9,999						
	min. m^3	0,0001						
Pressão operacional	bar	10						
Temperatura operacional	°C	40						
Resolução do sensor REED	pulso/litro	1 pulso / 100 litros						
Resolução do sensor Optoeletrônico	pulso/litro	1 pulso / 1,0 litro = 10 pulsos / litro						

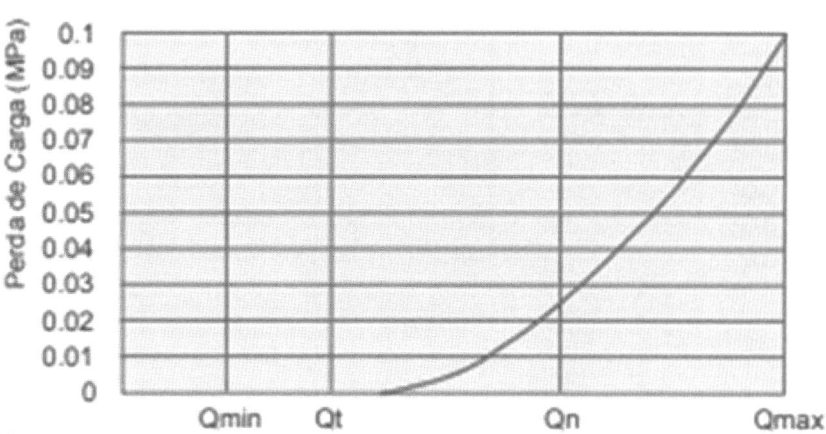

Fonte: LAO

Tabela 1.15b Hidrômetro multijato magnético LAO - Classe B – Especificações

Modelo		MJBO		MJB1		MJB2
Diâmetro nominal (DN)	in	1/2'	3/4'	1/2'	3/4'	3/4'
	mm	15	20	15	20	20
Classe metrológica		B		B		B
Vazão máxima (Qmax)	m^3/h	1,5		3		5
Vazão nominal (Qn)	m^3/h	0,75		1,5		2,5
Vazão de transição (Qt)	m^3/h	0,06		0,12		0,2
Vazão mínima (Qmin)	m^3/h	0,015		0,03		0,05
Vazão de partida	l/h	6		15		25
Máxima perda de carga em CNO	MPa	0,1		0,1		0,1
Erro máximo admissível	campo sup.	± 2				
	campo inf.	± 5				
Leitura do mostrador	máx. m^3	9,999				
	min. m^3	0,0001				
Pressão operacional	bar	10				
Temperatura operacional	°C	40				
Resolução do sensor REED	pulso/litro	1 pulso / 100 litros				
Resolução do sensor Optoleletrônico	pulso/litro	1 pulso / 1,0 litro = 10 pulsos / litro				

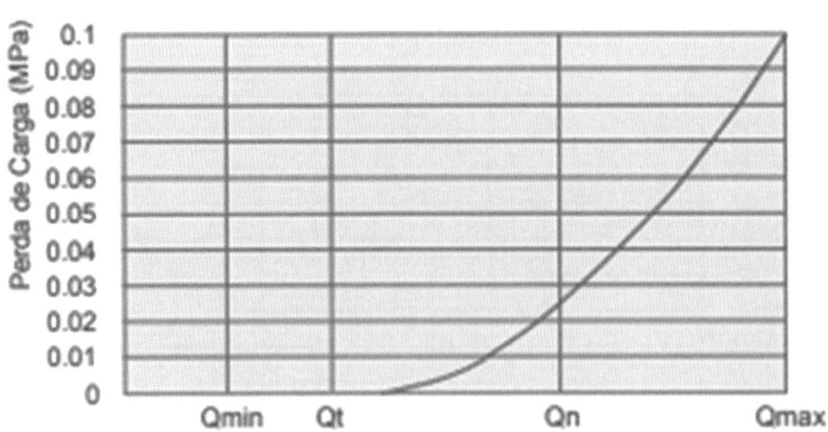

Fonte: LAO

PERDA DE CARGA EM HIDRÔMETROS

Um fator importante que deve ser observado na elaboração de projetos considerando a medição individualizada de água é a perda de carga gerada pelo hidrômetro. Como a vazão é variável em sistemas de medição individualizada de água, a velocidade da água também será, o que acarretará em diferentes valores de perda de carga gerada pelo atrito da água no interior do hidrômetro.

A perda de carga em hidrômetro pode ser estimada empregando-se a seguinte equação:

$$\Delta h = (36 \times Q)^2 \times (Qmáx.)^{-2}$$

onde:

Δh = perda de carga no hidrômetro, em quilopascal (1 kPa = 0,10 m. c. a.);

Q = vazão estimada na seção considerada, em litros por segundos;

Qmáx. = vazão máxima específica para o hidrômetro, em metros cúbicos por hora.

CAPACIDADE DOS HIDRÔMETROS

Para o dimensionamento adequado do hidrômetro é feita uma estimativa de consumo conforme informações prestadas por meio de um formulário específico da concessionária local, em que fica caracterizado a que uso se destinará o imóvel e todos os detalhes necessários ao dimensionamento em questão.

Deve-se considerar as vazões de serviço, de acordo com o sistema de água instalado (água fria ou água quente) e suas respectivas perdas de carga, garantindo o consumo nos pontos de utilização da instalação autônoma. Esse dimensionamento é feito em conjunto com o projeto de medição individualizada, avaliando todo o sistema, e não apenas o ponto de medição.

Alguns fabricantes apresentam seus hidrômetros nomeados a partir da vazão máxima ($Q_{max.}$), mas não é essa a vazão que deve ser considerada para o dimensionamento de um hidrômetro para a vazão normal de funcionamento. A vazão máxima (de pico) é a maior vazão em que o hidrômetro é exigido a trabalhar por um curto período de tempo, dentro de seus erros máximos admissíveis, mantendo seu desempenho metrológico. A vazão máxima de projeto não deve exceder 75% da vazão máxima de segurança do hidrômetro.

A vazão nominal ($Q_{n.}$) de operação do medidor corresponde a 50% da vazão máxima e é a vazão a ser adotada no dimensionamento de um hidrômetro. Na escolha do hidrômetro, a vazão de projeto tem que ficar próxima a vazão nominal e não ultrapassar a vazão máxima.

A vazão mínima ($Q_{min.}$), por sua vez, é o limite inferior de vazão no qual o hidrômetro ainda consegue ter precisão em sua leitura, com valores de erros admissíveis. É exatamente a vazão mínima de um hidrômetro que difere as classes A, B e C, e essa precisão está correlacionada com o valor da vazão nominal.

Portanto, o dimensionamento do hidrômetro deve permitir que o mesmo possua vazão nominal suficiente para atender a demanda máxima provável e também precisa fornecer precisão quando a demanda for a mínima possível. É importante ressaltar que a velocidade da água não pode exceder 2,5 m/s no tubo de alimentação do hidrômetro.

Essas vazões características ($Q_{max.}$, Q_n e $Q_{min.}$), consideradas para o dimensionamento do hidrômetro, são regulamentadas pela Portaria 246 do Inmetro (Inmetro, 2020) e pela norma NBR NM 212:1999 (ABNT, Mercosul, 1999), específicas para micromedidores de até 15 m^3/h de vazão nominal.

SISTEMA PEX – TUBOS FLEXÍVEIS DE POLIETILENO RETICULADO

O sistema PEX, ou Polietileno Reticulado, é um tipo de tubulação utilizado em sistemas de água potável e aquecimento. O uso do PEX nos últimos anos trouxe uma oportunidade a mais para racionalizar a execução das instalações prediais, agregando precisão e agilidade e diminuindo a necessidade de mão de obra e itens a gerenciar.

O sistema PEX é composto por tubos flexíveis que pode ser utilizado tanto para água fria quanto para água quente. O sistema é composto por dois tubos flexíveis. O tubo flexível PEX de polietileno reticulado, responsável por conduzir a água é introduzido em um tubo condutor de polietileno de baixa densidade, que serve de guia.

Na instalação predial, ele pode ser utilizado no sistema convencional e no manifold de distribuição de água, inclusive de água quente para alimentação de radiadores e aquecimento de piso radiante.

O PEX é altamente flexível, o que facilita sua instalação em locais de difícil acesso ou com curvas acentuadas. Sua maleabilidade permite que ele seja curvado sem a necessidade de conexões adicionais, facilitando a instalação em locais de difícil acesso ou com curvas acentuadas. Essa característica é especialmente vantajosa em projetos de encanamento residencial ou predial, nos quais a flexibilidade do PEX torna o processo de instalação mais rápido e econômico. Ele também reduz o ruído da água corrente dentro das tubulações. Isso pode ser benéfico em residências e edifícios onde o ruído da água pode ser um incômodo.

Como desvantagem, o PEX é sensível à exposição prolongada à luz ultravioleta. Portanto, deve ser protegido de exposição direta à luz solar durante a instalação externa ou armazenamento a longo prazo. Caso contrário, sua vida útil pode ser reduzida. Além disso, algumas conexões específicas são necessárias para instalar e conectar tubos de PEX. Isso pode limitar as opções de conectores e acessórios disponíveis no mercado em comparação com sistemas de tubulação mais tradicionais, como o cobre.

Assim como ocorre com outros materiais, o uso do PEX deve estar respaldado em um projeto que considere o seu uso, com produtos que atendam aos requisitos da NBR 15939:2011 – Sistemas de Tubulações Plásticas para Instalações Prediais de Água Quente e Fria – Polietileno Reticulado. Esses cuidados evitarão possíveis desencontros e improvisações durante a execução da obra.

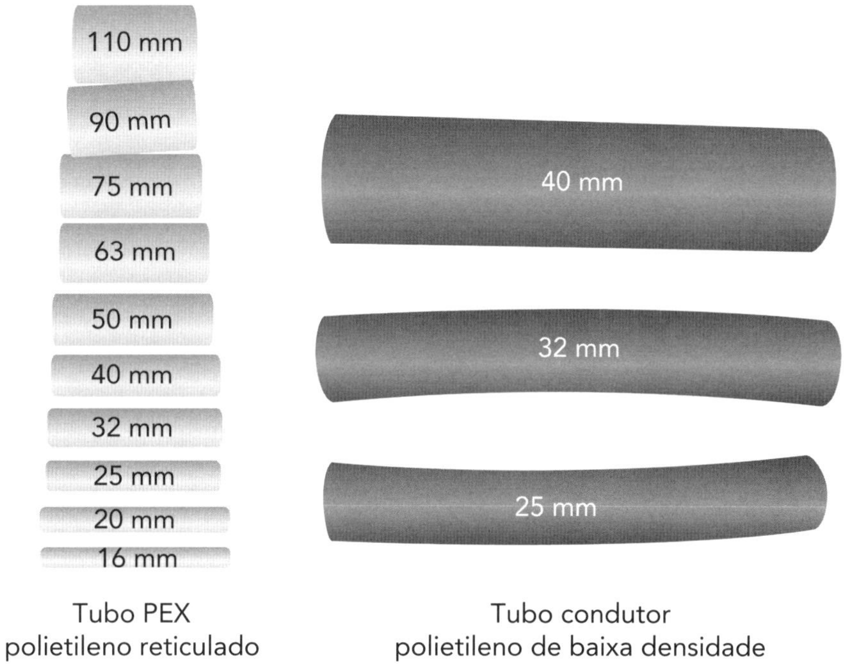

Figura 1.55 Diâmetros dos tubos.

SISTEMA CONVENCIONAL

O sistema convencional baseia-se no mesmo princípio do projeto das tubulações rígidas de PVC, com a vantagem de poder caminhar pela parede vencendo curvas, com ou sem emprego de cotovelos. Outra vantagem é a diminuição do número de juntas em relação ao PVC, devido à possibilidade de fazer melhor caminhamento e curvas.

Na instalação convencional, a vasta gama de conexões do sistema PEX, associado à sua flexibilidade, permite otimizar soluções no projeto. É uma instalação mais econômica, mas não recomendada. A desvantagem é a dificuldade de manutenção, por causa do embutimento das conexões em "T" e da ausência do tubo guia. A ausência do tubo guia dificulta ainda mais o acesso às conexões em caso de necessidade de manutenção ou reparo.

Durante a instalação, as conexões em "T" são utilizadas para dividir o fluxo de água em direções diferentes. Essas conexões são encaixadas no interior da parede ou estrutura, tornando-as menos acessíveis para modificações futuras. Se houver necessidade de fazer uma intervenção em uma conexão específica, pode ser necessário remover parte da estrutura para ter acesso ao ponto de conexão, tornando o processo mais complexo e custoso.

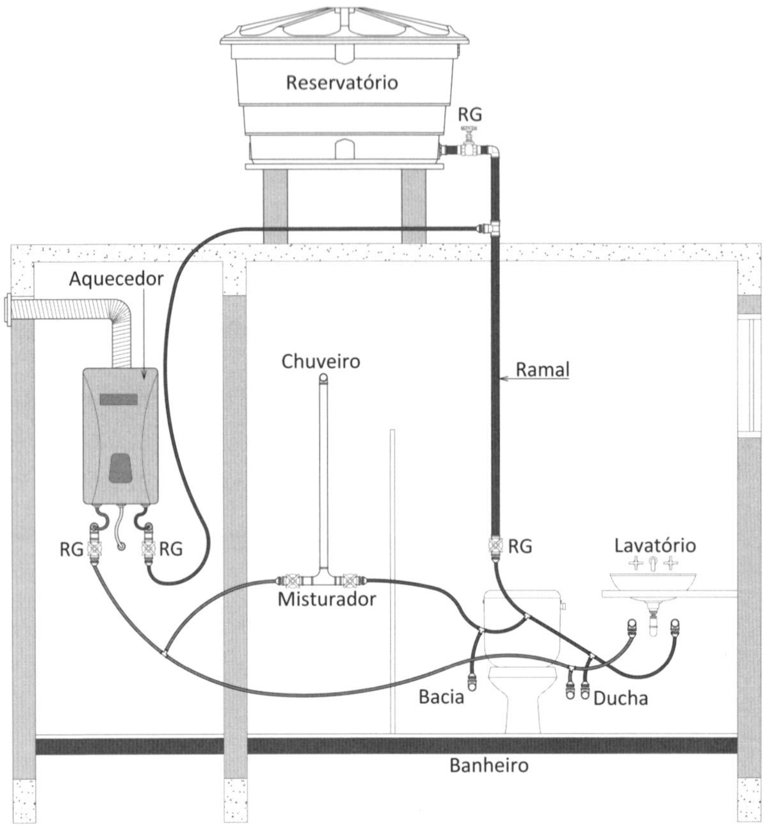

Figura 1.56 Instalação do sistema PEX de forma tradicional.

Fonte: adaptada de Suzuki, 2008.

SISTEMA MANIFOLD

O sistema manifold foi desenvolvido com o mesmo conceito dos sistemas elétricos prediais, pois, a partir de uma central (quadro de distribuição), onde ficam instalados os registros e o barrilete, derivam-se os tubos de PEX para alimentação dos pontos de utilização, um para cada aparelho, encamisados por "aguadutos". Em uma futura manutenção é só substituir o tubo PEX do ponto do manifold até o ponto de consumo sem quebrar uma única parede.

A instalação por meio desse sistema pode ser embutida no piso, na parede, na laje, em alvenaria com tubulação sob forro falso e em *drywall* com tubulação sob forro falso.

A principal vantagem desse sistema em relação ao convencional é não ter limite de comprimento; por essa razão, admite um engate na alimentação e outro no consumo, sem necessidade de conexões intermediárias: são utilizadas conexões apenas nas extremidades – um único diâmetro de tubo entre o manifold e os pontos de alimentação. Assim, há menos riscos de vazamento e maior facilidade de manutenção.

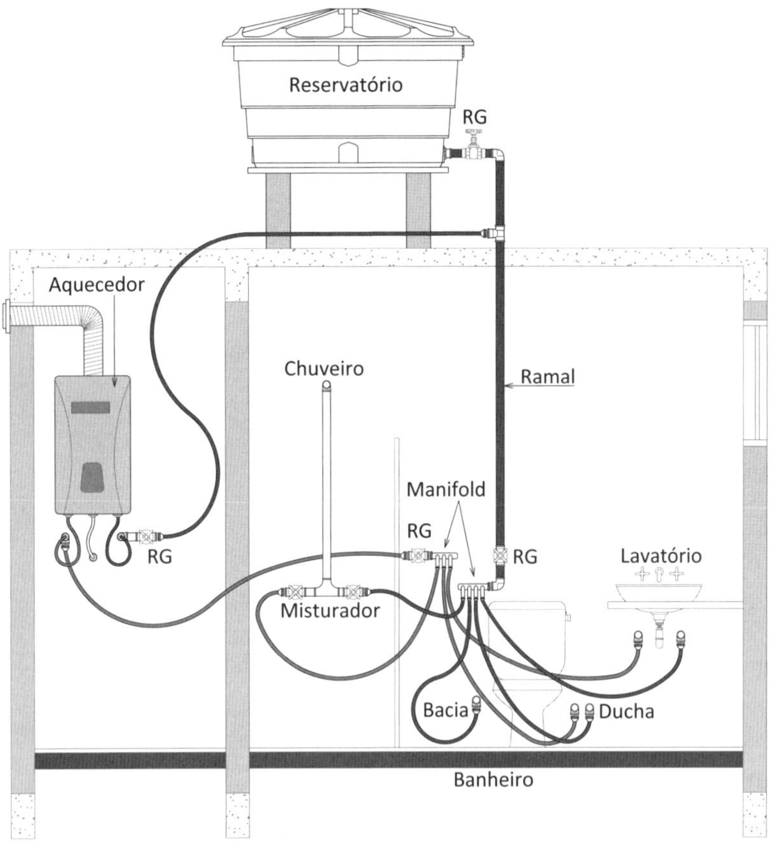

Figura 1.57 Instalação do sistema PEX com distribuidores (manifold).

Fonte: adaptada de Suzuki, 2008.

DIMENSIONAMENTO DO SISTEMA PEX

O primeiro passo, antes de dimensionar os tubos, é posicionar a central de distribuição. O quadro deve ser localizado em um local discreto, por exemplo, sob o lavatório, ou, como na figura anterior, junto com a caixa de descarga de embutir. O mais importante é que deve permitir o acesso para futuras manutenções (espaço suficiente para as mãos e para a manipulação de ferramentas).

Quadro de comando (manifold)

Os distribuidores, na medida do possível, devem ser colocados no quadro de comando, da seguinte forma:

- Parte superior: os distribuidores destinados à água quente.
- Parte inferior: os distribuidores destinados à água fria.

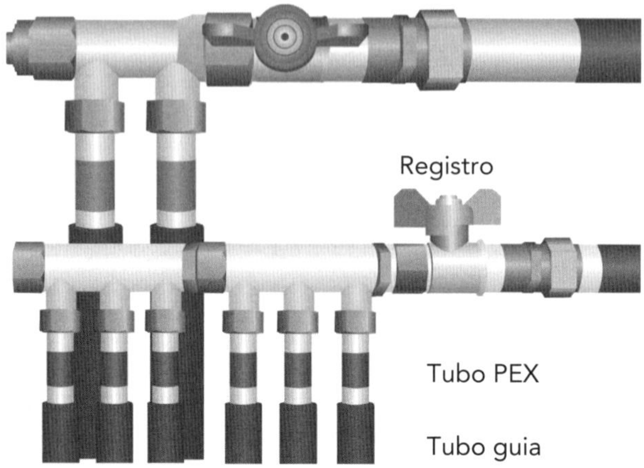

Figura 1.58 Distribuidor – manifold.

Fonte: adaptada de Suzuki, 2008.

Sub-ramais

O diâmetro mínimo dos sub-ramais (chuveiro, caixa de descarga, lavatório) é ø 16 mm.

Ramais

Para o dimensionamento dos ramais, é necessário saber o número de peças de utilização que ele irá atender:

- Ramal que atende até 2 peças: ø 16 mm.
- Ramal que atende até 6 peças: ø 20 mm.
- Ramal que atende mais de 6 peças: ø 25 mm.

O ramal da Figura 1.57, que parte do distribuidor (manifold), atende 3 pontos: um chuveiro (P=0,4), uma caixa de descarga (P=0,3) e um lavatório (P=0,3); portanto, o diâmetro é de ø 20 mm. A vazão no ramal que parte do distribuidor pode ser calculada da seguinte forma: $Q = 0{,}3\sqrt{(\Sigma P)} = 0{,}3\sqrt{1} = 0{,}3\ L/s$

Colunas de água fria (alimentação dos ramais)

Para o dimensionamento das colunas de água fria, usa-se o mesmo critério. A partir da somatória de pesos, calcula-se a vazão, e a partir da vazão, determina-se o diâmetro ideal.

No exemplo apresentado na Figura 1.57, o trecho R-A, que alimenta o ramal do banheiro e o ramal do aquecedor pode ser dimensionado da seguinte forma:

Tabela 1.16 Pesos relativos nos pontos de utilização

Ramais (aparelhos)	Vazão Q (L/seg)	Peso relativo (P)
Ramal do banheiro		
Chuveiro	0,20	0,4
Lavatório	0,15	0,3
Bacia com caixa acoplada	0,15	0,3
Ramal do aquecedor		
Chuveiro	0,20	0,4
Lavatório	0,15	0,3
Total		1,7

Com a somatória de pesos, podemos calcular a vazão por meio da fórmula:

$$Q = 0{,}3\sqrt{\Sigma P}$$

$$Q = 0{,}39 \text{ L/s}$$

É importante ressaltar que, em um sistema PEX, a perda de carga deve ser limitada a 10% (0,10) e a velocidade máxima deve ser limitada a 3,0 m/s.

A empresa espanhola BARBI® disponibiliza em seu site uma tabela para dimensionamento dos tubos e cálculo das perdas de carga:

Observação importante

Na Tabela 1.17, todas as velocidades são inferiores a 3,0 m/s. Portanto, basta limitar as perdas de carga em 10% (J < 0,10).

No exemplo apresentado (Figura 1.57), de acordo com a Tabela 1.16, o trecho R-A que alimenta os ramais do banheiro e do aquecedor terá um diâmetro de 25 mm com velocidade de 1,2 m/s e perda de carga de 0,0833 m/m (menor que 10%).

Ao dimensionar um sistema de tubulação em PEX, é importante considerar vários parâmetros e cuidados para garantir um desempenho adequado. Aqui estão alguns dos principais pontos a serem considerados: determinar a vazão necessária para cada ponto de consumo; escolher o diâmetro apropriado para o tubo de PEX com base na vazão calculada; pressão de trabalho; temperatura máxima e mínima da água que fluirá através do sistema de PEX. É essencial escolher um tipo de PEX (PEX-A, PEX-B ou PEX-C) que seja apropriado para a faixa de temperatura esperada; distância entre os pontos de consumo e a disponibilidade de acessos para futuras manutenções; utilização de tubos de PEX, conexões e outros componentes de alta qualidade, seguindo as especificações do fabricante.

Tabela 1.17 Dimensionamento dos tubos e cálculo das perdas de cargas

	V = 0,4 m/s		v = 0,6 m/s		v = 0,8 m/s		v = 1,0 m/s		v = 1,2 m/s	
Diâmetro	**Q(/s)**	**J (m/m)**	**Q(/s)**	**J (m/m)**	**Q(/s)**	**J (m/m)**	**Q(/s)**	**J (m/m)**	**Q(/s)**	**J (m/m)**
12 mm	0,02	0,0395	0,03	0,07832	0,04	0,12823	0,06	0,1888	0,07	0,2596
16 mm	0,05	0,0235	0,07	0,04686	0,10	0,07709	0,12	0,0139	0,14	0,1570
20 mm	0,08	0,0165	0,12	0,03308	0,16	0,05459	0,21	0,0808	0,25	0,1116
25 mm	0,13	0,0122	0,20	0,02456	0,26	0,04062	0,33	0,0602	0,39	0,0833
32 mm	0,22	0,0088	0,32	0,01782	0,43	0,02955	0,54	0,0439	0,65	0,0608
40 mm	0,33	0,0066	0,50	0,01349	0,67	0,02242	0,83	0,0333	1,00	0,0462
50 mm	0,52	0,0050	0,78	0,01016	1,05	0,01691	1,31	0,0252	1,57	0,0350
63 mm	0,83	0,0037	1,24	0,0076	1,66	0,01267	2,07	0,0189	2,49	0,0263
75 mm	1,18	0,0030	1,78	0,00608	2,37	0,01016	2,96	0,0152	3,55	0,0211
90 mm	1,70	0,0024	2,55	0,00485	3,40	0,00812	4,25	0,0121	5,11	0,0169

(continua)

Tabela 1.17 Dimensionamento dos tubos e cálculo das perdas de cargas *(continuação)*

	v = 1,4 m/s		v = 1,6 m/s		v = 1,8 m/s		v = 2,0 m/s	
Diâmetro	**Q (l/s)**	**J (m/m)**	**Q (l/s)**	**J (m/m)**	**Q (l/s)**	**J (m/m)**	**Q (l/s)**	**J (m/m)**
12 mm	0,08	0,34045	0,09	0,43126	0,1	0,5319	0,11	0,6422
16 mm	0,17	0,20633	0,19	0,2618	0,22	0,3233	0,24	0,3908
20 mm	0,29	0,14682	0,33	0,18648	0,37	0,2305	0,41	0,2788
25 mm	0,46	0,10971	0,52	0,13946	0,59	0,1725	0,65	0,2088
32 mm	0,75	0,08012	0,86	0,10194	0,97	0,1262	1,08	0,1528
40 mm	1,17	0,06099	1,34	0,07765	1,5	0,0962	1,67	0,1165
50 mm	1,83	0,0466	2,09	0,05881	2,35	0,0729	2,61	0,0884
63 mm	2,9	0,0347	3,32	0,04424	3,73	0,0549	4,15	0,0665
75 mm	4,15	0,02789	4,74	0,03557	5,33	0,0441	5,92	0,0535
90 mm	5,96	0,02234	6,81	0,0285	7,66	0,0354	8,51	0,0429

Fonte: BARBI® (http://www.barbidobrasil.com.br/).

CAPÍTULO 2

Sistemas prediais de água quente

CONSIDERAÇÕES GERAIS

A norma que estabelece os requisitos, as exigências técnicas mínimas quanto a higiene, à segurança, economia e ao conforto dos usuários, pelas quais deve ser projetado e executado o sistema predial de água quente (SPAQ) é a mesma que estabelece os requisitos para os sistemas prediais de água fria (SPAF), ou seja, a NBR 5626:2020 – Sistemas prediais de água fria e água quente: projeto, execução, operação e manutenção. Essa norma é aplicável às instalações para consumo humano cuja temperatura seja no máximo a 70°.

O sistema predial de água quente deve ser projetado de modo que, durante sua vida útil de projeto, atenda aos mesmos requisitos exigidos para os sistemas prediais de água fria (veja Seção "Considerações gerais" do Capítulo 1).

O sistema predial de água quente é formado pelos seguintes componentes básicos: tubulação de água fria para alimentação do sistema de água quente; aquecedores, que podem ser de passagem (ou instantâneos), onde não se estoca água quente ou de acumulação com estocagem de água quente também chamados na terminologia inglesa de boiler; dispositivos de segurança; tubulação de distribuição de água quente; peças de utilização (chuveiro, ducha, torneiras de pia, lavatório, tanque).

Na elaboração do projeto de sistemas prediais de água quente deve-se utilizar fonte de energia compatível com a região em que será edificada a obra, bem como utilizar soluções de custos, manutenção e operação compatíveis com o custo de instalação do sistema.

O sistema deverá ser adequado ao desempenho dos equipamentos e a distribuição de água quente poderá ser feita sem ou com recirculação, devendo levar em consideração a opção mais econômica e de maior sustentabilidade. Existem no mercado diversos equipamentos para aquecimento, reservação e distribuição de água quente. Portanto, são várias as opções de aquecimento.

De acordo com as NBR 5626:2020, "a temperatura da água no sistema de armazenamento e distribuição de água quente deve atender às necessidades dos usuários e aos usos pretendidos. Devem ser adotados materiais e componentes adequados ao valor máximo da temperatura que atenda à situação de operação normal e, quando aplicável, em processos de desinfecção. Deve ser previsto meio de alívio ou proteção dos componentes da tubulação caso a temperatura da água ultrapasse o valor máximo previsto em projeto".

Os principais usos de água quente nas instalações prediais e as temperaturas convenientes, nos pontos de utilização, são:

Tabela 2.1 Principais usos de água quente

Uso pessoal em banhos ou higiene	35 °C a 50 °C
Em cozinhas	60 °C a 70 °C
Em lavanderias	75 °C a 85 °C
Em finalidades médicas	100 °C

ESTIMATIVA DE CONSUMO

A estimativa de consumo de água quente em uma residência, por exemplo, pode variar dependendo de vários fatores, como o tamanho da residência, o número de ocupantes, os hábitos de consumo de água quente e os equipamentos presentes.

As peculiaridades de cada instalação, as condições climáticas e as características de utilização do sistema são parâmetros a serem considerados no estabelecimento do consumo de água quente. Na Tabela 2.2, é apresentada uma estimativa de consumo, de acordo com a natureza do local.

Porém, essa tabela não serve para o dimensionamento da rede de distribuição de água quente, pois não leva em consideração o aspecto de uso simultâneo dos aparelhos. O dimensionamento adequado requer o conhecimento das características específicas do sistema, como a capacidade de aquecimento do equipamento, a vazão de água quente necessária em cada ponto de utilização e perda de carga ao longo do sistema de distribuição.

Tabela 2.2 Estimativa de consumo de água quente

Prédio		Consumo (litros/dia)
Alojamento provisório de obra		24/pessoa
Casa popular ou rural		36/pessoa
Residências	Aquecedor elétrico	45/pessoa
	Aquecedor a gás	40/pessoa
	Aquecedor solar	50/pessoa
Apartamento		60/pessoa
Quartel		45/pessoa
Escola (internato)		45/pessoa
Hotel (sem incluir cozinha e lavanderia)		36/hóspede
Hospital		125/leito
Restaurantes e similares		12/refeição
Lavanderia		15/kg roupa seca

Fonte: Creder, 1991.

SISTEMAS DE AQUECIMENTO

O aquecimento de água está associado a um dos principais usos de energia de uma edificação e, quando não é considerado de forma correta no planejamento da obra, pode ocasionar desperdício de energia e água e muito desconforto aos usuários do sistema. Portanto, ao escolher um sistema de aquecimento para uma edificação, é importante considerar vários fatores para garantir uma escolha adequada, tais como: demanda de aquecimento, fonte de energia, eficiência energética e custo.

De acordo com a NBR 5626:2020, "a eficiência de um sistema de água quente em fornecer adequadamente água aquecida aos pontos de utilização depende de vários fatores, que incidem nas fases de geração, distribuição e utilização de água".

O abastecimento de uma edificação pode ser efetuado de três formas distintas: aquecimento individual (local), aquecimento central privado e aquecimento central coletivo. O projetista deve estudar a viabilidade do emprego de cada uma dessas alternativas, para determinar a melhor solução.

Os sistemas de aquecimento devem conter os dispositivos de controle operacional necessários ao seu funcionamento seguro, como válvulas de segurança à temperatura, válvulas de segurança à pressão, válvulas de isolamento etc.

SISTEMA DE AQUECIMENTO INDIVIDUAL

O sistema individual consiste na alimentação de um único ponto de utilização, sem necessidade de uma rede de água quente. As fontes de energia utilizadas neste tipo de sistema são: eletricidade e gás combustível.

No caso de aquecedores elétricos elétricos individuais tem-se uma resistência que é ligada automaticamente pelo próprio fluxo da água, como por exemplo o chuveiro elétrico. Por sua vez, os aquecedores individuais a gás possuem um queimador que é acionado por uma chama-piloto, quando da passagem do fluxo de água.

O sistema de aquecimento também pode ser local, quando pequenos aquecedores elétricos ou a gás alimentam um único compartimento sanitário.

SISTEMA DE AQUECIMENTO CENTRAL PRIVADO

O sistema é central privado quando um único equipamento é responsável pelo aquecimento da água e uma rede de distribuição distribui a água aquecida a pontos de utilização de uma unidade habitacional, ou seja, alimenta vários pontos de consumo localizados em cozinhas, banheiros, áreas de serviço. Um exemplo desse tipo de sistema é o aquecedor de acumulação que armazena água quente para uso posterior. Esses aquecedores são comumente utilizados em residências onde há uma demanda constante por água quente, como chuveiros, pias e torneiras.

Em geral, as fontes de energia utilizadas neste tipo de sistema são: gás combustível, eletricidade e energia solar. A escolha da fonte de energia mais vantajosa para um sistema de aquecimento central privado depende de vários fatores, como a disponibilidade da fonte na região, custos de instalação e manutenção, eficiência energética, impacto ambiental e requisitos específicos do sistema.

A entrada de água fria deve ser feita por meio de uma tubulação única, em cota superior ao aquecedor, desde que não alimente válvulas de descarga e que seja impossibilitado o retorno de água quente para a tubulação de água fria.

O sistema de distribuição de água quente em um sistema central privado é composto por ramais que conduzem a água desde o equipamento de aquecimento até os diversos pontos de utilização. Tendo em vista obter-se uma temperatura adequada no ponto de utilização, o trajeto percorrido pela água quente deve ser o mais curto possível e as tubulações devidamente isoladas contra a perda de calor de acordo com as recomendações dos fabricantes.

No sistema de aquecimento central privado, é necessário dimensionar as tubulações de água quente do sistema. O dimensionamento adequado das tubulações é essencial para garantir o abastecimento de água quente para todas as áreas molhadas da residência, tais como: banheiros, cozinhas e áreas de serviço (lavanderias).

Ao dimensionar as tubulações de água quente do sistema, é importante levar em consideração diversos fatores para garantir o bom funcionamento e a eficiência do sistema, tais como: a demanda estimada de água quente, levando em consideração o número de usuários, a quantidade de pontos de consumo e as atividades realizadas; a temperatura da água quente desejada; as perdas de carga total do sistema; o isolamento térmico para manter a temperatura da água ao longo das tubulações; o material das tubulações. Cada material tem suas características específicas em relação à resistência à temperatura, custo, facilidade de instalação e durabilidade; a expansão térmica; a expansão térmica do material. A água quente causa dilatação nas tubulações, e é necessário considerar essa expansão para evitar problemas como tensão excessiva e vazamentos.

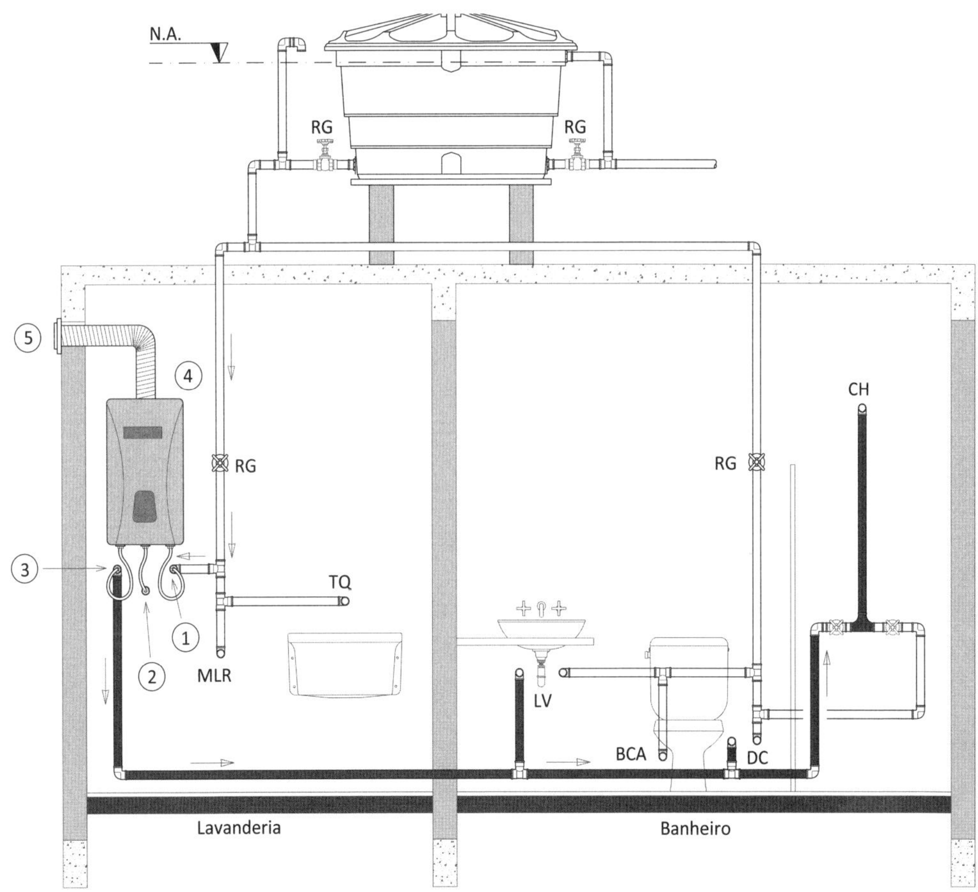

1 - Alimentação do aquecedor - água fria vem do reservatório
2 - Alimentação do aquecedor - gás
3 - Saída água quente - ligado a tubulação
4 - Aquecedor de passagem a gás
5 - Duto exaustor

Figura 2.1 Sistema de aquecimento central privado.

SISTEMA DE AQUECIMENTO CENTRAL COLETIVO

O sistema é central coletivo quando um único conjunto de aquecimento alimenta várias unidades de um edifício, ou seja, várias peças de utilização de várias unidades habitacionais ou de comércio e serviços. Exemplos: edifício residencial, hotel, motel, hospital etc.

Uma vez que a geradora de água quente abastece várias unidades, está implícita a reservação do volume a ser aquecido, constituindo o que se denomina usualmente de "caldeira". Existem geradoras de água quente que incorporam dispositivos para aquecimento a gás combustível e a eletricidade, possibilitando a alternância da fonte energética.

O aquecimento central coletivo em edifícios que envolve o uso de caldeiras é uma opção comum em muitos sistemas de aquecimento. Nesse tipo de sistema, uma caldeira central é responsável por aquecer a água que será distribuída para as diferentes unidades do edifício. Em edifícios verticais de múltiplos pavimentos, a geração centralizada de calor pode ser mais eficiente do que várias unidades de aquecimento individuais em cada apartamento.

Normalmente, em edifícios de grande porte, a vazão necessária para abastecer a caldeira é alta, o que pode exigir uma coluna exclusiva. A utilização de uma coluna exclusiva para o abastecimento de água fria da caldeira apresenta algumas vantagens. Ao separar a coluna de abastecimento da caldeira das demais colunas de água do edifício, é possível garantir uma pressão adequada e uma vazão constante para a caldeira, mesmo em momentos de alta demanda.

Após o aquecimento, a distribuição ocorre por meio de um barrilete, de onde saem as colunas de distribuição de água quente, podendo ocorrer de forma ascendente, descendente ou mista. O sistema de aquecimento central coletivo é controlado por dispositivos de controle, como termostatos centrais ou individuais, que permitem ajustar a temperatura dentro das unidades habitacionais. Esses controles podem ser programados para atender às preferências dos moradores e garantir um nível adequado de conforto térmico.

A norma que especifica os requisitos para o projeto da "casa das caldeiras" (local onde se posiciona as caldeiras) é a NR-13 - Caldeiras, vasos de pressão, tubulações e tanques metálicos de armazenamento (última modificação: Portaria SEPRT 915, de 30/07/2019).

Com um sistema de aquecimento central coletivo, os custos de instalação, manutenção e operação são compartilhados entre os moradores do edifício. Isso pode resultar em economia de custos individuais em comparação com a instalação e manutenção de sistemas de aquecimento individuais. Como desvantagem, as caldeiras são componentes complexos e podem sofrer falhas ocasionais. Quando uma caldeira falha, todo o sistema de aquecimento central pode ser afetado, resultando na interrupção do fornecimento de calor para todo o edifício. Isso pode causar desconforto e exigir reparos ou substituições custosas.

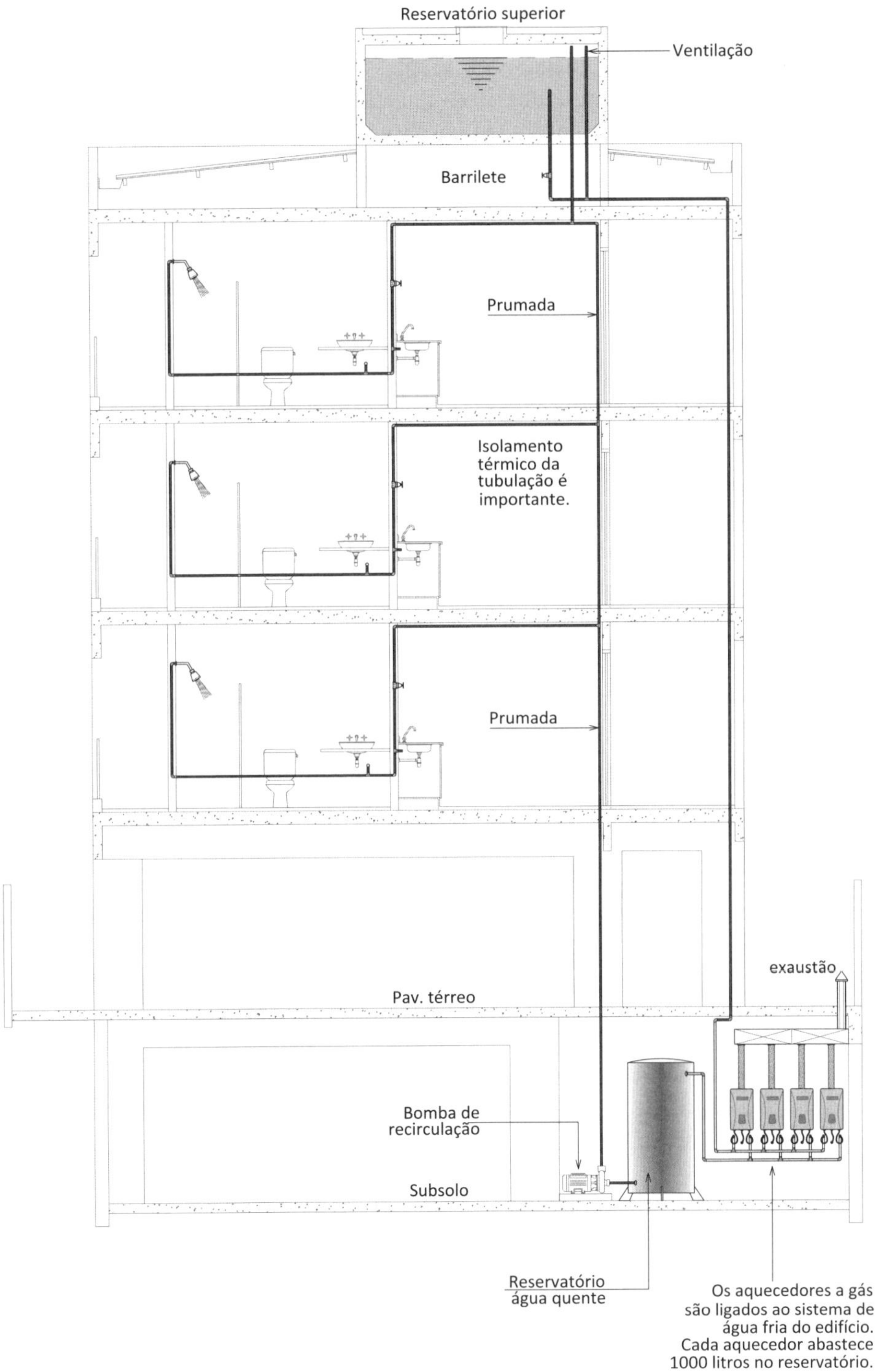

Figura 2.2 Sistema de aquecimento central coletivo.

TIPOS DE AQUECEDORES

Existem vários tipos de aquecedores no mercado, sendo os mais comuns nas instalações prediais os de aquecimento direto ou indireto, de passagem ou de acumulação (*boilers*). A fonte de calor empregada pode ser eletricidade, gás ou energia solar.

Uma recomendação importante da NBR 5626:2020 é a utilização de aquecedor(es) que possua(m) nível "A" de eficiência no Programa Brasileiro de Etiquetagem (PBE) ou que atendam níveis de eficiência equivalentes.

AQUECEDORES ELÉTRICOS

São aquecedores que utilizam energia elétrica como fonte de energia. Podem ser de dois tipos: aquecimento de passagem e de acumulação.

Os aquecedores elétricos de passagem são dispositivos interpostos na tubulação para o aquecimento elétrico instantâneo da água (aquecida em sua passagem pelo aparelho). São exemplos: chuveiro elétrico, torneira elétrica e os aquecedores automáticos de água quente. A principal vantagem dos aquecedores elétricos instantâneos é o fato de serem compactos e fáceis de instalar, dispensando tubulações. As desvantagens são: custo do kW, baixa pressão e pouca vazão de água.

Os aquecedores de acumulação (também chamados "*boiler* elétrico") proporcionam maior conforto ao usuário, pois a água é aquecida para consumo posterior. A acumulação possibilita seu uso com maior vazão nos chuveiros ou em qualquer outro ponto de utilização. Esses aquecedores fornecem água quente de imediato e na temperatura desejada, em um ou vários pontos de consumo ao mesmo tempo, não dependendo da pressão da água para seu bom funcionamento.

Na instalação de aquecedores elétricos por acumulação devem ser observadas as seguintes condições:

- A alimentação de água fria do aquecedor de acumulação será feita por canalização de material resistente à temperatura de 70 °C;
- O ramal de alimentação de água do aquecedor de acumulação será derivado da coluna de distribuição, devendo ser colocados registro de gaveta e válvula de segurança;
- Deve-se instalar o aquecedor de acumulação em local de fácil acesso, o mais próximo possível dos locais de consumo de água quente, de forma que haja espaço livre mínimo para manutenção;
- É necessário prever canalização de drenagem do aquecedor, provida de registro próximo do aparelho, despejando em local visível;
- Aquecedores individuais não deverão alimentar um número maior de pontos de consumo que o indicado pelo fabricante do aparelho;
- A instalação elétrica deve ser realizada por um técnico habilitado e deve ter

um circuito independente de 220 V;

- A bitola do fio depende da distância do aquecedor ao quadro de distribuição e não deve ser menor que 10 mm^2 (até 30 m) e 16 mm^2 (acima de 30 m). Deve ser instalado um disjuntor bipolar de 50 A (ampères).

Outra questão importante é a retirada de todo o ar de dentro do sistema elétrico antes de colocá-lo em funcionamento. Se isso não for feito, corre-se o risco de queimar sua resistência.

A seguir apresentam-se dois exemplos de aquecedores elétricos de acumulação (em residências e apartamentos).

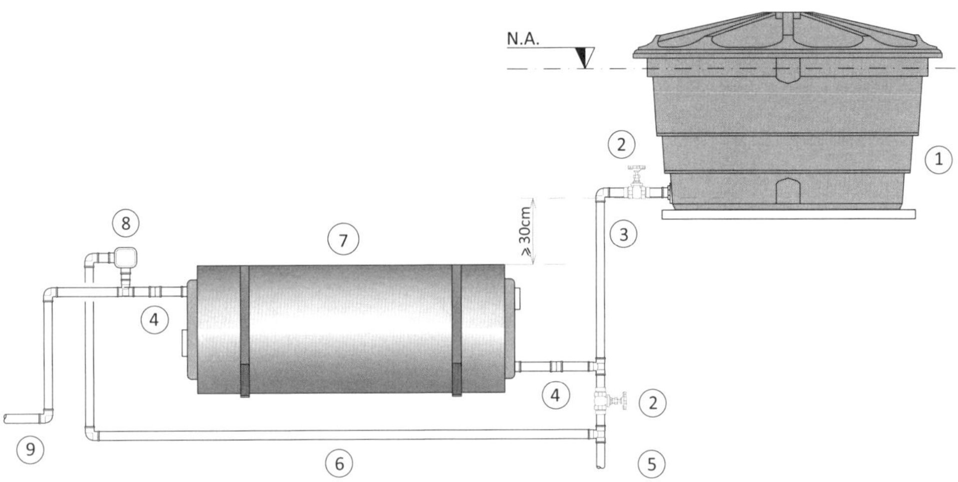

1 - Reservatório de água fria
2 - Registro
3 - Alimentação do sistema
4 Luva de união
5 - Drenagem do aquecedor ou da válvula de alívio
6 - Ligação da válvula de alívio ao dreno
7 - Aquecedor elétrico
8 - Válvula de alívio ou válvula e segurança
9 - Água quente - consumo

Figura 2.3 Aquecimento elétrico de acumulação nas residências.

Fonte: Melo; Azevedo Netto, 1988.

A instalação de aquecedores elétricos por acumulação em cada apartamento de um edifício residencial (veja Figura 2.4) envolve etapas como avaliação das necessidades de aquecimento, seleção do aquecedor adequado, instalação elétrica, instalação dos aquecedores e configuração do sistema de controle. É importante contar com profissionais qualificados e seguir as normas e regulamentos para garantir a segurança e o desempenho adequado do sistema. Também é necessário fornecer orientações aos ocupantes sobre o uso correto dos aquecedores para otimizar o consumo de energia e o conforto térmico.

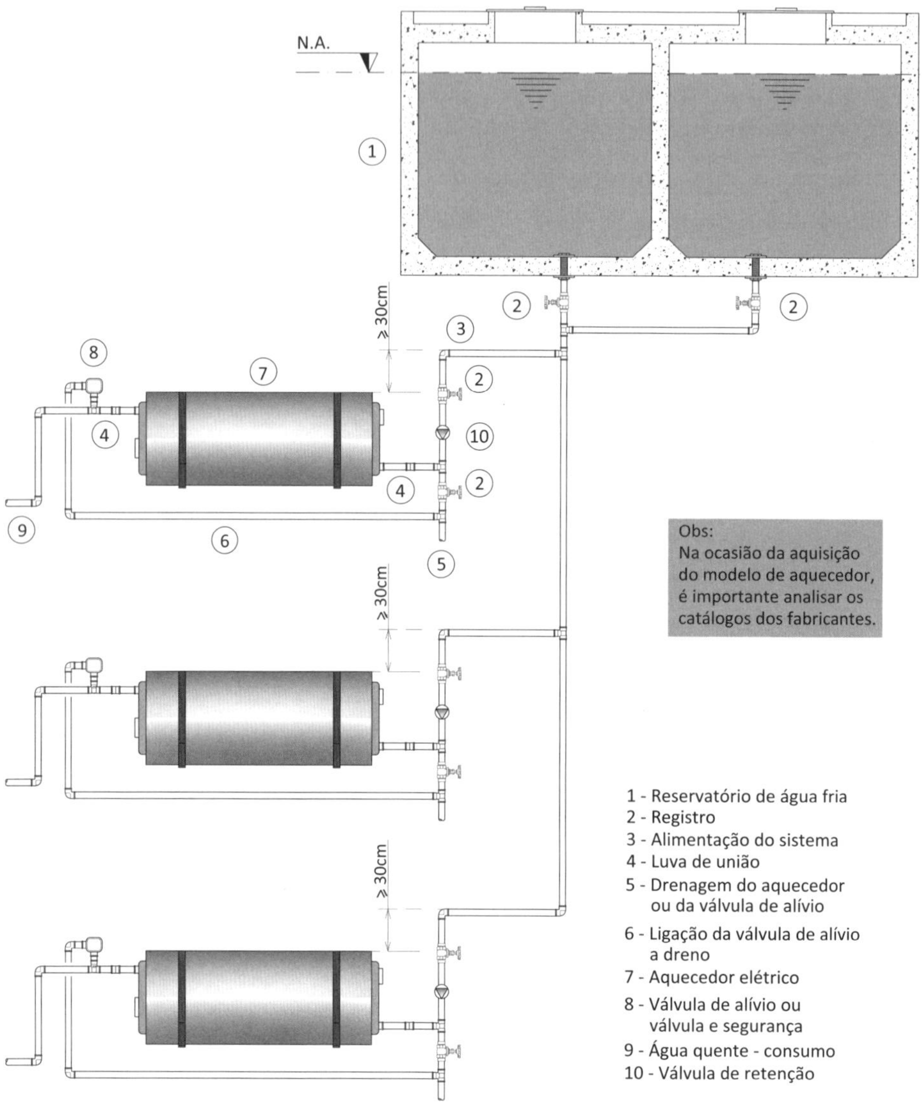

Figura 2.4 Aquecimento elétrico individual para apartamentos.

Fonte: Melo; Azevedo Netto, 1988.

AQUECEDORES A GÁS

Ao escolher um modelo de aquecedor a gás, deve-se ter certeza de que ele está de acordo com as normas da ABNT. Além da NBR 5626:2020, Sistemas prediais de água fria e água quente - Projeto, execução, operação e manutenção, devem ser consultadas as seguintes normas técnicas:

- NBR 5899:1995 – Aquecedor de água a gás tipo instantâneo;
- NBR 8130:2004 – Aquecedores de água a gás tipo instantâneo – Requisitos e métodos de ensaio;
- NBR 16057:2012 – Sistema de aquecimento de água a gás (SAAG) - Projeto e instalação;
- NBR 15575:2013 – Edificações habitacionais - Desempenho – Parte 6: Requisitos para sistemas hidrossanitários;
- NBR 10540:2016 – Aquecedores de água a gás tipo acumulação – Terminologia;
- NBR 13103:2020 – Instalação de Aparelhos a gás – Requisitos.

Além das normas citadas devem ser consideradas também as orientações de cada fabricante, pois existem no mercado diversos tipos de aquecedor.

Aquecedores de passagem

Os modelos de passagem são de instalação mais simples que os de acumulação (desde que os pontos de espera estejam corretamente posicionados).

No modelo de passagem, basta abrir a torneira para o aquecedor ligar automaticamente e a água correr aquecida. A vantagem do sistema de passagem é a economia e o conforto na hora do banho (há maior fluxo de água quente). Além disso, os aquecedores de parede oferecem maior facilidade de instalação em espaço reduzido.

Nas instalações residenciais, é recomendável a utilização de dois aquecedores independentes: um para o banheiro e outro para a cozinha. Tal fato se justifica por um possível descontrole do consumo de água quente. Antes de instalá-los, deve-se verificar se os pontos existentes na parede correspondem mesmo aos pontos de água fria, de água quente e de gás do aparelho. A instalação deve ser feita conforme orientações do manual de instruções do fabricante. Na hora da instalação, também se deve tomar cuidado para que a profundidade de embutimento do dispositivo na parede não atrapalhe a posterior colocação do acabamento.

É importante ressaltar que todo aquecedor de passagem necessita de pressão para funcionar, já que é acionado pela passagem de água. Sendo assim se a água chegar sem força ao aquecedor a gás ele simplesmente não aciona.

A pressão mínima de acionamento pode variar de modelo para modelo, sendo normalmente algo entre 2 e 4 m.c.a. para modelos de aquecedores a gás digitais, que são um pouco mais sensíveis e 2 a 6 m.c.a. para versões mecânicas.Todo fabricante deve informar a pressão recomendada para o bom funcionamento do aparelho, sendo necessário, em alguns casos, pressurizar a rede (o último andar de edifícios também precisa ser pressurizado).

Assim como a pressão mínima o fluxostato também precisa de uma vazão mínima de água para acionar. Ou seja, se tiver pouca água passando através do aquecedor a gás ele não acionará. Na prática isso significa que se, por exemplo, o usuário abrir muito pouco o registro de uma torneira o aquecedor a gás nem liga. Assim como no caso da pressão o volume mínimo para o acionamento também varia de modelo para modelo. Os aquecedores digitais em média precisam de uma vazão mínima de 3,5 litros de água por minuto para funcionarem, enquanto os aquecedores a gás mecânicos precisam em média de apenas 2 litros.

Na instalação de aquecedores a gás é necessário a instalação de chaminé para eliminar as substâncias nocivas da queima do gás e quando o aquecedor ficar desligado por um longo tempo, é recomendável que se feche o registro de gás do aquecedor. O duto de exaustão deve ser bem instalado seguindo as orientações de normas. A vedação da chaminé e uniões deve ser garantida para que não tenha retorno dos gases de exaustão ao aparelho.

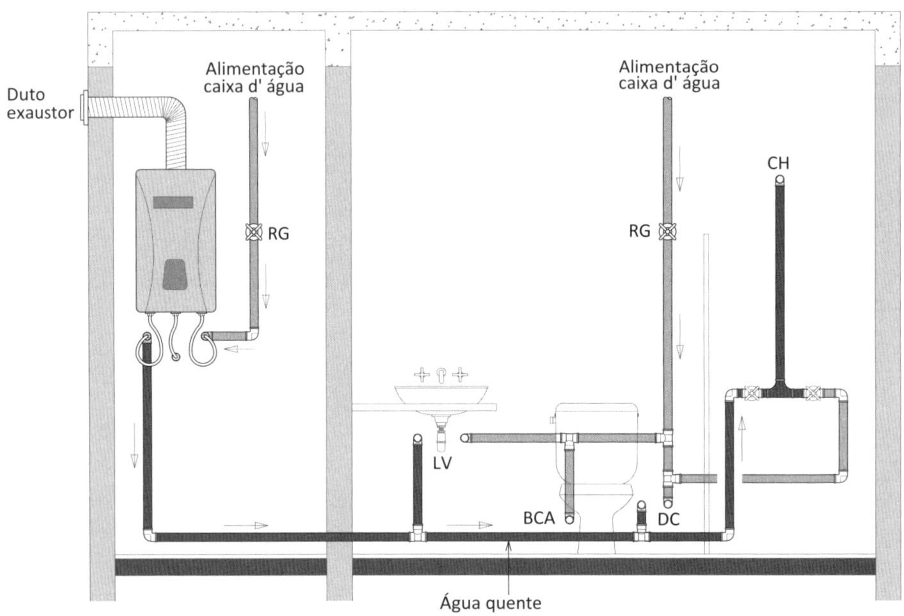

Figura 2.5 Aquecedores de passagem.

Aquecedores de acumulação

Outra opção de aquecedor a gás é o modelo de acumulação, que armazena a água aquecida dentro de um reservatório térmico para posterior consumo. O aquecimento da água é lento, porém constante. A temperatura da água reservada é controlada através de um termostato, mantendo a temperatura previamente estabelecida. As perdas de calor também são controladas por meio de um revestimento de isolamento térmico existente no tanque. O aquecedor de acumulação não possui vazão mínima de acionamento, ou seja, basta abrir um pouco a torneira que a água sairá quente no ponto de consumo. É de fácil instalação e atende a vários pontos de consumo simultaneamente.

A desvantagem dos aquecedores de acumulação é o tamanho – são bem maiores que o modelo de passagem. Por isso, a opção pelo aquecedor de acumulação a gás se justifica somente quando se consomem grandes volumes de água quente ao mesmo tempo (mais de quatro pontos de utilização).

A instalação de aquecedores de acumulação e reservatórios de água quente deve obedecer os requisitos estabelecidos no item 6.13.3 da NBR 5626:2020. Para a instalação de qualquer modelo de aquecedor a gás, deve-se solicitar a presença de um profissional habilitado, pois como o assunto envolve conhecimentos técnicos, nem sempre o morador está devidamente informado sobre os riscos que pode estar correndo dentro de sua residência. Para evitá-los, aconselha-se que seja realizada uma inspeção nos equipamentos a gás existentes e nas condições de ventilação dos ambientes em que estão alojados.

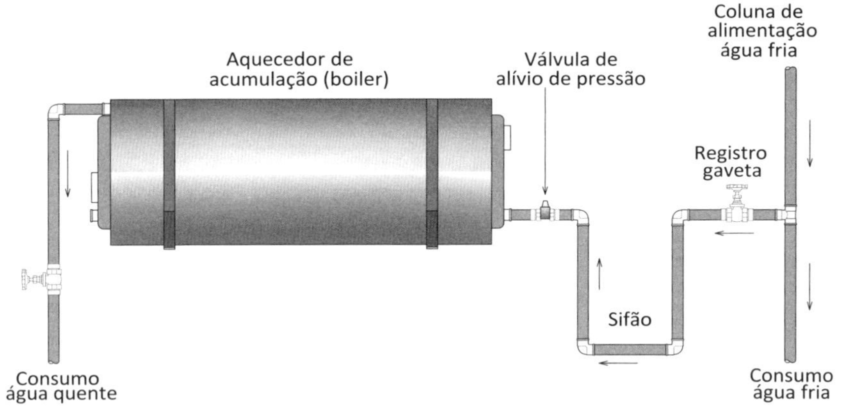

Figura 2.6 Instalação de aquecedores de acumulação.

Aberturas para ventilação

Quando a opção escolhida for aquecedor a gás é importante a sua localização no projeto de arquitetura, em virtude da necessidade de ventilação permanente, no local em que será instalado o aquecedor, sem que o usuário tenha controle sobre ela.

De acordo com a NBR 13103:2020 - Instalações de aparelhos a gás: Requisitos, "as aberturas para ventilação devem ser permanentes, não sendo permitida a obstrução total ou parcial do espaço."

A abertura de ventilação superior deve estar localizada a uma altura mínima de 1,50 m acima do piso acabado. A abertura inferior de ventilação deve estar localizada a uma altura máxima de 0,80 m acima do piso acabado.

As aberturas para ventilação devem se comunicar com o exterior da edificação, ambiente externo ou prisma de ventilação que possuam características especificadas nos itens B.2.1 a B.2.3 do Anexo B da referida norma. A comunicação da abertura de ventilação pode ser realizada por meio de duto exclusivo individual.

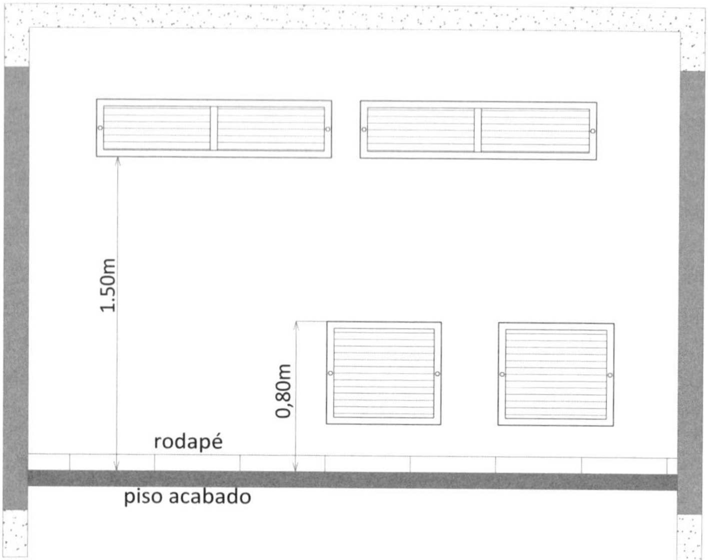

Figura 2.7 Alturas das aberturas para ventilação permanente (superior e inferior).

Dispositivos de segurança

O sistema de aquecimento deve ser dotado de dispositivo automático para limitar a máxima temperatura admissível da água, além de uma válvula de segurança de temperatura. Os termostatos (válvulas de segurança de temperatura) regulam e limitam as temperaturas da rede de distribuição, evitando superaquecimentos que danificam a instalação e colocam em risco os usuários do sistema.

Os aquecedores de acumulação também devem ser dotados de equipamento automático que limite a máxima pressão admissível da água, como uma válvula de alívio ou uma válvula de segurança de pressão. As válvulas de controle de pressão e os limitadores regulam as variações de pressão devido à expansão térmica.

Também pode ser utilizada uma válvula de segurança combinada por temperatura e pressão (TP). O mecanismo funciona automaticamente, aliviando a pressão e temperatura dentro de um reservatório térmico.

A tubulação de água fria que alimenta o aquecedor deve ser provida de sifão térmico (veja a Figura 2.6) ou outro meio para minimizar a transferência de calor para seu interior, por convecção, da água quente armazenada no reservatório térmico.

A saída da tubulação de água quente deve ser provida de respiro, que tem a finalidade de evitar o aumento de pressão de vapor no caso da ocorrência de um superaquecimento. Trata-se de um tubo vertical instalado imediatamente na saída de água quente do aquecedor de acumulação. O tubo de respiro deve subir a uma altura de, no mínimo, 30 cm acima do nível de transbordamento do reservatório. O diâmetro do tubo deve ser maior ou igual ao diâmetro da tubulação de distribuição.

AQUECIMENTO SOLAR

A norma que estabelece os requisitos de projeto e instalação para o sistema de aquecimento solar (SAS), considerando aspectos de concepção, dimensionamento, arranjo hidráulico, instalação e manutenção, onde o fluido de transporte é a água, é a NBR 15569:2020 – Sistema de aquecimento solar de água em circuito direto: requisitos de projeto e instalação.

Com o desenvolvimento tecnológico dos equipamentos e das técnicas de instalação, os custos de um sistema de aquecimento solar diminuíram significativamente, fazendo com que o custo-benefício acabe compensando, pois é um sistema que combina segurança, ecologia e economia.

O sistema apresenta algumas vantagens, quando comparado a outros tipos de energia. As principais vantagens são: economia de energia (reduz, em média, 35% da conta de luz); facilidade de manutenção (praticamente inexistente); fonte de energia inesgotável; não produz poluição ambiental. A desvantagem do sistema é o comprometimento de sua eficiência em dias nublados ou chuvosos, sendo necessária a utilização de um sistema misto (energia solar e elétrica).

Para uso de aquecimento solar devem ser observadas as seguintes condições:

- É fundamental considerar a localização da instalação para garantir a máxima exposição à luz solar e a inclinação dos coletores para receber a radiação solar de forma eficiente;
- Situar os coletores em local o mais próximo possível do reservatório de água quente e evitar o sombreamento nos coletores solares, pois isso diminui significativamente sua eficiência;
- Verificar se há espaço suficiente disponível para a instalação dos coletores solares e seguir rigorosamente as recomendações do fabricante.

Alguns parâmetros relacionados à localização e disposição dos equipamentos na cobertura devem ser rigorosamente observados, pois, apesar de ser constituído por equipamentos muito simples e de fácil utilização, o sucesso de sua eficiência depende de uma correta instalação.

Atualmente, a energia solar também vem sendo utilizada para o aquecimento de piscinas, em substituição aos aquecedores convencionais, elétricos e a gás. Nesse caso, são instaladas placas coletoras em quantidades suficientes para o volume de água a ser aquecido e uma bomba que movimenta a água (método conhecido como circulação ativa).

Disposição dos equipamentos na cobertura

Os coletores solares constituem a parte principal do sistema, pois é por meio deles que a energia solar é absorvida e transmitida à água que circula pelos tubos do interior do coletor. As placas devem ser direcionadas sempre para o Norte Geográfico,[1] com desvio máximo de 30° a nordeste ou noroeste. É importante ressaltar que a bússola indica o norte magnético da Terra. Para obter o norte geográfico é preciso fazer uma correção da declinação magnética que no Brasil fica entre 10° e 20° a Oeste do norte geográfico.

Se os coletores ficarem 30° defasados do norte geográfico devem ser acrescidos no dimensionamento no mínimo 20% de área de coletores. Não é recomendado a instalação com uma defasagem acima de 30° pela queda drástica no rendimento.

Para uma boa absorção dessa energia, ou seja, para que os coletores recebam maior incidência dos raios solares durante o ano, a inclinação ideal das placas, em relação à horizontal, é um ângulo resultante da soma da latitude do lugar acrescida de 10° (veja Figura 2.9). Esta inclinação favorece o melhor desempenho para os períodos de inverno, pois no verão a incidência de radiação solar é superior. Como exemplo, para a cidade de São Paulo, localizada a latitude aproximada de 23°, recomenda-se a instalação dos coletores com 33° de inclinação.

Quando a inclinação das placas solares não coincide com a inclinação do telhado, existem algumas opções para garantir uma boa absorção de energia solar. O ajuste da inclinação pode exigir a instalação de estruturas adicionais ou o ajuste dos suportes existentes. Ao fazer isso, o projetista estará maximizando a exposição das placas solares aos raios solares e aumentando a eficiência do sistema.

Existem suportes especiais disponíveis no mercado que permitem ajustar a inclinação das placas solares. Esses suportes permitem alterar a inclinação das placas sazonalmente para otimizar a captação de energia solar em diferentes épocas do ano. Essa opção é especialmente útil quando a inclinação ideal das placas solares varia ao longo do ano, conforme a latitude.

Se não for possível ajustar a inclinação das placas solares ou utilizar suportes ajustáveis, outra opção é manter uma inclinação fixa que seja uma média entre a inclinação ideal e a do telhado. Embora isso possa resultar em uma pequena redução na eficiência, ainda permitirá uma captação significativa de energia solar ao longo do ano.

A inclinação ideal é uma recomendação geral para obter a máxima captação de energia solar. Caso não seja possível atingir essa inclinação, ainda é possível obter benefícios significativos da energia solar com ajustes adequados e um sistema bem projetado.

Além da inclinação correta dos coletores solares para aproveitar a energia solar de forma eficiente, em regiões de clima frio, é recomendada a instalação da válvula anticongelante em sistemas de aquecimento solar. Trata-se de um dispositivo de segurança que evita danos causados pelo congelamento da água nos coletores solares e nas tubulações do sistema.

1 Exceto nos estados do Amapá, de Roraima e do Amazonas.

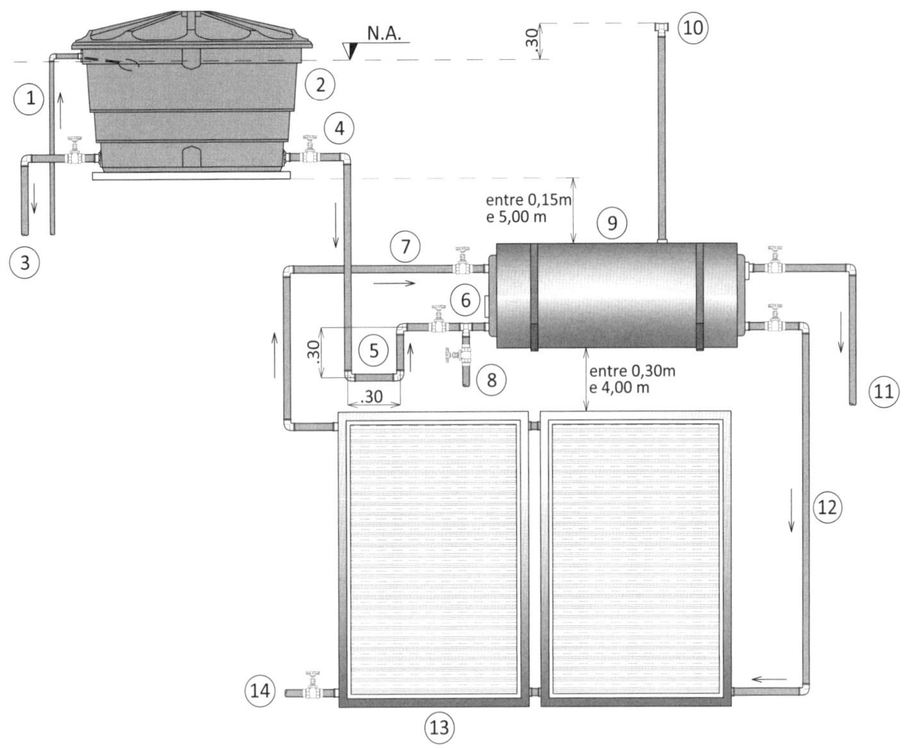

1 - Alimentação reservatório-água fria
2 - Caixa d' água
3 - Consumo água fria
4 - Registro geral do sistema
5 - Sifão de conexões
6 - Entrada de água fria
7 - Retorno do coletor - água quente
8 - Dreno do reservatório
9 - Reservatório - boiler
10 - Respiro
11 - Consumo - água quente
12 - Alimentação coletores - água fria
13 - Coletor solar
14 - Dreno dos coletores

Figura 2.8 Esquema de instalação do SAS (baixa pressão, circulação natural por termossifão)

Fonte: Rinai.

As alturas e distâncias (mínimas e máximas) entre caixa-d'água, *boiler* e placas também são fundamentais para a otimização do sistema. O desnível entre o topo da caixa-d'água e o fundo do reservatório térmico não poderá ultrapassar a pressão máxima admissível do equipamento, que deverá ser fornecida pelo fabricante, pois pode causar danos ao equipamento e comprometer seu desempenho e segurança.

Ao posicionar corretamente a caixa-d'água em relação ao *boiler* e às placas solares, é possível maximizar a eficiência do sistema (veja Figura 2.8). Por exemplo, colocar a caixa-d'água em uma altura adequada em relação às placas solares pode permitir que a água quente flua naturalmente, aproveitando a diferença de pressão causada pela gravidade. Essa configuração otimizada permite um aquecimento mais eficiente da água, reduzindo o consumo de energia e, consequentemente, os custos operacionais.

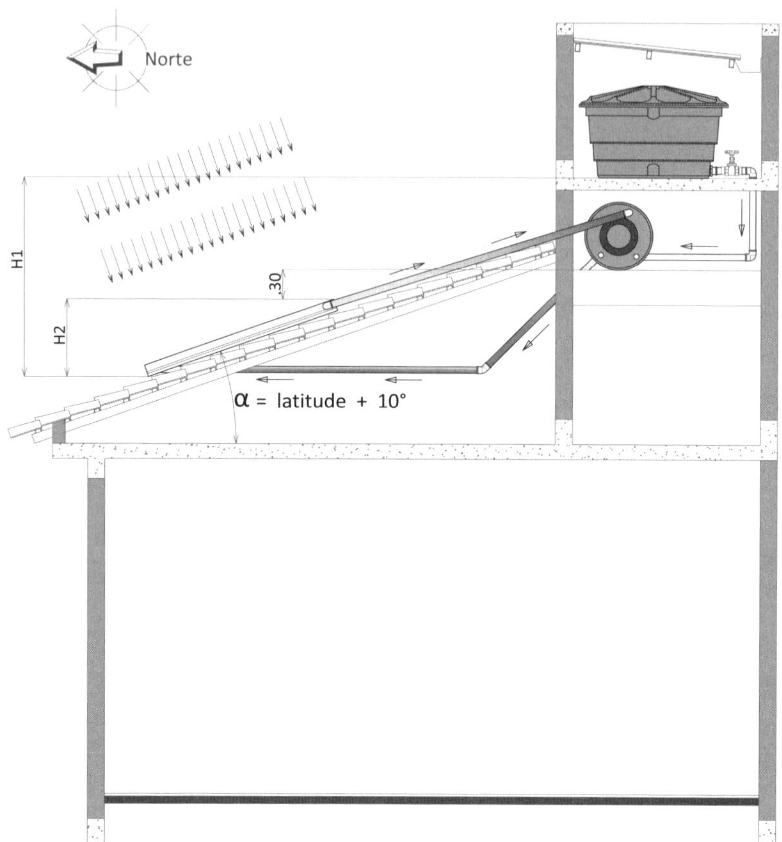

Figura 2.9 Inclinação ideal das placas.

Disposição das placas coletoras na cobertura[2]

A integração hidráulica dos coletores poderá ser executada em paralelo ou em série de acordo com o que for definido no projeto da instalação e pelo balanceamento hidráulico.

a) Associação em paralelo

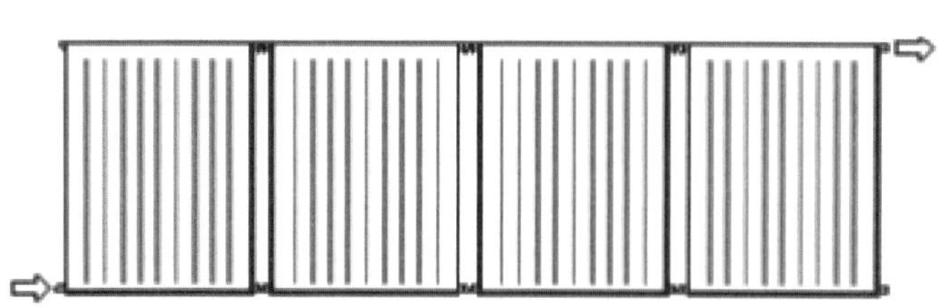

Associação em paralelo de uma bateria (recomendado máximo de cinco coletores)

2 Fonte: Rinai – Sistema de Aquecimento Solar (SAS).

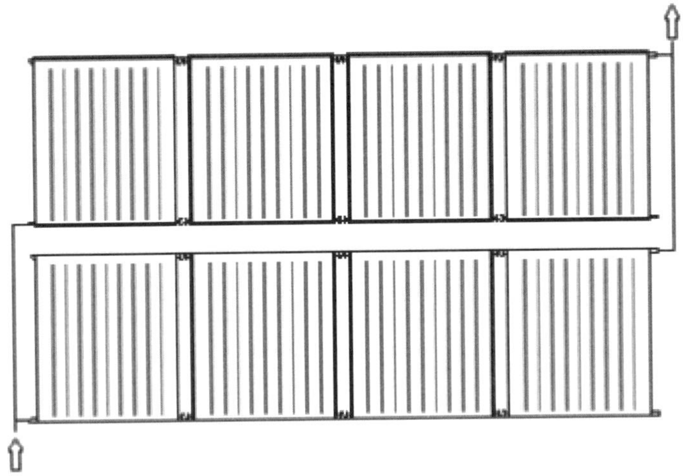

Associação em paralelo de duas baterias de quatro coletores.

b) Associação em série

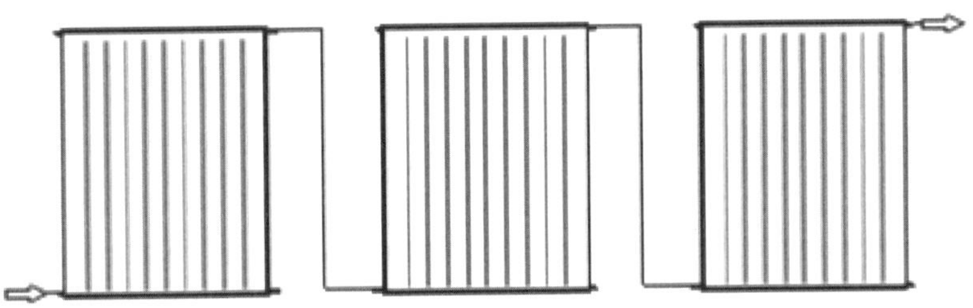

Associação em série de uma bateria recomendado máximo cinco coletores.

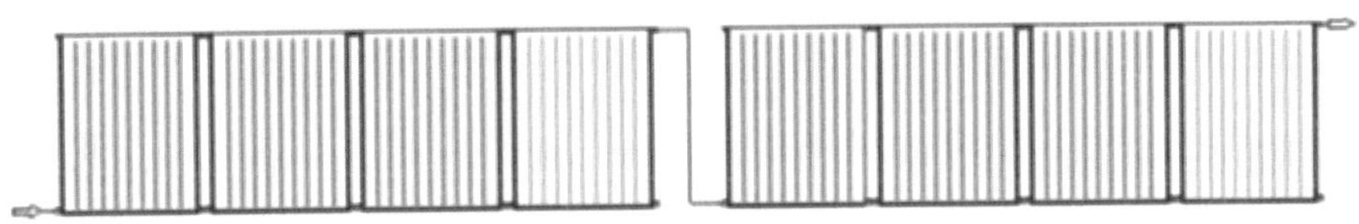

Associação em série de duas baterias de quatro coletores.

Reservatório térmico

O reservatório térmico, também conhecido como *boiler*, tem a finalidade de armazenar a água aquecida e conservá-la para posterior utilização, já que, nas horas em que há radiação solar, existe pouca demanda por água quente. É fabricado em cobre ou aço inox, com acabamento externo de alumínio. Internamente, a água quente se mistura com a fria, ficando a água quente sempre na parte superior. O *boiler* possui resistência elétrica, que aquece a água em dias em que não há luz solar suficiente. Comandada por um termostato, ela liga e desliga de acordo com a temperatura da água.

Em dias com grande luminosidade, a água quente pode ficar armazenada por várias horas, sem precisar acionar a resistência elétrica.

Os reservatórios de água quente podem ser de alta e de baixa pressão. Os de baixa pressão trabalham com até 5 m.c.a; os de alta, com até 40 m.c.a. Podem ser de desnível (abaixo da caixa-d'água) ou de nível (colocados no mesmo nível da caixa-d'água). A escolha ideal vai depender do tipo de telhado da edificação.

Para os reservatórios de baixa pressão, é obrigatório a instalação de respiro na conexão superior do reservatório, a tubulação deve ser livre, desobstruída, sem restrições, mudança brusca de direção e aberta à atmosfera. A tubulação deve ultrapassar no mínimo 0,30 m, do nível máximo da caixa de alimentação de água fria.

Tipos de circulação no sistema

O tipo de circulação no sistema de aquecimento solar depende da arquitetura da construção ou opção do usuário quando é permitida a escolha.

O sistema de termossifão solar (veja Figura 2.10) têm uma circulação natural do fluido. É o sistema mais adotado nas instalações residenciais.

Este sistema movimenta a água dentro da tubulação através da diferença térmica entre o reservatório e os coletores, portanto será necessário apenas um ponto de energia junto ao reservatório termossolar, para utilização do apoio elétrico (quando utilizado).

A troca da água quente dos coletores e o reservatório acontecem naturalmente sem necessidade de nenhum equipamento auxiliar. Em projetos com limitações de altura o reservatório termossolar projetado para trabalhar em nível com a caixa d'agua é o mais indicado (veja Figura 2.11).

Em algumas situações onde a arquitetura não permite que o reservatório seja instalado acima dos coletores, (para evitar construção de torres, adaptações etc.), será necessário utilizar o sistema forçado que consiste em uma pequena bomba circuladora acoplada a um controlador eletrônico que opera a circulação da água quente mecanicamente quando necessário, portanto neste sistema serão necessários dois pontos de energia, um junto ao reservatório e outro para o controlador (circulador).

Os sistemas de recirculação são utilizados principalmente em prédios residenciais e comerciais altos, que utilizam sistema central de aquecimento. Estando a origem da água quente muito longe dos pontos de consumo (caso de prédios altos), é necessário que as prumadas estejam sempre aquecidas para que não demore demasiadamente para chegar água quente aos pontos.

Como o sistema de recirculação, por estar constantemente reaquecendo água que não foi utilizada, provoca uma perda térmica absurda, ele não é indicado para casas, ou pequenos prédios.

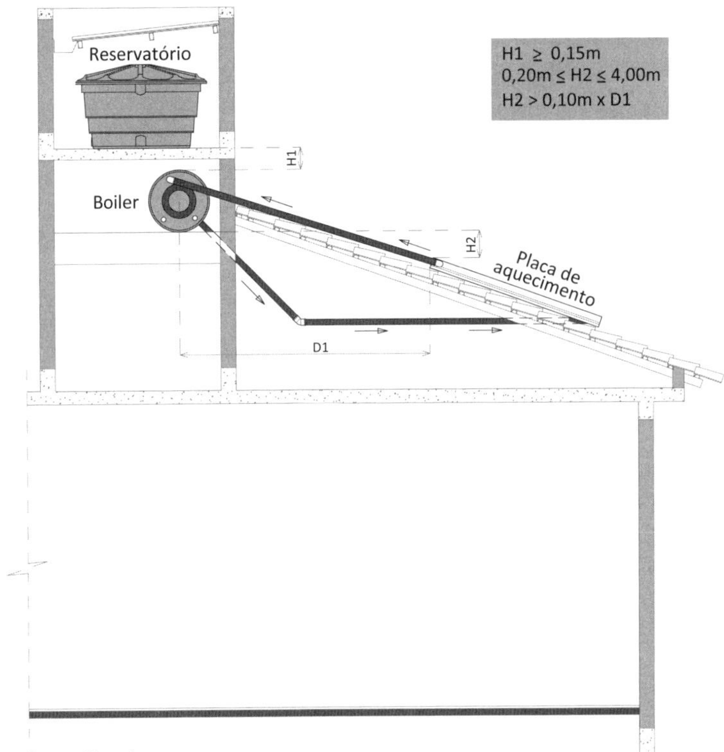

Fonte: Rinnai

Figura 2.10 *Boiler* debaixo da caixa-d'água.

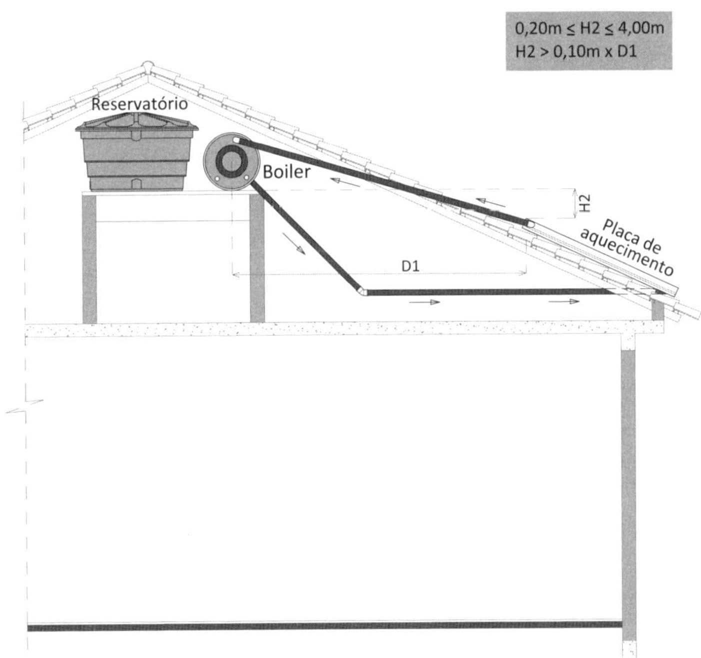

Fonte: Rinnai

Figura 2.11 *Boiler* em nível com a caixa-d'água.

DIMENSIONAMENTO DE AQUECEDORES

O dimensionamento de aquecedores de água quente depende de vários parâmetros que devem ser considerados para garantir que o sistema atenda às necessidades de água quente do local, tais como: demanda de água quente; temperatura de entrada e saída de água; eficiência do aquecedor e tempo necessário para que o aquecedor recupere a temperatura desejada após a utilização de uma quantidade específica de água quente.

Além das informações dos fabricantes, o espaço disponível para a instalação, bem como as restrições de ventilação, segurança e manutenção, devem ser levados em consideração no dimensionamento dos aquecedores.

DIMENSIONAMENTO DE AQUECEDOR DE PASSAGEM A GÁS

Nos aquecedores de passagem a gás para uso residencial a água é aquecida no momento, logo antes de ser distribuída para os pontos de consumo. Uma das especificações mais importantes é a capacidade, medida em litros por minuto (L/min). Ou seja, quantos litros de água o aquecedor é capaz de esquentar por minuto.

No dimensionamento dos aquecedores também devem ser consideradas as informações do aquecedor relativas a perda de carga em função da vazão, ao coeficiente global de transferência de calor e a pressão dinâmica mínima de operação.

Para saber a vazão mínima de funcionamento do aquecedor e garantir satisfação de todos os usuários do sistema, é importante estabelecer as vazões máximas de operação e quantos pontos se deseja abastecer simultaneamente.

Tabela 2.3 Vazão sugerida por peça de utilização

Aparelho sanitário	Vazão de projeto (L/min.)
Banheira (misturador)	18
Ducha (misturador)	8 - 12
Máquina de lavar roupas	18
Torneira ou misturador de lavatório (AQ)	6 - 9
Torneira ou misturador de pia de cozinha (AQ)	8 - 15

Observação

As vazões unitárias de água quente nos pontos de utilização devem ser estabelecidas a partir das características do aparelho sanitário e das necessidades do usuário deste aparelho. Por exemplo, existe uma variedade grande de modelos de duchas no mercado que podem variar consideravelmente de vazão. Os modelos comuns possuem em média 12 litros de **vazão** de água. E, atualmente, devido à crise hídrica, também encontramos no mercado, versões econômicas de até 8 litros por minuto.

Exemplo de dimensionamento

Dimensionar um aquecedor de passagem a gás para alimentar uma ducha e um lavatório de um banheiro. Dados: vazão da ducha (10 litros/min) e vazão da torneira do lavatório (6 litros/min).

Solução:

a) Vazão dos aparelhos.

1 ducha: 10 litros/min.

1 lavatório: 6 litros/min.

b) Conhecida a vazão dos aparelhos, calcula-se a vazão total.

$Q_{total} = 10 + 6$

$Q_{total} = 16$ litros/min.

Considerando os consumos do chuveiro e da torneira do lavatório (Tabela 2.3), tem-se a vazão total de consumo de 16 litros/minuto. O aquecedor deverá, portanto, possuir esta capacidade mínima, podendo ter sua vazão superior a calculada, mas nunca inferior.

DIMENSIONAMENTO DE AQUECEDOR DE ACUMULAÇÃO

De acordo com a NBR 5626:2020, no dimensionamento de aquecedores de acumulação (elétrico ou a gás), devem ser observadas as características do sistema de aquecimento escolhido, levando-se em consideração, principalmente, a frequência de utilização, as temperaturas máxima e mínima de operação, o volume de armazenamento e a capacidade de recuperação. Os aquecedores de acumulação a gás devem obedecer às normas brasileiras aplicáveis, particularmente a NBR 10540:2016 – Aquecedores de água a gás tipo acumulação – Terminologia.

Para o dimensionamento dos aquecedores de acumulação, também conhecidos como *boiler*, é necessário identificar o número de usuários do sistema e o consumo por pessoa/dia (veja Tabela 2.2). No caso de residências, o ideal é considerar duas pessoas por dormitório e uma pessoa por dormitório de serviço. Assim como verificar se haverá água quente na banheira, na pia de cozinha e na máquina de lavar roupas. Para saber a estimativa de consumo diário de água quente de cada um desses pontos de consumo, utiliza-se a Tabela 2.4.

Tabela 2.4 Estimativa de consumo diário (pontos adicionais de utilização de água quente)

Peça de utilização	Volume (litros)
Banheira	Volume/2
Pia de cozinha	50
Máquina de lavar roupa	150

Exemplo de dimensionamento

Dimensionar o aquecedor de acumulação a gás de uma residência com três dormitórios, uma banheira de 200 litros e uma dependência de serviço. Considerar ponto de água quente na pia da cozinha.

Solução:

a) Calcula-se o número de usuários do sistema.

3 dormitórios = 3 × 2 = 6 pessoas

1 dormitório de serviço: 1 pessoa

Total = 7 pessoas.

b) Verifica-se o consumo médio por pessoa (veja a Tabela 2.2).

Em residência adota-se 40 litros por pessoa.

c) Calcula-se o volume de água quente consumido pelos usuários do sistema.

7 pessoas × 40 litros/dia = 280 litros.

d) Calcula-se o volume da banheira e da pia da cozinha.

Volume da banheira = 200 ÷ 2 = 100 litros.

Consumo da torneira da pia da cozinha = 50 litros.

e) Soma-se os consumos calculados.

280 litros + 100 litros + 50 = 430 litros.

Adota-se um *boiler* de 500 litros (ver catálogo dos fabricantes).

DIMENSIONAMENTO DE AQUECEDOR SOLAR

O dimensionamento de um sistema de aquecimento solar está relacionado diretamente ao número de usuários e à destinação da água quente (pontos de consumo).

Para calcular o volume do *boiler*, regra geral, adota-se o consumo de 50 litros/dia por pessoa. As torneiras da pia da cozinha, do tanque, da máquina de lavar louças, da máquina de lavar roupa e das banheiras de hidromassagem deverão ser consideradas à parte (veja Tabela 2.4).

O dimensionamento da área coletora depende do volume de água encontrado no reservatório térmico e da eficiência das placas coletoras (deve ser avaliada a eficiência da absorção solar da placa de acordo com as informações do fabricante). Para regiões quentes e com sol abundante (Regiões Norte, Nordeste e Centro Oeste), normalmente, utiliza-se a razão de 1,0 m^2 de área coletora para cada 100 litros de água a ser aquecida. Para localidades com clima mais ameno, com variação de clima como, por exemplo, a Região Sudeste, utiliza-se a razão de 1,0 m^2 de área coletora para cada 75 litros de água a ser aquecida. Para regiões de clima frio (Região Sul), utiliza-se a razão de 1,0 m^2 de área coletora para cada 65 litros de água a ser aquecida.

Exemplo de dimensionamento

Dimensionar o sistema de aquecimento solar de uma residência com três dormitórios e uma dependência de serviço. Sabe-se que serão instaladas duas banheiras de hidromassagem, com volume de 200 litros cada. Adotar 50 litros para a torneira da pia da cozinha.

Solução:

Capacidade do *boiler*

a) Calcula-se o número de usuários do sistema.

   3 dormitórios = 3 × 2 = 6 pessoas

   1 dormitório de serviço = 1 pessoa

   Total = 7 pessoas.

b) Verifica-se o consumo médio de água quente por pessoa, considerando o uso de aquecedor solar (veja Tabela 2.2).

   Em residência adota-se 50 litros/dia.

c) Calcula-se o volume em litros de água quente que será consumido pelos moradores.

   7 pessoas × 50 litros/dia = 350 litros.

d) Calcula-se o volume das banheiras.

   Volume da banheira = 200 litros ÷ 2 = 100 litros.

   Como são 2 banheiras: 100 litros × 2 = 200 litros.

e) Considerando o consumo da torneira da pia de cozinha.

$V = 50$ litros.

f) Calcula-se, então, o consumo total de água quente por dia.

$V = 350 + 200 + 50 = 600$ litros.

Adota-se um *boiler* de 600 litros.

Área coletora

Para complementar o dimensionamento do sistema de aquecimento solar, devemos encontrar o número de coletores necessários para o bom funcionamento do sistema.

Adota-se, para esse caso, um coletor, cuja área coletora, de acordo com o fabricante, aquece 100 litros de água.

Então:

$$\text{Número de coletores} = \frac{600}{100}$$

Adotam-se 6 coletores.

SISTEMA DE DISTRIBUIÇÃO DE ÁGUA QUENTE

A distribuição de água quente é feita por meio de encanamentos completamente independentes do sistema de distribuição de água fria. O traçado da rede interna de distribuição, porém, obedece aos mesmos critérios da rede de água fria.

As tubulações devem ser projetadas e executadas tendo em vista as particularidades do tipo de material escolhido e especificado pelo projetista (veja a Seção "Materiais utilizados").

São vários os fatores que influenciam a distribuição da água aquecida para os pontos de utilização na edificação, incluindo o comprimento e o diâmetro dos trechos da tubulação, os materiais utilizados, o isolamento térmico empregado etc.

Dependendo das peculiaridades da instalação, deve-se considerar a necessidade de seu isolamento térmico e acústico. A tubulação de água quente deve ser isolada com material de baixa condutividade térmica. Os tubos e conexões de CPVC dispensam isolamento na maioria dos casos, seja quando embutidos em paredes ou aparentes. Isso se deve à baixa condutividade térmica do CPVC. O uso de isolamento térmico no CPVC é recomendado pelo fabricante apenas nos casos onde as distâncias entre o aquecedor e o ponto de consumo estiverem acima de 20 metros ao ar livre (casos raros). Porém, de acordo com a NBR 5626:2020, o sistema de distribuição de água quente deve ter isolamento térmico em toda a sua extensão.

O percurso da tubulação de distribuição da água quente deve ser o menor possível, a fim de minimizar perdas térmicas entre a geração da água quente e os pontos de utilização e reduzir o volume descartado antes da chegada da água quente em temperatura adequada ao uso a qualquer ponto de utilização.

Deve ser previsto registro de gaveta no início de cada coluna de distribuição e em cada ramal, no trecho compreendido entre a respectiva derivação e o primeiro sub-ramal. Também deve ser prevista a instalação de registros para bloqueio de fluxo de água junto a aparelhos e dispositivos sujeitos a manutenção, como é o caso de aquecedores e bombas, na saída dos reservatórios de água quente, nas colunas de distribuição, nos ramais de grupos e pontos de consumo, ou em casos especiais.

Observações importantes[3]

- O ponto de utilização de água quente deve ser localizado, por convenção, à esquerda do ponto de água fria, visto de frente pelo observador;
- Se houver possibilidade de a água ultrapassar 40 °C, a utilização de misturadores é obrigatória, devendo-se ter o cuidado de evitar a inversão da água quente pela rede de água fria e vice-versa;
- Deve ser levado em consideração o efeito da dilatação e contração térmica das tubulações, que acontece em função da variação da temperatura da água no sistema;
- A tubulação de água fria que alimenta os aquecedores deve ser feita com materiais resistentes à temperatura máxima de água quente (70 °C);
- A tubulação de água fria que alimenta os aquecedores não pode estar conectada a barriletes, colunas de distribuição e ramais que alimentam válvulas de descarga;
- Nos pontos de consumo com misturador, a pressão de água quente deve ser constante e igual ou próxima à da água fria;
- No caso de utilização de válvula para controle de pressão, esta deverá exclusivamente ser do tipo globo e nunca de gaveta.

NÍVEIS DE TEMPERATURA DA ÁGUA QUENTE

A temperatura da água quente dentro de ambientes sanitários dotados de misturadores convencionais deve ser limitada a 70° C, a fim de garantir a segurança dos usuários. De acordo com a NBR 5626:2020, "caso temperaturas superiores sejam adotadas, deve-se obrigatoriamente incluir meios de limitar a temperatura máxima da água fornecida aos pontos de utilização, mediante recurso de segurança intrínseca com atuação automática".

3 Tigre, 2013.

Onde houver possibilidade de a temperatura da água quente ultrapassar 45°C em pontos de utilização de água quente para uso corporal, também deve-se empregar recurso de segurança intrínseca com atuação automática para limitar a temperatura a este valor. De acordo com a norma, no caso de duchas higiênicas, jardim de infância e determinadas clinicas e hospitais, a temperatura máxima de uso recomendada é 38°C.

MATERIAIS UTILIZADOS

Nas instalações prediais de água quente, são utilizados tubos e conexões de cobre, CPVC (policloreto de vinila clorado), PEX (tubos flexíveis de polietileno reticulado) e PPR (polipropileno copolímero Randon). As vantagens e desvantagens dos tubos metálicos já foram apresentadas por ocasião da descrição dos materiais utilizados nas instalações prediais de água fria.

O cobre em si é um excelente material, mas é caro e difícil para trabalhar, pois precisa ser soldado com estanho, em um processo que demanda muita habilidade para não comprometer a qualidade do serviço. Além disso, os tubos de cobre devem ser revestidos com isolamento térmico, para reduzir o efeito da troca de calor com o meio ambiente, mantendo, por mais tempo, a temperatura da água aquecida. Esse isolamento deverá estar protegido da umidade e da radiação solar. Tradicionalmente, a tubulação de cobre é mais conhecida dos construtores devido a sua resistência a temperaturas altas (suas soldas se rompem só a 270 °C). Por isso, vai bem até na união entre placas solares.

O CPVC, que é um material com todas as propriedades inerentes ao PVC, somando-se a resistência à condução de líquidos sob pressões a altas temperaturas, apresenta uma vantagem em relação ao cobre, que é a dispensa do isolamento térmico, uma vez que o próprio material do tubo é um isolante, enquanto o cobre é condutor de calor. Por essa razão, a água quente chega mais rapidamente ao ponto considerado, em função da pequena perda de calor ao longo da tubulação. Soldado a frio com cola especial, dispensa mão de obra especializada e por isso é comum em obras de pequeno e médio porte. A temperatura máxima que o tubo suporta é 80 °C (segura, já que um aquecedor doméstico esquenta a água até o máximo de 70°).

O PPR é uma resina de última geração (pode ser utilizada na condução de água fria e quente) e tem emendas feitas com termofusão (soldagem a quente). É considerado o mais estanque do mercado, mas o serviço requer profissional especializado e maquinário na obra, o que encarece o preço final. A grande vantagem do PPR é a baixa condutividade térmica que conserva a temperatura da água transportada por mais tempo, evitando a transmissão de calor para a parte externa do tubo, o que dispensa a necessidade de isolamento térmico.

O PEX (polietileno reticulado) também é um material muito utilizado para a condução de água quente. O PEX possui propriedades térmicas e mecânicas ajustadas para suportar altas temperaturas e pressão, tornando-o uma escolha popular para sistemas de água quente residencial e comercial. Entretanto, vale ressaltar que, embora o PEX seja comumente usado para água quente, é importante verificar as especificações e classificações do produto para garantir que ele atenda aos requisitos específicos do sistema, como temperatura e pressão máxima permitidas. É recomendável seguir as diretrizes e normas de instalação adequadas ao utilizar o PEX ou qualquer outro material para condução de água quente.

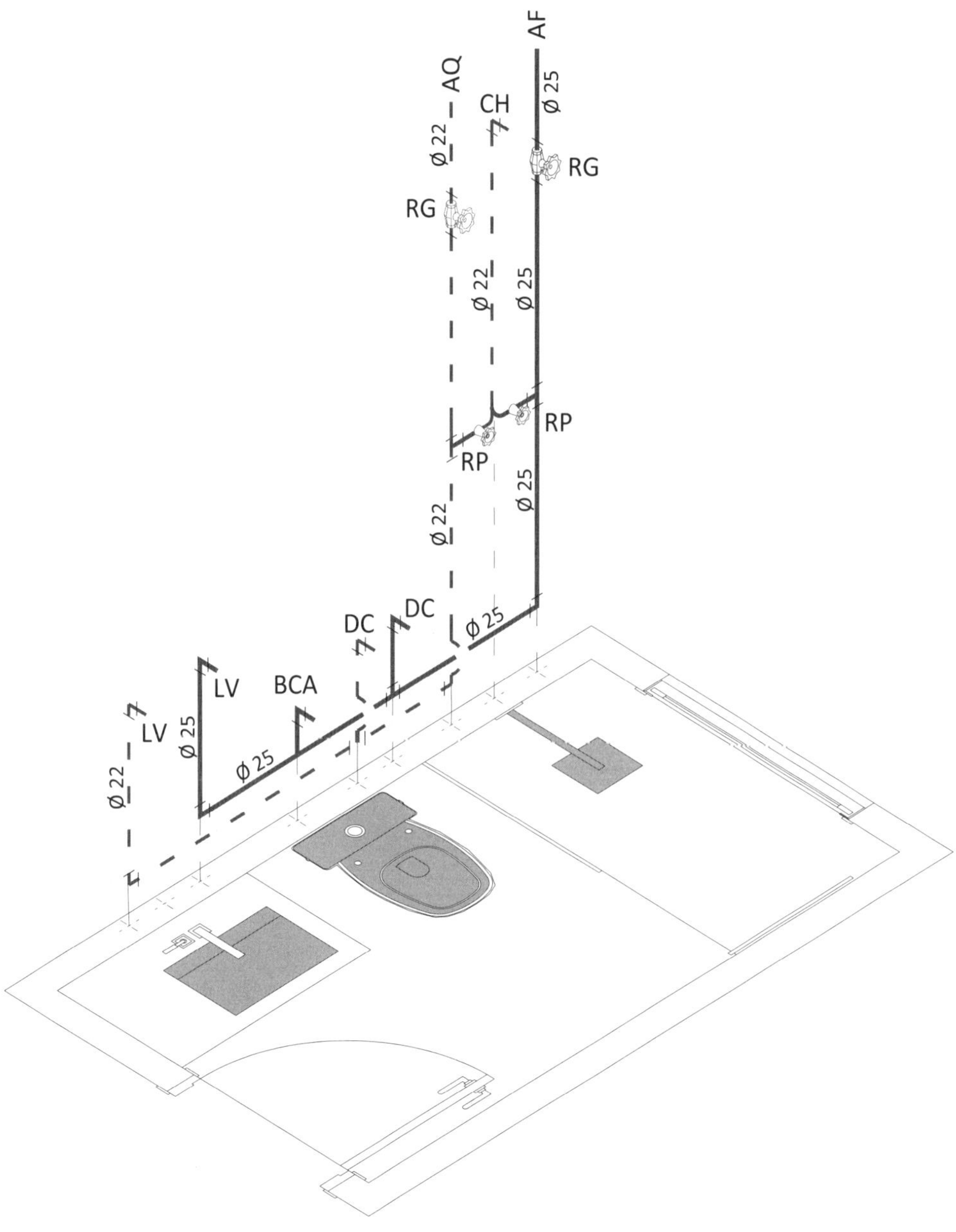

Figura 2.12 Detalhe isométrico de banheiro com água fria e quente.

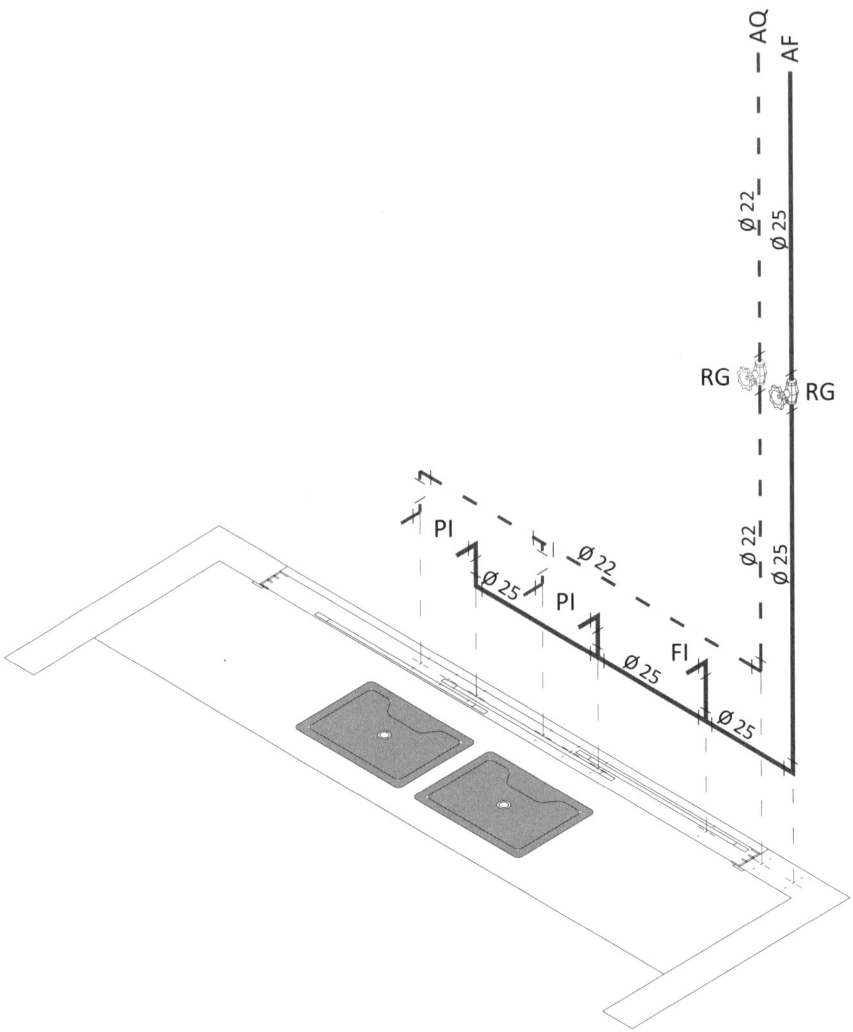

Figura 2.13 Detalhe isométrico de cozinha com água fria e quente.

DIMENSIONAMENTO DAS TUBULAÇÕES DE ÁGUA QUENTE

Para o dimensionamento das tubulações de água quente, adotam-se os mesmos princípios empregados para água fria.

O dimensionamento das tubulações é efetuado da mesma maneira como para os ramais de água fria, trecho a trecho, pelo somatório de pesos, cujo desenvolvimento segue o mesmo procedimento descrito anteriormente, com pequenas modificações, uma vez que será utilizado outro material, o CPVC.

Em edificação multifamiliar que empregue medição individualizada com aquecedores de passagem, a alimentação do aquecedor será feita pelo ramal de distribuição principal de água fria (RDP), que se desenvolve a partir do hidrômetro individual. Este ramal dá origem a ramais de distribuição secundários (RDS), um para cada área molhada (banheiro, cozinha e área de serviço). Portanto, o aquecedor é alimentado por um ramal secundário. Neste caso, a coluna de água fria deverá ser dimensionada levando em consideração também todos os aparelhos que serão abastecidos com água quente pelo aquecedor.

ESTIMATIVA DAS VAZÕES

A vazão de cálculo em cada trecho da rede de distribuição de água quente pode ser determinada mediante a adoção de um método reconhecido ou devidamente fundamentado, seja ele empírico ou probabilístico.

Em sistema de aquecimento central coletivo, que fornece água aquecida a cada unidade habitacional de acordo com sua demanda, cada unidade possui um medidor (hidrômetro) separado. Essa separação permite medir e registrar o consumo de cada tipo de água de forma individualizada. É importante ressaltar, que os medidores de água quente são fabricados com materiais que podem suportar temperaturas mais altas e possuem características específicas para compensar os efeitos da expansão térmica da água quente.

Tabela 2.5 Pesos relativos nos pontos de utilização

Peça de utilização	Peso relativo
Banheira	1,0
Ducha (chuveiro)	0,4
Lavatório	0,3
Pia de cozinha	0,7
Lavadora de roupas	1,0

Tabela 2.6 Diâmetros mínimos dos sub-ramais (NBR 5626:1998)

Ponto de utilização	Diâmetro	
	Ref. (mm)	Ref. (pol.)
Banheira	15	1/2
Ducha (chuveiro)	15	1/2
Lavatório	15	1/2

(continua)

Tabela 2.5 Pesos relativos nos pontos de utilização *(continuação)*

Pia de cozinha	15	1/2
Lavadora de roupas	20	3/4

Nota: de acordo com a NBR 5626:2020, não há mais limitação para diâmetros nominais mínimos de sub-ramais e respectivos engates ou tubos de ligação

Tabela 2.7 Ábaco simplificado (somatórios de 0 a 35) para dimensionamento dos ramais de água quente

Soma dos pesos	0	⇔	0,6	⇔	2,9	⇔	8,2	⇔	18	⇔	35
ø Soldável (mm)		15		22		28		35		42	
ø Roscável (pol.)		1/2		3/4		1		1 1/4		1 1/2	

Exemplo de dimensionamento

Calcular o diâmetro de um barrilete de água quente, em CPVC Aquatherm, que alimenta os seguintes pontos de consumo de uma residência: duas duchas (chuveiros), uma banheira, dois lavatórios e a pia de cozinha.

Peças de utilização	**Pesos**
2 duchas (chuveiros)	0,8
1 banheira	1,0
2 lavatórios	0,6
Pia de cozinha	0,7
Soma dos pesos	3,1

Verificando na Tabela 2.7, observa-se que a soma dos pesos das peças de utilização ($\Sigma P = 3{,}1$) se encontra entre os valores 2,9 e 8,2, o que corresponde ao diâmetro de 28 mm.

VELOCIDADE MÁXIMA DA ÁGUA

De acordo com a NBR 5626:2020, as tubulações devem ser dimensionadas de modo a limitar a velocidade de escoamento a valores que evitam a geração e propagação de ruídos em níveis que excedam os valores descritos na NBR 10152:2017 - Acústica - Níveis de pressão sonora em ambientes internos a edificações. Nos locais em que o nível de ruído possa incomodar, a velocidade da água deve ser limitada a valores compatíveis com o isolamento acústico.

A norma também recomenda limitar a velocidade de escoamento a valores que evitem golpes de aríete com intensidades prejudiciais aos componentes, mas também deixa vago o limite dessas velocidades.

De acordo com o catálogo técnico Aquatherm (Tigre), uma investigação de alguns sistemas de CPVC revelou que velocidades de 2 a 5 m/s poderiam ser desenvolvidas sob as condições máximas de fluxo. Baseando-se tanto em experiências práticas como em estudos de laboratório, uma velocidade máxima do fluido de 3 m/s pode ser usada em projetos de sistemas de CPVC.

PRESSÕES MÍNIMAS E MÁXIMAS

No dimensionamento do sistema, devem sempre ser consideradas as pressões mínimas e máximas admitidas nas peças de utilização, bem como as pressões recomendadas pelos catálogos dos fabricantes, referentes aos aquecedores. A NBR 5626:2020 recomenda que a pressão estática máxima para as peças de utilização não ultrapasse 400 kPa (40 m.c.a). A pressão dinâmica mínima nos pontos de utilização devem ser obtidas junto aos fabricantes dos aparelhos, em qualquer caso não pode ser inferior a 10 kPa (1 m.c.a.). Segundo a norma, "as pressões dinâmicas das águas fria e quente atuantes a montante de misturadores convencionais devem ser aproximadamente as mesmas para evitar oscilações de temperatura da água durante o uso, especialmente ao operarem com baixas vazões de projeto".

A ocorrência de sobrepressões também deve ser considerada no dimensionamento das tubulações. Essas sobrepressões em relação à pressão dinâmica prevista em projeto são admitidas desde que não superem 200 kPa (20 m.c.a.).

PERDAS DE CARGA NAS CANALIZAÇÕES

No dimensionamento das tubulações de água quente, a perda de carga ocorre no percurso da água (comprimento real da tubulação), nas conexões e registros de gaveta (perda de carga equivalente ou comprimento virtual), e nos hidrômetros e registros de pressão (veja Seção "Cálculo das perdas de carga", no Capítulo 1).

O cálculo da perda de carga nas canalizações de água quente é idêntico ao da água fria e depende do tipo de material empregado. É importante lembrar que essas perdas devem ser reduzidas a níveis aceitáveis para que não ocorra uma redução de pressão nas peças de utilização.

Para a determinação da perda de carga em tubulações de água fria e água quente, podem ser utilizadas as expressões de Fair-Whipple-Hsiao, porém tais equações variam em função do material que estiver sendo utilizado. O cálculo da perda de carga unitária (J) para tubos de CPVC (água quente) pode ser obtida pela seguinte fórmula (Tigre, 2016):

$J = 10{,}643 \times Q^{1{,}85} \times C^{-1{,}85} \times D^{-4{,}87}$

onde:

J = perda de carga unitária em m/m;

Q = vazão em m^3/s;

C = 150;

D = diâmetro interno do tubo em m.

Para tubos de cobre (água quente), o cálculo da perda de carga unitária (J) pode ser obtida pela seguinte fórmula:

$$J = 0{,}0007 \text{ x} \frac{Q^{1{,}75}}{D^{4{,}75}}$$

onde:

J = perda de carga unitária em m/m;

Q = vazão em m^3/s;

D = diâmetro interno do tubo em m.

O cobre é um material amplamente utilizado em SPAQ devido às suas propriedades de alta condutividade térmica e durabilidade. Ele também possui uma superfície interna relativamente lisa, o que contribui para uma menor perda de carga em comparação com outros materiais.

Por outro lado, o CPVC, o PPR e o PEX podem ter superfícies internas resistentes mais rugosas em comparação com o cobre, o que pode levar a uma perda de carga um pouco maior. No entanto, é importante notar que essas diferenças podem ser relativamente pequenas e podem depender das especificações do material e das condições específicas do sistema.

As perdas localizadas (perdas pontuais), ocorridas nas conexões, são obtidas por meio de tabelas dos fabricantes de tubos e conexões, que fornecem as perdas localizadas diretamente em "comprimento equivalente de canalização (L_{eq})".

A perda de carga total em metros, em qualquer trecho do SPAQ, é obtida, multiplicando-se o comprimento total do trecho (L total) pela perda de carga unitária (J). Portanto, pode ser calculada por meio da seguinte fórmula:

$\Delta h = J \times L_{total}$

onde:

Δh = perda de carga total no trecho em m.c.a./m;

J = perda de carga unitária em m/m;

L_{total} = comprimento total ($L_{real} + L_{eq.}$) em m.c.a./m.

PERDA DE CARGA EM AQUECEDOR DE PASSAGEM

Para o correto dimensionamento dos sistemas prediais de água quente em que os aquecedores de passagem, do tipo serpentina são os responsáveis pelo aquecimento da água, também é necessário considerar as perdas de carga que acontecem nesses aparelhos. As perdas de carga ocorrem devido ao atrito da água com as superfícies internas do aquecedor e também com as serpentinas, causando uma redução na pressão e no fluxo de água.

Os aquecedores de passagem costumam exercer uma perda de carga significativa, que não pode ser desconsiderada no cálculo da pressão dinâmica no ponto de utilização. De modo geral quanto maior a vazão em escoamento pelo aquecedor maior será a perda de carga. As tabelas fornecidas pelos fabricantes geralmente contêm informações sobre as perdas de carga específicas do modelo de aquecedor de passagem em diferentes condições de operação, como vazão e temperatura.

É importante seguir as recomendações dos fabricantes com relação à perda de carga dos aquecedores para garantir um dimensionamento adequado do sistema predial de água quente, evitando problemas como baixa pressão, falta de água quente no ponto de utilização e mau funcionamento do sistema.

CAPÍTULO 3

Sistemas prediais de esgoto sanitário

CONSIDERAÇÕES GERAIS

Os sistemas prediais de esgoto sanitário destinam-se a coletar, conduzir e afastar da edificação todos os despejos provenientes do uso adequado dos aparelhos sanitários, dando-lhes um rumo apropriado, normalmente indicado pelo poder público competente. A condução dos esgotos sanitários à rede pública ou ao sistema receptor será feita, sempre que possível, por gravidade.

Quanto houver rede pública, em condições de atendimento, as instalações de esgoto das edificações deverão ligar-se obrigatoriamente a ela, respeitando a exigência das concessionárias.

Em zonas desprovidas de rede pública de esgotos sanitários, a alternativa é disposição dos efluentes em sistemas individuais, como o sistema fossa-filtro ou sumidouro (veja Seção "Fossa séptica, valas e sumidouros").

É importante ressaltar que, de acordo com a NBR 8160:1999 - Sistemas prediais de esgoto sanitário – projeto e execução, o sistema predial de esgoto sanitário deve ser separador absoluto em relação ao sistema predial de águas pluviais, ou seja, não deve existir nenhuma ligação entre os dois sistemas.

Segundo a norma, o sistema de esgoto sanitário deve ser projetado de modo que, durante a vida útil do edifício que o contém, atenda os seguintes requisitos:

- Evitar a contaminação da água, de forma a garantir sua qualidade de consumo, tanto no interior dos sistemas de suprimento e de equipamentos sanitários, como nos ambientes receptores;
- Permitir o rápido escoamento da água utilizada e dos despejos introduzidos, evitando a ocorrência de vazamentos e a formação de depósitos no interior das tubulações;
- Garantir o funcionamento dos fechos hídricos que impedem que os gases provenientes do interior do sistema predial de esgoto sanitário atinjam áreas de utilização;
- Impossibilitar o acesso de corpos estranhos ao interior do sistema;
- Permitir que seus componentes sejam facilmente inspecionáveis;
- Impossibilitar o acesso de esgoto ao subsistema de ventilação;
- Permitir a fixação dos aparelhos sanitários somente por dispositivos que facilitem sua remoção para eventuais manutenções;
- Não interligar o sistema de esgoto sanitário com outros sistemas.

SISTEMAS DE COLETA E ESCOAMENTO DE ESGOTO

SISTEMAS INDIVIDUAIS

Nos sistemas individuais de esgoto, cada prédio possui seu próprio sistema de coleta, escoamento e tratamento, como o conjunto de fossa séptica e sumidouro (veja a Seção "Fossa séptica, valas e sumidouros"). Todo sistema particular de tratamento, quando não houver rede pública de coleta de esgoto sanitário, deverá ser concebido de acordo com a normalização brasileira pertinente.

O dimensionamento da fossa e do sumidouro deverá ser feito em função do número de moradores e o padrão da construção, uma vez que os resíduos gerados são proporcionais ao volume de água consumido. A fossa séptica pode ser construída com alvenaria ou ser pré-fabricada. Nos dois casos, deve atender às normas:

- NBR 7229:1993 – Projeto, construção e operação de sistemas de tanques sépticos;
- NBR 13969:1997 – Tanques sépticos – unidades de tratamento complementar e disposição final dos efluentes líquidos – projeto, construção e operação.

O afastamento e o tratamento dos despejos domésticos devem ser realizados visando o atendimento às seguintes condições:

- Nenhum manancial destinado ao abastecimento d'água fique poluído;
- Não cause poluição do solo;
- A qualidade de vida nas águas receptoras não seja prejudicada;
- Não prejudique as praias e outros locais de recreio e esporte;
- Não sejam observados odores desagradáveis, bem como a presença de insetos.

A localização da fossa séptica e a disposição do efluente devem ser de tal maneira que atenda às seguintes condições:

- Afastamento mínimo de 20 m de qualquer fonte de abastecimento d'água;
- Facilidade de ligação futura do coletor predial ao coletor público, porque o emprego de fossas sépticas em áreas urbanas é considerado como solução provisória;
- Facilidade de acesso devida à remoção do lodo digerido.

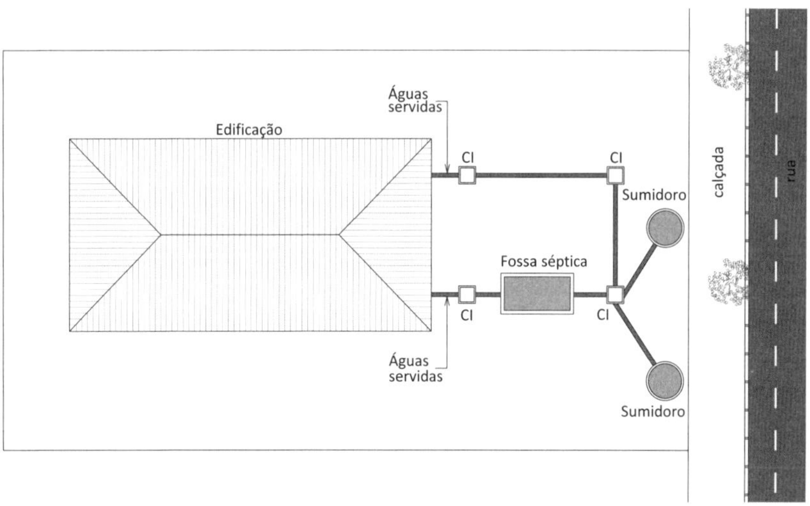

Figura 3.1 Sistema individual.

SISTEMAS COLETIVOS

Nos sistemas coletivos, existem redes coletoras assentadas nas ruas da cidade, que encaminham os esgotos até um determinado local, para tratamento e posterior lançamento a um curso de água.

Cada edificação deve ter a própria instalação de esgoto, independentemente de prédios vizinhos, com ligação à rede coletora pública, ou seja, cada edificação deve ter um só ramal predial, exceto em construções de grande porte (*shopping centers*, hotéis, hospitais etc.), que podem a critério da concessionária local, terem mais de uma ligação de esgoto ao coletor público.

O ramal predial externo deverá ser executado com tubos de diâmetro nominal mínimo de 100 mm e declividade mínima de 2%.

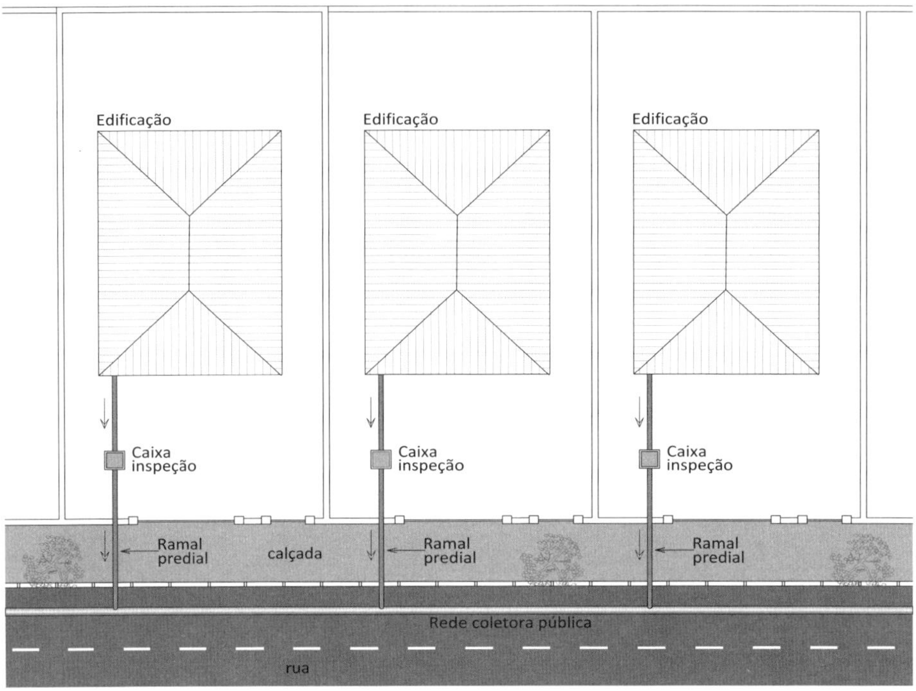

Figura 3.2 Sistema coletivo.

PARTES CONSTITUINTES DE UM SISTEMA PREDIAL DE ESGOTO

Os principais componentes de um sistema predial de esgoto são: aparelhos sanitários, desconectores ou sifões, ralos, caixas sifonadas, ramal de descarga, ramal de esgoto, tubo de queda, subsistema de ventilação (ramais, colunas e barrilete), subcoletor, caixas de gordura, dispositivos de inspeção (visitas de inspeção e caixas de inspeção), coletor predial e válvula de retenção. Além dos componentes mencionados, é importante destacar que o projeto e a configuração do sistema de esgoto podem variar de acordo com as normas e regulamentos locais, bem como a estrutura e a finalidade do edifício.

A seguir apresentam-se de forma esquemática, como exemplo, as principais partes constituintes de uma instalação de esgoto sanitário de banheiro em pavimentos sobrepostos.

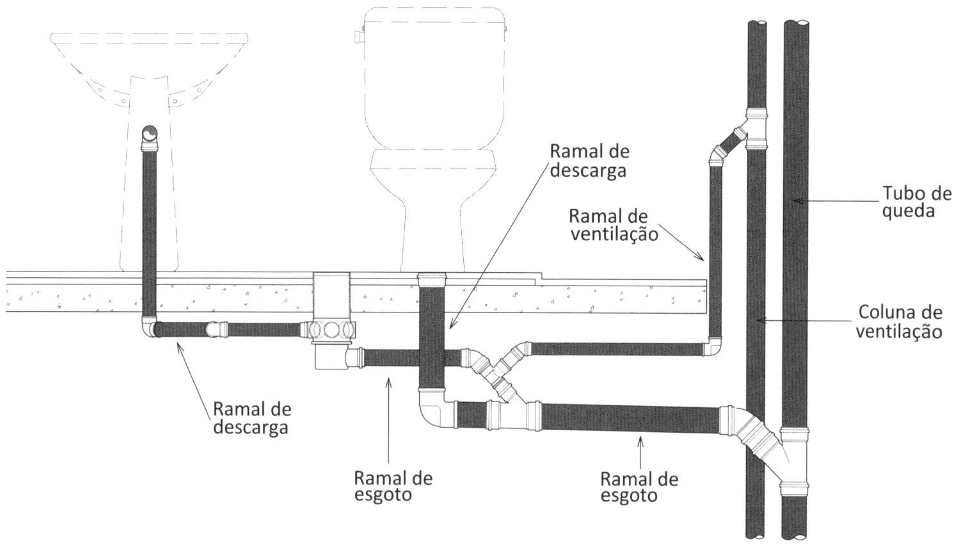

Figura 3.3 Partes constituintes de uma instalação de banheiro em pavimentos sobrepostos.

RAMAL DE DESCARGA

Ramal de descarga é a tubulação que recebe diretamente os efluentes de aparelhos sanitários (lavatório, bacia etc.). O ramal da bacia sanitária deve ser ligado diretamente à caixa de inspeção (edificação térrea) ou no tubo de queda de esgoto (instalações em pavimento superior). Os ramais do lavatório, da banheira e do ralo do chuveiro devem ser ligados à caixa sifonada. Para o dimensionamento de ramais de descarga, utilizam-se as Tabelas 3.2 e 3.3 (veja a Seção "Dimensionamento das tubulações de esgoto"), conforme recomendação da NBR 8160:1999.

DESCONECTOR (SIFÃO)

Desconector é um dispositivo dotado de fecho hídrico, destinado a vedar a passagem de gases no sentido oposto ao deslocamento do esgoto. Nas instalações prediais de esgoto, existem dois tipos básicos de desconector: o sifão e a caixa sifonada. Os desconectores podem atender a um aparelho somente (sifão) ou a um conjunto de aparelhos de uma mesma unidade autônoma, como a caixa sifonada.

De acordo com a NBR 8160:1999, todos os aparelhos sanitários devem ser protegidos por desconectores. Todo desconector deve ter fecho hídrico, com altura mínima de 50 mm, e apresentar orifício de saída, com diâmetro igual ou superior ao do ramal de descarga a ele conectado. Segundo a norma, deve ser assegurada a manutenção do fecho hídrico mediante as solicitações impostas pelo ambiente (evaporação, tiragem térmica, ação do vento, variações de pressão) e pelo uso propriamente dito (sucção e sobrepressão).

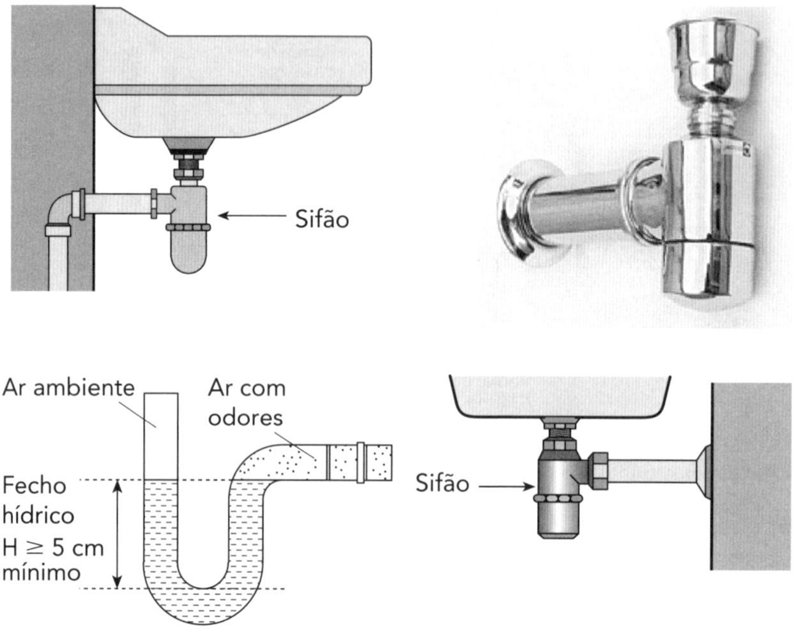

Figura 3.4 Tipos de sifão.

CAIXA SIFONADA

A caixa sifonada é uma caixa de forma cilíndrica provida de desconector, destinada a receber efluentes de conjuntos de aparelhos como lavatórios, banheiras e chuveiros de uma mesma unidade autônoma, assim como as águas provenientes de lavagem de pisos - nesse caso, devem ser providas de grelha. Sua tampa deve ser facilmente removível para facilitar a manutenção, mesmo a tampa dos ralos cegos.

A vedação hídrica evita que odores e insetos provenientes dos ramais de esgoto penetrem pelas aberturas dos ralos. É fabricada em PVC e ferro fundido, com diâmetros de 100 mm, 125 mm e 150 mm. Possui de uma a sete entradas de esgoto para tubulações com diâmetro de 40 mm e tem apenas uma opção de saída, com diâmetros de 50 mm e 75 mm.

Deve ter sua localização adequada para receber os ramais de descarga e encaminhar a água servida para o ramal de esgoto. A posição ideal para sua localização é aquela que atenda à estética e à hidráulica.

O dimensionamento da caixa sifonada é imediato, bastando atender os seguintes dados:

- Efluentes até 6 UHC – DN 100
- Efluentes até 10 UHC – DN 125
- Efluentes até 15 UHC – DN 150

Os chuveiros e as águas de lavagem de pisos podem ser coletados em ralos simples (secos), os quais devem ser ligados às caixas sifonadas. Entretanto, em razão de aspectos estéticos, alguns projetistas preferem localizar a caixa sifonada no *box* do chuveiro. Nesse caso, a caixa sifonada não deve ser localizada no centro geométrico dessa pequena área, pois fatalmente o usuário se posicionará sobre ela, podendo danificá-la ou ser vítima de acidentes. Portanto, deve-se posicionar a caixa sifonada em um dos cantos do *box*, de preferência junto à parede oposta à porta de acesso, não somente para evitar que a água saia do *box*, como para eliminar os problemas citados.

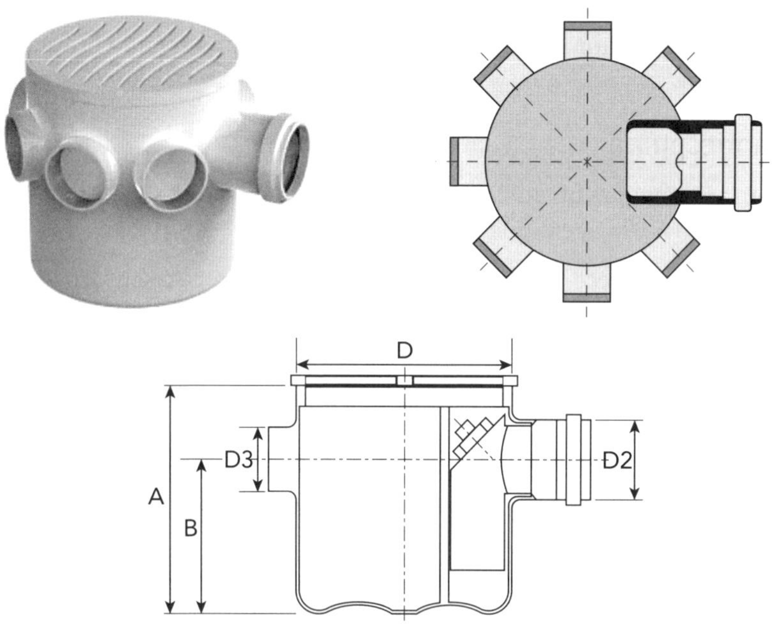

Figura 3.5 Caixa sifonada montada com grelha (com sete entradas).

TIPOS DE RALOS

Normalmente, os ralos secos (sem proteção hídrica) são utilizados para receber águas provenientes de chuveiro (*box*), pisos laváveis, áreas externas, terraços, varandas etc. Não devem, entretanto, receber efluentes de ramais de descarga.

Além dos ralos tradicionais (seco e sifonado) a Tigre apresenta novos modelos, como: ralo de saída articulada, antiespuma, anti-infiltração e o ralo linear (veja a Figura 3.6).[1]

Ralo de saída articulada

A função do ralo com saída articulada é coletar águas servidas e pluviais de terraços e pisos, permitindo flexibilidade na saída para o ramal de descarga. O ralo com saída articulada apresenta vários benefícios em relação aos ralos convencionais:

- Facilita a instalação e a racionalização do traçado da instalação;
- Permite a instalação de prolongamentos DN 100, anti-infiltração e antiespuma Tigre;
- Impede o entupimento do sistema de esgoto;
- Possibilita maior vazão de operação (melhor desempenho hidráulico).

Ralo antiespuma

É um dispositivo que bloqueia o retorno do ralo ou caixa sifonada, permitindo a captação de água no local em que está instalado.

Esse bloqueio acontece porque quando a espuma começa a ser escoada pela tubulação de entrada das caixas e ralos e tenta passar pela grelha, a borracha interna do antiespuma dobra e impede sua passagem.

Na parte superior temos o ralo, que já faz parte da peça. Já na interior existe uma pequena caixa sifonada com saída para ligar-se a tubulação de escoamento. A peça tem 7,7 cm de altura e 100 mm de diâmetro. O ralo acompanha uma pequena tela responsável por inibir a entrada ou saída de insetos na rede, que também causam entupimentos.

Os principais benefícios do ralo antiespuma são:

- Vedação eficiente e durável garantida pelo anel de vedação em borracha nitrílica;
- Acaba com o inconveniente do retorno da espuma;
- Pode ser aplicado em ralos e caixas sifonadas instaladas nas áreas de serviços ou até de banheiros;
- Fácil de limpar e instalar;
- Coleta a água do piso enquanto bloqueia a espuma.

1 Tigre, 2008.

Ralo anti-infiltração

A sua função principal é impedir a infiltração de água entre o piso e a caixa sifonada juntamente com o sistema de impermeabilização. São fabricados nas bitolas DN 100 e DN 150.

A maior vantagem desse tipo de ralo é coletar a água de uma provável infiltração entre o piso e o sistema de impermeabilização que se integra ao corpo da caixa sifonada, conduzindo a água para o interior da caixa sifonada e, assim, impedir que a infiltração percole para a parte inferior da laje ou do terreno. Além disso, de acordo com o fabricante, apresentam outros benefícios:

- É de fácil instalação: as ranhuras na parte inferior facilitam a fixação e impedem a formação de bolhas de ar na argamassa de assentamento;
- É compatível com todos os sistemas de impermeabilização do mercado;
- Possui limitadores e área recartilhada para fixação na manta, impedindo sua má instalação.

Ralo linear

A sua função principal é captar água servida em sacada, *box* de banheiros, lavanderias etc. Esses ralos lineares oferecem algumas vantagens em relação aos ralos convencionais, como uma maior capacidade de drenagem, uma aparência mais discreta e uma melhor capacidade de escoamento de água. Além disso, eles são frequentemente usados em transições entre a sacada e a sala para evitar que a água se acumule em áreas indesejadas.

O ralo linear resulta em boa economia de mão de obra e material, pois como o caimento é feito em uma direção única, não há necessidade de recortes e adaptações no piso. Como o ralo linear é uma abertura longa e estreita, ele permite que o piso seja inclinado suavemente na direção ao ralo, facilitando o escoamento da água de forma eficiente.

São fabricados em PVC com as seguintes dimensões: 50, 70 e 90 cm de comprimento e 5,5 cm de largura. As cores disponíveis são: grelhas brancas e areia (corpo branco) e grelhas cinza e inox (corpo cinza).

Os principais benefícios do ralo linear são:

- *Design* inovador: combina com qualquer ambiente;
- Maior vazão de captação de água;
- Facilidade de instalação: conexões soldadas com adesivo para PVC;
- Facilidade de limpeza: material de PVC livre de incrustações;
- Versatilidade: pode ser usado para escoamento de água do chuveiro ou aplicado em varandas, lavanderias e pisos comerciais.

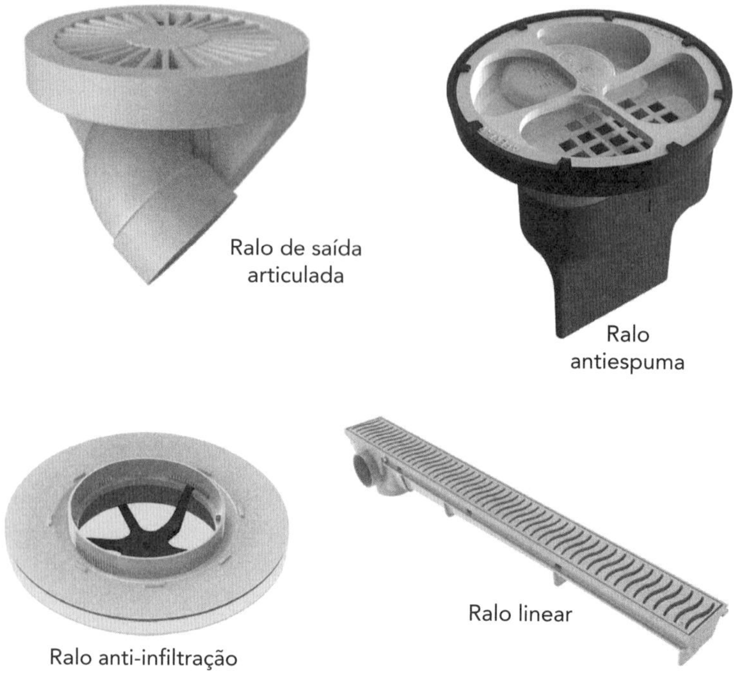

Figura 3.6 Ralos especiais (saída articulada, antiespuma,anti-infiltração e ralo linear).

RAMAL DE ESGOTO

O ramal de esgoto é o trecho de tubulação primária que recebe os efluentes dos ramais de descarga diretamente ou a partir de um desconector, como a caixa sifonada. Suas ligações ao subcoletor ou coletor predial devem ser efetuadas por caixa de inspeção, em pavimentos térreos, ou tubos de queda, em pavimentos sobrepostos.

O dimensionamento de um ramal de esgoto envolve determinar o diâmetro adequado do tubo para garantir que ele possa transportar a vazão de esgoto esperada. Para seu dimensionamento, utiliza-se a Tabela 3.4 (veja a Seção "Dimensionamento das tubulações de esgoto"), de acordo com a NBR 8160:1999.

RAMAL COM EFLUENTE DE GORDURA

Os ramais com efluentes de gordura provenientes de pias de cozinha e máquinas de lavar louça devem ser ligados à caixa de gordura (CG) em edificações térreas ou a "tubos de gordura" (TG) em pavimentos sobrepostos. Jamais devem ser ligados diretamente na rede de esgoto. Se a gordura passar direto para a tubulação de esgoto, ela cola no cano e diminui a passagem do esgoto, entupindo a tubulação.

TUBOS DE QUEDA (TQ)

O tubo de queda (TQ) é a tubulação vertical existente nas edificações de dois ou mais pavimentos, que recebe os efluentes dos ramais de esgoto e dos ramais de descarga, nos pavimentos elevados, encaminhando-os até o pavimento térreo, no nível da rua. Ele deve ser instalado, sempre que possível, com alinhamento vertical (sem desvios) e diâmetro uniforme. Quando houver necessidade de desvios devido a problemas de compatibilização com os projetos arquitetônico e estrutural, a NBR 8160:1999 recomenda que esses desvios sejam feitos com peças formando angulo central igual ou inferior a 90°, de preferencia com curvas de raio longo ou duas curvas de 45°. É importante ressaltar que os tubos de queda devem se prolongar até acima da cobertura, para ventilação, mantendo o mesmo diâmetro (veja Seção "Subsistema de ventilação").

O tubo de queda não deve ter diâmetro inferior ao da maior tubulação a ele ligada (normalmente, o ramal da bacia sanitária, que possui diâmetro DN 100 mm). Ele deve ser locado o mais próximo possível da bacia sanitária, pois o trecho desta até o tubo é de DN 100 mm, apresentando um custo maior. Assim facilita também a execução, pois o trecho de maior diâmetro terá menor percurso, com menor probabilidade de interferências. Para os demais tubos de queda, da cozinha e da área de serviço (lavanderia), apesar de a norma não explicitar esse valor, admite-se como diâmetro mínimo DN de 75 mm.

Nos pontos críticos da instalação, como nos pés de coluna, podem ocorrer choques provocados pela queda de resíduos sólidos normalmente encontrados nos esgotos. As curvas da Linha Serie R da Tigre, para pé de coluna (veja Figura 3.19), foram fabricadas com um reforço extra de espessura de parede para resistir aos eventuais golpes dos sólidos que são escoados pelo tubo de queda. O angulo de 87° 30' deixa a tubulação horizontal com a declividade adequada. Por isso, são especialmente indicadas para uso nesses pontos críticos

Na ligação do tubo de queda ao subcoletor é recomendado o uso do tubo operculado, que permite a inspeção e a manutenção de pontos considerados críticos no sistema predial de esgoto sanitário, como as curvas de 90° entre a vertical e a horizontal, por exemplo. Trata-se de uma peça, provida de janela com tampa, utilizando "TÊ de inspeção", em tubulações verticais ou horizontais.

Os materiais mais comuns usados para tubos de queda de esgoto incluem: PVC (Policloreto de Vinila) e o ferro fundido. Os tubos em PVC são mais comuns em sistemas de esgoto residenciais e comerciais. Já os tubos em ferro fundido são comumente usados em sistemas de esgoto mais antigos ou em edifícios comerciais de grande porte. O ferro fundido é um material durável e resistente, além de oferecer uma excelente resistência ao fogo.

Para o dimensionamento de tubos de queda, deve ser consultada a Tabela 3.6 (veja a Seção "Dimensionamento das tubulações de esgoto"), de acordo com recomendações da NBR 8160:1999.

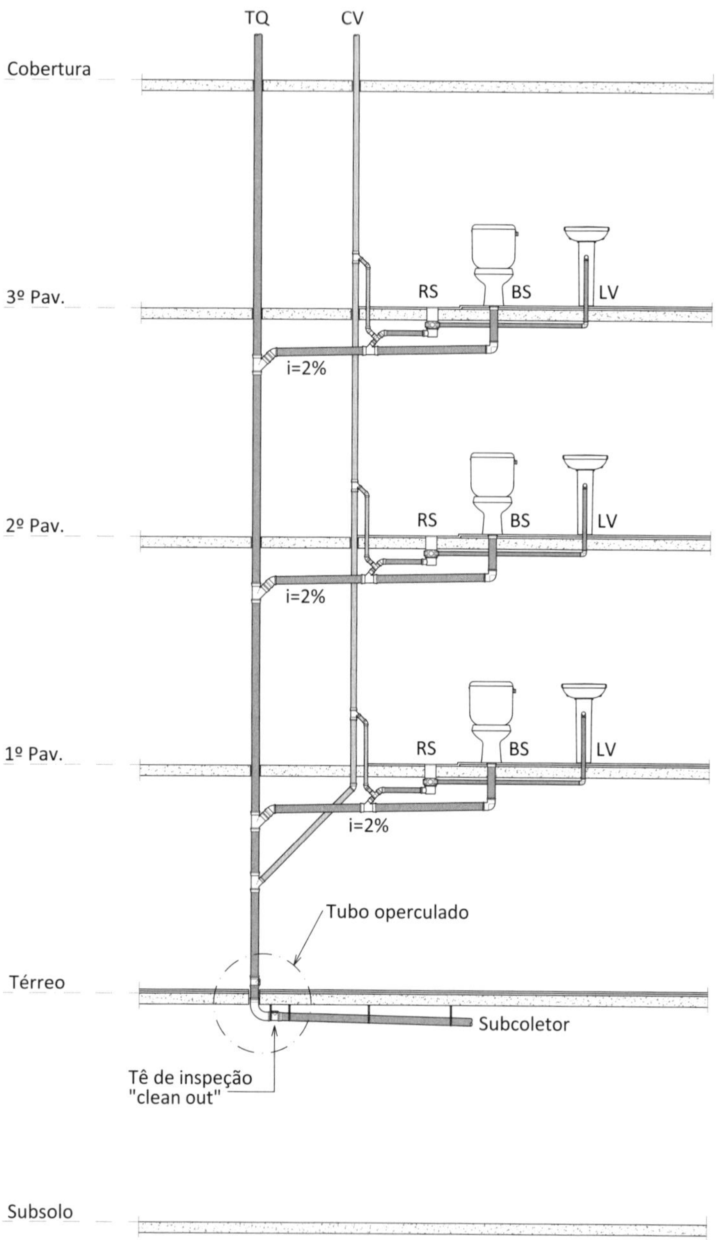

Figura 3.7 Tubo de queda em edifícios com mais de dois pavimentos.

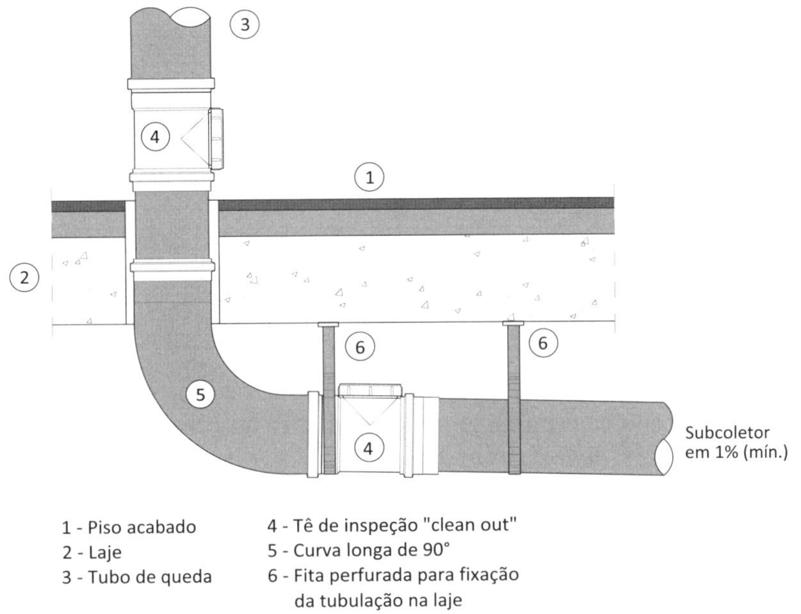

Figura 3.8 Detalhe de tubo operculado.

TUBOS DE GORDURA (TG)

A NBR 5626:2020 não prevê distinção de nomenclatura para os tubos de queda (TQ) utilizados nas diferentes áreas molhadas, coletando diferentes tipos de esgoto. Mas, de acordo com a norma (item 4.2.4.4), para os edifícios de dois ou mais pavimentos, devem ser previstos tubos de queda especiais de gordura para receber os efluentes de pias de cozinha e máquina de lavar louças de pavimentos sobrepostos. Para efeitos didáticos, este livro adotará a nomenclatura, tubo de gordura (TG) para a tubulação vertical que coleta efluentes com gordura.

O tubo de gordura deve ter sua extremidade inferior ligada a uma caixa de gordura especial (CGE) localizada no pavimento térreo do edifício, que posteriormente será ligada a uma caixa de inspeção (CI). O prolongamento da parte superior do tubo de gordura também é chamado de ventilação primária (VP). É importante ressaltar que, os tubos de gordura em edifícios de múltiplos pavimentos também devem ser ventilados na cobertura. A ventilação dos tubos de gordura permite que o ar circule livremente dentro do sistema de encanamento, equilibrando a pressão e evitando o acúmulo de gases no interior dos tubos. Isso ajuda a evitar o refluxo de odores para dentro do edifício e mantém o fluxo de água e gordura eficiente.

O diâmetro nominal mínimo do tubo de gordura que recebe efluentes de pias de copa, cozinha ou de despejo é igual a DN 75 mm (veja Seção "Dimensionamento de tubos de queda").

TUBOS SECUNDÁRIOS (TS)

Quando se trata de áreas de serviço (lavanderias), os despejos provenientes de tanques ou máquinas de lavar roupas, situados em pavimentos sobrepostos, podem ser descarregados em tubos de queda exclusivos, denominados tubos secundários (TS), com caixa sifonada especial (CSE) instalada no seu final (veja Seção "Caixa sifonada especial").

Nas instalações em prédios, a partir de dois andares, que recebem no tubos de queda descargas de aparelhos, em que são usados produtos detergentes que provocam a formação de espuma, é preciso evitar a ligação de ramais de descarga de aparelhos, ramal de esgoto ou tubos ventiladores nos andares inferiores, em trechos da instalação considerados zonas de pressão de espuma, isto é, na área de maior pressão de impacto, pois o retorno de espuma geralmente ocorre no primeiro e segundo andar de edificações com mais de três pavimentos.

ZONAS DE SOBREPRESSÃO DE ESPUMA

As "zonas de sobrepressão" estão definidas no item 4.2.4.3 da NBR 8160:1999. Essas zonas basicamente estão relacionadas com trechos em que ocorre o desvio da tubulação, onde há mudança de direção do tubo, da vertical para horizontal e vice-versa (veja Figura 3.9).

Para evitar um possível retorno de espuma em áreas de serviço (lavanderias), localizadas em cotas mais baixas, podem ser adotadas as seguintes medidas:

- não realizar ligações de tubulações de esgoto ou ventilação nas zonas de sobrepressão;
- utilizar dispositivos antiespuma;
- atenuação da mudança brusca de direção do escoamento líquido utilizando curva de 90° de raio longo ou duas curvas de 45°;
- adoção de caminho alternativo para o escoamento de ar associado ao escoamento líquido na base do tubo de queda (conhecido como jump);
- aumento da seção do subcoletor subsequente ao tubo de queda que recebe os despejos do ralo sifonado, por onde se dá o retorno de espuma;
- instalação de tubo ventilador de alívio em local adequado na base do tubo de queda sujeito a sobrepressão ou no inicio do correspondente subcoletor;
- desligamento do ramal de esgoto do ralo sifonado do tubo de queda original e ligação em novo tubo de queda, devidamente ventilado, a ser instalado.

Uma alternativa de projeto que torna a solução mais simples, em edifícios de pavimentos sobrepostos, é a adoção, nas áreas molhadas (lavanderias e áreas de serviço), de dois tubos secundários, isolando os aparelhos que geram espuma (tanque e máquina de lavar roupa) dos demais aparelhos (ralos simples), como apresentado na Figura 3.10.

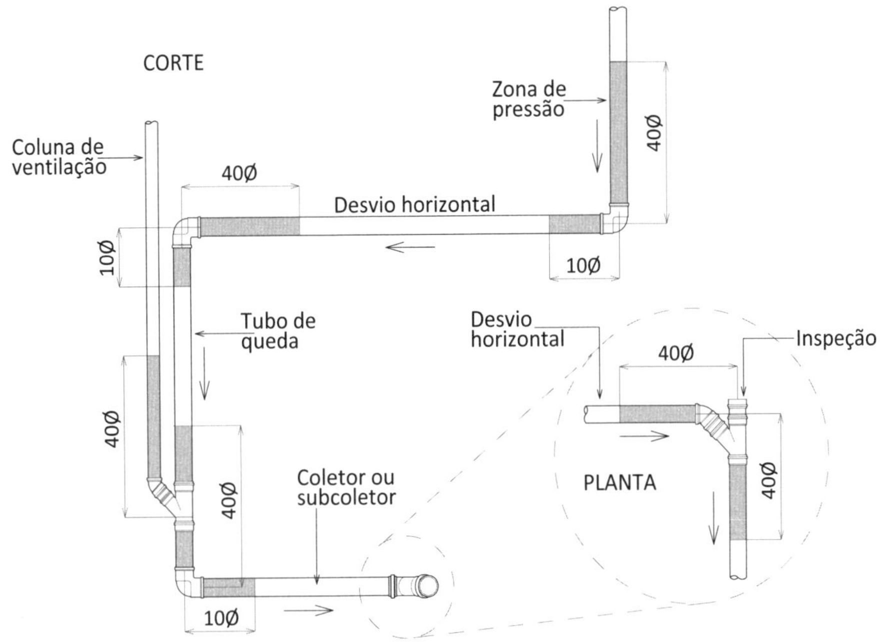

Figura 3.9 Zonas de sobrepressão (NBR 8160:1999).

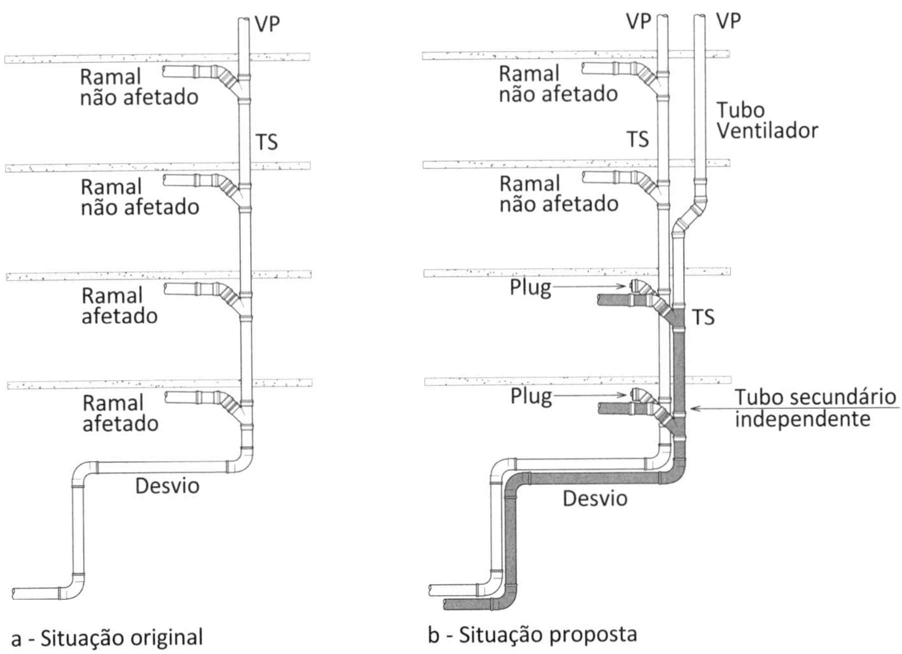

Figura 3.10 Tubo de queda em área de serviço (situação proposta).

SUBSISTEMA DE VENTILAÇÃO

A ventilação em uma instalação de esgoto é extremamente importante, uma vez que possibilita o escoamento do ar da atmosfera para o interior das instalações de esgoto, e vice-versa, com a finalidade de protegê-las contra possíveis rupturas do fecho hídrico dos desconectores.

É importante ressaltar que a mesma sucção que rouba a água do fecho hídrico, exerce pressão interna nas paredes da tubulação, o famoso vácuo, que pode trincar ou deformar o tubo. A ventilação permite a entrada de ar, que gera alívio e equaliza essa pressão. Portanto, a ventilação tem dupla função: permitir a saída dos gases, mas também permitir a entrada de ar quando a rede sofre pressões negativas, sucção e vácuo.

Dessa forma, a ventilação protege a água que fica nos desconectores (sifão, caixa sifonada e sifão da bacia sanitária) de ser "puxada", pois o ar que é menos denso, será "sugado". Assim a água continuará a fazer o bloqueio do gases provenientes do esgoto primário.

De acordo com a NBR 8160:1999, o subsistema de ventilação pode ser previsto de duas formas: como ventilação primária (VP) e secundária (VS) ou somente ventilação primária, desde que esta seja suficiente (veja o Anexo C da NBR 8160:1999 - Modelo para verificação da suficiência de ventilação primária em sistemas prediais de esgoto sanitário).

A ventilação primária é, portanto, um item obrigatório e deve ser observada, em qualquer instalação de esgoto, por menor que seja.

Em edificações de um só pavimento, é necessário que pelo menos um tubo ventilador de DN 100 mm seja ligado à caixa de inspeção, ou ao coletor predial, subcoletor ou ramal de descarga de uma bacia sanitária e prolongado até acima da cobertura dessa edificação. Caso esta edificação seja residencial e tenha no máximo três bacias sanitárias instaladas, o diâmetro do tubo ventilador poderá ser reduzido para DN 75 mm.

Em edificações de dois ou mais pavimentos, os tubos de queda de esgoto devem ser prolongados até acima da cobertura, constituindo a ventilação primária (veja Seção "Tubo ventilador primário"). Além da ventilação dos tubos de queda, a ventilação dos ramais de esgoto nos pavimentos será garantida pela ventilação secundária (veja Figura 3.12). Além disso, é importante ressaltar que a ligação de todos os desconectores ao tubo ventilador deve respeitar as distâncias máximas indicadas na Tabela 3.9.

Em edifícios multifamiliares, as áreas molhadas onde serão necessárias a ventilação primária e a secundária são:

- Banheiro: ventilação primária (prolongamento do tubo de queda) e ventilação secundária (ramal de ventilação e coluna de ventilação);
- Cozinha: ventilação primária (prolongamento do tubo de gordura);
- Área de serviço: ventilação primária (prolongamento do tubo de queda).

VENTILAÇÃO SECUNDÁRIA

Segundo a NBR 8160:1999, a ventilação secundária (VS) é composta, basicamente, por ramais e colunas de ventilação que interligam os ramais de descarga ou de esgoto à ventilação primária (VP) ou que são prolongados acima da cobertura; ou então pela utilização de dispositivos de admissão de ar (VAA) devidamente posicionados no sistema (veja Seção "Válvula de admissão de ar").

Coluna de ventilação

A coluna de ventilação (CV) é um tubo ventilador que se prolonga através de um ou mais andares (pavimentos) e cuja extremidade superior é aberta atmosfera, ou ligada a tubo ventilador primário ou a barrilete de ventilação. De acordo com a NBR 8160:2020, a coluna de ventilação deve possuir diâmetro uniforme; a extremidade inferior conectada a um tubo de queda ou subcoletor, sempre em ponto abaixo da ligação do primeiro ramal de esgoto ou descarga; a extremidade superior situada acima da cobertura do edifício, ou ligada a um tubo ventilador primário a 0,15 m, ou mais, acima do nível de transbordamento da água do mais elevado aparelho sanitário por ele servido.

O tubo ventilador também pode funcionar como tubo ventilador de alívio ou de circuito. O "tubo ventilador de alívio" é um tubo ventilador ligando o tubo de queda ou ramal de esgoto ou de descarga à coluna de ventilação e o "tubo ventilador de circuito" é um tubo ventilador secundário ligado a um ramal de esgoto e servindo a um grupo de aparelhos de ventilação individual.

Segundo a norma, a extremidade aberta de um tubo ventilador ou coluna de ventilação deve situar-se a uma altura mínima de 0,30 m da laje, se a cobertura não tiver uso, ou a 2 m da laje, se a cobertura for usada pelos moradores do edifício (veja Figura 3.12). Com relação ao projeto de arquitetura, não deve estar situada a menos de 4 m de qualquer janela, porta ou vão de ventilação, salvo se elevada pelo menos 1 m das vergas dos respectivos vãos.

É recomendável que as colunas de ventilação sejam projetadas em prumada única, sem desvios. Entretanto, nem sempre isso é possível, por questões de compatibilização com outros projetos da edificação, como o projeto de arquitetura e de estruturas. A norma prevê que, em caso, de desvios, as mudanças de direção sejam feitas a partir do uso de curvas de ângulo central não superior a 90° e aclive mínimo de 1%.

Nos desvios de tubo de queda que formem um ângulo maior que 45° com a vertical, deve-se considerar o tubo de queda como dois tubos independentes, tendo o desvio como limite entre esses trechos (trecho acima e trecho abaixo do desvio) ou deve-se projetar a coluna de ventilação também com desvio, acompanhando o tubo de queda, e conectando-os por meio de tubos ventiladores de alívio, acima e abaixo do desvio, conforme estabelecido no item 4.3.10 (Figura 4) da NBR 8160:1999.

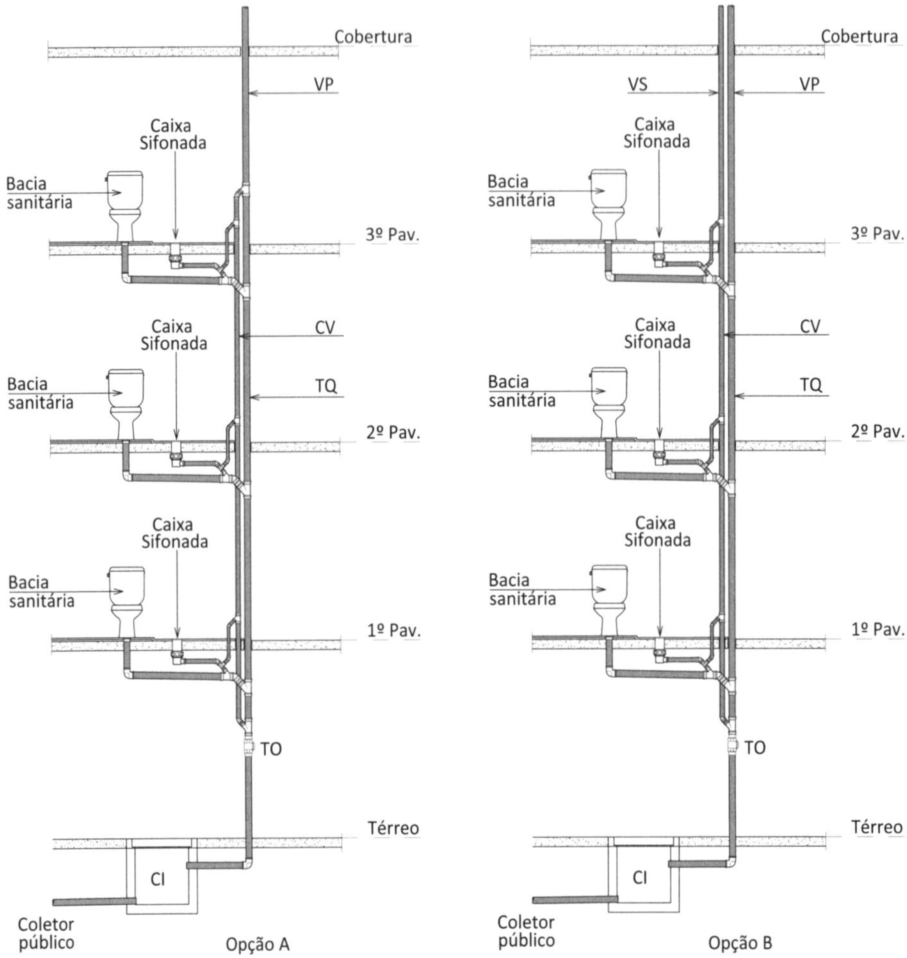

Figura 3.11 Subsistema de ventilação em uma edificação: somente ventilação primária (opção A); ventilação primária e secundária (opção B).

Observação importante

De acordo com a NBR 8160:1999, quando não for possível ventilar o ramal de descarga da bacia sanitária ligada diretamente ao tubo de queda (para distância máxima, veja Tabela 3.9), o tubo de queda deve ser ventilado imediatamente abaixo da ligação do ramal da bacia sanitária. É dispensada a ventilação do ramal de descarga de uma bacia sanitária ligada através de ramal exclusivo a um tubo de queda a uma distância de 2,40 m, desde que esse tubo de queda receba, do mesmo pavimento, imediatamente abaixo, outros ramais de esgoto ou de descarga devidamente ventilados.

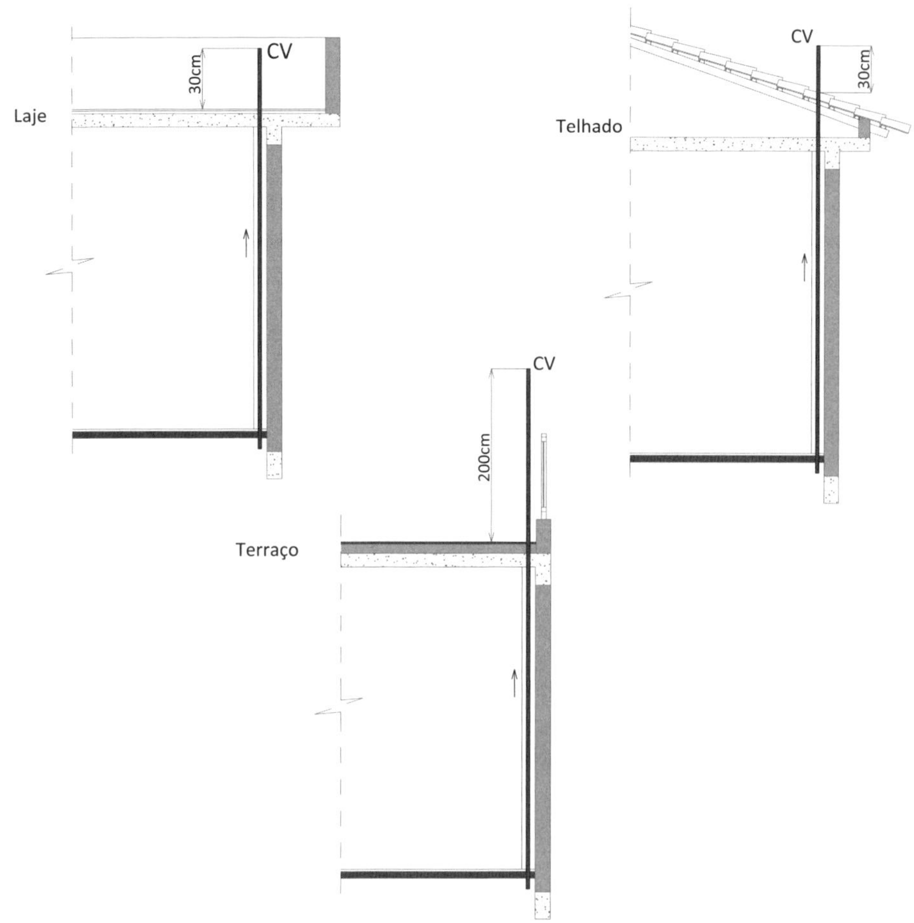

Figura 3.12 Prolongamento do tubo de queda (VP) ou coluna de ventilação (CV) na cobertura.

Ramal de ventilação

É o trecho da instalação que interliga o desconector, ou ramal de descarga, ou ramal de esgoto, de um ou mais aparelhos sanitários a uma coluna de ventilação ou a um tubo ventilador primário.

A ligação do ramal de ventilação a uma coluna de ventilação (tubo ventilador primário) deve ser feita visando impedir o acesso de esgoto sanitário ao seu interior. Dessa maneira, toda tubulação de ventilação deve ser instalada com aclive mínimo de 1%, de modo que qualquer líquido que porventura ingresse, possa escoar totalmente, por gravidade, para dentro do ramal de descarga ou de esgoto em que o ventilador tenha origem. O ramal deve ser ligado à coluna de ventilação, 15 cm, ou mais, acima do nível de transbordamento da água do mais alto dos aparelhos sanitários (referente aos aparelhos sanitários com seus desconectores ligados à tubulação de esgoto primário, como bacias sanitárias, pias de cozinha, tanques de lavar, máquinas de lavar etc.), excluindo-se os que despejam em ralos ou caixas sifonadas de piso.

A distância entre o ponto de inserção do ramal de ventilação ao tubo de esgoto e a conexão de mudança do trecho horizontal para a vertical deve ser a mais curta possível, se a distancia entre o ramal de ventilação e o desconector estiver a menos de 2DN, a rede fica suscetível à entrada de esgoto. Por outro lado, se estiver muito distante, a sucção romperá o fecho hídrico antes da ventilação entrar em ação (veja Tabela 3.9 - Distância máxima de um desconector ao tubo ventilador).

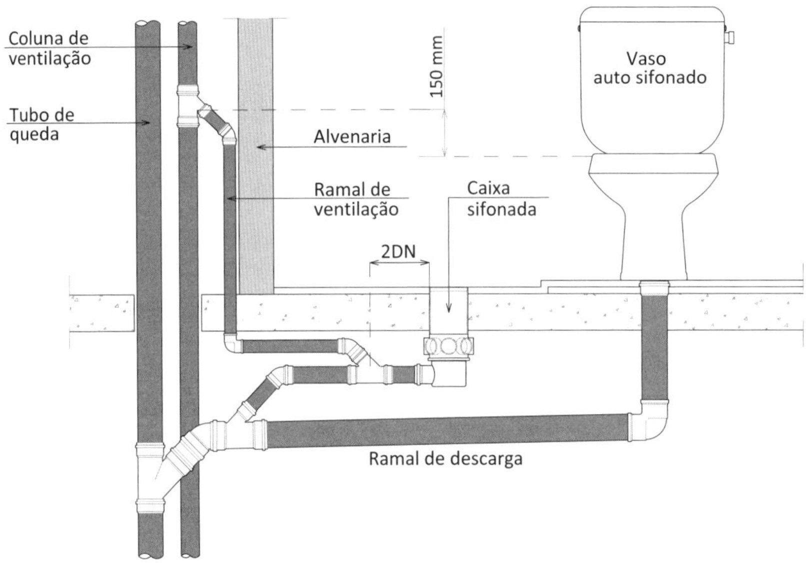

Figura 3.13 Detalhe de ligação do ramal de ventilação

VENTILAÇÃO PRIMÁRIA

A ventilação primária é proporcionada pelo ar que escoa pelo núcleo do tubo de queda. Em edificações com mais de um pavimento, todos os tubos de queda (banheiro, área de serviço e cozinha) deverão ser prolongados até a cobertura com suas extremidades abertas à atmosfera, constituindo a ventilação primária (VP). Quando for inconveniente a existência de tantos tubos de ventilação em uma cobertura, particularmente, nos casos de terraços que são utilizados pelos moradores do edifício, quando os tubos devem estar a 2 m de altura da laje (veja Figura 3.11), o projetista pode adotar um barrilete de ventilação (veja Figura 3.32), a ser executado aclive mínimo de 1% até o trecho prolongado, a uma distância mínima que impossibilite o encaminhamento a ele das águas pluviais provenientes do telhado ou da laje impermeabilizada. A extremidade aberta do tubo ventilador deve respeitar os limites indicados na Figura 3.12.

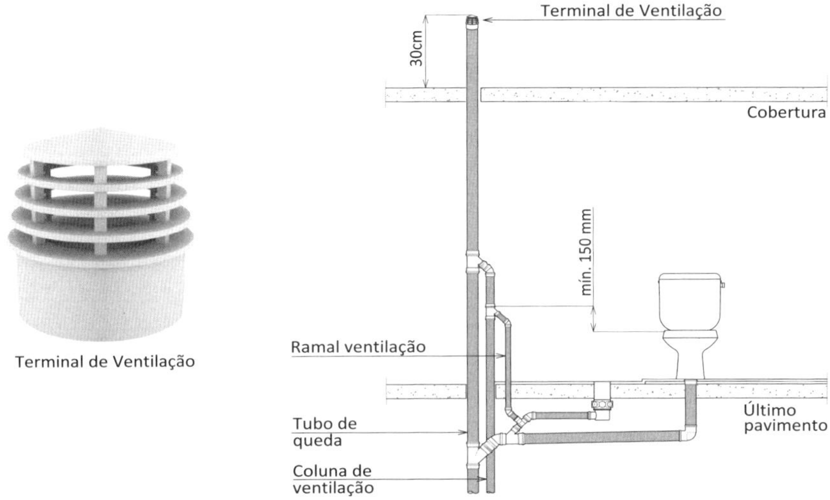

Figura 3.14 Detalhe de ventilação primária.

VÁLVULA DE ADMISSÃO DE AR

A válvula de admissão de ar (VAA) tem como função permitir a entrada de ar na tubulação de ventilação do esgoto, substituindo as colunas e ramais de ventilação secundária. Basicamente atuam abrindo e fechando um diafragma, sempre que as pressões negativas aumentam em função do escoamento dos aparelhos, permitindo a entrada de ar exterior para o interior do sistema até que as pressões sejam reduzidas, de modo a impedir o rompimento dos fechos hídricos dos desconectores quando então retorna à posição fechada impedindo que o ar interior alcance o meio ambiente. Assim, os fechos hídricos exercem a sua função de não permitir a saída de gases, odores ou líquidos para os ambientes.

Entre as vantagens do uso da VAA estão, além da eliminação da necessidade de ventilação secundária, a redução do custo de mão de obra e do tempo de instalação, a não necessidade de perfurações na laje – o que minimiza as chances de patologias – a ampla redução na ocupação dos *shafts* e a equalização da pressão interna da tubulação, que evita que o fecho hídrico se rompa.

A VAA deve ser instalada verticalmente em lugares que possuem ventilação, como interior de *shafts*, forros e sancas, gabinetes embutidos na alvenaria ou de forma aparente (sempre respeitando a ventilação renovável mínima de 20 cm^2). A tubulação de esgoto vertical do ramal onde a VAA for instalada deve ter o diâmetro igual ou maior do que o diâmetro da VAA. A válvula deve ser instalada 10 cm acima do fecho hídrico mais alto do ramal da tubulação. Para instalações em que são utilizadas apenas caixas sifonadas, a altura mínima deverá ser de 35 cm acima do nível do piso. É permitida a instalação em locais onde a temperatura esteja entre 0 °C e 60 °C.

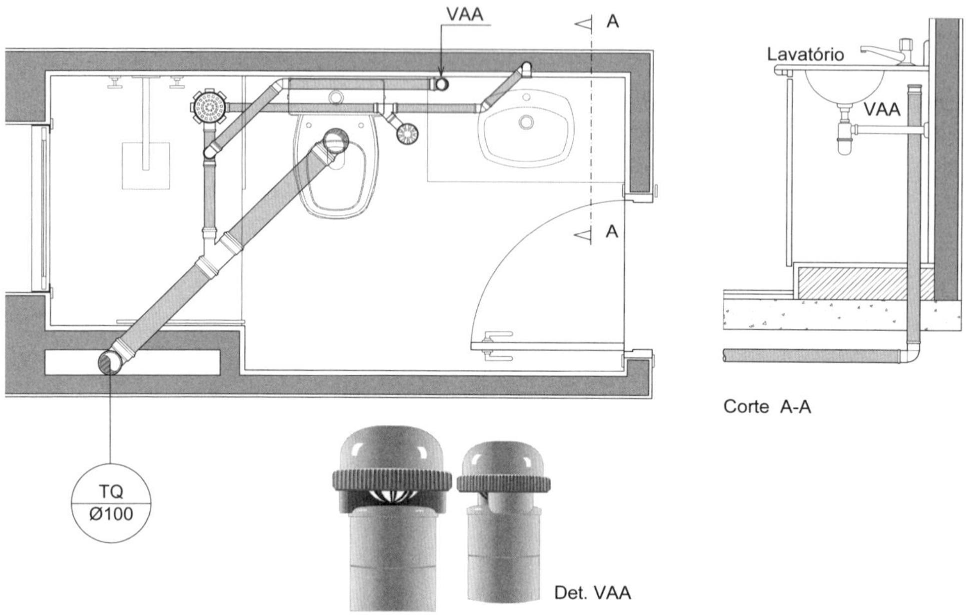

Figura 3.15 Instalação de VAA dentro de gabinete de lavatório.

Fonte (detalhe): adaptada de Astra.

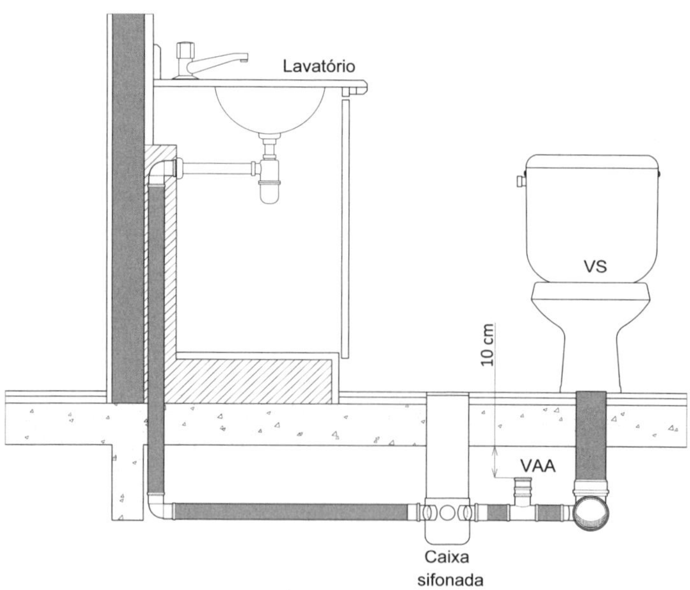

Figura 3.16 Instalação de VAA sob a laje.

SUBCOLETOR

Subcoletor é a tubulação horizontal que recebe os efluentes de um ou mais tubos de queda ou de ramais de esgoto, devendo ser, de preferência retilíneos. É possível que um subcoletor descarregue seus efluentes em outro, caso haja necessidade de mudança de direção, desde que seja respeitado o ângulo de 45°. É comum em alguns projetos sanitários, a aplicação de joelhos e curvas em 90° nas mudanças de direção na horizontal, sendo que está aplicação não está correta. É importante ressaltar que sempre que houver a necessidade de mudança de direção, deve ser instalada uma nova caixa ao invés de curva de 90°. Sempre que necessário, os desvios devem ser feitos com peças com angulo central igual ou inferior a 45°. Em edificações térreas, os subcoletores devem ser construídos, sempre que possível, na parte não edificada do terreno (veja Figura 3.17). No caso de edifícios com vários pavimentos, normalmente, são fixados sob a laje de cobertura do subsolo, por meio de braçadeiras (veja Figura 3.18). Nesses casos, devem ser protegidos e de fácil inspeção.

Os subcoletores deverão possuir um diâmetro mínimo de 100 mm para uma declividade de 1% (mínima), intercalados por caixas de inspeção ou conexões que possuam dispositivos para tal finalidade. Em cada trecho de tubulação horizontal, devem ser indicados o diâmetro e a declividade. Porém, é possível suprimir a informação da declividade no traçado dos subcoletores, desde que seja inserida uma observação com indicação das mesmas em parte visível da prancha de desenho. Os subcoletores podem ser dimensionados pelo somatório das Unidades de Hunter de Contribuição (UHC), conforme a tabela extraída da NBR 8160:1999 (veja a Seção "Dimensionamento das tubulações de esgoto").

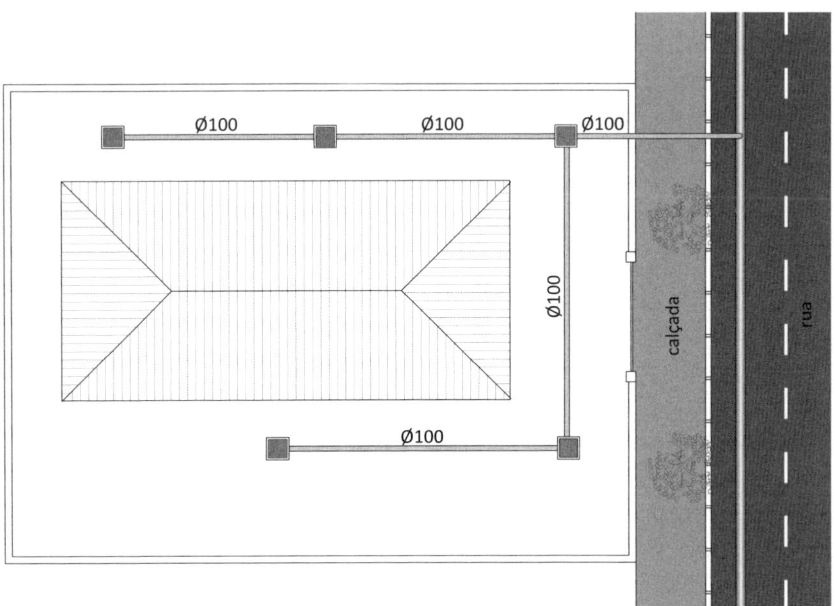

Figura 3.17 Subcoletores de esgoto em residência.

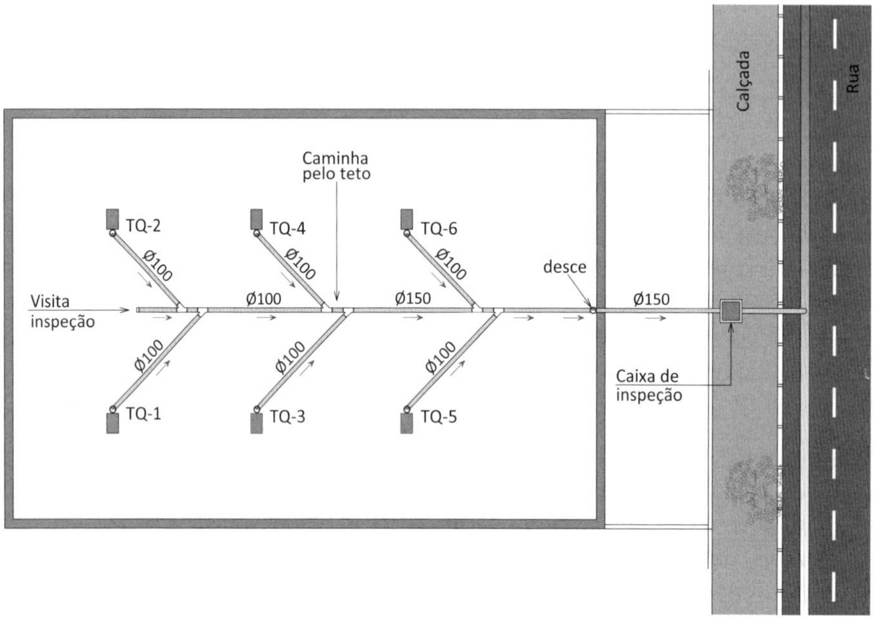

Figura 3.18 Subcoletores em edifícios de pavimentos sobrepostos.

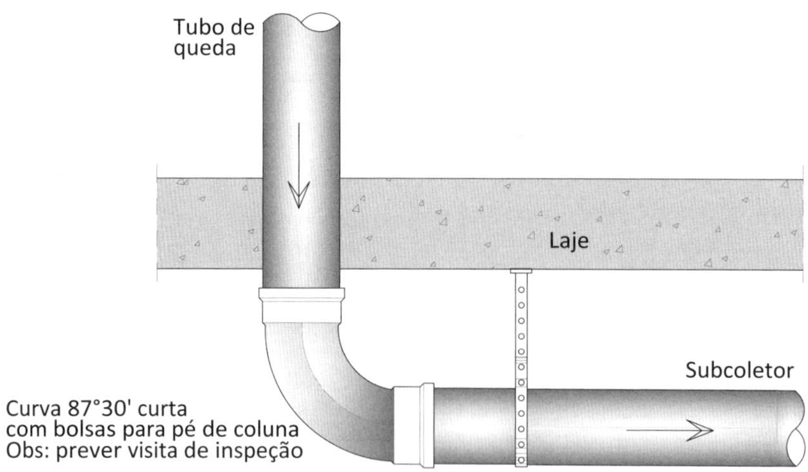

Figura 3.19 Detalhe de curva especial para pé de coluna.

Observação importante

Em tubulações aparentes sob a laje de pavimento térreo (subsolo) devem ser instaladas visitas de inspeção junto às curvas dos tubos de queda, de preferencia à montante das mesmas, e também no subcoletor horizontal (veja Figura 3.8).

DISPOSITIVOS COMPLEMENTARES

CAIXA DE INSPEÇÃO (CI)

É a caixa destinada a permitir a inspeção, limpeza e desobstrução das tubulações de esgoto. Pode ser feita em concreto, alvenaria, com superfícies verticais revestidas e impermeabilizadas ou, ainda, pode ser pré fabricada. As caixas de inspeção deverão estar localizadas preferencialmente em áreas não edificadas. Quanto à forma, pode ser prismática, de base quadrada ou retangular, de lado interno mínimo de 60 cm, ou cilíndrica, com diâmetro mínimo de 60 cm.

A profundidade mínima da primeira caixa é função do DN das tubulações de entrada e de saída e da declividade da tubulação de entrada. A profundidade máxima é variável, em função da declividade dos subcoletores, não devendo ser superior a 1 m. Quando, porventura, o projeto exigir instalação em profundidades maiores, deve ser utilizado para tal função um poço de visita. Apenas em instalações especiais as caixas de inspeção devem ser calculadas em função do volume dos esgotos. A tampa deve ser facilmente removível, ficar visível e nivelada ao piso e ter vedação perfeita, impedindo a saída de gases e insetos de seu interior e seu fundo deve ser inclinado, para facilitar o escoamento do efluente. Em lugares como garagens, a caixa deve ser localizada de forma a não ser afetada pelo peso dos veículos.

De acordo com a NBR 8160:1999, a instalação de caixas de inspeção deve obedecer a alguns critérios:

- Deve ser instalada em junções de tubulações enterradas, mudanças de direção, diâmetro e declividade dos subcoletores de esgoto;
- Os comprimentos dos trechos dos ramais de descarga e de esgoto de bacias sanitárias, caixas de gordura e caixas sifonadas, medidos entre os mesmos e os dispositivos de inspeção, não devem ser superiores a 10 m;
- A distância entre dois dispositivos de inspeção não deve ser superior a 25 m;
- Em prédios com vários pavimentos, as caixas de inspeção não devem ser instaladas a menos de 2 m de distância dos tubos de queda que contribuem para elas.

É importante ressaltar que não devem ser colocadas caixas de inspeção em ambientes pertencentes a uma unidade autônoma, quando os mesmos recebem a contribuição de despejos de outras unidades autônomas.

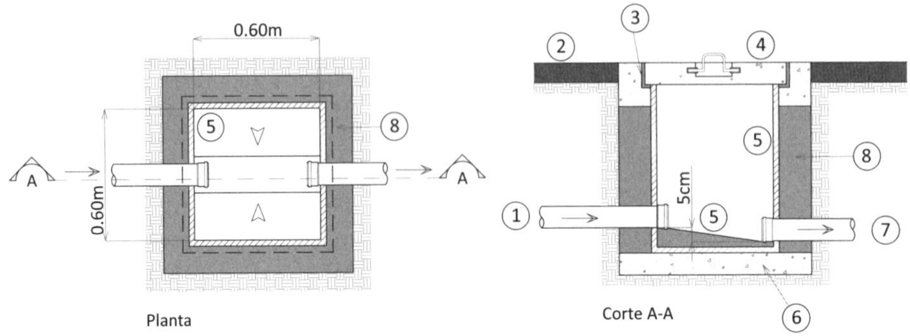

1 - Entrada do esgoto
2 - Piso acabado
3 - Vedante
4 - Tampa hermeticamente fechada
5 - Argamassa de areia e cimento
6 - Base de concreto magro
7 - Saída do esgoto
8 - Alvenaria ou concreto

Figura 3.20 Caixa de inspeção em alvenaria.

CAIXA DE PASSAGEM (CP)

É uma caixa com apenas uma entrada e uma saída para o esgoto, destinada a permitir a junção de tubulações do sistema predial de esgoto sanitário. A NBR 8160:1999 especifica como características mínimas: altura 0,10 m; diâmetro 0,15 m, quando cilíndricas, ou permitir na base a inscrição de um círculo de diâmetro 0,15 m, quando prismáticas de base poligonal; uso de tampa cega quando previstas em tubulações de esgoto primário; tubulação de saída com DN mínimo de 50 mm. Normalmente, esta caixa não é muito utilizada nas instalações prediais de esgoto sanitário. Os desvios, as mudanças de declividade e de diâmetro e a junção de tubulações enterradas devem ser feitos mediante o emprego de caixas de inspeção ou caixas de passagem.

CAIXA DE GORDURA (CG)

É a caixa destinada a reter, em sua parte superior, as gorduras, graxas e óleos contidos no esgoto, formando camadas que devem ser removidas periodicamente, evitando, dessa maneira, que esses componentes escoem livremente pela rede de esgoto e gerem obstrução.

Nas instalações residenciais, é usada para receber esgotos que contêm resíduos gordurosos provenientes de pias de cozinha e de máquinas de lavar louça. Sua utilização é exigida em alguns códigos sanitários estaduais e posturas municipais. Quando o uso da caixa de gordura não for exigido pela autoridade pública competente, sua adoção ficará a critério do projetista. No uso corporativo (hospitais, restaurantes, indústrias) a sua obrigatoriedade abrange todo o território nacional.

As caixas de gordura podem ser dimensionadas em função do numero de cozinhas por elas atendidas. De acordo com a NBR 8160:1999, para a coleta de apenas uma cozinha, pode ser usada a caixa de gordura pequena (CGP). Para coleta de duas cozinhas, pode ser usada a caixa de gordura simples (CGS). A CGP é cilíndrica, com as seguintes dimensões mínimas: diâmetro interno de 30 cm; parte submersa do septo de 20 cm; capacidade de retenção de 18 litros; diâmetro nominal da tubulação de saída de 75 mm. A CGS também é cilíndrica, com as seguintes dimensões mínimas: diâmetro interno de 40 cm; parte submersa do septo de 20 cm; capacidade de retenção de 31 litros e diâmetro nominal da tubulação de saída de 75 mm.

Para a coleta de três a doze cozinhas, deve ser usada a caixa de gordura dupla (CGD) com as seguintes dimensões mínimas: diâmetro interno de 60 cm; parte submersa do septo de 35 cm; capacidade de retenção de 120 litros; diâmetro nominal da tubulação de saída de 100 mm. Para a coleta de mais de 12 cozinhas ou, ainda, para cozinhas de restaurantes, escolas e hospitais, devem ser previstas caixas de gordura especiais (CGE).

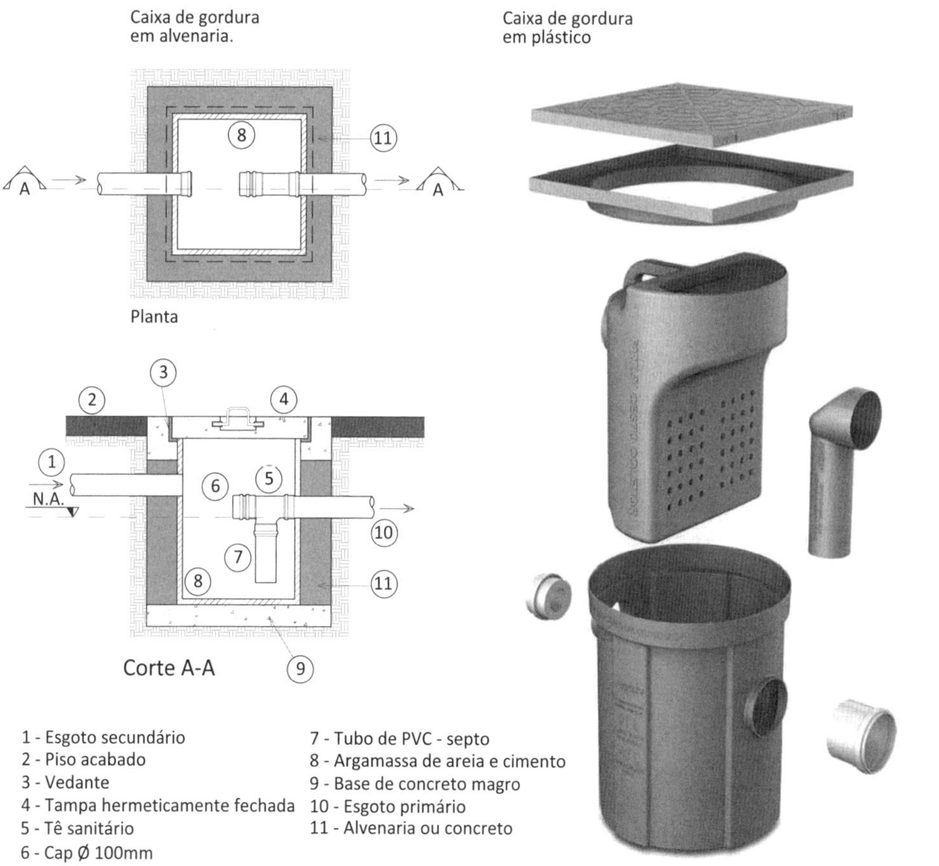

Fonte: Fortlev

Figura 3.21 Tipos de caixa de gordura

Em edifícios com pavimentos sobrepostos, quando há necessidade de caixa de gordura com capacidade de retenção superior a 120 litros, emprega-se a caixa de gordura especial (CGE), localizada no pavimento térreo. Nesses casos, não é permitido o uso de caixas individuais em cada pavimento. A CGE tem forma prismática de base retangular com as seguintes características: distância mínima entre o septo e a saída de 20 cm; altura molhada de 60 cm; parte submersa do septo de 40 cm e diâmetro nominal de saída DN 100. O volume da câmara de retenção de gordura pode ser obtido pela fórmula:

$$V = 2N + 20$$

onde:

V = volume da caixa em litros;

N = número de pessoas servidas pelas cozinhas que contribuem para a caixa de gordura no turno em que há maior afluxo (uma regra prática, muito utilizada para calcular o número de pessoas em edifícios residenciais, é considerar duas pessoas por dormitório e uma pessoa por cada quarto de serviço).

Tabela 3.1 Caixa de gordura prismática (base retangular)*

Quantidades			Dimensões internas mínimas (cm)			
Número de cozinhas	Número de refeições (N)	Capacidade (litros) (C x L x H)	Comprimento (C)	Largura (L)	Altura (H)	Altura da saída (A)
1*	–	18*	*	*	*	*
2	–	31	44	22	47	32
3	–	44	50	25	50	35
4	–	50	52	26	52	37
5	–	56	54	27	53,5	38,5
6	–	63	56	28	55	40
7	–	71	58	29	57,5	42,5
8	–	77	59	29,5	59	44
9	–	83	60	30	61	46
10	–	90	62	31	62	47
11	–	97	64	32	62,5	47,5
12	–	105	66	33	63	48

(continua)

Tabela 3.1 Caixa de gordura prismática (base retangular)* *(continuação)*.

Quantidades			Dimensões internas mínimas (cm)			
Número de cozinhas	Número de refeições (N)	Capacidade (litros) (C x L x H)	Comprimento (C)	Largura (L)	Altura (H)	Altura da saída (A)
13	–	111	68	34	63	48
14	–	118	70	35	63	48
15	–	124	72	36	63	48
16 a 28	100	216	90	40	75	60
29 a 36	125	288	120	40	75	60
37 a 43	150	360	120	50	75	60
44 a 57	200	432	120	60	75	60
58 a 73	250	504	120	70	75	60
74 a 86	300	588	140	70	75	60
87 a 100	350	756	140	90	75	60
101 a 115	400	810	150	90	75	60
116 a 129	450	918	170	90	75	60

* Informações a respeito de caixas de gordura menores e/ou de formato cilíndrico constam da norma NBR 8160:1999 – Sistemas prediais de esgoto sanitário – projeto e execução.

CAIXA MÚLTIPLA (CM)

É uma caixa de plástico desenvolvida pela Tigre, que pode ser utilizada como caixa de gordura, de inspeção e de águas pluviais. De acordo com o fabricante, o produto consiste de *kits* com componentes intercambiáveis, que, em função da necessidade da instalação, podem ser montados para uso de qualquer uma das três versões. As caixas já vêm pré-montadas, bastando completar com tampa ou grelha e com prolongadores, se necessário. Para a montagem, basta encaixar as peças por meio das juntas elásticas.

A caixa múltipla apresenta algumas vantagens em relação às tradicionais de concreto e alvenaria: pelo fato de ser fabricada em PVC, não sofre ataque químico do esgoto sanitário; é facilmente adaptável em qualquer tipo de terreno; possui um isolamento que impede a passagem de odores; fácil acabamento com o piso, pois o formato quadrado das tampas facilita o acabamento para qualquer tipo de piso (cimentado, cerâmico, pavimentado) permite ligação em desnível (por meio de prolongadores podem ser criadas entradas em alturas diferentes das demais ligações); profundidade ajustável (de 1 cm em 1 cm, por meio dos prolongadores sem entrada); é fácil transportar em função da leveza do material; fácil de limpar (a superfície lisa não gera incrustação de gordura e impurezas). Além dessas vantagens, as juntas elásticas previnem contra vazamentos de esgoto para o solo (que podem poluir os lençóis de água e fazer o solo ceder) e garantem que a água do solo não entre na caixa, como acontece em regiões com nível do lençol de água muito elevado - litoral, por exemplo.

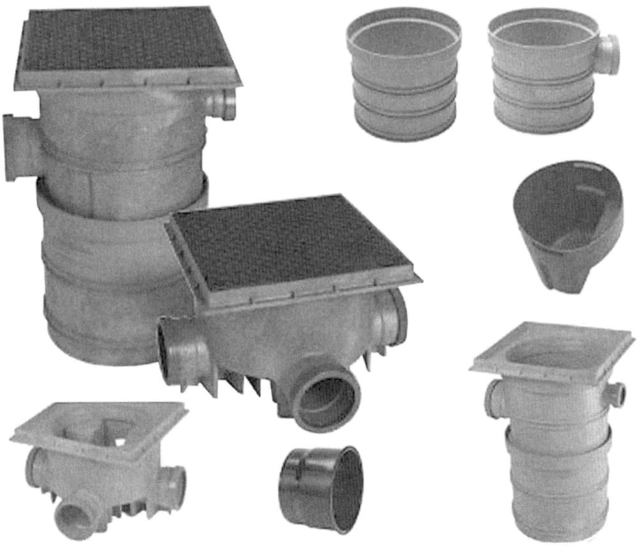

Figura 3.22 Caixa múltipla.

Fonte: Tigre, 2008.

CAIXA SIFONADA ESPECIAL (CSE)

A NBR 8160:1999 prevê que os efluentes com espuma, devido ao uso de produtos de limpeza, detergentes e outros agentes químicos, provenientes da máquina de lavar roupa, tanque e ralos, que por sua vez, coletam a água de lavagem de piso da área de serviço (lavanderia) e das varandas, em edifícios de pavimentos sobrepostos, devem ser descarregados em tubos de queda com caixa sifonada especial instalada no seu final, em vez de uma caixa de inspeção de esgoto. Trata-se de uma medida específica para lidar com as características particulares desses despejos e garantir o funcionamento adequado do sistema de esgoto.

A caixa sifonada é projetada para reter a espuma e permitir que ela se dissipe antes de prosseguir para o sistema de esgoto. Isso evita que a espuma se acumule em uma caixa de inspeção de esgoto, o que poderia causar bloqueios, obstruções ou transbordamentos no sistema.

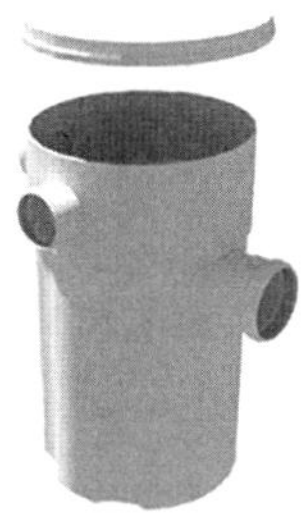

Caixa sifonada especial			
Tipo	Diâmetro (m) Ø	Fecho hídrico (mm)	Altura (m)
Caixa Sifonada Individual - CSI	0,30	0,20	0,60
Caixa Sifonada Simples - CSS	0,40	0,20	0,60
Caixa Sifonada Dupla - CSD	0,60	0,35	0,80

Figura 3.23 Caixa sifonada especial.

COLETOR PREDIAL

É o trecho de tubulação compreendido entre a última inserção de subcoletor, ramal de esgoto ou de descarga ou caixa de inspeção, e o coletor público.

Toda edificação deve ter a própria instalação de esgoto, com a respectiva ligação ao coletor público, que deve ser feita por gravidade. Portanto, ter cota de nível suficientemente mais elevada. A distância entre a ligação do coletor predial com o público e o dispositivo de inspeção mais próximo não deve ser superior a 15 m. O coletor predial deve ter diâmetro nominal mínimo de 100 mm. O dimensionamento é feito pelo somatório das Unidades de Hunter de Contribuição (UHC), conforme a Tabela 3.7 extraída da NBR 8160:1999 (veja a Seção "Dimensionamento das tubulações de esgoto").

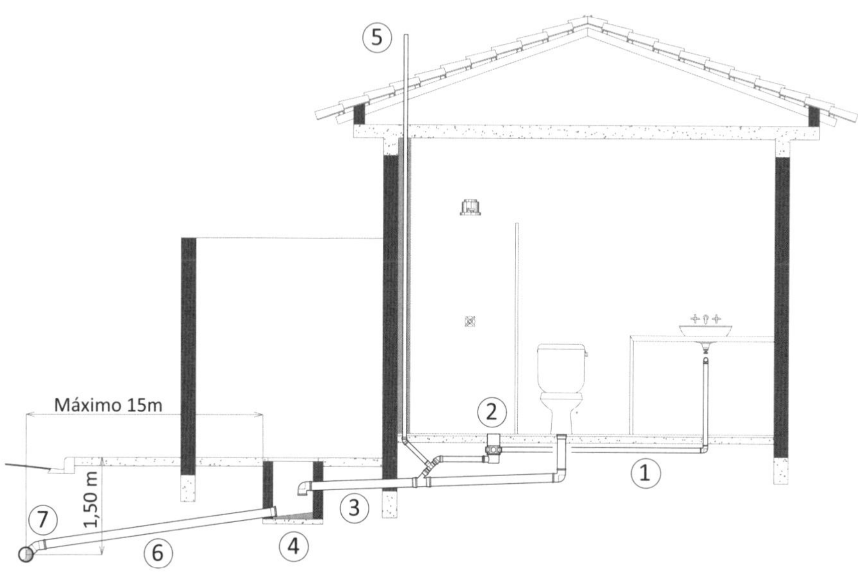

1 - Esgoto secundário
2 - Caixa sifonada
3 - Esgoto primário
4 - Ultima caixa de inspeção - CI
5 - Ventilação primária - VP
6 - Coletor predial
7 - Coletor público

Figura 3.24 Coletor predial.

VÁLVULA DE RETENÇÃO

Trata-se de um dispositivo mecânico que somente permite a passagem do fluido num determinado sentido e exercer seu bloqueio no sentido oposto.

A válvula de retenção trabalha automaticamente, se movimenta através do próprio fluído, dispensando interferências de operadores ou demais ações externas, o que a torna extremamente confiável para utilização.

A válvula de retenção é instalada nos ramais prediais, após as caixas de inspeção, que impede o retorno do esgoto em situações como: inundações, enchentes, refluxo de marés, entupimentos, vazões elevadas em período de chuva. Além de impedir o refluxo de esgotos públicos, ela também impede o acesso de animais roedores no interior das residências.

Se o coletor predial da edificação tem diâmetros maiores do que 100 mm, deve-se usar válvula de retenção de esgoto compatível com o diâmetro da tubulação.

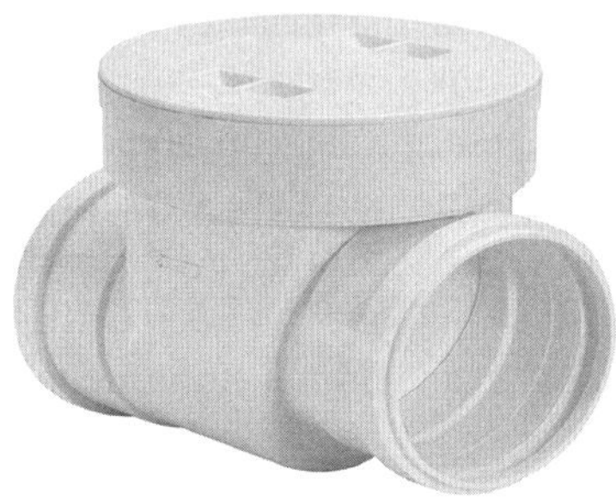

Figura 3.25 Válvula de retenção de esgoto DN 100 mm.

MATERIAIS UTILIZADOS

De acordo com a NBR 8160:1999, os materiais a serem empregados nos sistemas prediais de esgoto sanitário devem ser especificados em função do tipo de esgoto a ser conduzido, de sua temperatura, dos efeitos químicos e físicos e dos esforços ou solicitações mecânicas a que possam ser submetidas as instalações. Os materiais usualmente empregados nas tubulações e conexões de esgoto são o PVC linha sanitária (série normal e reforçada) e o ferro fundido. Não podem ser utilizados nos sistemas prediais de esgoto sanitário, materiais ou componentes não constantes da normalização brasileira.

A Linha Série Normal é utilizada para condução dos efluentes dos aparelhos sanitários (bacias sanitárias, mictórios, lavatórios etc), em instalações prediais de esgoto e ventilação.

A Linha Série Reforçada é fabricada com espessura de parede maior que a linha Série Normal, para serem utilizados na condução de efluentes em trechos que sofrem maiores impactos internos ou externos, como: tubos de queda de esgoto, subcoletores, ramais de despejo de máquinas de lavar louças residenciais e condutores verticais de águas pluviais em obras com mais de três pavimentos. Na saída da pia da cozinha também é recomendável a utilização da Linha Série R devido a possibilidade de alta temperatura do fluido. O tubo de série reforçada suporta até 75 °C, em contrapartida, o tubo de série normal suporta até 45 °C.

É importante ressaltar que as linhas Série Normal e Série Reforçada podem ser encaixadas uma na outra, pois possuem o mesmo diâmetro externo. As conexões são fabricadas com bolsas do tipo dupla atuação soldável ou elástica (acopladas aos tubos de PVC por meio de anéis de borracha).

Outro material utilizado nas instalações de esgoto é o ferro fundido. Os tubos são incombustíveis e possuem alta resistência a choques. Por essa razão, são mais utilizados nas instalações aparentes, particularmente em garagens de subsolos ou *pilotis*, nos quais exista a possibilidade de ocorrer acidentes. Também apresentam como vantagens: alta resistência a produtos químicos; alta durabilidade; resistência a altas temperaturas.

DESENHOS DAS INSTALAÇÕES

O projeto de sistemas prediais de esgoto sanitário é apresentado em plantas baixas e esquema vertical. O esquema vertical auxilia o entendimento do projeto, bem como o dimensionamento das prumadas. Para elaboração dos desenhos adota-se a simbologia apresentada no Anexo 2.

É usual trabalhar com escala 1:100, para a planta de implantação, e 1:50 para as plantas dos demais pavimentos (tipo, térreo, cobertura e subsolo). Entretanto, é comum ter um detalhamento das áreas molhadas em escala 1:20. Depois de fazer o traçado unifilar, em planta baixa, deve-se elaborar o detalhamento (em traço bifilar) dessas áreas indicando diâmetro das tubulações, posição de ralo, caixa sifonada, posição do ramal de ventilação, coluna de ventilação e tubo de queda.

Em cada trecho da tubulação deve ser indicado o diâmetro e a declividade.

TRAÇADO DO SISTEMA PREDIAL DE ESGOTO SANITÁRIO

É de fundamental importância realizar uma análise minuciosa dos projetos de estrutura e arquitetura antes de elaborar o traçado das redes prediais de esgoto, para identificar a localização dos elementos estruturais, como vigas, pilares e lajes. Essas informações são cruciais para determinar a rota e a altura adequada das tubulações de esgoto, a fim de evitar interferências com a estrutura e garantir a integridade e funcionalidade da edificação.

É necessário considerar a largura das paredes, a altura dos pisos, as dimensões dos cômodos e outros elementos construtivos que possam influenciar o traçado das redes prediais de esgoto. Dessa forma, é possível planejar adequadamente o posicionamento das tubulações, evitando obstruções e otimizando o uso do espaço disponível.

As prumadas de esgoto devem ser definidas pelo projetista de instalações, para adequar-se às barreiras impostas pelo projeto de estrutura e integrar-se de forma harmônica, racional e tecnicamente correta ao projeto arquitetônico.

De modo geral, as tubulações verticais passam em shafts, e as horizontais passam sob a laje, escondidas por forros de gesso. Deve-se condicionar a escolha dos pontos de descida dos tubos de queda para o mais próximo possível de pilares, ou da projeção dos pilares e paredes do térreo. Para posicionar o tubo de queda é fundamental fazer a superposição dos diversos pavimentos do edifício (layers), de modo a favorecer, sempre que possível, um só alinhamento vertical (evitar desvios).

As tubulações de esgoto, em planta, são representadas por linhas contínuas e as tubulações de ventilação por linha tracejadas. Os diversos elementos e dispositivos complementares que também são parte do projeto, tais como caixa sifonada, ralo seco, caixa de inspeção, caixa de gordura, dentre outros, do mesmo modo possuem simbologia técnica, que deve ser utilizada em todos os desenhos (veja "Simbologia utilizada em projetos" no Anexo 2). Com relação às conexões, deve-se utilizá-las de forma racional, evitando, sempre que possível, as mudanças bruscas de direção no traçado das redes. De acordo com NBR 8160:1999, as mudanças de direção nos trechos horizontais devem ser feitas com peças com ângulo central igual ou inferior a 45°. O TE, por exemplo, nunca pode ser instalado na posição horizontal, pois não é uma peça direcional. Ao invés do TE, usa-se duas junções em Y (45°) que são peças direcionais.

Para a escolha do posicionamento da caixa sifonada com grelha, em sanitários e áreas de serviço (lavanderias), devem-se levar em consideração aspectos técnicos e estéticos, já que o piso deverá apresentar declividade favorável ao escoamento das águas para a caixa. De forma geral, quanto mais próxima a caixa sifonada (ralo) estiver da ligação com o ramal de esgoto, mais simples será a instalação da ventilação.

Realizar uma análise minuciosa dos projetos de arquitetura e estrutura antes da elaboração do projeto das instalações de esgoto contribui para evitar retrabalho e custos adicionais. Identificar e corrigir problemas de incompatibilidade estrutural ou de espaço antes de fazer o traçado das tubulações economiza tempo e recursos, evitando a necessidade de realizar alterações posteriores que poderiam causar transtornos e impactos financeiros.

As Figuras 3.26 e 3.27 apresentam respectivamente uma regra a ser seguida (sequência de passos) para o posicionamento dos componentes e traçado dos ramais de descarga em banheiros de edificação térrea e de pavimentos sobrepostos. O traçado de esgoto de banheiro em pavimentos sobrepostos se diferencia do traçado em edificações térreas somente pela presença do tubo de queda.

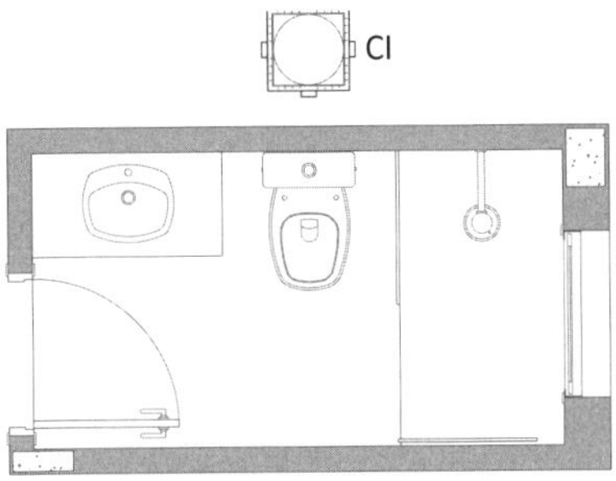

a - Localização da caixa de inspeção (previsão de shaft)

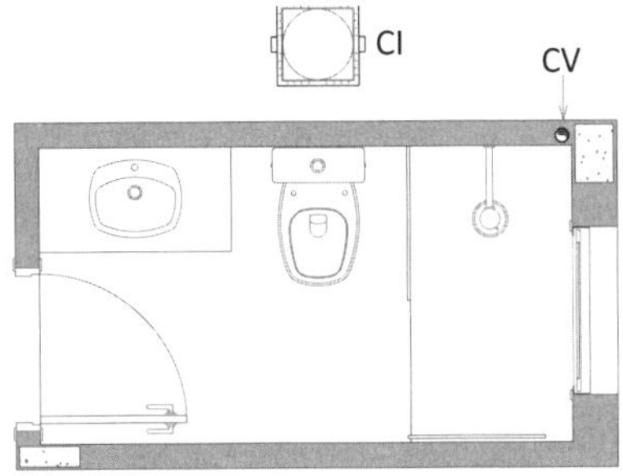

b - Escolha do ponto de subida da coluna de ventilação

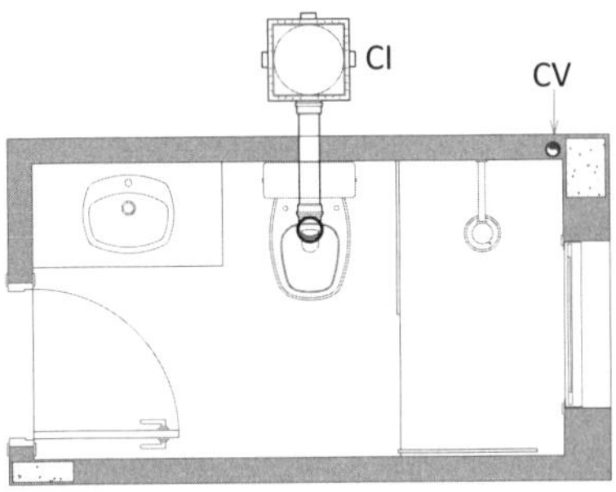

c - Ligação da bacia sanitária à caixa de inspeção

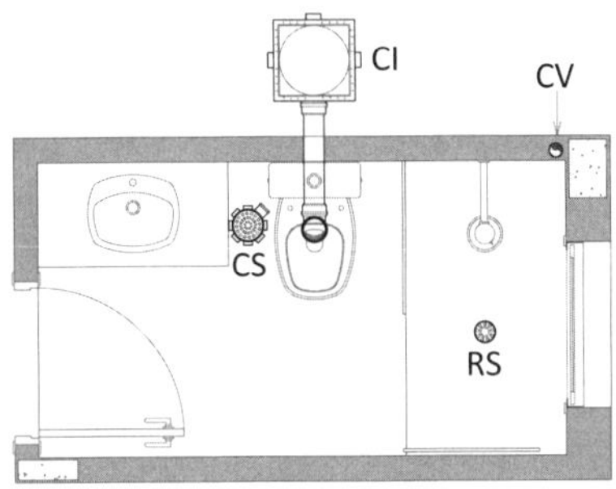

d - Localização do ralo seco e da caixa sifonada

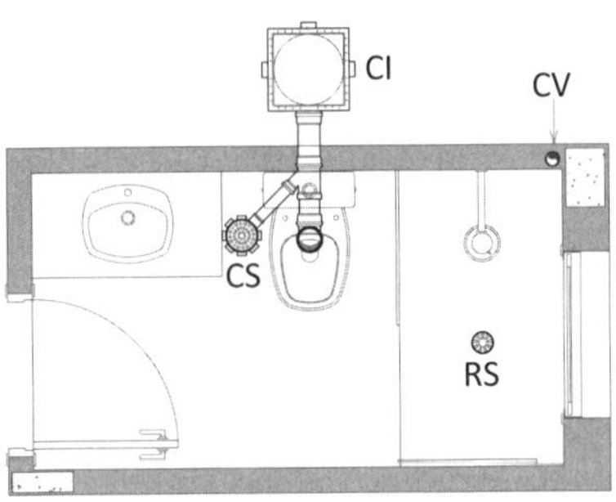

e - Ligação da caixa sifonada ao ramal da bacia sanitária

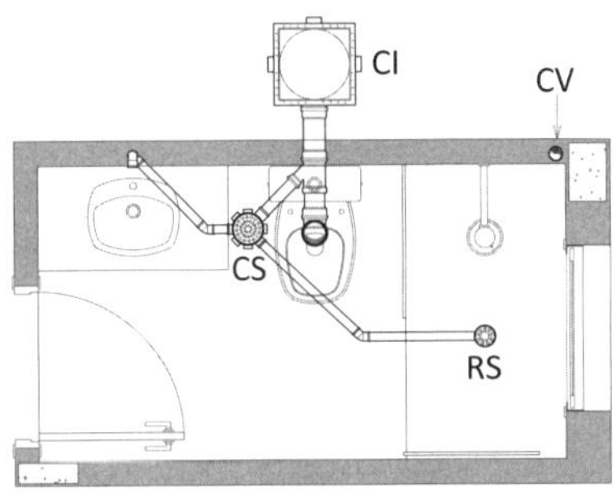

f - Ligação do ralo seco e dos ramais de descarga à caixa sifonada

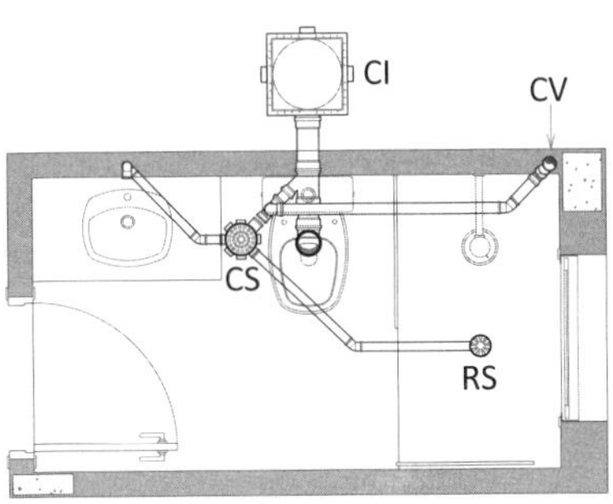

g - Ligação do tubo ventilador ao ramal de esgoto

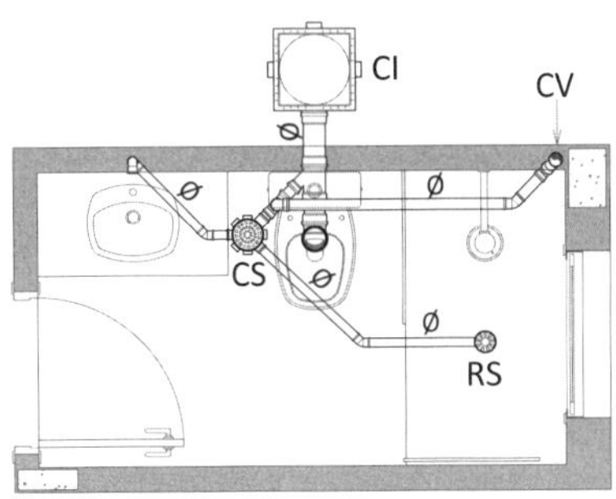

h - Colocação dos diâmetros

Figura 3.26 Sequência de passos para o traçado de esgoto sanitário de banheiro em edificações térreas.

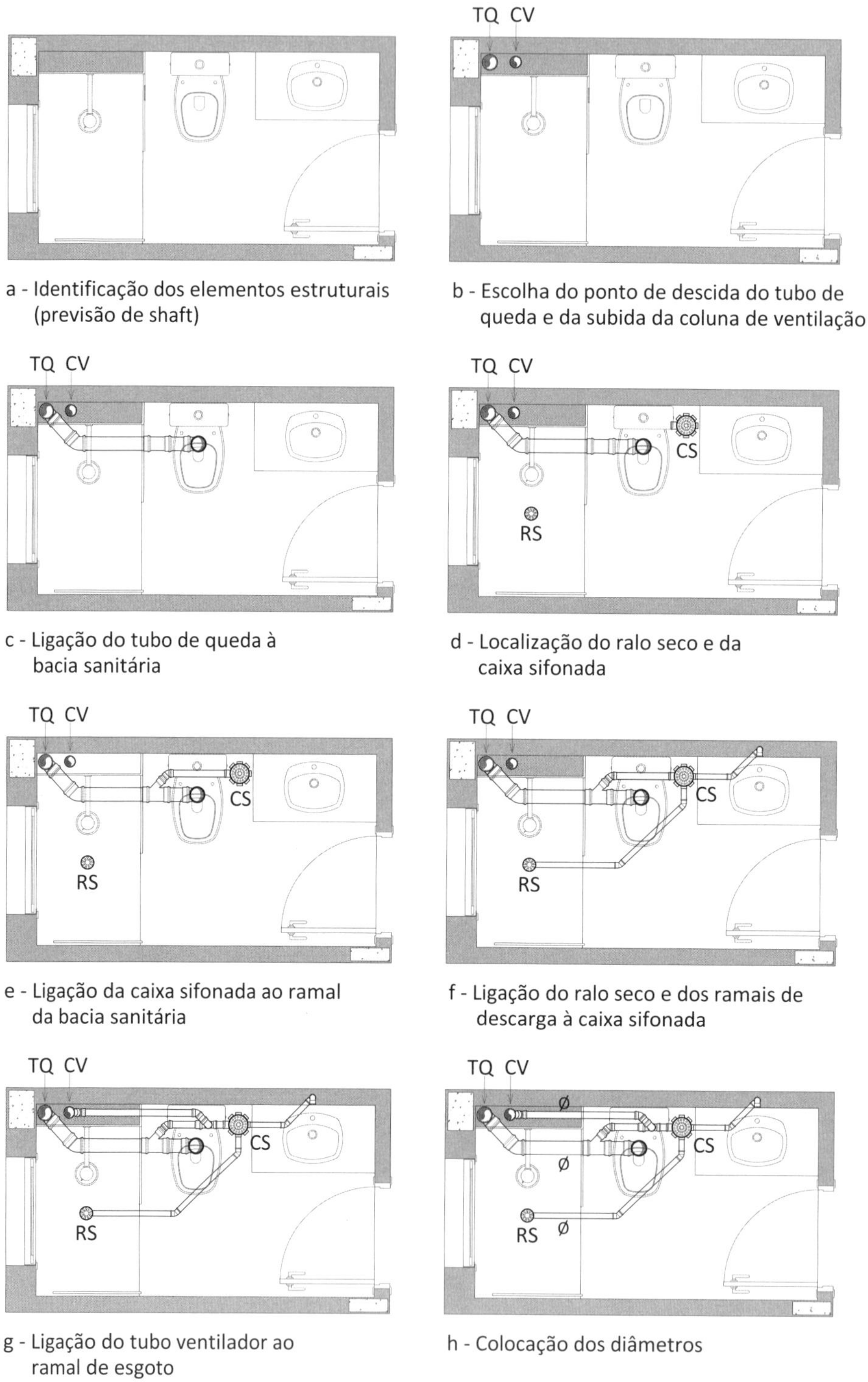

a - Identificação dos elementos estruturais (previsão de shaft)

b - Escolha do ponto de descida do tubo de queda e da subida da coluna de ventilação

c - Ligação do tubo de queda à bacia sanitária

d - Localização do ralo seco e da caixa sifonada

e - Ligação da caixa sifonada ao ramal da bacia sanitária

f - Ligação do ralo seco e dos ramais de descarga à caixa sifonada

g - Ligação do tubo ventilador ao ramal de esgoto

h - Colocação dos diâmetros

Figura 3.27 Sequência de passos para o traçado de esgoto sanitário de banheiro em pavimentos sobrepostos.

INTERFACES COM OS ELEMENTOS ESTRUTURAIS

É muito comum o posicionamento de vigas sob o perímetro da alvenaria em pavimentos sobrepostos. Quando se trata de "áreas molhadas" (banheiro, cozinha e área de serviço), esse posicionamento obstrui a passagem das prumadas hidráulicas.

Muitas soluções improvisadas são adotadas para resolver esses problemas de incompatibilização nas obras e acabam comprometendo a estética e a funcionalidade desses compartimentos. Esses improvisos e gambiarras tem como consequência, a perda de qualidade de uso e que em alguns casos, pode levar até mesmo a perda de segurança de uma edificação.

No caso de tubulações que atravessam vigas, teoricamente, essa travessia deve ser feita abaixo da linha neutra na região central da viga, e acima da linha neutra na região próxima aos apoios intermediários, isto é, sempre na região tracionada da seção da viga. A tubulação também não deverá ficar solidária a estrutura, devendo existir folga ao redor do tubo nas travessias de estruturas ou de paredes. Os furos verticais para passagem de prumadas em vigas, por exemplo, devem obedecer os seguintes requisitos: não podem possuir diâmetro superior a 1/3 da largura da viga; ter distância mínima de 5 cm ou 2 x cobrimento até a face da viga; no caso de mais de um furo vertical, eles devem estar afastados pelo menos 5 cm um do outro.

Para passar tubos em vigas (prédios) e evitar danos à estrutura do edifício, além de consultar o engenheiro responsável pelo projeto estrutural, o furo deve ser feito de acordo com os requisitos estabelecidos na NBR 6118:2014 - Projeto de estruturas de concreto - Procedimento. A norma permite realizar os furos nas vigas, mas existem algumas exigências tanto para os furos horizontais quanto verticais.

Para evitar a passagem de prumadas em elementos estruturais, deve-se prever, no projeto de arquitetura, um *shaft* ou parede hidráulica livre de vigamento, em cada compartimento sanitário. Essas aberturas facilitam as futuras operações de manutenção e operação do sistema, além de diminui custos, melhoram a produtividade e incrementam a qualidade.

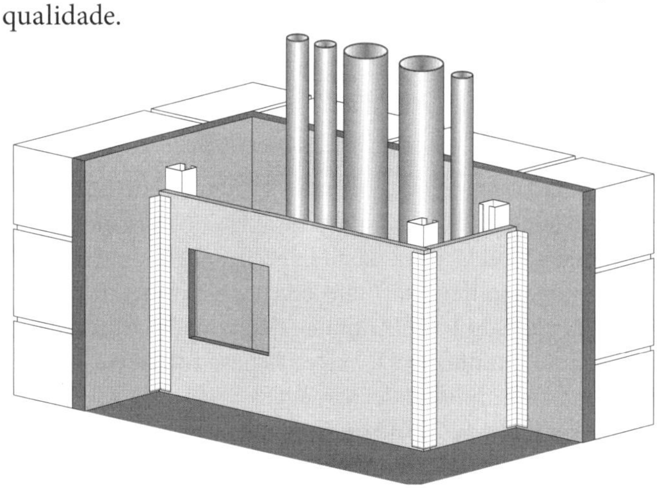

Figura 3.28 Instalação de *shafts* visitáveis em sistema *dry wall.*

DIMENSIONAMENTO DAS TUBULAÇÕES DE ESGOTO

O dimensionamento do sistema predial de esgoto sanitário deve ser feito pelas Unidades Hunter de Contribuição (UHC). A unidade de descarga Hunter é um número que representa a contribuição de esgotos dos aparelhos sanitários em função da sua utilização habitual. O valor de uma unidade de descarga é igual a 0,15 L/s. Cada aparelho sanitário possui um valor de UHC específico, conforme pode ser visto na Tabela 3.2, fornecida pela norma NBR 8160:1999.

No dimensionamento das canalizações, deve sempre ser considerada a vazão total. As tubulações têm diâmetro dependente do número total de UHC associadas aos aparelhos a que servirem. A bacia sanitária, por exemplo, possui maior vazão que o lavatório. Dessa maneira, entende-se que, para vazões maiores, teremos maiores diâmetros. Cabe ressaltar, que não há limitações das pressões e velocidades de escoamento máximas nas tubulações.

Assim, com base na contribuição de cada aparelho e nas declividades preestabelecidas, dimensiona-se todo o sistema.

Como o sistema de esgoto funciona por gravidade, as declividades devem ser especificadas em projeto. Em geral, adota-se declividade mínima de 2% para tubulações com diâmetro nominal igual ou inferior DN 75; 1% para tubulações com diâmetro nominal igual ou superior a DN 100, com exceção dos casos previstos na tabela de coletores e subcoletores da NBR 8160:1999. A declividade máxima deve ser de 5% para todas as tubulações.

Isso faz com que, em pavimentos sobrepostos, exista a necessidade de prever uma altura adequada de pé-direito para a colocação de forros, para esconder as tubulações sob a laje do andar superior. Ao determinar a altura do pé-direito, é necessário levar em consideração não apenas a altura das tubulações de esgoto, mas também considerar a espessura da laje, a altura necessária para a instalação dos forros e outros elementos construtivos.

DIMENSIONAMENTO DO RAMAL DE DESCARGA

De acordo com a NBR 8160:1999, o diâmetro do ramal de descarga (trecho entre o aparelho e a caixa sifonada ou, no caso da bacia sanitária, entre ela e o subcoletor ou o tubo de queda), é função apenas do número de UHC, conforme mostra a Tabela 3.2. Para aparelhos não relacionados nesta tabela, devem ser estimadas as UHC correspondentes e o dimensionamento deve ser feito com os valores indicados na Tabela 3.3,, também oriunda da NBR 8160:1999. Adota-se declividade mínima de 2% para os ramais com diâmetro igual ou inferior DN 75 e 1% para tubulações com diâmetro igual ou superior a DN 100. Essas declividades são necessárias para garantir o correto escoamento dos efluentes e evitar o acúmulo de resíduos no interior das tubulações.

Tabela 3.2 UHC dos aparelhos sanitários e diâmetro nominal mínimo dos ramais de descarga

Aparelho sanitário		Número de UHC	Diâmetro nominal mínimo do ramal de descarga
Bacia sanitária		6	100
Banheira de residência		2	40
Bebedouro		0,5	40
Bidê		1	40
Chuveiro	De residência	2	40
	Coletivo	4	40
Lavatório	De residência	1	40
	De uso geral	2	40
Mictório	Válvula de descarga	6	75
	Caixa de descarga	5	50
	Descarga automática	2	40
	De calha	2*	50
Pia de cozinha residencial		3	50
Pia de cozinha industrial	Preparação	3	50
	Lavagem (panelas)	4	50
Tanque de lavar roupas		3	40
Máquina de lavar louças		2	50**
Máquina de lavar roupas		3	50**

Obs.: * Mictório (por metro de calha) – considerar como ramal de esgoto (ver tabela).
** Devem ser consideradas as recomendações dos fabricantes.

Fonte: ABNT, 1999c.

Tabela 3.3 Aparelhos não relacionados na Tabela 3.2

Diâmetro nominal mínimo do ramal de descarga	Número de UHC
40	2
50	3
75	5
100	6

Fonte: ABNT, 1999c.

Exemplo de dimensionamento

Dimensionar os ramais de descarga do sanitário representado na Figura 3.29.

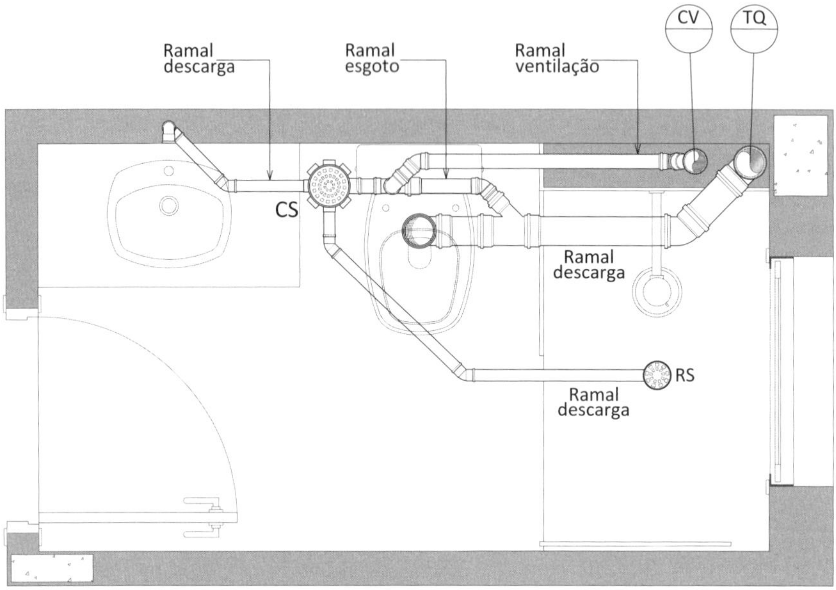

Figura 3.29 Dimensionamento dos ramais de descarga.

Solução:

Ramais de descarga (Tabela 3.2):

- Ramal do chuveiro (2 UHC) – DN 40;
- Ramal do lavatório (1 UHC) – DN 40;
- Ramal da bacia sanitária (6 UHC) – DN 100.

DIMENSIONAMENTO DO RAMAL DE ESGOTO

Como foi visto, o ramal de esgoto é o trecho de tubulação primária que recebe os efluentes dos ramais de descarga diretamente ou a partir de um desconector, como a caixa sifonada. O dimensionamento é imediato, em função do número de UHC de cada aparelho. Também aqui deve ser especificada a declividade, que será 1% ou 2%, dependendo do diâmetro calculado.

O diâmetro do ramal de esgoto (trecho entre a saída da caixa sifonada e a ligação ao ramal da bacia sanitária da Figura 3.29) também é determinado em função do somatório das UHC, conforme as Tabelas 3.4 e 3.5.

Tabela 3.4 Dimensionamento de ramais de esgoto

Diâmetro nominal mínimo do tubo	Número máximo de UHC
40	3
50	6
75	20
100	160

Fonte: ABNT, 1999c.

Tabela 3.5 Diâmetro mínimo dos ramais de esgoto

Quantidade de aparelhos	Diâmetro (DN)
Banheiros	
com 2 aparelhos sem banheira	40
com 3 aparelhos sem banheira	50
com banheira e mais aparelhos	75
Cozinha (do sifão até a caixa de gordura)	
com pia de 1 cuba	50
com pia de 2 cubas	50
Lavanderias	
com 1 tanque	40
com tanque e 2 cubas	50
com máquina de lavar roupas	75
com máquina de lavar roupas e tanque	75

Exemplo de dimensionamento

Dimensionar o ramal de esgoto (trecho entre a saída da caixa sifonada e a ligação ao ramal da bacia sanitária) representado na Figura 3.29.

Solução:

Ramal de esgoto (Tabela 3.4)

3 UHC – DN 50

Como as saídas das caixas sifonadas possuem diâmetros de 50 e 75 mm. Nesse caso, então, será adotado o diâmetro de 50 mm com declividade correspondente de 2%.

DIMENSIONAMENTO DOS TUBOS DE QUEDA (GORDURA)

Os tubos de queda (TQ) e de gordura (TG) podem ser dimensionamentos pelo somatório das UHC, conforme valores indicados na Tabela 3.6. A tabela fornece os diâmetros, subdividida em prédios de até três pavimentos e acima de três pavimentos.

É importante ressaltar que o DN mínimo de um tubo de queda será sempre superior ou igual a qualquer canalização a ele ligada. Observe-se que o DN mínimo de um tubo de queda que descarregue bacia sanitária é DN 100. Para os demais tubos de queda (área de serviço, lavanderias etc.) e tubos de gordura (cozinha), apesar de a norma não explicitar esse valor, admite-se como diâmetro mínimo DN 75.

De acordo com a NBR 8160:1999, quando há a necessidade de desviar os tubos de queda, podem ser empregadas conexões com angulo igual ou inferior a 45º (entre o trecho vertical e horizontal). Nestes casos, o tubo de queda é dimensionado com os valores indicados na Tabela 3.6. Se as conexões do desvio são maiores que 45º, a parte do tubo de queda acima do desvio deve ser dimensionado como um tubo de queda independente, com base no número de unidades Hunter de contribuição (UHC) dos aparelhos acima do desvio, de acordo com os valores da Tabela 3.6. O trecho horizontal do tubo de queda deve ser dimensionado considerando o mesmo como se fosse um subcoletor, tal como é mostrado na Tabela 3.7. Após o desvio, os trechos verticais continuam sendo dimensionados da mesma forma apresentada pela Tabela 3.6. Entretanto, o diâmetro final adotado para a parte abaixo do desvio do tubo de queda não pode ser inferior ao definido para o trecho horizontal.

Tabela 3.6 Dimensionamento de tubos de queda

Diâmetro nominal do tubo	Número máximo de UHC	
	Prédio de até três pavimentos	Prédio com mais de três pavimentos
40	4	8
50	10	24
75	30	70
100	240	500
150	960	1.900
200	2.200	3.600
250	3.800	5.600
300	6.000	8.400

Fonte: ABNT, 1999c.

Exemplo de dimensionamento

Dimensionar o tubo de queda (TQ), tubo de queda secundário (TS) e o tubo de gordura (TG) do esquema vertical representado na Figura 3.30.

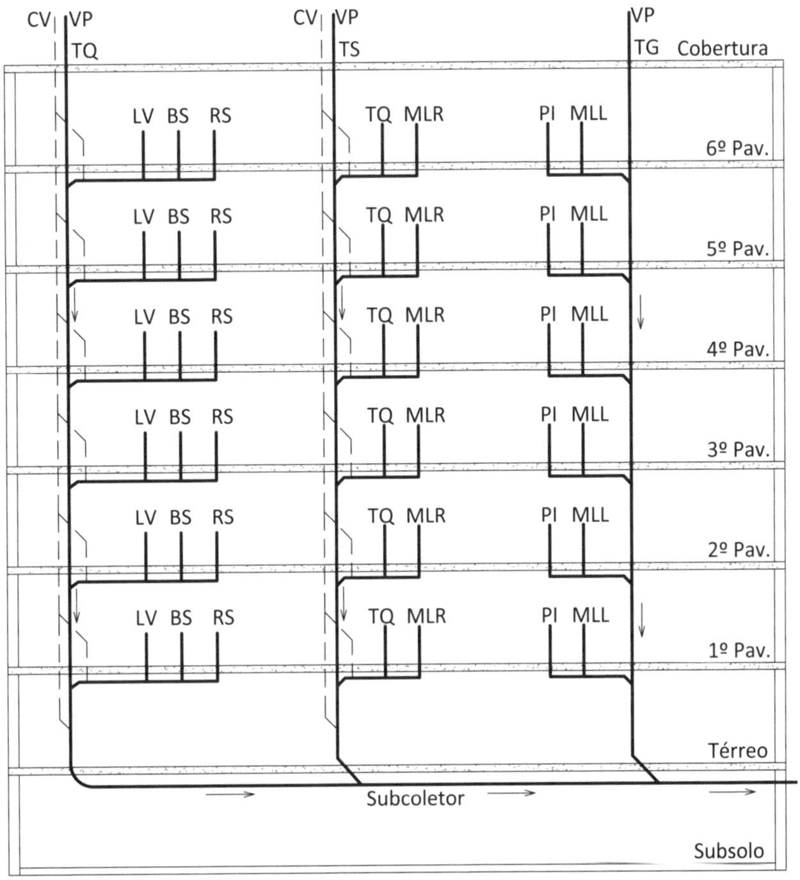

Figura 3.30 Esquema vertical dos tubos de queda e de gordura de um edifício residencial.

Solução:

Dimensionamento do TQ:
Número de UHC do banheiro:
CH – 2 UHC
LV – 1 UHC
BH – 2 UHC
BS – 6 UHC
Total: 11 UHC

Número total de UHC:
11 UHC × 8 pav. = 88 UHC
DN 100 (Tabela 3.6)

Dimensionamento do TS:
Número de UHC da área de serviço:
TQ - 3 UHC
MLR - 3 UHC
Total: 6 UHC

Número total de UHC:
6 UHC × 8 pav. = 48 UHC
DN 75 (Tabela 3.6)

Dimensionamento do TG:
Número de UHC da cozinha:
PIA - 3 UHC
MLL - 2 UHC
Total: 5 UHC

Número total de UHC:
5 UHC × 8 pav. = 40 UHC
DN 75 (Tabela 3.6)

DIMENSIONAMENTO DO SUBCOLETOR E DO COLETOR PREDIAL

O dimensionamento dos subcoletores e do coletor predial baseia-se no somatório das UHC, bem como nas declividades mínimas da Tabela 3.7, que variam de 0,5% a 4%, respeitando-se os valores mínimos previstos de 1% e 2%, variável conforme DN adotado. No dimensionamento do coletor predial e dos subcoletores em prédios residenciais de múltiplos pavimentos, deve ser considerado apenas o aparelho de maior descarga de cada banheiro para a somatória do número de UHC. O coletor predial deve ter diâmetro nominal mínimo DN 100. Nos demais casos, devem ser considerados todos os aparelhos contribuintes para o cálculo do número de UHC.

No caso de edificações térreas, além do dimensionamento dos subcoletores, a partir das declividades das tubulações e das distâncias entre as caixas de inspeção é possível determinar suas profundidades de forma algébrica.

Exemplo de cálculo

Para calcular as profundidades das caixas de inspeção, parte-se de uma profundidade inicial (H1 = 0,40 m). Se a distância (D) até a segunda caixa é de 15 metros e a declividade (i) do subcoletor for 1%, a altura da segunda caixa (H2) será:

H2 = (D x i) + H1

H2 = (15 m x 0,01) + 0,40 m = 0,55 m

Tabela 3.7 Dimensionamento de subcoletores e coletor predial

Diâmetro nominal do tubo	Número máximo de UHC em função das declividades mínimas (%)			
	0,5	**1**	**2**	**4**
100	–	180	216	250
150	–	700	840	1.000
200	1.400	1.600	1.920	2.300
250	2.500	2.900	3.500	4.200
300	3.900	4.600	5.600	6.700
400	7.000	8.300	10.000	12.000

Fonte: ABNT, 1999c.

Exemplo de dimensionamento

Dimensionar o ramal de esgoto, o subcoletor e o coletor predial representados na Figura 3.31. Adotar declividades mínimas de 2% para o ramal de esgoto e 1% para o subcoletor e o coletor predial.

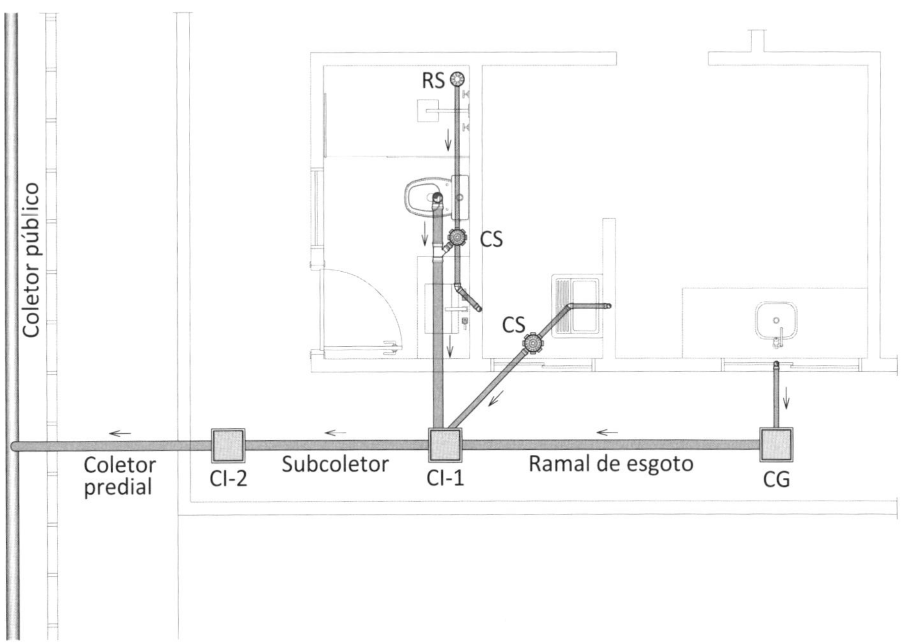

Figura 3.31 Subcoletor de esgoto (residência).

Solução:

Ramal de esgoto da cozinha: 3 UHC → DN 50.

Ramal de esgoto da área de serviço: 3 UHC → DN 50 (diâmetro mínimo).

Ramal de esgoto do banheiro: 9 UHC → DN 100

Subcoletor (trecho CG-CI-1): DN 75 (diâmetro mínimo).

Subcoletor (trecho CI-1-CI-2): 15 UHC → DN 100.

Coletor predial: 15 UHC → DN 100.

Exemplo de dimensionamento

Dimensionar os trechos do subcoletor e do coletor predial representados na Figura 3.32. Dados: TQ1 = 88 UHC; TQ2 = 80 UHC. Adotar declividade mínima de 1% para o subcoletor.

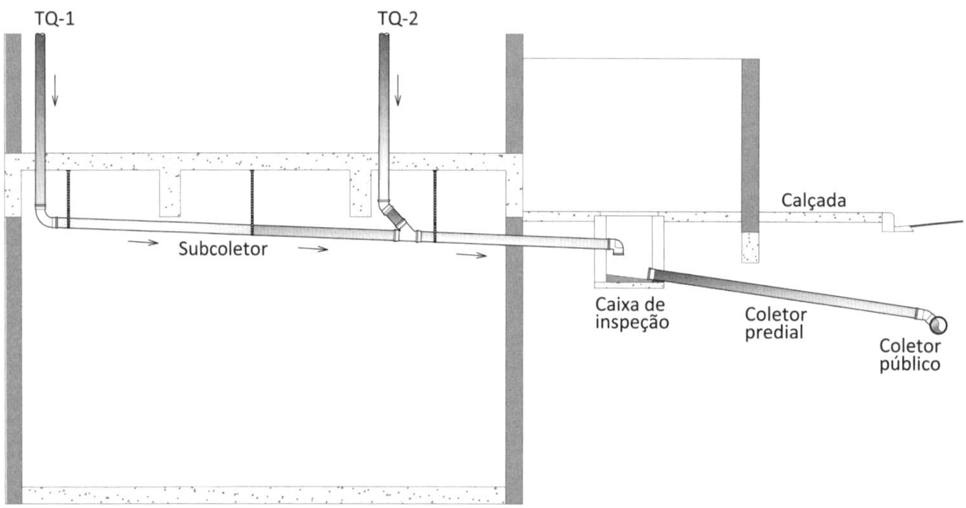

Figura 3.32 Subcoletor de esgoto no subsolo (edifício de múltiplos pavimentos).

Solução:

Trecho TQ 1 – TQ 2 = 88 UHC → DN 100.

Trecho TQ 2 – CI = 168 UHC → DN 100.

Coletor predial = 168 UHC → DN 100.

DIMENSIONAMENTO DO SUBSISTEMA DE VENTILAÇÃO

Devem ser adotados os seguintes critérios para o dimensionamento do sistema de ventilação secundária (ramais e colunas de ventilação) em prédios residenciais:

- *Ramal de ventilação*: diâmetro nominal não inferior aos limites determinados na Tabela 3.8. Para que o ramal de ventilação atenda as condições de ventilação do sistema, existe uma distância máxima do fecho hídrico a ser protegido até a tomada do ramal de ventilação, conforme mostra a Tabela 3.9.
- *Tubo ventilador de circuito*: diâmetro nominal não inferior aos limites determinados na Tabela 3.10.
- *Tubo ventilador complementar*: diâmetro nominal não inferior à metade do diâmetro do ramal de esgoto a que estiver ligado.
- *Coluna de ventilação*: diâmetro nominal de acordo com as indicações da Tabela 3.10. O dimensionamento é obtido em função do diâmetro nominal adotado para o tubo de queda que será ventilado, bem como o número total de UHC que escoa por ele e consultar a tabela. Será determinada uma só linha que contemple ambas as informações. Depois, é só acessar as colunas do comprimento máximo permitido, verificando o valor do comprimento da coluna de ventilação. Inclui-se no comprimento da coluna de ventilação o trecho do tubo ventilador primário entre o ponto de inserção da coluna (0,5 m) e a extremidade aberta do tubo ventilador (0,3 m ou 2,0 m, no caso de terraço ou cobertura em uso). A partir daí, basta encontrar o diâmetro nominal mínimo correspondente ao tubo de ventilação na parte superior da tabela.
- *Barrilete de ventilação*: diâmetro nominal de cada trecho de acordo com a Tabela 3.10. O número de UHC de cada trecho é a soma das unidades Hunter de contribuição (UHC) de todos os tubos de queda servidos pelo trecho, e o comprimento a considerar é o mais extenso, da base da coluna de ventilação mais distante da extremidade aberta do barrilete até essa extremidade.

No sistema de ventilação primária não existe um dimensionamento específico, é só prolongar a tubulação do respectivo tubo de queda (tubo de gordura) até acima da cobertura (veja Figura 3.11), mantendo o mesmo diâmetro. Dessa forma, tem-se na planta de cobertura o prolongamento destas tubulações e a mudança de nome (abreviatura) de TQ para VP.

De acordo com a NBR 8160:1999, nos prédios cujo sistema predial de esgoto sanitário já possua pelo menos um tubo ventilador primário de DN 100 m (refere-se ao tubo de queda mais afastado do coletor predial ou dos dispositivos de tratamento do esgoto), fica dispensado o prolongamento do demais tubos de queda até a cobertura, desde que estejam preenchidas as seguintes condições: o comprimento não exceda 1/4 da altura total do prédio; não receba mais de 36 UHC; tenha coluna de ventilação prolongada até acima da cobertura ou em conexão com outra existente, respeitados os limites da Tabela 3.10.

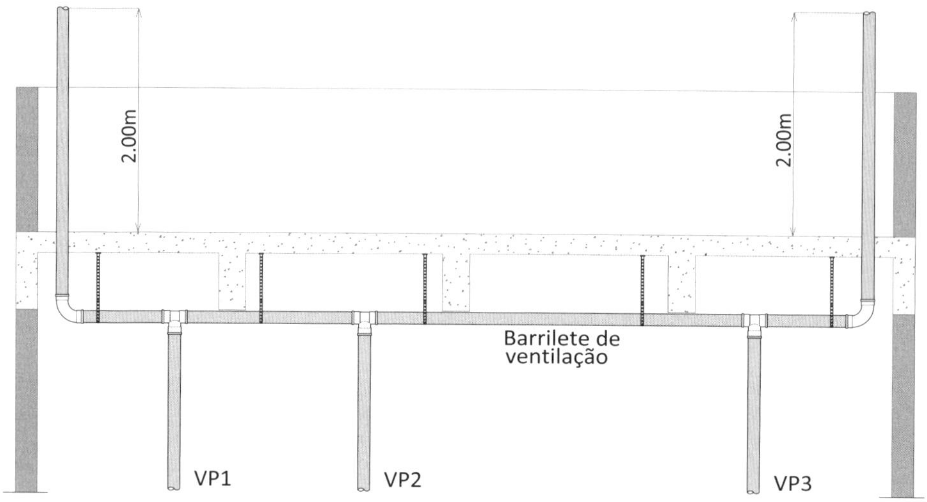

Figura 3.33 Esquema de barrilete de ventilação sob terraço de edifício.

Tabela 3.8 Dimensionamento de ramais de ventilação

Grupo de aparelhos sem bacias sanitárias		Grupo de aparelhos com bacias sanitárias	
Número de UHC	**Diâmetro nominal do ramal de ventilação**	**Número de UHC**	**Diâmetro nominal do ramal de ventilação**
Até 12	40	Até 17	50
13 a 18	50	18 a 60	75
19 a 36	75	–	–

Fonte: ABNT, 1999c.

Tabela 3.9 Distância máxima de um desconector ao tubo ventilador

DN ramal de descarga	Distância máxima (m)
40	1,0
50	1,2
75	1,8
100	2,4

Fonte: ABNT, 1999c.

Tabela 3.10 Dimensionamento de colunas e barriletes de ventilação

Diâmetro nominal de tubo de queda ou do ramal de esgoto	Número de UHC	Diâmetro nominal mínimo do tubo de ventilação							
		40	50	75	100	150	200	250	300
		Comprimento permitido (m)							
40	8	46	–	–	–	–	–	–	–
40	10	30	–	–	–	–	–	–	–
50	12	23	61	–	–	–	–	–	–
50	20	15	46	–	–	–	–	–	–
75	10	13	46	317	–	–	–	–	–
75	21	10	33	247	–	–	–	–	–
75	53	8	29	207	–	–	–	–	–
75	102	8	26	189	–	–	–	–	–
100	43	–	11	76	299	–	–	–	–
100	140	–	8	61	229	–	–	–	–
100	320	–	7	52	195	–	–	–	–
100	530	–	6	46	177	–	–	–	–
150	500	–	–	10	40	305	–	–	–
150	1.100	–	–	8	31	238	–	–	–
150	2.000	–	–	7	26	201	–	–	–
150	2.900	–	–	6	23	183	–	–	–
200	1.800	–	–	–	10	73	286	–	–
200	3.400	–	–	–	7	57	219	–	–
200	5.600	–	–	–	6	49	186	–	–
200	7.600	–	–	–	5	43	171	–	–
250	4.000	–	–	–	–	24	94	293	–
250	7.200	–	–	–	–	18	73	225	–
250	11.000	–	–	–	–	16	60	192	–
250	15.000	–	–	–	–	14	55	174	–
300	7.300	–	–	–	–	9	37	116	287

(continua)

Tabela 3.10 Dimensionamento de colunas e barriletes de ventilação *(continuação)*

Diâmetro nominal de tubo de queda ou do ramal de esgoto	Número de UHC	Diâmetro nominal mínimo do tubo de ventilação							
		40	50	75	100	150	200	250	300
		Comprimento permitido (m)							
300	13.000	–	–	–	–	7	29	90	219
300	20.000	–	–	–	–	6	24	76	186
300	26.000	–	–	–	–	5	22	70	152

Fonte: ABNT, 1999c.

DIMENSIONAMENTO DA VÁLVULA DE ADMISSÃO DE AR

O dimensionamento da VAA baseia-se nas premissas estabelecidas pela Tabela 3.8, extraída da NBR 8160:1999. Aplica-se o mesmo procedimento de cálculo de ventilação indicado pela norma.

Para grupo de aparelhos sem bacia sanitária, aplicar uma unidade de VAA de 50 mm para cada 18 UHC. Caso a instalação tenha mais que 18 UHC, devemos dividir a instalação em grupos de 18 UHC e aplicar uma unidade de VAA de 50 mm para cada grupo.

Para grupo de aparelhos com bacia sanitária, aplicar uma unidade de VAA de 50 mm para cada 17 UHC. Caso a instalação tenha mais que 17 UHC, devemos dividir a instalação em grupos de 17 UHC e aplicar uma VAA de 50 mm para cada grupo.

A seguir apresenta-se as particularidades do dimensionamento do ramal de ventilação, com o uso da VAA, para grupos de aparelhos com bacia sanitária e sem bacia sanitária.

Grupo de aparelhos sem bacia sanitária:

- Para cada 18 UHC aplicar uma VAA de 50 mm;

a) Caso a instalação tenha mais que 18 UHC, devemos dividir a instalação em grupos de 18 UHC e aplicar uma VAA para cada grupo;

b) Caso tenhamos uma instalação com até 36 unidades Hunter, com um ramal de ventilação de 75 mm, podemos criar um barrilete de ventilação com duas VAA ligadas ao ramal de ventilação de 75 mm.

Grupo de aparelhos com bacia sanitária:

- Para cada 17 UHC aplicar uma VAA de 50 mm;

a) Caso a instalação tenha mais que 17 UHC, devemos dividir a instalação em grupos de 17 UHC e aplicar uma VAA para cada grupo;

b) Caso tenhamos uma instalação com até 34 unidades Hunter, com um ramal de ventilação de 75 mm, podemos criar um barrilete de ventilação com duas VAA ligadas ao ramal de ventilação de 75 mm.

SISTEMA DE REÚSO DE ÁGUAS CINZAS

Além de a água potável não ser utilizada racionalmente, seu escoamento pelos ralos também pode ser considerado uma forma de desperdício. Uma alternativa para evitar isso pode ser o reúso de águas servidas.

As águas residuais podem ser divididas em dois grupos: as águas negras e as águas cinzas. As águas negras se referem àquelas geradas pelo uso da bacia sanitária, enquanto as águas cinza englobam os efluentes oriundos de aparelhos sanitários, como lavatórios e chuveiros, no caso dos banheiros, e de tanques e máquinas de lavar roupa, no caso das áreas de serviço. É importante ressaltar que o efluente gerado na cozinha, proveniente das pias e das máquinas de lavar louça, não entra nessa classificação.

O reúso consiste em direcionar a água servida de lavatórios, chuveiros, máquinas de lavar roupa para uma "miniestação de tratamento" (a água, quando utilizada em outras atividades que não o consumo, não precisa apresentar todas as características que a tornam potável). Depois de tratada, a água é reconduzida para outras utilizações que não demandam água potável, como: descargas em bacias sanitárias, irrigação de jardins e lavagem de pisos.

É importante ressaltar que a proposta de reúso de águas cinzas otimiza o consumo de recursos naturais, gerando economia de água potável e de energia elétrica e menor produção de esgoto sanitário. Porém, o reúso faz a substituição de uma fonte de água de boa qualidade por outra inferior. Portanto, o projeto de reúso de águas cinzas deve direcionar essas águas para atendimento de demandas compatíveis com sua qualidade.

O sistema deve ser planejado definindo-se os usos previstos do esgoto tratado, o volume a ser reutilizado, o grau de tratamento necessário, os sistemas de reservação e de distribuição, bem como a definição de um manual de operação e treinamento dos responsáveis.

A configuração esquemática de um projeto para o reúso da água servida nas edificações prevê um sistema de coleta, subsistema de condução da água (ramais, tubos de queda e condutores), unidade de tratamento da água (gradeamento, decantação, filtro e desinfecção), reservatório de acumulação, sistema de recalque, reservatório superior e rede de distribuição.

É importante lembrar que os custos dos sistemas podem variar de acordo com a finalidade e, consequentemente, com o grau de potabilidade da água a ser usada.

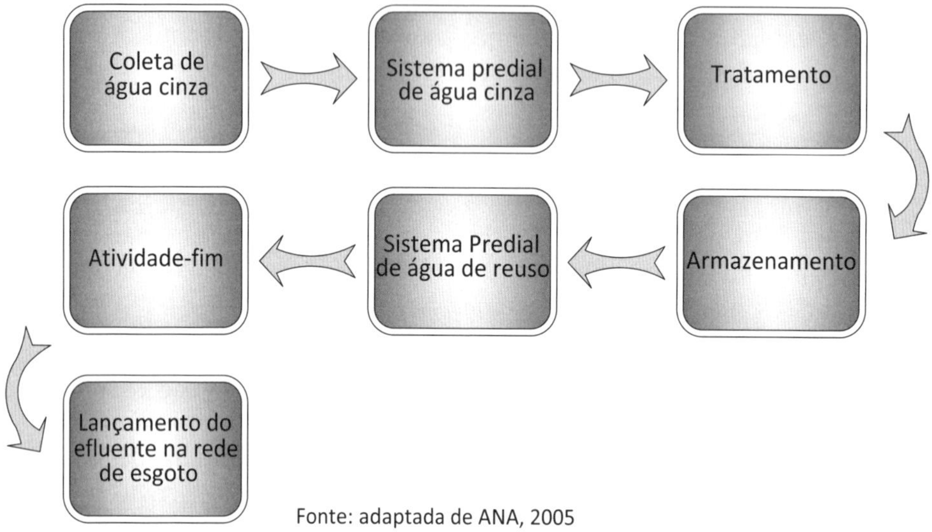

Figura 3.34 Sistema de reúso de águas cinzas.

DIMENSIONAMENTO DO SISTEMA DE REÚSO

O dimensionamento do sistema de reúso de águas cinzas em sistemas prediais envolve considerações técnicas e regulatórias. Primeiramente, deve-se determinar a demanda de água não potável: avaliar as necessidades de água não potável no edifício, como descargas de vasos sanitários, irrigação de jardins, lavagem de pisos e outras aplicações. Deve-se estimar a demanda diária de água para cada uma dessas finalidades.

O segundo passo é avaliar a qualidade da água de esgoto: realizar uma análise da qualidade da água de esgoto disponível para reuso. Essa análise vai ajudar a determinar os tratamentos necessários para tornar a água adequada para reuso.

O terceiro passo é definir os tratamentos necessários para remover os contaminantes e atender aos requisitos de qualidade para o reuso pretendido. Isso pode incluir processos como filtração, inclusão, remoção de nutrientes e tratamento biológico, entre outros.

O quarto passo é calcular a capacidade do sistema com base na demanda de água não potável e na qualidade da água de esgoto tratada e projetar a infraestrutura do sistema de reuso, incluindo tubulações, tanques de armazenamento, unidades de tratamento e equipamentos associados.

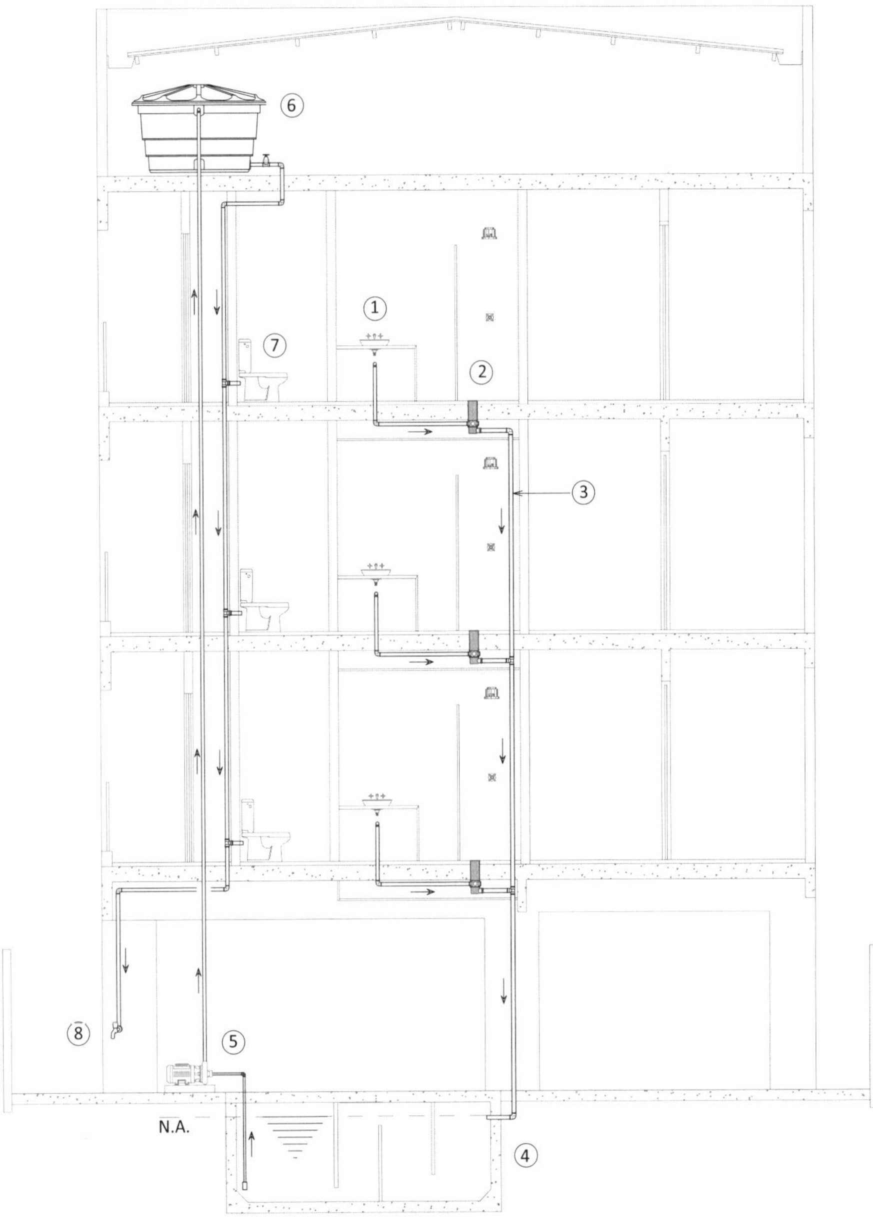

1 - Lavatório
2 - Caixa sifonada - captação chuveiro e lavatório
3 - Tubo de queda - TQ
4 - Estação tratamento efluente - ETE
5 - Bomba recalque
6 - Reservatório exclusivo para reuso e desinfecção
7 - Bacia sanitária
8 - Torneira de uso geral - acesso restrito rega de jardim e lavagem de piso

Figura 3.35 Reúso de águas cinzas.

No caso de reúso de água para destinação não potável, esta deve atender aos parâmetros estabelecidos nas Tabelas 3.11 e 3.12.

Tabela 3.11 Descrição dos tipos de tratamento para reúso de água e esgoto recuperado

Processo	Descrição	Aplicação
Separação líquido-sólido		
Sedimentação	Sedimentação por gravidade de substância particulada, flocos químicos e precipitação.	Remove partículas suspensas que são maiores que 30 µm. Tipicamente usado como tratamento primário e depois do processo biológico secundário.
Filtração	Remove partículas por passagem da água por areia ou por outro meio poroso.	Remove partículas suspensas que são maiores que 3 µm. Tipicamente usado depois da sedimentação (tratamento convencional) ou seguido de coagulação/floculação.
Tratamento biológico		
Tratamento aeróbico biológico	Mecanismo biológico do esgoto por micro-organismos em uma bacia de aeração ou processo de biofilme.	Remoção de matéria orgânica suspensa e dissolvida do esgoto.
Desinfecção	Inativação de organismos patogênicos usando químicos oxidantes, raios ultravioleta, químicos corrosivos, calor ou processos de separação física (membranas).	Proteção da saúde pública por remoção de organismos patogênicos.
Tratamento avançado		
Coagulação Floculação química	Uso de sais de ferro ou alumínio, polieletrólise e/ou ozônio para promover desestabilização das partículas coloides do esgoto recuperado e precipitação de fósforo.	Formação de fósforo precipitado e floculação de partículas para remoção por sedimentação e filtração.
Tratamento com cal	Precipita cátions e metais de solução.	Usado para promover precipitação de fósforo e modificação de pH.
Filtração de membrana	Microfiltração, nanofiltração e ultrafiltração.	Remoção de partículas e micro-organismos da água.
Osmose reversa	Sistema de membrana para separar íons de solução baseados no diferencial da pressão osmótica reversa.	Remoção de sais dissolvidos e minerais de solução; é também eficiente na remoção de partículas.

Fonte: Pio et al., 2005.

Tabela 3.12 Classificação e destinação das águas

<table>
<tr><th>Tipo de água de reúso</th><th>Aplicação</th><th colspan="3">Exigências mínimas da água não potável</th></tr>
<tr><td rowspan="5">Classe 1</td><td>Descarga de bacias</td><td>Não deve deteriorar os metais sanitários.</td><td rowspan="3">Não deve ser abrasiva. Não deve manchar superfícies.</td><td rowspan="8">Não deve apresentar mau cheiro. Não deve propiciar infecções ou contaminações por vírus ou bactérias prejudiciais à saúde humana.</td></tr>
<tr><td>Lavagem de veículos</td><td rowspan="2">Não deve conter sais ou substâncias remanescentes após secagem.</td></tr>
<tr><td>Lavagem de pisos</td></tr>
<tr><td>Fins ornamentais</td><td rowspan="2">Deve ser livre de algas, de partículas sólidas e de metais.</td><td rowspan="2">Deve ser incolor
Não deve ser turva nem deteriorar os metais sanitários e equipamentos.</td></tr>
<tr><td>Lavagem de roupas</td></tr>
<tr><td>Classe 2</td><td>Lavagem de agregados, preparação de concreto, compactação de solo, controle de poeira</td><td colspan="2">Não deve alterar as características de resistência dos materiais nem favorecer o aparecimento de eflorescências de sais.</td></tr>
<tr><td>Classe 3</td><td>Irrigação de áreas verdes e rega de jardins</td><td colspan="2">Não deve conter componentes agressores às plantas ou que estimulem o crescimento de pragas.</td></tr>
<tr><td>Classe 4</td><td>Resfriamento de equipamentos de ar-condicionado</td><td colspan="2">Não deve: apresentar mau cheiro, ser abrasiva, manchar superfícies, deteriorar máquinas, formar incrustações.</td></tr>
</table>

Fonte: Pio et al., 2005.

NORMAS TÉCNICAS

A NBR 13969:1997 - Tanques sépticos - Unidades de tratamento complementar e disposição final dos efluentes líquidos - Projeto, construção e operação, preconiza alguns aspectos básicos que devem ser observados quanto a concepção do sistema predial de reúso.

A NBR 16783:2019 - Uso de fontes alternativas de água não potável em Edificações, estabelece procedimentos e requisitos para projeto e manutenção de sistemas de fontes alternativas de água não potável em edificações.

Esta norma aborda a utilização de efluentes tratados com qualidade não potável em atividades como irrigação dos jardins, lavagem de pisos e de veículos e descarga de bacias sanitárias.

RISCOS NA UTILIZAÇÃO DE ÁGUAS CINZAS

O ponto primordial na reutilização de águas cinzas é não proporcionar riscos para a saúde dos usuários. De acordo com alguns estudos, as águas cinzas contém elevados teores de matéria orgânica, sulfatos, e apresentam turbidez e contaminação fecal, bem como compostos orgânicos rapidamente biodegradáveis. Os maiores riscos no reúso de águas cinzas são causados por micro-organismos patogênicos. Por esses motivos, o reúso direto não é recomendável, pois existem vários riscos derivados da utilização inadequada desse tipo de sistema de reúso, como:

- Risco de disseminação de doenças devido à exposição de micro-organismo na água, causando danos à saúde dos usuários;
- Risco de proliferação bacteriológica na água;
- Risco de proliferação de algas na água;
- Presença de odor produzido pela decomposição de matéria orgânica;
- Risco de entupimento das tubulações de alimentação e destribuição dessas águas;
- Risco de corrosão de peças e equipamentos no uso de águas ácidas;
- Risco de manchar louças e metais que estejam em contato com essas águas.

Tabela 3.13 Parâmetros de qualidade da água para usos restritivos não potáveis

Parâmetro	Valor
Coliformes totais	Ausência em 100 mL
Coliformes termotolerantes	Ausência em 100 mL
Cloro residual livre[a]	0,5 mg/L a 3,0 mg/L
Turbidez	< 2,0 uT[b], para usos menos restritivos < 5,0 uT
Cor aparente (caso não seja utilizado nenhum corante, ou antes da sua utilização)	< 15 uH[c]
Deve prever ajuste de pH para proteção das redes de distribuição, caso necessário	pH de 6,0 a 8,0 no caso de tubulação de aço carbono ou galvanizado

Nota: Podem ser utilizados outros processos de desinfecção além do cloro, tal como a aplicação de raio ultravioleta e aplicação de ozônio.[a] No caso de serem utilizados compostos de cloro para desinfecção. [b] uT é unidade de turbidez. [c] uH é unidade Hazem.

SISTEMA DE BOMBEAMENTO DE ESGOTO

Os níveis projetados da edificação devem ser convenientemente estudados pelo projetista com relação ao escoamento do esgoto por gravidade. Portanto, a inclinação correta das tubulações de esgoto é fundamental para garantir um fluxo adequado.

Muitas vezes, com a intenção de aproveitar o perfil natural do terreno, acaba-se comprometendo a ligação da rede de esgoto ao sistema público, sendo necessário, em alguns casos, o bombeamento do esgoto de pontos localizados abaixo do nível da rua. Esse sistema é bastante complexo e, por esse motivo, deve ser evitado sempre que possível.

O projetista deve verificar se a cota de nível do coletor predial de esgoto é suficiente para sua ligação ao coletor público por gravidade. Deve buscar se informar, na concessionária local, antes da execução do projeto, sobre o nível em que se encontra o coletor público. Geralmente, a profundidade do coletor varia de 1,5 m a 2 m. Também é importante conhecer o posicionamento do coletor público em relação ao lote.

Quando os esgotos não puderem ser escoados por gravidade, deverão ser encaminhados a uma caixa coletora de esgoto e, então, bombeados. O bombeamento é comumente realizado por meio de bombas submersíveis ou bombas de esgoto. Essas bombas são completamente submersas e são capazes de bombear eficientemente o esgoto para o nível desejado. Somente o volume de esgotos da parte inferior à via pública deve ser elevado mecanicamente, e o restante deve ser esgotado por gravidade.

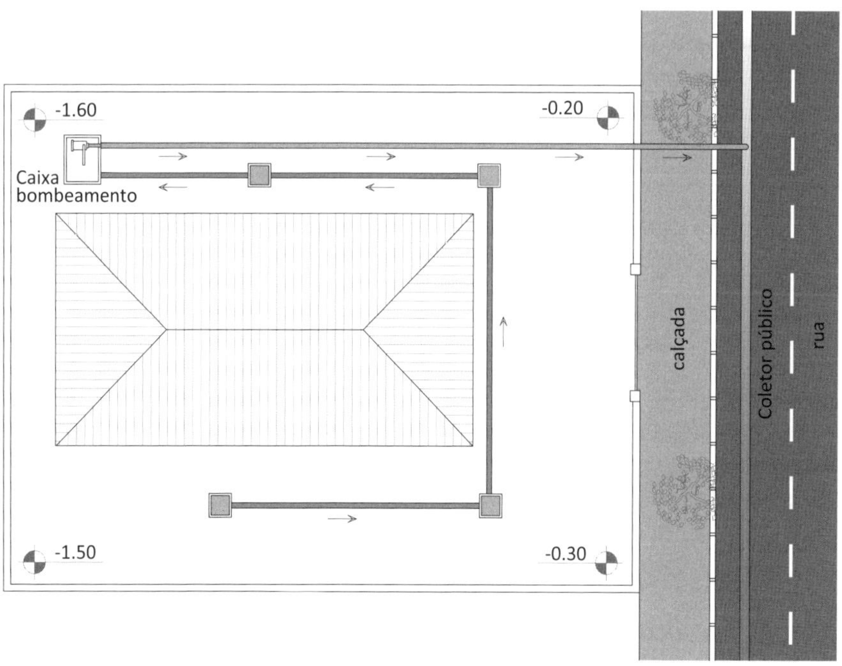

Figura 3.36 Terreno em declive (necessidade de bombeamento do esgoto).

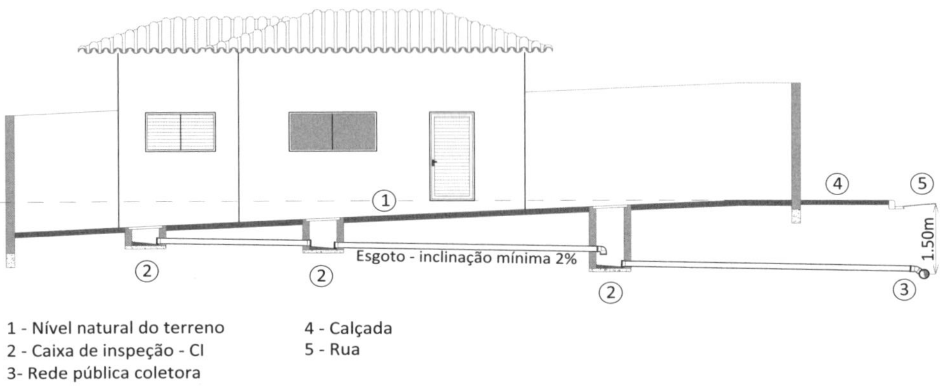

Figura 3.37 Rede coletora de esgoto, em corte esquemático, em terreno com declividade acentuada para o fundo.

DIMENSIONAMENTO DA INSTALAÇÃO DE RECALQUE

De acordo com a NBR 8160:1999, o dimensionamento da instalação de recalque deve ser feito considerando-se, basicamente, os seguintes aspectos:

- a capacidade da bomba, que deve atender a vazão máxima provável de contribuição dos aparelhos e dos dispositivos instalados que possam estar em funcionamento simultâneo;
- o tempo de detenção do esgoto na caixa;
- o intervalo de tempo entre duas partidas consecutivas do motor.

CAIXA COLETORA

A caixa coletora de esgotos deve ter sua capacidade calculada em função do volume a ser recebido, para evitar a frequência exagerada de partidas e paradas do conjunto elevatório, o que ocorre se for subdimensionada; por outro lado, não deve ter dimensões exageradas, ou seja, superdimensionadas, de modo a evitar a ocorrência do estado séptico por um volume exagerado.

A caixa coletora deve atender às seguintes condições:

- ser independente da caixa de drenagem de águas pluviais;
- ter profundidade mínima de 0,6 m, em função das necessidades de instalação das tubulações e acessórios; caso receba efluente do vaso sanitário, esta profundidade deve ser aumentada para 0,90 m, a contar da geratriz inferior da tubulação afluente mais baixa;

- ter a superfície do fundo inclinada, para impedir a deposição de matérias sólidas quando a caixa for completamente esvaziada;
- ser impermeabilizada, com dispositivos adequados para inspeção e limpeza. Caso receba efluentes dos vasos sanitários, deve ser provida de tampa hermética;
- possuir tubo ventilador primário, independentemente de qualquer outra ventilação da instalação de esgoto do prédio. O diâmetro desta ventilação deve ser, no mínimo, igual ao diâmetro da tubulação de recalque;
- ser dimensionada de forma a atender as vazões de contribuições e a vencer os desníveis necessários;
- estar localizada de preferência em áreas não edificadas.

O volume útil da caixa coletora (Vu), compreendido entre o nível máximo e o nível mínimo de operação da caixa (faixa de operação da bomba) pode ser determinado através da seguinte expressão:

$$Vu = \frac{Q \times T}{4}$$

onde:

Vu = volume útil da caixa coletora em metros cúbicos;

Q = capacidade da bomba determinada em função da vazão afluente de esgotos à caixa coletora, em metros cúbicos por minuto;

T = intervalo de tempo entre duas partidas consecutivas do motor, em minutos.

Para o dimensionamento da caixa coletora de esgoto, a NBR 8160: 1999, apresenta os seguintes requisitos:

- o volume total é obtido pelo volume útil somado àqueles ocupados pelas bombas (se forem do tipo submersível), tubulações e acessórios da instalação que se encontrem no interior da caixa coletora;
- o tempo de detenção do esgoto na caixa não deve ultrapassar 30 min, para que não haja comprometimento das condições de aerobiose do esgoto.

O tempo de detenção do esgoto na caixa coletora pode ser determinado a partir da seguinte equação:

$$d = \frac{Vt}{q}$$

onde:

d = tempo de detenção do esgoto na caixa coletora, em minutos;

Vt = volume total da caixa coletora, em metros cúbicos;

q = vazão média de esgoto afluente, em metros cúbicos por minuto.

BOMBA SUBMERSÍVEL

Recomenda-se que a capacidade da bomba de águas cinzas seja considerada igual a duas vezes a vazão afluente de esgotos sanitários, principalmente para garantir a eficiência da bomba e evitar o transbordamento do sistema; e que o intervalo entre duas partidas consecutivas do motor não seja inferior a 10 minutos, no sentido de se preservarem os equipamentos eletromecânicos de frequentes esforços de partida. Ao permitir um intervalo mínimo entre as partidas, o motor tem tempo para se resfriar e reduzir o estresse causado pelo ciclo de partida.

Devem ser previstos dois conjuntos motor-bomba com funcionamento alternado, de modo a garantir a continuidade do sistema caso ocorra algum problema em uma das bombas. As bombas serão apropriadas para esgoto, de eixo vertical, submersíveis, providas de válvula de retenção própria para cada unidade e de registros de fechamento e, de preferência, acionadas por motores elétricos e são utilizadas para elevar o esgoto a um nível mais alto ou para superar a distância horizontal entre o ponto de coleta e o ponto de descarga. A tubulação de sucção deve ser independente para cada bomba, ligando-se a uma única tubulação de recalque. A tubulação de recalque deve desaguar em nível superior ao do logradouro, de maneira a impedir eventuais refluxos e conter a válvula de retenção e registro. O diâmetro mínimo da tubulação de recalque deve ser de DN 75. Caso os efluentes não incluam os de vasos sanitários, o diâmetro poderá ser reduzido para DN 40. O comando das bombas será automático e deverá situar-se dentro do poço, em ponto no qual a contribuição de entrada não provoque turbulência no nível de água, acarretando acionamentos indevidos.

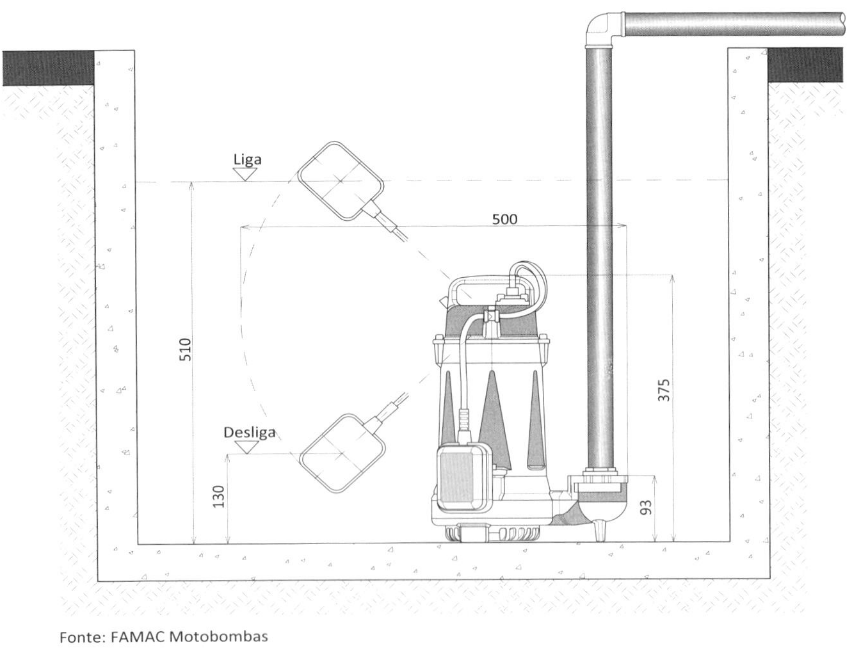

Fonte: FAMAC Motobombas

Figura 3.38 Detalhe de bomba submersível para esgoto.

FOSSA SÉPTICA, VALAS E SUMIDOURO[2]

CONSIDERAÇÕES GERAIS

Após estudarmos as instalações prediais de esgoto, num primeiro momento poderia surgir uma reflexão de que o problema estaria resolvido, cabendo às redes de saneamento público o papel de fazer a devida destinação dos efluentes sanitários das edificações.

Ocorre que, no Brasil, o problema da coleta de esgotos ainda requer bastante atenção por parte das entidades sanitárias do nosso país. O fato é que os números indicadores que representam a situação do saneamento básico brasileiro mostram uma considerável distância daqueles que seriam os valores ideais para uma sociedade que se equipare às de países de primeiro mundo. Segundo dados retirados do Atlas Esgotos – publicação aberta da ANA (Agência Nacional de Águas) – a situação da coleta e tratamento de esgotos em nosso país é a mais precária dentre os serviços de saneamento, com números mostrando que: a) 43% da população possui esgoto coletado e tratado; b) 12% utilizam-se de fossa séptica (solução individual); c) 18% têm seu esgoto coletado, mas não tratado; d) 27% não possuem coleta nem tratamento dos esgotos gerados, isto é, sem qualquer atendimento por serviço de coleta sanitário.

De acordo com o Atlas Esgotos, em números absolutos, são 1,7 mil toneladas de efluentes sanitários domésticos coletados e não tratados e outras 2,4 mil toneladas de esgotos despejados a céu aberto, sem qualquer rede de coleta ou tratamento. Fazendo uma análise regional, percebe-se que as Regiões Norte e Nordeste apresentam as situações mais críticas. Temos 46,76% de nordestinos sem rede de coleta e de tratamento de esgoto. Na Região Norte esta parcela da população atinge índices da ordem de 60%.

O impacto no meio ambiente é inequívoco, já que a disposição do esgoto sem o adequado tratamento compromete a qualidade da água nas áreas urbanas, causando impactos diretos na saúde da população, além de dificultar o atendimento de aplicações hídricas a jusante, como abastecimento humano, balneabilidade, irrigação, dentre outras.

Exposto o contexto acima, fica claro perceber que é bastante considerável a possibilidade de um projetista de instalações hidrossanitárias ter que projetar, além de todo o sistema predial de coleta de esgotos, soluções individualizadas para tratamento preliminar de efluentes sanitários gerados.

Nos sistemas individuais de esgoto, cada prédio possui seu próprio sistema de coleta, escoamento e tratamento, como o conjunto de tanque séptico e sumidouro. Todo sistema particular de tratamento, quando não houver rede pública de coleta de esgotos sanitários, deverá ser concebido de acordo com a normalização brasileira pertinente. Assim, se apresentam as normas:

- NBR 7229:1993 – Projeto, construção e operação de tanques sépticos;
- NBR 13969:1997 – Tanques sépticos e elementos complementares.

2 Este subitem e os próximos são uma colaboração do professor Gil Alves dos Santos Junior.

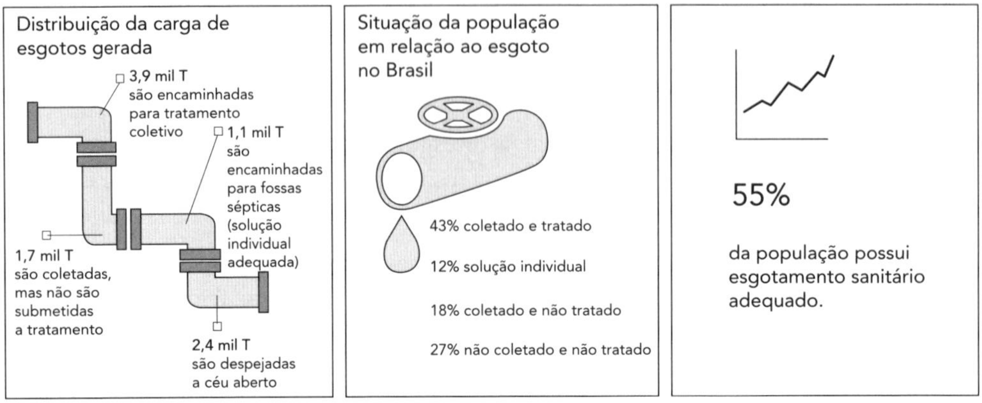

Figura 3.39 Situação do esgotamento sanitário no Brasil.

Fonte: adaptada de Atlas Esgotos Brasil.

É importante ressaltar que o dimensionamento do tanque séptico e do elemento de destinação (como sumidouro ou valas) deverá ser feito por um engenheiro, levando em consideração o número de moradores e o padrão da construção, uma vez que os resíduos gerados são proporcionais ao volume de água consumido. O tanque séptico pode ser construído de alvenaria ou pode ser pré-fabricado, com o uso de manilhas de concreto, por exemplo. Sua localização, bem como a disposição dos seus efluentes, deve ser disposta de tal maneira que atenda às seguintes condições:

- Afastamento mínimo de 20 m de qualquer fonte de abastecimento d'água;
- Facilidade de ligação futura do coletor predial ao coletor público, pois o emprego dos tanques sépticos em áreas urbanas é considerado solução provisória;
- Facilidade de acesso para fins de remoção, do interior do tanque séptico, do lodo digerido gerado pelo tratamento dos efluentes sanitários.

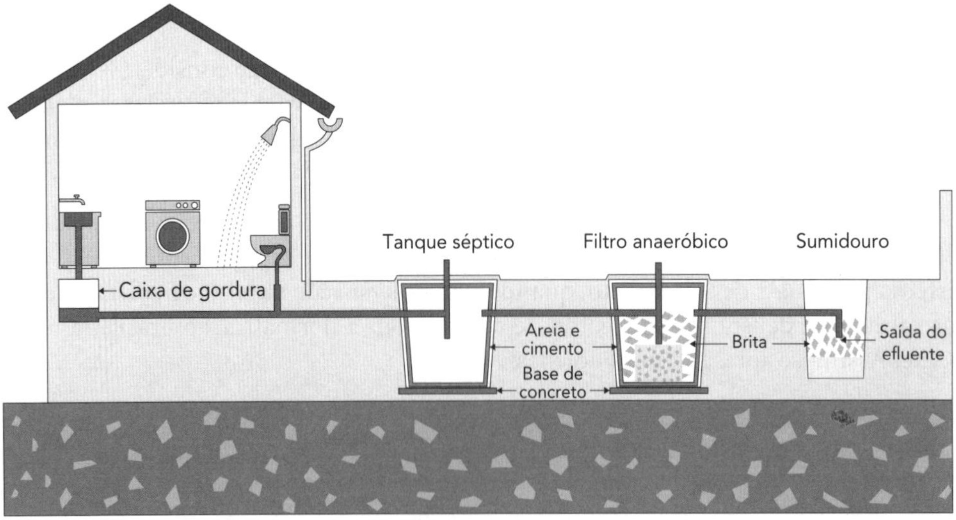

Figura 3.40 Esquema ilustrativo de um sistema de tratamento individual de esgotos residencial.

CONDIÇÕES PARA APLICAÇÃO DOS SISTEMAS

Considerando que os efluentes coletados da instalação predial receberão uma solução individualizada, a adoção de tais sistemas para tratamento e destinação de esgotos somente é indicada para situações em que:

- Não haja rede pública coletora de esgoto na região onde o projeto será elaborado;
- Se houver rede coletora de esgotos, que a solução seja adotada como uma alternativa ao tratamento das estações públicas;
- Se houver rede coletora de esgotos, mas esta tenha algum tipo de limitação de uso (seja por diâmetro reduzido na tubulação ou por declividade insuficiente para o transporte de efluentes), a solução deve ser adotada para servir como retenção prévia de sólidos sedimentáveis.

De acordo com a NBR 7229:1993, algumas situações deverão ser obrigatoriamente observadas para que as soluções individualizadas para tratamento e destinação de esgotos possam ser adotadas. São elas:

- Nenhum manancial poderá ser poluído;
- As águas receptoras dos efluentes deverão passar pelos sistemas de destinação e não poderão ter prejudicadas as condições à vida que nela existam;
- Praias, balneários ou outros locais de lazer não poderão ser afetados;
- Não poderá haver poluição de águas subterrâneas;
- A solução adotada não poderá provocar odores desagradáveis nem atrair insetos ou trazer quaisquer inconvenientes aos habitantes;
- O solo superficial não poderá ser poluído ou contaminado.

Observação importante

É importante ressaltar que os sistemas de solução individualizada para tratamento e destinação de esgotos jamais poderão receber contribuições de águas pluviais.

TANQUE SÉPTICO (FOSSA SÉPTICA)

O tanque séptico – também popularmente conhecido como fossa séptica – é o primeiro elemento sanitário a receber os efluentes de esgoto então coletados e conduzidos pelo coletor predial. Trata-se de um reservatório enterrado e que deve ter como característica principal ser estanque, o que significa não permitir qualquer tipo de infiltração, nem de dentro para fora, nem em sentido inverso.

No sistema individual de destinação de esgotos, o tanque séptico tem o papel principal de promover o tratamento inicial dos efluentes coletados. Na prática, sua ação consiste em separar as matérias sólidas presentes e transformá-las sob a ação fundamental de bactérias anaeróbias, que têm papel fortemente favorecido pelo ambiente interno das fossas sépticas. Testes aferidos pela norma NBR 7229:1993 apontam que a redução na demanda bioquímica de oxigênio (DBO) é de 40% a 60% e que a retenção de sólidos suspensos é da ordem de 50% a 70% – números que mostram razoável eficiência no tratamento promovido pelos tanques sépticos.

O dimensionamento de um tanque séptico deve levar em consideração os seguintes fatores:

- *Contribuição diária de despejos "C"*: tem relação direta com o número "N" de pessoas atendidas e que contribuem com dejetos à rede coletora de esgotos. O valor de "C" em litros pode ser encontrado na Tabela 3.14 a seguir. Na falta desta referência, pode ser adotado a proporção de 80% do consumo local diário de água fria. Vale lembrar ainda que o número "N" de pessoas é o mesmo levado em consideração para o projeto de instalações de água fria;

Tabela 3.14 Contribuição diária de esgoto (C) e de lodo fresco (Lf) por tipo de prédio e de ocupante

Prédio	**Unidade**	**Contribuição de esgotos (C) e lodo fresco (Lf) (em litros)**	
Ocupantes permanentes			
- Residências			
Padrão alto	Pessoa	160	1
Padrão médio	Pessoa	130	1
Padrão baixo	Pessoa	100	1
- Hotéis (exceto lavanderia e cozinha)	Pessoa	100	1
- Alojamentos provisórios	Pessoa	80	1
Ocupantes provisórios			
- Fábricas em geral	Pessoa	70	0,30
- Escritórios	Pessoa	50	0,20
- Edifícios públicos ou comerciais	Pessoa	50	0,20
- Escolas (externatos) e locais de longa permanência	Pessoa	50	0,20
- Bares	Pessoa	6	0,10
- Restaurantes e similares	Refeição	25	0,10
- Cinemas, teatros e locais de curta permanência	Lugar	2	0,02
- Sanitários públicos*	Bacia sanitária	480	4,0

*Apenas de acesso aberto ao público (estação rodoviária, ferroviária, logradouro público, estádio esportivo etc.).

- *Tempo de detenção "T"*: é tomado como o período, em dias, em que o esgoto deve ficar dentro do tanque séptico, de modo que possa permitir a atuação eficaz das bactérias anaeróbias, bem como promover a adequada separação e sedimentação dos sólidos carregados nos efluentes sanitários. Esse tempo "T" varia entre 12 e 24 horas (o que equivale a 0,5 e 1,0 dia) e deve ser tomado de acordo com a Tabela 3.15, em função do valor da contribuição de despejos "C", vista anteriormente;
- *Contribuição de lodo fresco "L_f"*: representa, em litros, a estimativa de lodo fresco (em início de processo de digestão) que chega junto com o fluxo de efluentes sanitários até o tanque séptico (veja Tabela 3.14);
- *Taxa de acumulação de lodo digerido "K"*: é o número de dias de acumulação de lodo fresco equivalente ao volume de lodo digerido a ser armazenado no tanque, considerando-se uma redução de volume de quatro vezes para o lodo digerido. O valor de "K", fornecido pela Tabela 3.16, tem relação direta com o intervalo de limpeza a ser considerado para o tanque séptico (a ser definido pelo projetista junto com o destinatário do projeto) e com a temperatura do mês mais frio na região onde o sistema será executado.

Tabela 3.15 Período de detenção dos despejos, por faixa de contribuição diária

Contribuição diária (L)	Tempo de detenção	
	Dias	Horas
Até 1.500	1,00	24
De 1.501 a 3.000	0,92	22
De 3.001 a 4.500	0,83	20
De 4.501 a 6.000	0,75	18
De 6.001 a 7.500	0,67	16
De 7.501 a 9.000	0,58	14
Mais que 9.000	0,50	12

No dimensionamento de fossas sépticas, as faixas de contribuição diária são divididas em categorias, como residencial, comercial, industrial, entre outras, cada uma com uma faixa específica de contribuição de esgoto.

A determinação do período de detenção adequado para cada faixa de contribuição diária é fundamental para garantir que os processos de decomposição e sedimentação ocorram de forma eficiente, permitindo uma adequada remoção de sólidos e redução da carga orgânica do esgoto. Geralmente, um período de detenção entre 12 e 24 horas é considerado adequado para a maioria das fossas sépticas.

Tabela 3.16 Taxa de acumulação total de lodo (K), em dias, por intervalo entre limpezas e temperatura do mês mais frio

Intervalo entre limpezas (anos)	Valores de K por faixa de temperatura ambiente (t), em ºC		
	t ≤ 10	10 ≤ t ≤ 20	t > 20
1	94	65	57
2	134	105	97
3	174	145	137
4	214	185	177
5	254	225	217

Conhecidos os parâmetros obtidos pelas informações e tabelas anteriores, calcula-se o volume do tanque séptico, de acordo com a norma, por meio da seguinte fórmula:

$$V = 1.000 + N(C * T + K * L_f)$$

Onde:

N = número de contribuintes;

C = contribuição de despejos por habitante, em litros/dia;

T = tempo de detenção, em dias;

K = taxa de acumulação de lodo digerido, em dias;

L_f = contribuição de lodo fresco, em litros.

O detalhamento adequado de uma fossa séptica pode variar, de acordo com as condições do terreno e a capacidade de tratamento necessária. No entanto, aqui estão algumas diretrizes gerais para o projeto e a construção de uma fossa séptica: o dimensionamento, a compartimentação; a entrada do esgoto e saída para o efluente tratado; a ventilação e a drenagem para que o efluente seja encaminhado para a destinação de forma adequada e segura.

Para fins de detalhamento executivo das dimensões do tanque séptico, a NBR 7229:1993 determina que a altura útil da estrutura a ser construída – dada como a medida entre o nível mínimo de saída do efluente e o nível da base do tanque – deve variar numa faixa de valores que tem dependência do volume, em metros cúbicos, já calculado segundo a fórmula apresentada anteriormente, ou seja, da seguinte forma: em função da adoção do intervalo de altura útil, faz-se o cálculo para comprimento C e largura L do tanque séptico a ser dimensionado. Para fins de melhor funcionamento do tanque, com otimização do fluxo e melhoria do resultado da sedimentação de lodos, é recomendável que a dimensão C seja duas vezes o valor de L, podendo ser ainda adotadas proporções C:L da ordem de 2,5:1. Nunca se deve, porém, aplicar relações C:L maiores que 4:1.

Tabela 3.17 Profundidade útil mínima e máxima, por faixa de volume útil

Volume útil (m^3)	Profundidade útil mínima (m)	Profundidade útil máxima (m)
Até 6,0	1,20	2,20
De 6,0 a 10,0	1,50	2,50
Mais que 10,0	1,80	2,80

O volume mínimo previsto deverá ser de 1.250 litros e o máximo de 75 mil litros. Acima de tais valores, que já são bastante consideráveis e até dificultam a implantação de uma estrutura desse porte, devem ser pensadas soluções para instalações coletivas e que promovem tratamento local de esgotos sem ocupar grandes áreas, como as estações compactas de tratamento, atualmente disponíveis no mercado com diversas capacidades e preços.

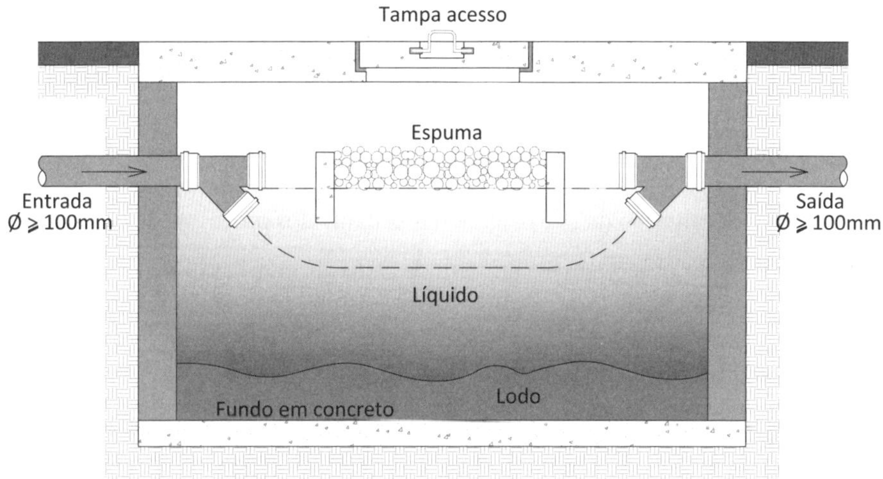

Figura 3.41 Esquema interno de um tanque séptico.

O TANQUE SÉPTICO – DETALHES CONSTRUTIVOS

É importante planejar um local adequado para instalação do tanque séptico, de modo que, num momento futuro, possa ser ligado a uma rede pública definitiva de coleta de esgotos, minimizando as obras de intervenção a serem executadas quando este momento chegar. Para tanto, é prudente localizá-lo preferencialmente à frente da edificação, caso haja espaço disponível – o que até facilita as operações de limpeza previstas em projeto. Caso contrário, uma solução razoável seria deixar uma derivação "de espera" numa das últimas caixas de inspeção entre subcoletores, para que, sem maiores demolições de pisos e outras escavações, o tanque séptico possa ter sua alimentação desconectada e a rede de condução dos efluentes possa, então, levar os esgotos à rede pública então instalada.

Considerando a hipótese de ficarem implantados na área frontal de acesso à edificação e, portanto, numa região de grande circulação de pessoas e possivelmente de veículos, a estrutura construtiva do tanque deverá resistir a tráfegos e manobras dos mesmos, suportando ainda os reaterros e as sobrecargas provenientes de pressões horizontais e cargas hidráulicas presentes no solo.

Definido o local para execução, a NBR 7229:1993 determina que os tanques sépticos, sejam eles construídos de forma cilíndrica ou prismática, preservem as seguintes distâncias mínimas para sua implantação:

- 1,50 m de quaisquer construções, limites de terreno e de quaisquer dos elementos que recebam os efluentes tratados, tais como sumidouros ou valas de infiltração;
- 1,50 m do ramal predial de água fria;
- 3,0 m de árvores (evitar que raízes danifiquem a estrutura) e de qualquer ponto de rede pública de abastecimento d'água;
- 15,0 m de poços freáticos e de corpos d'água de qualquer natureza.

Na definição de comprimento e largura, deverão ser analisadas, além da disponibilidade de área, a altura útil a ser respeitada, conforme mencionado anteriormente, bem como a relação comprimento x largura (C/L), que deve ser preferencialmente de 2:1 e nunca ultrapassar o limite de 4:1, o que levaria a uma estrutura tipo "tanque-corredor", que poderia dificultar a decantação do lodo digerido resultante dos processos de digestão.

Outro detalhe a ser observado é o número de câmaras internas do tanque séptico, que deverá ser de no mínimo duas para construções prismáticas ou pelo menos três caso se adotem manilhas cilíndricas para implantar a estrutura. Este cuidado tem o objetivo de garantir a boa sedimentação do lodo digerido.

Para otimizar e descomplicar as atividades de manutenção e limpeza, o tanque séptico deverá ter aberturas e tampas para inspeção que permitam, ainda, o manuseio de equipamentos, materiais e aparelhos que possibilitem tais operações.

FILTRO ANAERÓBIO ASCENDENTE

Antes de ser encaminhado para a destinação final propriamente dita, o tanque séptico pode ter os efluentes encaminhados para um tratamento "de reforço" – o filtro anaeróbio de fluxo ascendente. Como foi dito, sua implantação é opcional, mas é muito recomendada para as situações em que haja disponibilidade de espaço físico. Através de um processo de filtragem em trajetória do fundo para o topo, o filtro anaeróbio promove um tratamento complementar para os efluentes parcialmente tratados e originários do tanque séptico.

Importante ressaltar que a própria norma NBR 13969:1997 cita outras formas de tratamento complementar, antes da destinação final dos esgotos, como: filtro aeróbio submerso, filtro de areia, tanque para lodo ativado por batelada (LAB), entre outros. Optou-se por fazer referência exclusiva ao filtro anaeróbio de fluxo ascendente por ser a solução que apresenta o maior conjunto de vantagens para sua implantação, tais como: menor necessidade de área reservada, simplicidade para operação e manutenção, além de um menor custo de implantação e operacional, o que o torna bastante atrativo. Como desvantagem, os filtros anaeróbios poderão liberar efluentes de cor escura e com odores característicos de dejetos de esgoto, devendo, portanto, resguardar uma boa distância da área construída da edificação.

FUNCIONAMENTO DO FILTRO ANAERÓBIO – DETALHES CONSTRUTIVOS

O filtro anaeróbio é uma parte essencial do sistema de tratamento de esgoto em fossas sépticas. Ele desempenha um papel fundamental na remoção adicional de sólidos suspensos e na redução da carga orgânica presente no efluente tratado. Após o efluente passar pelos compartimentos de decantação e digestão da fossa séptica, ele ainda contém sólido em suspensão e uma quantidade significativa de matéria orgânica. O filtro anaeróbio é projetado para promover a eliminação adicional desses sólidos e a redução da carga orgânica. Os efluentes que saem pela parte superior do tanque séptico são encaminhados para o fundo do filtro anaeróbio. Os efluentes são encaminhados ao filtro por uma câmara inferior vazia que, após se encher, encaminha os efluentes para uma câmara superior, esta preenchida por material filtrante que fica submerso. Nesta camada é que atuam micro-organismos facultativos e anaeróbios, que são os responsáveis pela estabilização da matéria orgânica residual vinda do tanque séptico.

Como material filtrante preenchendo a porção central do filtro, podem ser utilizadas aplicações como: brita nº 4 ou nº 5, anéis plásticos cortados de eletrodutos corrugados, cortes circulares de talos de bambu ou outros materiais que possam resistir à agressividade do meio e tenham boa capacidade filtrante. Além disso, é importante que o material adotado apresente boa porosidade e tenha viabilidade econômica de aplicação, para não inviabilizar a vantagem orçamentária do filtro.

O fim do fluxo ascendente dos esgotos vindos do tanque séptico, após passar pelo fundo falso e atravessar a camada filtrante, termina na parte superior da estrutura do filtro, onde tubulações cortadas à meia seção (ou canaletas "meia-cana") conduzem os efluentes até o elemento de destinação final.

A NBR 13969:1997 cita que, no caso de haver dificuldades para construção do fundo falso vazado, todo o volume interno do dispositivo pode ser preenchido com o mesmo material do meio filtrante. Nesse caso, o esgoto afluente deve ser introduzido até o fundo, a partir do qual, para evitar concentração em um ponto, deve ser distribuído sobre todo o fundo do filtro através de tubos perfurados.

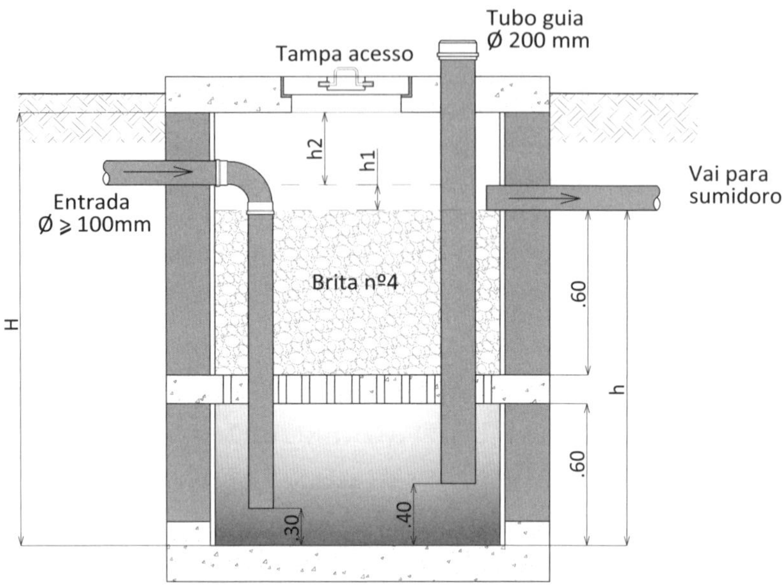

Figura 3.42 Esquema interno de um filtro anaeróbio ascendente.

O dimensionamento do volume, em litros, da camada filtrante é dado pela seguinte fórmula:

$V = 1{,}6 * N * C * T$

Onde:

N = número de contribuintes;

C = contribuição de despejos por habitante, em litros/dia;

T = tempo de detenção hidráulica, em dias.

O tempo de detenção também é um parâmetro importante no dimensionamento de filtro anaeróbico, pois está diretamente relacionado à eficiência do sistema no tratamento de esgoto. Refere-se ao tempo que a água ou efluente residual permanece dentro da fossa séptica, desde a entrada até a saída. Esse tempo é crucial, pois determina a separação dos sólidos, a decomposição da matéria orgânica e a sedimentação dos resíduos dentro do filtro.

É fundamental que o filtro anaeróbio seja dimensionado corretamente e receba manutenção adequada para garantir seu funcionamento eficiente ao longo do tempo. A limpeza periódica do filtro, a renovação do meio filtrante quando necessário e a observância das recomendações técnicas são importantes para preservar a eficácia do sistema de tratamento na fossa séptica. Com o tempo, o meio filtrante pode acumular sólidos em matéria, matéria orgânica e outros resíduos. A frequência da limpeza dependerá da carga de esgoto, das características do meio filtrante e das recomendações do fabricante.

Tabela 3.18 Tempo de detenção hidráulica (dia)

Vazão (Q) (L/d)	Tempo de detenção hidráulica (dia)		
	t < 15 ºC	10 ºC ≤ t ≤ 25 ºC	t > 25 ºC
Até 1.500	1,17	1,00	0,92
De 1.501 a 3.000	1,08	0,92	0,83
De 3.001 a 4.500	1,00	0,83	0,75
De 4.501 a 6.000	0,92	0,75	0,67
De 6.001 a 7.500	0,83	0,67	0,58
De 7.501 a 9.000	0,75	0,58	0,50
Acima de 9.000	0,75	0,50	0,50

Fonte: adaptada de NBR 13969:1997 (ABNT).

É importante ressaltar que a NBR 13969:1997 faz algumas restrições construtivas aos filtros anaeróbios, quais sejam:

- O volume útil mínimo de leito filtrante deverá ser de 1.000 litros;
- A altura do leito filtrante, incluindo o espaço para o fundo falso, não deve medir mais que 1,20 m. Caso se utilizem manilhas pré-moldadas com diâmetro definido, nas situações em que o volume não seja comportado dentro da altura máxima prevista em norma, pode-se dividir o filtro em tantas estruturas quantas forem necessárias. Em casos de volumes de maior monta, deve-se optar pela execução *in loco* do filtro anaeróbio;
- O fundo falso deverá ter altura de, no máximo, 60 cm, já incluída a espessura da laje;
- Deverá ser previsto um tubo-guia vertical que permita a limpeza do fundo do filtro, coletando os materiais granulares e lodos gerados, advindos do processo de filtragem ascendente do aparelho filtro.

DESTINAÇÃO FINAL DOS ESGOTOS – VALAS DE INFILTRAÇÃO, SUMIDOUROS E VALAS FILTRANTES

Após o processo de tratamento no digestor (tanque séptico), os efluentes de esgoto passam por um estágio adicional de tratamento, que pode envolver a utilização de um filtro anaeróbio ou não. Nesse ponto, esses efluentes, que já foram previamente tratados, não são mais denominados como "esgoto doméstico". Agora, o fluxo resultante segue em direção à sua destinação final, que pode incluir opções como valas de infiltração, sumidouros e valas filtrantes.

Essas opções de destino final são escolhidas de acordo com as características do local, os regulamentos ambientais e as necessidades específicas do sistema de tratamento de esgoto. É importante respeitar as normas para garantir que o efluente tratado não cause impactos ambientais negativos. Com o uso adequado dessas técnicas de destinação final, é possível reduzir os riscos de contaminação do solo e das águas subterrâneas.

O processo de escolha dessa destinação passa por algumas análises, quais sejam:

- Profundidade do lençol freático, pois há que ser resguardada uma distância vertical mínima de 1,5 m em relação ao nível máximo do aquífero;
- Taxa de permeabilidade do solo que funcionará como corpo receptor dos efluentes;
- Caracterização do solo quanto a sua utilização e ocupação, ou seja, verificação da disponibilidade de área construtiva;
- Localização de mananciais ou fontes de água para abastecimento e/ou consumo humano.

Não é exagero algum dizer que as duas primeiras observações sejam as decisivas para a escolha de qual solução será adotada, sendo as outras duas critérios de conferência da proposta selecionada.

O início do processo de definição da destinação final dos esgotos, então, dá-se com o conhecimento sobre a profundidade do lençol freático, mediante sondagens preliminares.

Em seguida, passa-se ao ensaio para conhecimento da taxa de permeabilidade do solo, também conhecido como teste de percolação. Esta é uma exigência da NBR 13969:1997, que determina um mínimo de três furos para determinação do coeficiente de infiltração "C_i". A realização de mais furos contribui para a precisão do resultado e, assim, um melhor dimensionamento da unidade de destinação dos efluentes. O procedimento do ensaio é simples, mas poderá demandar um tempo bastante razoável caso a situação a conhecer seja a de um solo de pouca permeabilidade. Importante é manter a responsabilidade e estar firme na execução do conhecimento da característica que definirá a solução a ser implantada, podendo resultar valores bastante distintos para um mesmo tipo de solo caso o estudo não seja feito adequadamente. A bem da verdade, é a etapa preliminar do ensaio que demanda maior tempo: esta consiste em simular a condição de solo saturado, que é tomada como crítica para o sistema de absorção. O rito procedimental pode ser consultado no Anexo A da NBR 13969:1997. Alternativamente, existem outros métodos de ensaio, como o recomendado pela Fundação Nacional de Saúde (FUNASA), que tem uma técnica pouco diferente da sugerida pela NBR 13969:1997. Trata-se da escavação de covas com 30 × 30 cm e da utilização de um gráfico para obtenção dos valores de C_i, sendo colhido em campo o tempo de rebaixamento de 1 cm de água despejada nas covas, estas sendo escavadas até a altura provável onde repousará a cota de fundo da estrutura receptora dos efluentes tratados.

Alguns valores de coeficientes de infiltração:

Tabela 3.19 Tipos de solos (coeficiente de infiltração)

Tipos de solos	**Coeficiente de infiltração litros/m² × dia**	**Absorção relativa**
Areia bem selecionada e limpa, variando a areia grossa com cascalho	Maior que 90	Rápida
Areia fina ou silte argiloso ou solo arenoso com húmus e turfas variando a solos constituídos predominantemente de areia e silte	60 a 90	Média
Argila arenosa e/ou siltosa, variando a areia argilosa ou silte argiloso de cor amarela, vermelha ou marrom	40 a 60	Vagarosa
Argila de cor amarela, vermelha ou marrom medianamente compacta, variando a argila pouco siltosa e/ou arenosa	20 a 40	Semi-impermeável
Rocha, argila compacta de cor branca, cinza ou preta, variando a rocha alterada e argila medianamente compacta de cor avermelhada	Menor que 20	Impermeável

Fonte: adaptada de NBR 7229:1993 (ABNT).

Obtido o valor de C_i, que é dado em litros por metro quadrado por dia, pode-se considerar que:

- Para solos impermeáveis, com C_i da ordem de 20 l/m²*dia, adotam-se *valas de filtração*;
- Para solos com C_i entre 20 até 50 l/m² *dia, recomendam-se as *valas de infliltração*;
- Para solos de boa permeabilidade, com C_i na faixa de 60 l/m² *dia ou mais, usam-se os *sumidouros*.

Conhecido o coeficiente de infiltração do solo onde será implantado o sistema de destinação, deve-se conhecer qual área de infiltração será necessária na estrutura para que o efluente tratado pelo tanque séptico seja recebido pelo solo, caso este ofereça tal suporte. O cálculo é simples, feito por meio da seguinte fórmula:

$$A = \frac{V}{C_i}$$

Importante ressaltar que a NBR 13969:1997 é bastante clara em estabelecer que, como área de infiltração necessária para absorção, serão consideradas as áreas de fundo e laterais do corpo receptor. O cálculo desta área será diferenciado apenas se a estrutura receptora for cilíndrica (caso mais comum nos sumidouros) ou prismática (caso natural das valas).

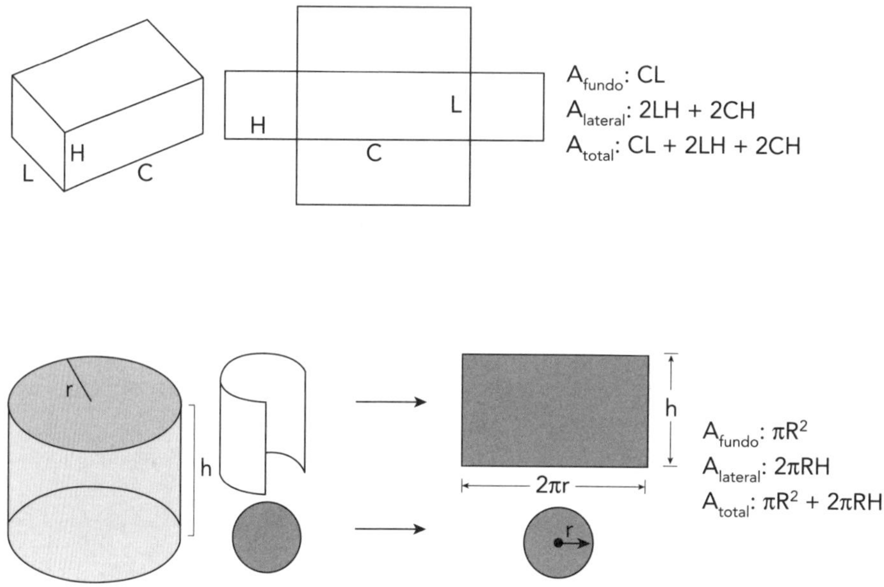

Figura 3.43 Formulário de geometria para cálculo de áreas.

VALAS DE INFILTRAÇÃO PARA OS CASOS DE LENÇOL FREÁTICO MUITO ALTO

As valas de infiltração, construídas no mínimo em dupla, consistem em canalizações prismáticas, escavadas com uma dada profundidade num solo que tenha razoável capacidade de absorção do efluente tratado vindo do tanque séptico. À medida que o efluente se move pelo sistema de valas, ocorre uma filtragem adicional e a depuração natural dos contaminantes remanescentes. Por serem preenchidas com pedra britada, a percolação do líquido antes de atingir o solo passa por uma reação de nitrificação, mineralizando o efluente e afastando qualquer chance de contaminação do terreno. Para manutenção das reações citadas, é fundamental que seja mantida a condição aeróbia no interior das valas, daí a necessidade de instalação de tubos exaustores verticais ao longo destas.

Por terem baixa altura para infiltração, as valas terminam por demandar uma grande área de ocupação do solo, tendo sua viabilidade de implantação apenas em terrenos com grandes extensões livres.

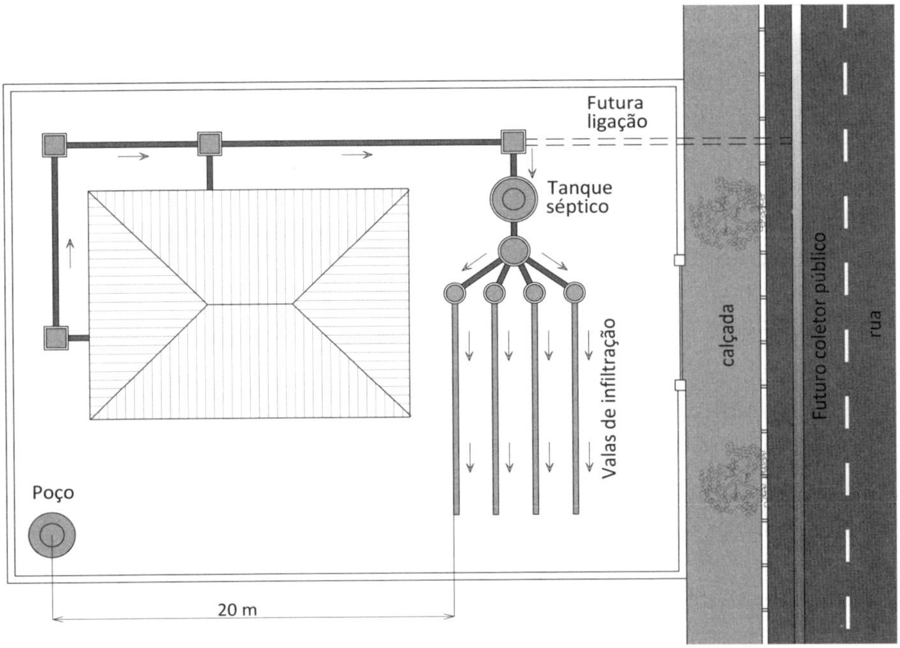

Figura 3.44 Corte esquemático e planta baixa de valas de infiltração.

Fonte: adaptada de NBR 7229:1993 (ABNT).

Construtivamente, as valas de infiltração consistem em cavas preenchidas com brita, sobre a qual repousa uma tubulação perfurada ao longo de toda sua extensão. Com uma declividade de 3 mm por metro e distância mínima de 2 m entre eixos de cada vala, a tubulação vai distribuindo o efluente tratado pelo tanque séptico ao longo do prisma retangular escavado. Aliás, após a escavação da superfície infiltrante, não deve ser dado nenhum tratamento de regularização ou compactação de paredes e fundos, sob pena de tapar os espaços vazios do solo que justamente servirão para permitir que o efluente tratado seja absorvido.

Condições mínimas para execução:

- Comprimento máximo por vala: 30 m e caixas de inspeção nos terminais;
- Largura recomendada: entre 0,50 m e 1,0 m, adotando-se o menor dos valores caso haja limitação para a oferta de espaço;
- Profundidade recomendada: entre 0,60 m e 1,0 m, sendo 1,0 m o valor ideal para adoção nos cálculos de área de infiltração;
- Diâmetro mínimo da tubulação perfurada: Ø 100 mm;
- Sendo duas valas no mínimo a serem implantadas, cada uma deverá ter o equivalente a 100% da área de infiltração necessária, de modo que tenham uso alternado a cada seis meses, para evitar a ocorrência de colmatação na brita.

SUMIDOUROS

Os sumidouros são poços profundos e estreitos que recebem o efluente tratado, permitindo sua disposição adequada no solo. A diferença entre sumidouros e as valas de infiltração é a dimensão mais notável de cada um – nas valas de infiltração essa dimensão é o comprimento, nos sumidouros é a altura, que é afetada pela necessidade de se preservar uma verticalidade mínima de 1,5 m para o lençol freático. Em função desta limitação, só tem aplicabilidade garantida em solos de boa permeabilidade, como já foi sugerido anteriormente. Havendo incompatibilidade de altura, a estrutura poderá ser dividida, desde que sejam consideradas as novas superfícies infiltrantes pelo fundo, surgidas com o seccionamento da estrutura inicial.

O dimensionamento de sumidouros, assim como qualquer sistema de disposição final de efluentes tratados, deve levar em consideração diversos fatores, como a vazão de efluente, as características do solo, a demanda de água e as regulamentações locais.

O primeiro passo é determinar a vazão de efluente que será direcionada para o sumidouro. Essa vazão pode ser calculada com base no número de usuários do sistema de esgoto ou por meio de medições de vazão. Outro parâmetro importante é a permeabilidade do solo. Deve ser realizado um estudo do solo para determinar a taxa de infiltração aceitável. Essa análise pode incluir testes de percolação, que medem a capacidade de absorção do solo, bem como a presença de bandas impermeáveis ou lençóis freáticos altos.

Depois de fazer o dimensionamento é necessário avaliar a área disponível para a instalação do sumidouro e respeitar as distâncias de segurança protegidas pelas regulamentações locais em relação a poços, corpos d'água, estruturas vizinhas, árvores, entre outros.

Construtivamente, podem ser construídos com anéis de concreto perfurados ou blocos de concreto vazados, blocos de alvenaria maciços (assentados com juntas livres para permitir a infiltração), com tijolos furados (com os furos dispostos de modo a ocorrer a percolação), ou ainda com manilhas perfuradas pré-moldadas de concreto. No fundo, devem ter uma camada de pelo menos 30 cm de cascalho ou brita. Para fechamento superior, devem possuir uma laje de concreto armado ao nível do terreno, hermeticamente vedada, de modo a permitir inspeções e operações de limpeza, quando necessárias.

Condições mínimas para execução:

- Diâmetro mínimo do poço: Ø 30 cm;
- Distância mínima entre paredes de múltiplos poços: 1,50 m;
- Havendo múltiplos poços, o efluente tratado será compartilhado por caixas de distribuição.

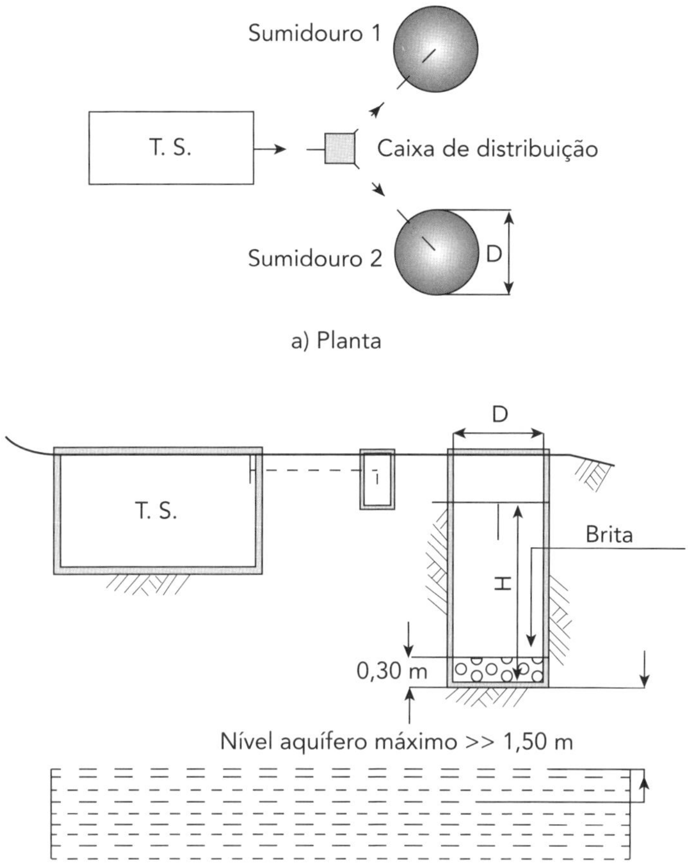

Figura 3.45 Planta baixa e corte esquemático para implantação de um sumidouro.

VALAS DE FILTRAGEM PARA SOLOS COM BAIXO COEFICIENTE DE INFILTRAÇÃO

A situação mais desfavorável que pode acontecer para um projeto de sistema de destinação de esgotos é, durante as investigações e a coleta das informações necessárias, observar-se que o solo não tem uma adequada capacidade de percolação interna. Nestas condições, apenas uma solução é cabível: as valas de filtração. Construídas de forma similar às valas de infiltração, são processos de tratamento clássicos, que consistem na filtragem do esgoto através de uma camada de areia que fica assentada entre duas valas superpostas, preenchidas com brita. O processo de filtração com areia é conhecido por permitir a obtenção de níveis elevados de remoção de poluentes, com uma operação intermitente.

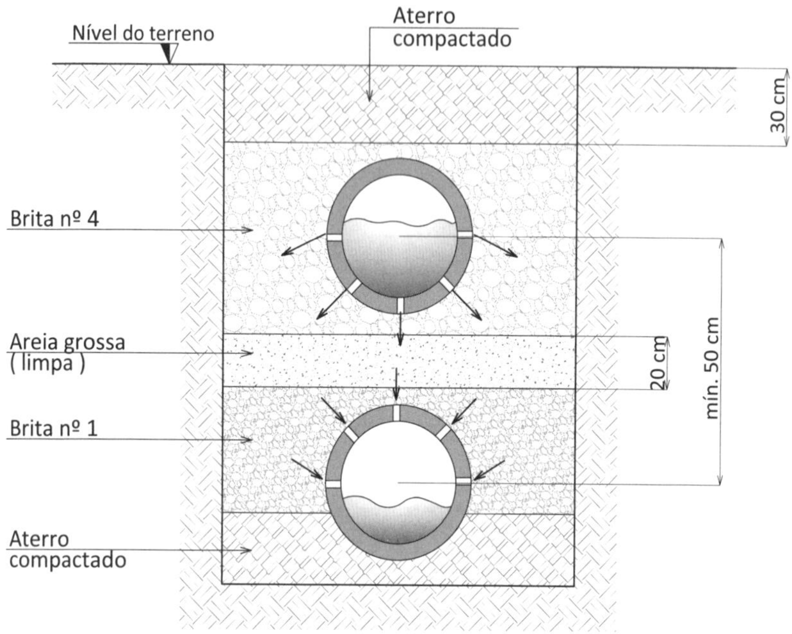

Figura 3.46 Corte esquemático de uma vala de filtração.

Condições mínimas para execução:

- Extensão mínima: 6 m por usuário do sistema de esgotos. Poderá ser adotada a relação de 1 m de vala para cada 25 litros/dia de contribuição;
- Caixas de inspeção nos terminais das valas;
- As valas superpostas devem ser construídas, lateralmente, em número mínimo de duas, cada uma com capacidade plena de filtragem, de modo a permitir a alternância de uso entre as valas e assim possibilitar a digestão do material retido no meio filtrante, bem como a remoção dos sólidos da superfície do filtro de areia;
- Deverá ser garantida a intermitência de contribuição do efluente tratado para as valas de filtração, com emprego de pequenas bombas ou de um dosador;
- O efluente do tanque séptico será conduzido à vala de filtração por tubulação com no mínimo DN 100 mm. A entrada na vala se dará por uma tubulação receptora perfurada "tipo drenagem". Após passar pelo "sanduíche filtrante" de areia, o efluente cai na vala inferior, onde as tubulações receptoras, também perfuradas, assentadas no fundo de cada vala, farão o encaminhamento do efluente tratado e filtrado para a destinação final.

ESTAÇÃO DE TRATAMENTO DE ESGOTO COMPACTA

Poderão haver situações extremas em que a aplicação de uma das soluções estudadas até aqui não se adequa à realidade encontrada em campo – seja por falta de espaço disponível, seja por uma condição de pouca permeabilidade do solo receptor, ou outro evento complicador.

Nestas circunstâncias, entram em cena as estações de tratamento de esgoto compactas (ETE). Compostas por uma sequência de tanques adequadamente instalados e dispostos, as ETE compactas podem promover diversas tecnologias para tratamento de esgotos, sendo em geral as mais tradicionais: tratamento biológico (aeróbio, anaeróbio ou anóxico) e/ou tratamento físico-químico.

Nos sistemas aeróbios, não há geração de odores, pois não há formação de gás sulfídrico. Em contrapartida, há um consumo ininterrupto de energia ao longo de toda a vida útil da ETE. Além do mais, ocorre maior geração de lodo em comparação com os sistemas anaeróbios.

Nas ETE compactas, por conta da dificuldade de espaços disponíveis que levaram à sua escolha, há que se preocupar com a separação dos sólidos nos tanques decantadores secundários, pois provavelmente será necessário o tratamento com floculantes químicos (polímeros ou sais coagulantes). Com esta configuração, acrescenta-se mais um elemento à estação, o que implica acréscimo nos custos operacionais, bem como uma necessidade maior de controle operacional.

Nos sistemas anaeróbios, o processo de tratamento ocorre sem a presença de oxigênio, com adoção das tecnologias as mais simples possíveis. Da mesma forma que o tanque séptico, estes sistemas demandam a observação de certos intervalos de limpeza de lodo, que é da ordem de um a dois anos, o que pode ser perfeitamente alinhado com as manutenções previstas para o tanque digestor. Os lodos acumulados dentro da fossa e do filtro são recolhidos por caminhões limpa-fossa. É vedado o seu lançamento a céu aberto; é recomendável que sejam levados para leitos de secagem e posteriormente utilizados como adubo ou fertilizantes químicos.

Alternativamente, podem ser adotadas soluções para contribuições menores, como os filtros biodigestores, que na verdade são miniestações compactas de tratamento. Estes tanques, numa só instalação, podem substituir o tanque séptico e o filtro anaeróbico, permitindo a extração de lodos sem a necessidade de operações de limpeza com caminhões limpa-fossa.

É importante ressaltar, que a execução de uma Estação de Tratamento de Esgoto Compacta (ETE Compacta) requer alguns cuidados essenciais para garantir o seu funcionamento eficiente e o atendimento às normas e regulamentos ambientais. Aqui estão alguns dos principais cuidados a serem considerados: elaboração de um bom projeto; seleção de equipamentos e componentes de alta qualidade, adequados ao tamanho da edificação e à vazão de esgoto; adequação do local onde a ETE compacta será instalada, e manutenção regular.

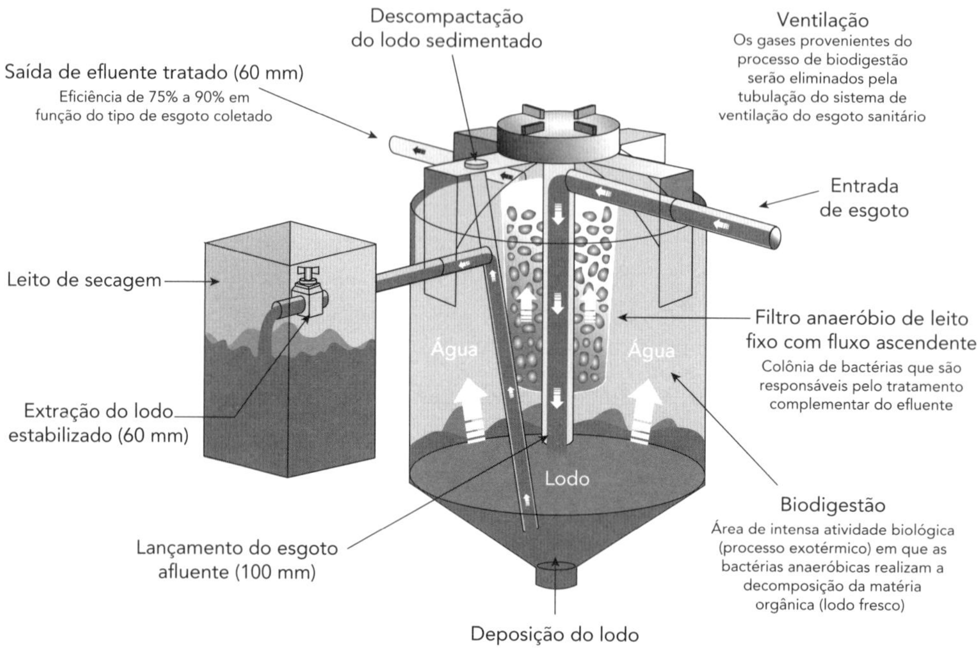

Figura 3.47 Processos ocorridos em um filtro biodigestor (fabricante Acqualimp).

CAPÍTULO 4

Sistemas prediais de águas pluviais

CONSIDERAÇÕES GERAIS

Nas edificações, as coberturas destinam-se a proteger determinadas áreas das águas de chuva; portanto, esse volume de água que cai sobre o telhado e demais áreas impermeabilizadas do terreno deve ser adequadamente coletado, conduzido, armazenado e destinado para locais permitidos pelos dispositivos legais.

Normalmente, as águas coletadas dos telhados e áreas impermeáveis das edificações são dirigidas à sarjeta ou ao sistema público de drenagem de águas pluviais. Quando as edificações estiverem abaixo do nível da via pública ou do coletor, uma caixa coletora de águas pluviais, localizada na parte mais baixa do terreno, deve receber a água proveniente destas áreas, e por meio de um sistema de recalque, conduzi-la a uma caixa de passagem para posterior ligação à sarjeta na frente do lote.

O sistema predial de águas pluviais se destina exclusivamente ao recolhimento e condução das águas das chuvas, não admitindo quaisquer interligações com outros sistemas prediais. Apesar de ser, conceitualmente, semelhante ao sistema predial de esgotamento sanitário (ambos funcionam por gravidade e têm como premissa fundamental a descarga de vazão nos sistemas públicos), as águas pluviais não podem ser lançadas em redes de esgoto.

Nos projetos de sistemas prediais de águas pluviais, é importante considerar uma série de cuidados para garantir um sistema eficiente e seguro. Para elaboração do projeto de drenagem de águas pluviais deve ser realizada consulta à concessionária local, à Prefeitura Municipal ou ao órgão competente do município sobre a existência de redes públicas de drenagem e sua capacidade de escoamento. O projetista também deve se informar sobre as normas e regulamentos relacionados aos sistemas de águas pluviais. Isso inclui códigos de construção, diretrizes municipais e outras regulamentações relevantes.

A NBR 10844:1989 - Sistemas prediais de águas pluviais, estabelece os requisitos e critérios necessários para o projeto de instalações de drenagem de águas pluviais em edificações. Seu objetivo é garantir a funcionalidade, segurança, higiene, conforto, durabilidade e economia desses sistemas. De acordo com a norma, as instalações de drenagem de águas pluviais devem ser projetadas de modo a obedecer às seguintes exigências:

- Recolher e conduzir a vazão de projeto até locais permitidos pelos dispositivos legais;
- Ser estanques;
- Permitir a limpeza e desobstrução de qualquer ponto no interior da instalação;
- Absorver os esforços provocados pelas variações térmicas a que estão submetidas;
- Quando passivas de choques mecânicos, ser constituídas de materiais resistentes a eles;
- Nos componentes expostos, utilizar materiais resistentes às intempéries;
- Nos componentes em contato com outros materiais de construção, utilizar materiais compatíveis;
- Não provocar ruídos excessivos;
- Resistir às pressões a que podem estar sujeitas;
- Ser fixadas de maneira a assegurar resistência e durabilidade.

É importante ressaltar, que o projeto de sistemas prediais hidráulicos e sanitários deve trazer subsídios para a elaboração de um "Manual de operação, uso e manutenção" atendendo à NBR 14037:2014 - Diretrizes para elaboração de manuais de uso, operação e manutenção das edificações - Requisitos para elaboração e apresentação dos conteúdos. Nesse sentido, um plano de manutenção regular para o sistema de águas pluviais deve incluir a definição da frequência das atividades de limpeza, inspeção e reparos e especificar os procedimentos de limpeza para os componentes do sistema. Isso ajudará a prevenir entupimentos, vazamentos e outros problemas que possam comprometer o desempenho do sistema de drenagem.

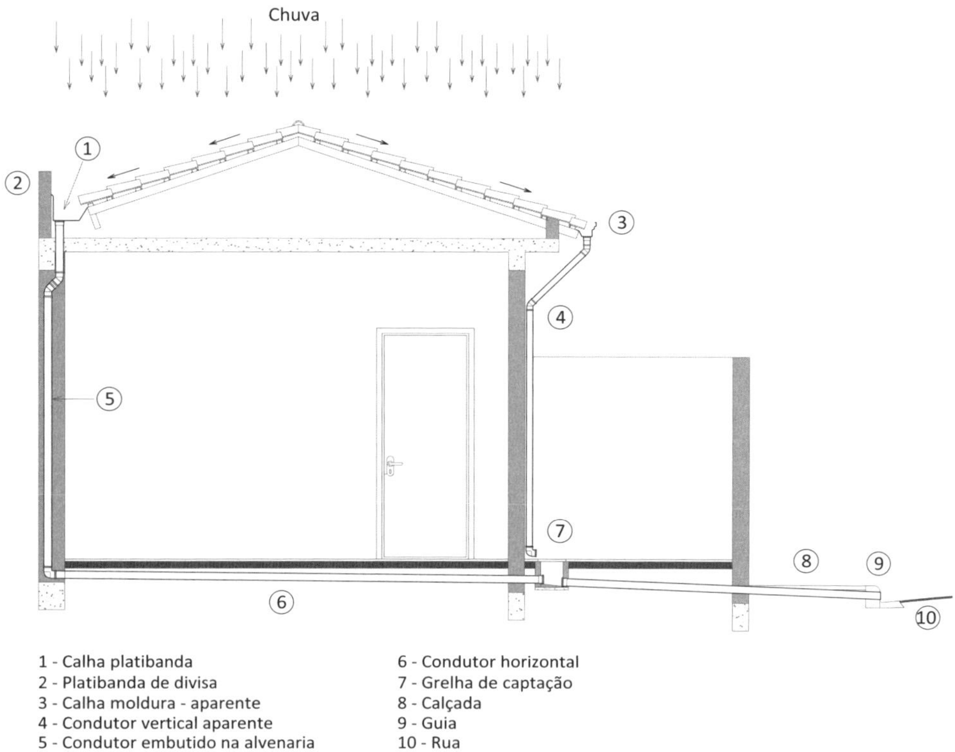

Figura 4.1 Sistema de águas pluviais.

VAZÃO DE PROJETO

As calhas e condutores (verticais e horizontais) devem suportar a vazão de projeto, calculada a partir da intensidade de chuva adotada para a localidade e para certo período de retorno (número médio de anos em que, para a mesma duração de precipitação, uma determinada intensidade pluviométrica é igualada ou ultrapassada apenas uma vez). Conhecendo-se a intensidade pluviométrica e a área de contribuição (em m^2), a vazão de projeto pode ser calculada pela seguinte fórmula:

$$Q = \frac{I \times A}{60}$$

onde:

Q = vazão em litros/min.;

I = intensidade pluviométrica, em mm/h;

A = área de contribuição de vazão, em m^2.

INTENSIDADE PLUVIOMÉTRICA

Para fins de projeto, as chuvas intensas são avaliadas a partir de dados registrados em pluviogramas, conforme a relação: localidade, precipitação, duração e frequência.

A intensidade pluviométrica (I) é fornecida pela NBR 10844:1989, levando-se em consideração o período de retorno (T) da chuva crítica (t = 5 min.) em função do regime de chuvas da região da obra.

Esse valor pode ser justificado pelo fato de ser o menor intervalo em que os pluviogramas convencionais podem ser lidos com precisão adequada. No entanto, como a intensidade da chuva máxima varia inversamente com a duração, a adoção da duração de cinco minutos implica em adotar a intensidade da chuva inferior a real.

A frequência da chuva é caracterizada pelo período de retorno definido como número médio de anos em que, para a mesma duração de precipitação, uma determinada intensidade pluviométrica é igualada ou ultrapassada apenas uma vez. Quanto maior o período de retorno, menor é a probabilidade de o evento ser superado, porém maior o valor da intensidade da chuva. Consequentemente, serão maiores a vazão do projeto e os custos do sistema de drenagem pluvial.

O tempo de recorrência (período de retorno) adotado é uma decisão do projetista e tem relação com o nível de segurança (ou com a expectativa de falha) do sistema de drenagem de uma determinada área. Nos sistemas de macrodrenagem, recomenda-se para que o nível de proteção de projeto se refira a um tempo de recorrência de 25 anos.

Para as edificações a NBR 10844:1989 fixa os períodos de retorno, de acordo com as características da área a ser drenada:

- T = 1 ano, para áreas pavimentadas (tolerância de empoçamento).
- T = 5 anos, para coberturas e/ou terraços.
- T = 25 anos, para coberturas e áreas em que empoçamentos ou extravasamento não possa ser tolerado.

Para construções de até 100 m^2 (projeção horizontal), salvo em casos especiais, pode-se adotar I = 150 mm/h..

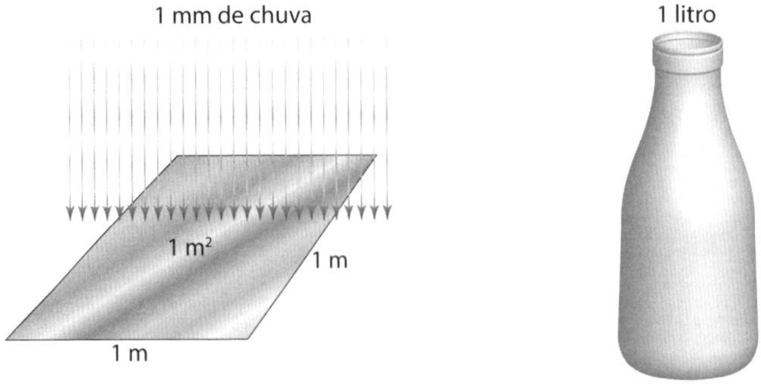

$$150 \text{ mm/h} = 150 \text{ litros/hora/m}^2$$

o que significa uma quantidade de:

$$150 \text{ litros/3600 seg/m}^3 = 0{,}0417 \text{ L/seg/m}^2$$

Em regiões com índices pluviométricos elevados para chuvas do tipo convectivas ou de curta duração, pode ser adotado um índice de 170 mm/h, e para segurança, adota-se 216 mm/h.

Tabela 4.1 Chuvas intensas no Brasil

Local		Intensidade pluviométrica (mm/h)		
		Período de retorno (anos)		
		1	5	25
1	Alegrete – RS	174	238	313 (17)
2	Alto Itatiaia – RJ	124	164	240
3	Alto Tapajós – PA	168	229	267 (21)
4	Alto Teresópolis – RJ	114	137 (3)	—
5	Aracaju – SE	116	122	126
6	Avaré – SP	115	144	170
7	Bagé – RJ	126	204	234 (10)
8	Barbacena – MG	156	222	265 (12)
9	Barra do Corda – MA	120	128	152 (20)
10	Bauru – SP	110	120	148 (9)
11	Belém – PA	138	157	185 (20)
12	Belo Horizonte – MG	132	227	230 (12)
13	Blumenau – SC	120	125	152 (15)
14	Bonsucesso – MG	143	196	—
15	Cabo Frio – RJ	113	146	218
16	Campos – RJ	132	206	240
17	Campos do Jordão – SP	122	144	164 (9)
18	Catalão – GO	132	174	198 (22)
19	Caxambu – MG	106	137 (3)	—
20	Caxias do Sul – RS	120	127	218
21	Corumbá – MT	120	131	161 (9)
22	Cruz Alta – RS	204	246	347 (14)
23	Cuiabá – MT	144	190	230 (12)
24	Curitiba – PR	132	204	228

(continua)

Tabela 4.1 Chuvas intensas no Brasil *(continuação)*

Local		Intensidade pluviométrica (mm/h)		
		Período de retorno (anos)		
		1	5	25
25	Encruzilhada – RS	106	126	158 (17)
26	Fernando de Noronha – RN	110	120	140 (6)
27	Florianópolis – SC	114	120	144
28	Formosa – GO	136	176	217 (20)
29	Fortaleza – CE	120	156	180 (21)
30	Goiânia – GO	120	178	192 (17)
31	Guaramiranga – CE	114	126	152 (19)
32	Iraí – RS	120	198	228 (16)
33	Jacarezinho – PR	115	122	146 (11)
34	Juaretê – AM	192	240	288 (10)
35	João Pessoa – PB	115	140	162 (23)
36	km 47 – Rod. Presidente Dutra – RJ	122	164	174 (14)
37	Lins – SP	96	122	137 (13)
38	Maceió – AL	102	122	174
39	Manaus – AM	138	180	198
40	Natal – RN	113	120	143 (19)
41	Nazaré – PE	118	134	155 (19)
42	Niterói – RJ	130	183	250
43	Nova Friburgo – RJ	120	124	156
44	Olinda – PE	115	167	173 (20)
45	Ouro Preto – MG	120	211	—
46	Paracatu – MG	122	233	—
47	Paranaguá – PR	127	186	191 (23)
48	Parintins – AM	130	200	205 (13)
49	Passa Quatro – MG	118	180	192 (10)
50	Passo Fundo – RS	110	125	180
51	Petrópolis – RJ	120	126	156
52	Pinheiral – RJ	142	214	244
53	Piracicaba – SP	119	133	151 (10)
54	Ponta Grossa – PR	120	126	148

(continua)

Tabela 4.1 Chuvas intensas no Brasil *(continuação)*

Local		Intensidade pluviométrica (mm/h)		
		Período de retorno (anos)		
		1	5	25
55	Porto Alegre – RS	118	146	167 (21)
56	Porto Velho – RO	130	167	184 (10)
57	Quixeramobim – CE	115	121	126
58	Resende – RJ	130	203	164
59	Rio Branco – AC	126	139 (2)	—
60	Rio de Janeiro –RJ (Bangu)	122	156	174 (20)
61	Rio de Janeiro – RJ (Ipanema)	119	125	160 (15)
62	Rio de Janeiro – RJ (Jacarepaguá)	120	142	152 (6)
63	Rio de Janeiro – RJ (Jardim Botânico)	122	167	227
64	Rio de Janeiro – RJ (Praça 15)	120	174	204 (14)
65	Rio de Janeiro – RJ (Praça Saenz Pena)	125	139	167 (18)
66	Rio de Janeiro – RJ (Santa Cruz)	121	132	172 (20)
67	Rio Grande – RS	121	204	222 (20)
68	Salvador – BA	108	122	145 (24)
69	Santa Maria – RS	114	122	145 (16)
70	Santa Maria Madalena – RJ	120	126	152 (7)
71	Santa Vitória do Palmar – RS	120	126	152 (18)
72	Santos – Itapema – SP	120	174	204 (21)
73	Santos – SP	136	198	240
74	São Carlos – SP	120	178	161 (10)
75	São Francisco do Sul – SC	118	132	167 (18)
76	São Gonçalo – PB	120	124	152 (15)
77	São Luís – MA	120	126	152 (21)
78	São Luís Gonzaga – RS	158	209	253 (21)
79	São Paulo – SP (Congonhas)	122	132	—
80	São Paulo – SP (Mirante Santana)	122	172	191 (7)
81	São Simão – MG	116	148	175
82	Sena Madureira – AC	120	160	170 (7)

(continua)

Tabela 4.1 Chuvas intensas no Brasil *(continuação)*

Local		Intensidade pluviométrica (mm/h)		
		Período de retorno (anos)		
		1	5	25
83	Sete Lagoas – MG	122	182	281 (19)
84	Soure – PA	149	162	212 (18)
85	Taperinha – PA	149	202	241
86	Taubaté – SP	122	172	208 (6)
87	Teófilo Otoni – MG	108	121	154 (6)
88	Teresina – PI	154	240	262 (23)
89	Teresópolis – RJ	115	149	176
90	Tupi – SP	122	154	—
91	Turiaçu – MG	126	162	230
92	Uauapés – AM	144	203	230 (17)
93	Ubatuba – SP	122	149	184 (7)
94	Uruguaiana – RS	120	142	161 (17)
95	Vassouras – RS	125	179	222
96	Viamão – RS	114	126	152 (15)
97	Vitória – ES	102	156	210
98	Volta Redonda – RJ	156	216	265 (13)

1. Para locais não mencionados nesta tabela, deve-se procurar correlação com dados dos postos mais próximos que tenham condições meteorológicas semelhantes às do local em questão.
2. Os valores entre parênteses indicam os períodos a que se referem as intensidades pluviométricas, em vez de 5 ou 25 anos, em virtude de os períodos de observação dos postos não terem sido suficientes.
3. Os dados apresentados foram obtidos do trabalho de Otto Pfafstetter, *Chuvas intensas no Brasil*, Ministério da Viação e Obras Públicas, DNOS, 1957.

ÁREAS DE CONTRIBUIÇÃO DE VAZÃO

As áreas de contribuição de vazão em telhados são as áreas nas quais a água da chuva é coletada e escoada para o sistema de águas pluviais. A determinação dessas áreas é importante para o dimensionamento adequado e mais econômico do sistema.

Essas áreas das coberturas e externas às edificações devem ser bem caracterizadas no projeto de arquitetura, por meio de cortes do telhado e declividades nas áreas externas, de modo que as vazões que escoam nas calhas e condutores e nos coletores horizontais sejam resultantes de um estudo de divisão de áreas (veja a Seção "Dimensionamento dos condutores horizontais).

Considerando que as chuvas não caem horizontalmente, a NBR 10844:1989 fornece critérios para determinar a área de contribuição. De acordo com a norma, no cálculo da área de contribuição, devem-se considerar os incrementos devidos à inclinação da cobertura e às paredes que interceptam água de chuva que também deva ser drenada pela cobertura, conforme mostra a Figura 4.2b.

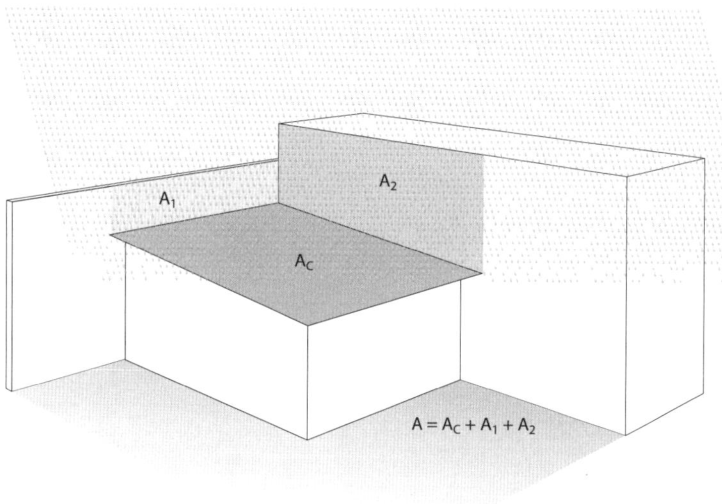

Figura 4.2a Área de contribuição.

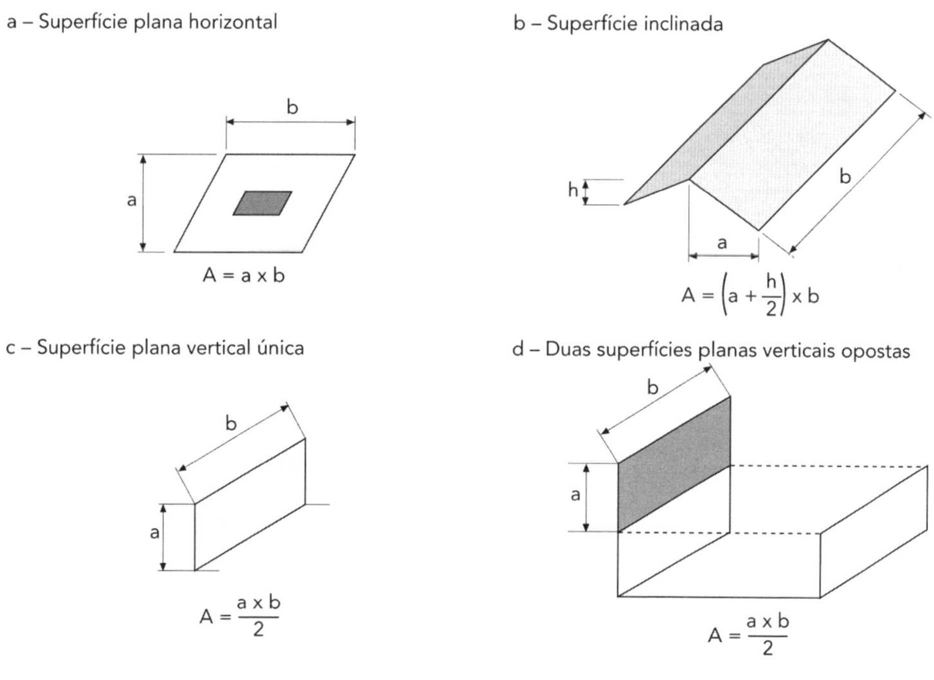

Figura 4.2b Esquemas indicativos para cálculos de áreas de contribuição de vazão. *(continua)*

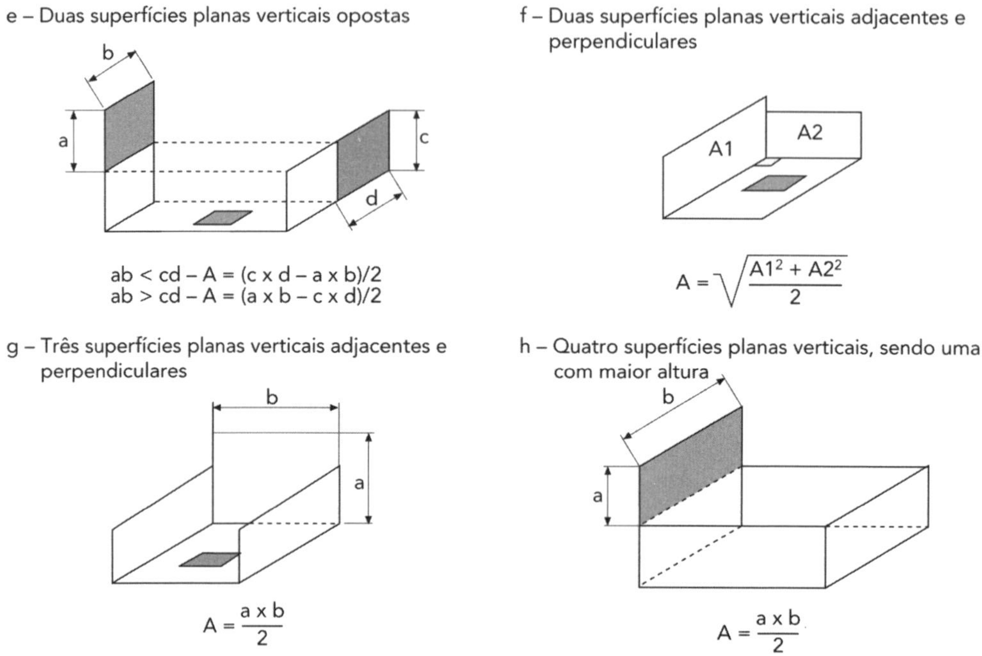

Figura 4.2b Esquemas indicativos para cálculos de áreas de contribuição de vazão *(continuação)*.

Fonte: adaptada de NBR 10844:1989.

Exemplo de cálculo

Calcular a área de contribuição de vazão e a vazão de projeto do telhado (superfície inclinada) representado na Figura 4.3. Adotar para efeito de cálculo I = 150 mm/h.

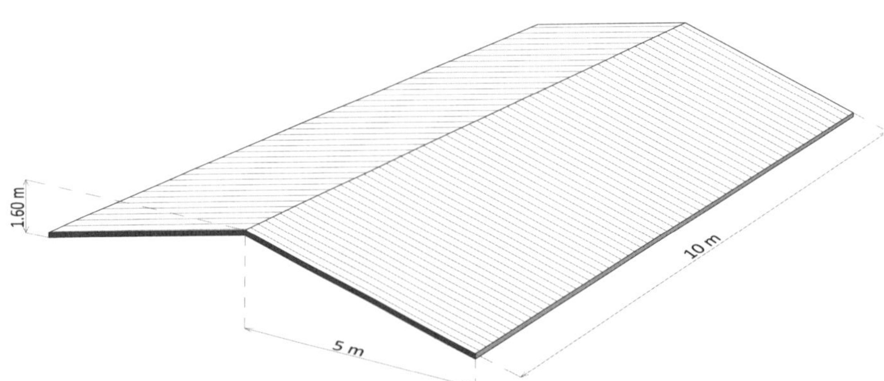

Figura 4.3 Cálculo da área de contribuição de vazão (medidas de telhado).

Solução:

a) Cálculo da área de contribuição de vazão.

De acordo com a Figura 4.3, trata-se de uma superfície inclinada.

$$A = \left(a + \frac{h}{2}\right) \times b$$

$$A = \left(5 + \frac{1,6}{2}\right) \times 10$$

$$A = (5,8) \times 10 = 58m^2$$

b) Cálculo da vazão de projeto.

$$Q = \frac{I \times A}{60}$$

$$Q = \frac{150 \times 58}{60}$$

$$Q = 145 \text{ litros/minuto}$$

CALHAS

As calhas funcionam como canais e têm por objetivo coletar as águas de chuva que caem sobre o telhado e conduzi-las aos condutores verticais (prumadas de descida).

O arquiteto deve especificar o tipo de calha que será utilizado – com ou sem platibanda, com ou sem beiral, com condutores embutidos ou externos – ou se será dispensado seu uso, deixando que as águas pluviais caiam sobre a superfície do terreno.

É importante ressaltar que as calhas e condutores conectados ao telhado devem ser mantidos limpos para evitar o extravasamento ou o retorno das águas de chuva. A limpeza deve ser feita duas vezes por ano, no mínimo, no final da estação seca e no final da estação das chuvas. Em áreas em que existem muitas árvores a limpeza deve ser feita com maior frequência.

FORMA DA SEÇÃO DAS CALHAS

As seções de escoamento podem assumir formas diversas, como apresentado na Figura 4.4, sendo as mais usuais aquelas de formato retangular, trapezoidal ou semicircular.

As seções podem variar de acordo com as especificações do projeto de arquitetura e os materiais utilizados. As seções mais comuns nos sistemas prediais de águas pluviais são: seção retangular, seção trapezoidal, seção em V, calha moldura, seção semicircular e seção circular. A seção da calha em V, por exemplo, também conhecida como calha em formato de canaleta, é uma opção comum para o sistema de coleta de água pluvial em estrutura de água-furtada para telhado. A forma em V permite que a calha tenha uma capacidade maior de escoamento, direcionando a água pluvial para o centro da calha, onde há um declive mais acentuado que permite o fluxo contínuo da água para o sistema de drenagem.

Ao selecionar uma calha, é essencial considerar a capacidade de vazão necessária para o telhado em questão, a quantidade de chuva típica na região, a inclinação adequada da calha e os materiais de construção mais adequados para resistir às condições climáticas.

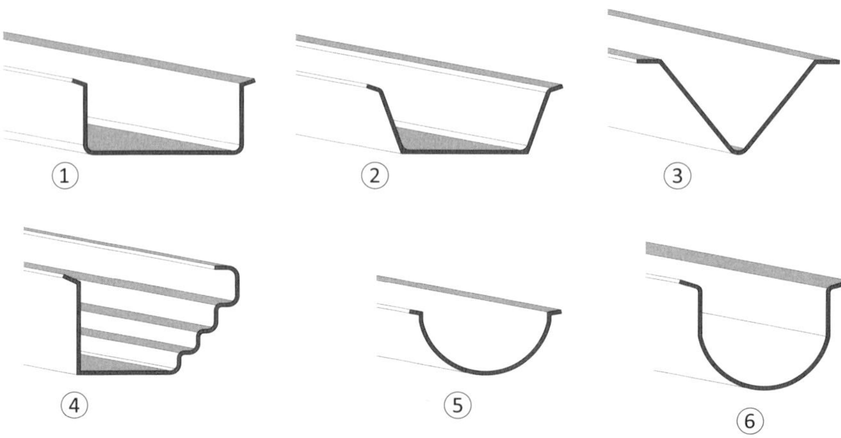

1 - Seção retangular
2 - Seção trapezoidal
3 - Seção em V
4 - Calha moldura
5 - Seção semicircular
6 - Seção circular

Figura 4.4 Seções usuais de calhas.

Áreas das seções usuais:

- Seção retangular

$$A = b \times h$$

- Seção trapezoidal

$$A = \frac{(B + b)}{2} \times h$$

- Seção semicircular

$$A = \frac{\pi \times R^2}{2}$$

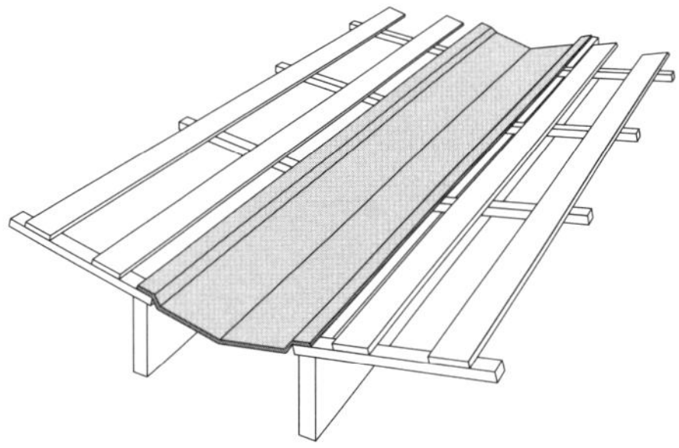

Calha água furtada

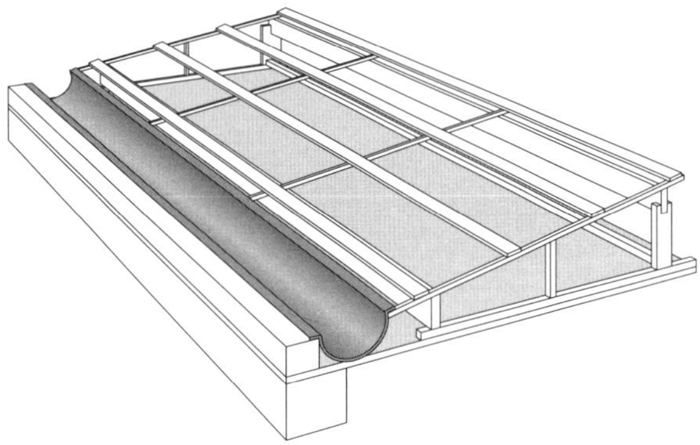

Calha platibanda

Figura 4.5 Disposição das calhas na cobertura.

DIMENSIONAMENTO DE CALHAS

No detalhamento de coberturas e cortes da edificação, é necessário o detalhamento do sistema de captação e escoamento das águas pluviais. Por essa razão, deve-se dimensionar as calhas e os condutores verticais no projeto de arquitetura.

As calhas representam a primeira etapa no dimensionamento do sistema predial de águas pluviais, pois são elas que recebem as águas dos telhados, conduzindo-as imediatamente aos condutores verticais.

De acordo com a NBR 10844:1989, as calhas devem ter capacidade para escoar a água da chuva correspondente a cinco anos de período de retorno (chuva que tem a probabilidade de ocorrer uma vez a cada cinco anos) sobre a área de contribuição de um plano de telhado.

O dimensionamento da calha é dependente da forma prevista para sua seção de escoamento. Geralmente, é realizado utilizando fórmulas hidráulicas, como a fórmula de Manning-Strickler. No entanto, existem outras fórmulas e métodos de dimensionamento que podem ser utilizados, dependendo das características específicas do projeto.

$$Q = K \times \frac{S}{n} \times R_H^{2/3} \times i^{1/2}$$

Onde:

Q = vazão de projeto da calha, em L/min;

S = área da seção molhada, em m^2;

n = coeficiente de rugosidade (veja a Tabela 4.2);

R_H = S/P = raio hidráulico, em m;

P = perímetro molhado, em m;

i = declividade da calha, em m/m;

K = 60.000.

A Tabela 4.2 indica os coeficientes de rugosidade dos materiais, normalmente, utilizados na confecção de calhas.

Tabela 4.2 Coeficientes de rugosidade

Material	Coeficientes de rugosidade (n)
plástico, fibrocimento, aço, metais não ferrosos	0,011
ferro fundido, concreto alisado, alvenaria revestida	0,012
cerâmica, concreto não alisado	0,013
alvenaria de tijolos não revestida	0,015

DECLIVIDADE DAS CALHAS

A declividade das calhas é de extrema importância para que não ocorra o empoçamento de águas em seu interior.

Quando ocorrem chuvas intensas não é raro ocorrer transbordamento de calhas em algumas edificações. Conforme a intensidade e a duração da chuva, a água extravasada para dentro do ambiente pode representar sérios prejuízos e aborrecimentos para os seus moradores (usuários).

Normalmente, isso acontece em virtude da ausência de declividade ou seção insuficiente das calhas ou da pouca capacidade dos condutores verticais.

A declividade das calhas deve ser a mínima possível e no sentido dos condutores (tubos de queda), a fim de evitar o empoçamento de águas quando parar a chuva. A inclinação das calhas de beiral e platibanda deve ser uniforme, com valor mínimo de 0,5%. As calhas de água furtada têm inclinação de acordo com o projeto de arquitetura.

Apesar de a vazão máxima de escoamento aumentar consideravelmente quando se aumenta a declividade da calha, é importante lembrar que o aumento dessa inclinação nem sempre é fisicamente viável, pois acarreta grandes intervenções nos elementos construtivos de apoio. Uma solução para o problema é o aumento da capacidade de escoamento dos condutores verticais.

CALHAS SEMICIRCULARES

Como foi visto, uma das características que influem na capacidade de uma calha é sua forma (normalmente retangular ou semicircular). No entanto, outros elementos, como a inclinação do telhado, a quantidade de água que será drenada, a rugosidade interna da calha, entre outros, também devem ser considerados no dimensionamento. A Tabela 4.3 extraída da NBR 10844:1989 fornece as capacidades de calhas semicirculares, usando coeficiente de rugosidade n = 0,011 para alguns valores pré-definidos de declividade. Os valores foram calculados utilizando-se a fórmula de Manning-Strickler, com lâmina d'água igual à metade do diâmetro interno do tubo.

Tabela 4.3 Capacidade de calhas semicirculares (vazão em litros/min.)

Diâmetro interno (mm)	Declividades		
	0,5%	1%	2%
100	130	183	256
125	236	333	466
150	384	541	757
200	829	1.167	1.634

Em calhas de beiral ou platibanda, quando a saída estiver a menos de 4 m de uma mudança de direção, a vazão de projeto deverá ser multiplicada pelos coeficientes da Tabela 4.4.

Tabela 4.4 Coeficientes multiplicativos da vazão de projeto

Tipo de curva	Curva a menos de 2 m da saída da calha	Curva entre 2 m e 4 m da saída da calha
Canto reto	1,20	1,10
Canto arredondado	1,10	1,05

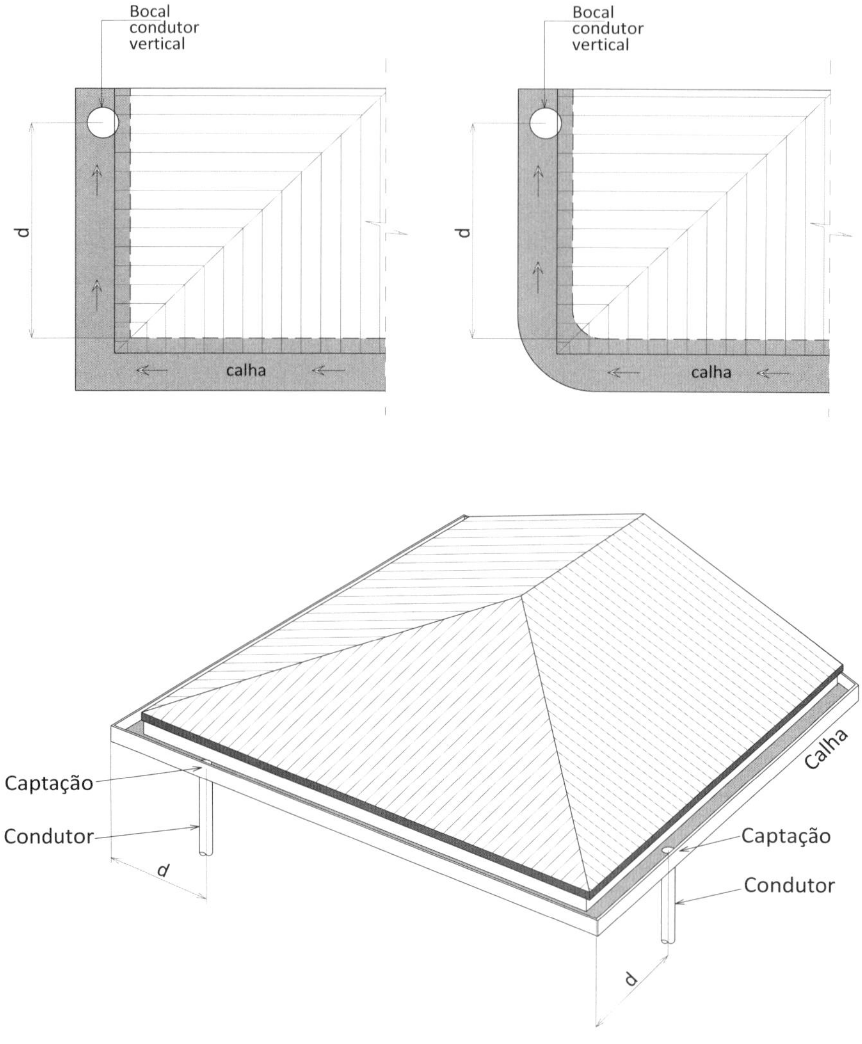

Figura 4.6 Distância entre a saída e a mudança de direção.

CALHAS DE SEÇÃO RETANGULAR

O dimensionamento das calhas de seção retangular também pode ser feito por meio da fórmula de Manning-Strickler. A seção retangular mais favorável ao escoamento ocorre quando a base é o dobro da altura d'água no canal, isto é, para valores de b = 2 h. O cálculo do raio hidráulico (Rh) é obtido dividindo-se a área molhada pelo perímetro molhado. No entanto, é importante ressaltar que a proporção b = 2h não é uma regra absoluta e pode variar dependendo das condições específicas do projeto, como a inclinação do telhado e a vazão esperada.

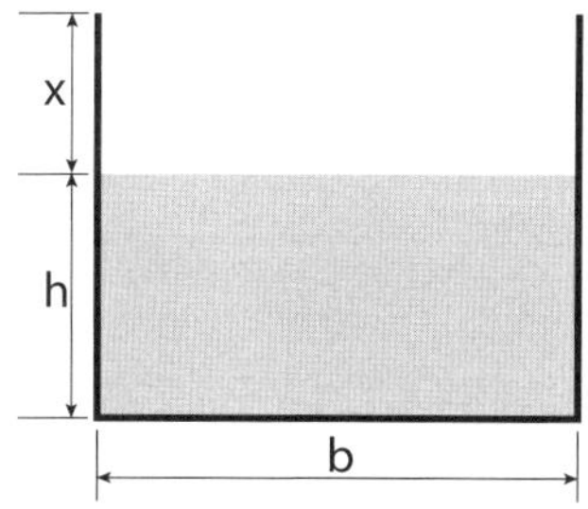

b = base

h = altura

x = 2/3 h (borda livre)

área molhada = b × h

perímetro molhado = b + 2h

R*h* = área molhada/perímetro molhado

$$Rh = \frac{b \times h}{b + 2h}$$

Exemplo de dimensionamento

Considerando uma calha de seção retangular feita de aço galvanizado, cujas dimensões são as seguintes: largura (b) de 10 cm e altura útil (h) de 5 cm, conforme ilustrado na figura abaixo. Com a informação de que a inclinação longitudinal da calha é de 0,5%, a questão que se coloca é: qual é a capacidade máxima de vazão que essa calha pode escoar, mantendo o nível da água conforme mostrado na figura? Dado que a vazão de projeto (Q) é de 145 litros por minuto, a calha dimensionada é suficiente para escoar essa vazão?

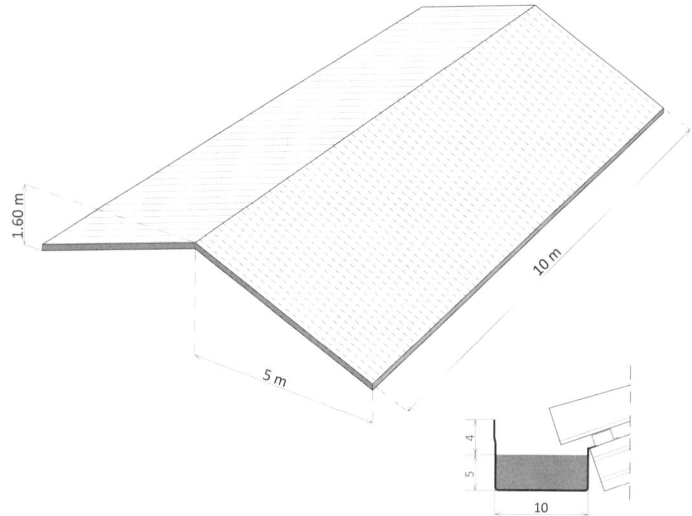

Solução:

$$Q_{calha} = K \times \frac{S}{n} \times Rh^{2/3} \times i^{1/2}$$

Parâmetros obtidos:

$i = 0{,}5\% = 0{,}005$

$K = 60.000$

$n = 0{,}011$ (veja Tabela 4.2)

$S = 0{,}005 \text{ m}^2$

$P = 0{,}20 \text{ m}$

$Rh = 0{,}025 \text{ m}$

$Q_{calha} = 166$ litros/min

$Q_{projeto} = 145$ litros/min

$Q_{calha} > Q_{projeto}$

Como a vazão da calha é maior que a vazão de projeto, o dimensionamento está correto. É importante ressaltar que as seções de escoamento foram calculadas usando a relação de máxima eficiência (b = 2h), ou seja, a largura da calha (b) é duas vezes a altura da lâmina d'água na calha (h). Foi considerado adicionalmente em sua geometria uma borda livre (2/3 h), ou seja, um prolongamento vertical da calha, cuja função é evitar o transbordamento da água.

Observação importante

Nos sistemas prediais, é comum utilizar a fórmula de Manning-Strickler para o dimensionamento de calhas, considerando-as como condutos livres abertos (condutos em que o escoamento se dá com a pressão atmosférica atuando na superfície do líquido). Essa abordagem é amplamente aceita e utilizada nas práticas de engenharia hidráulica para o dimensionamento de calhas.

Entretanto, para o dimensionamento de calhas em sistemas prediais, também poderão ser utilizados outros métodos e fórmulas específicas que, obviamente, levam em consideração as características geométricas da calha e a vazão desejada. Esses métodos consideram fatores como a largura, a profundidade, a capacidade de escoamento da calha, a retenção de detritos e outros aspectos relevantes. O professor Azevedo Netto, por exemplo, em seu livro *Instalações Prediais Hidráulico-Sanitárias*, apresenta um método prático de dimensionamento de calhas de seção retangular em função do comprimento do telhado (veja Tabela 4.6).

Tabela 4.5 Capacidade de calhas retangulares (vazão em litros/min.) com n = 0,012 (ferro fundido, concreto alisado, alvenaria revestida)

Largura (m) b	Altura (m) h	Declividades		
		0,5%	1%	2%
0,20	0,10	366	518	732
0,30	0,20	1.626	2.299	3.251
0,40	0,30	4.124	5.832	8.248
0,50	0,40	8.171	11.656	16.343
0,60	0,50	14.050	19.870	28.100
0,70	0,60	22.022	31.144	44.044
0,80	0,70	32.334	45.727	64.668
0,90	0,80	45.220	63.950	90.439
1,00	0,90	60.903	86.130	121.806

Fonte: Creder, Hélio, 2018.

Método prático

Como as calhas não são destinadas a conduzir água de um ponto a outro, mas sim receptáculos das águas da superfície dos telhados e conduzindo-as imediatamente aos tubos de queda, para o dimensionamento de calha de seção retangular, confeccionada de chapa galvanizada (tipo mais usado nas edificações, por ser de fácil fabricação), é perfeitamente dispensável a aplicação de fórmulas da hidráulica, dando a elas o mesmo tratamento de escoamento de canais.

O cuidado que se deve ter com as dimensões é devido apenas ao comprimento do telhado, pois quanto maior, mais água terá juntado na calha para um mesmo intervalo de tempo. Assim sendo, a largura da calha deverá ser aquela suficiente para evitar que a água não caia fora quando é despejada pela telha e a altura da lâmina d'água deve ser a metade da largura. A projeção horizontal da borda da telha, na calha deve situar um terço da largura, conforme mostra a Figura 4.7.

Na Tabela 4.6, apresenta-se, de forma simplificada, o dimensionamento de calha de seção retangular em função do comprimento do telhado.[1] Entende-se como comprimento do telhado a medida na direção do escoamento da água. Quando temos dois telhados contribuindo para a mesma calha, para cálculo de comprimento a fim de determinar a largura da calha, deve-se somar o comprimento dos dois telhados. Se a calha tiver seção trapezoidal a largura encontrada será a largura média, ou seja, L = (L1 + L2)/2.

1 Melo; Azevedo Netto, 1988.

Tabela 4.6 Dimensões da calha em função do comprimento do telhado

Comprimento do telhado (m)	Largura da calha (m)
Até 5	0,15
5 a 10	0,20
10 a 15	0,30
15 a 20	0,40
20 a 25	0,50
25 a 30	0,60

Fonte: Melo; Azevedo Netto, 1988.

Exemplo de dimensionamento.

Dimensionar as calhas do telhado indicado na Figura 4.7.

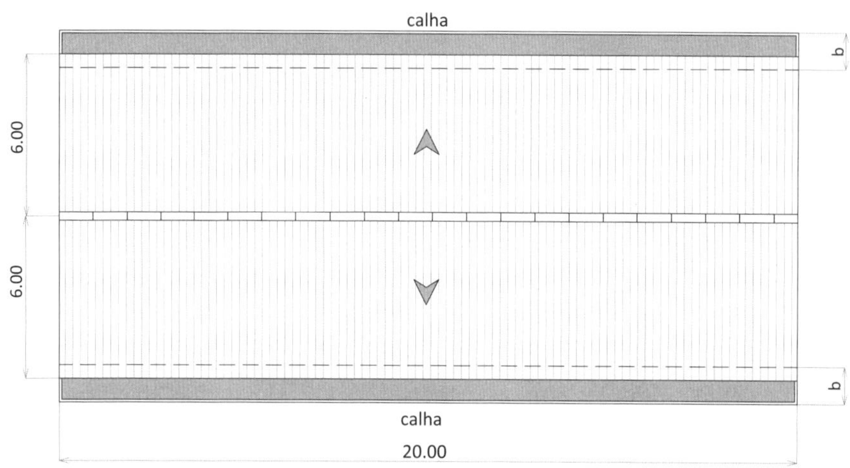

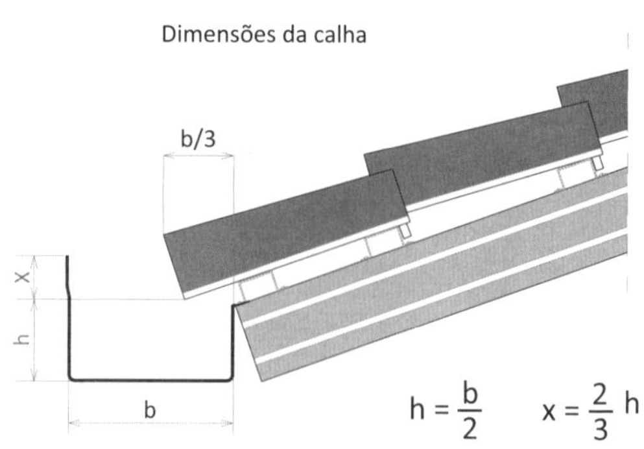

Figura 4.7 Dimensionamento da calha de seção retangular.

Solução:

Comprimento do telhado = 6,0 m

Para comprimento = 6,0 m → L = 0,20 m (veja Tabela 4.6)

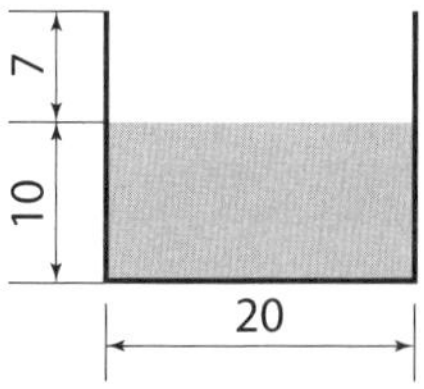

CONDUTORES VERTICAIS

São tubulações verticais que têm por objetivo recolher as águas coletadas pelas calhas e transportá-las até a parte inferior das edificações, despejando-as livremente na superfície do terreno, ou até as redes coletoras, que poderão estar situadas no terreno ou presas ao teto do subsolo (*pilotis*), por meio de braçadeiras, no caso dos edifícios com esse pavimento.

Os condutores verticais deverão ser posicionados conforme a indicação do projeto de arquitetura, podendo ser aparentes (externamente) ou embutidos na alvenaria (*shafts*). Devem ser projetados, sempre que possível, em uma só prumada. Quando houver necessidade de desvio, devem ser usadas curvas de 90° de raio longo ou curvas de 45° e previstas peças de inspeção.

A ligação entre a calha e o condutor vertical deverá ser feita por meio de funil especial ou caixa específica para esta finalidade e a ligação entre os condutores verticais e horizontais é sempre feita por curva de raio longo, com inspeção ou caixa de areia, estando o condutor aparente ou enterrado.

Deverão ser previstas peças com inspeção próximas e à montante das curvas de desvio, inclusive no pé dos condutores verticais, mesmo quando houver caixa de captação logo após a curva de saída.

Quando a edificação estiver localizada em áreas arborizadas, dependendo da altura da cobertura, pode ocorrer o entupimento dos condutores. Nesse caso, é importante colocar uma tela no bocal das calhas, evitando, dessa maneira, a introdução de folhas e pequenos galhos dentro das tubulações e permitindo fácil limpeza e manutenção.

Os materiais mais comuns na fabricação dos tubos, de maiores aplicações nos sistemas prediais, são o PVC e o ferro fundido (geralmente utilizado nas tubulações aparentes e sujeitas a choques). Em prédios com mais de três pavimentos é recomendável utilizar tubos de PVC reforçado (Linha Série R), que são mais resistentes à subpressão, também conhecida como pressão negativa. Isso acontece quando a água que flui pelo condutor cria uma pressão negativa no topo da coluna de água, o que pode resultar em colapso ou ruptura do tubo.

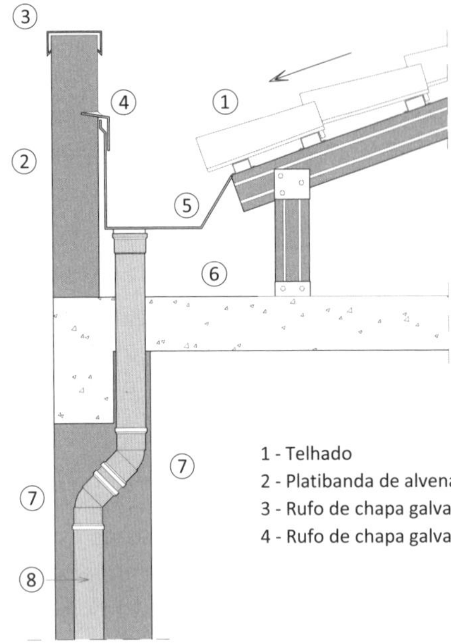

Figura 4.8 Detalhe da ligação da calha ao condutor.

DIMENSIONAMENTO DOS CONDUTORES VERTICAIS

As condições hidráulicas de funcionamento dos condutores verticais não são perfeitamente conhecidas, pois, normalmente, tem-se uma mistura de ar e água escoando nesse elemento. Essa combinação de ar e água no interior dos condutores verticais pode resultar em fenômenos como a formação de bolhas de ar, oscilações de pressão e variações no padrão de escoamento, tornando as condições hidráulicas menos previsíveis para o dimensionamento. De qualquer maneira, os condutores deverão ser dimensionados levando em consideração o valor da intensidade da chuva crítica, ou seja, de pequena duração, mas de grande intensidade, e a área de contribuição de vazão.

Para o dimensionamento de condutores verticais, a NBR 10844:1989 apresenta ábacos específicos. Adotam-se, na prática, diâmetros maiores ou iguais a 75 mm, em razão da possibilidade de entupimento dos condutores com folhas secas e pássaros mortos.

Os condutores verticais de águas pluviais devem ser dimensionados por meio de dois ábacos, apresentados nas Figuras 4.9 e 4.10, ambos retirados da norma, que são diferenciados entre si pela saída da calha (aresta viva ou funil de saída). O diâmetro interno (D) dos condutores verticais é calculado a partir dos seguintes dados:

Q = vazão de projeto, em litros/min;

H = altura máxima da lâmina de água na saída da calha, em mm;

L = comprimento vertical do condutor até a primeira curva do desvio, em m;

Geometria de saída da calha, aresta viva ou cônica;

f = rugosidade do material.

Os dois ábacos apresentados pela NBR 10844:1989 foram construídos levando em conta dois desvios na base e fator de atrito, f = 0,04, correspondente a condutos rugosos. Dessa forma, considera-se a possibilidade de envelhecimento dos condutores. Esses ábacos não possuem qualquer fator de segurança que esteja implícito.

O procedimento para a determinação do diâmetro interno, D (mm), de um condutor vertical, a partir dos dados Q (L/min), H (mm) e L (mm) e por meio dos ábacos das Figuras 4.9 e 4.10, observando se o projeto adota saída em aresta viva ou funil, é o seguinte:

- Levantar uma reta vertical a partir do valor da vazão Q, no eixo das abscissas, até interceptar as curvas de H e L correspondentes;
- Se não haver curvas dos valores de H e L, interpolar entre as curvas existentes;
- Transportar a interseção mais alta até o eixo das ordenadas, em que se obtém o valor do diâmetro D;
- Adotar o diâmetro nominal cujo diâmetro interno seja superior ou igual ao valor encontrado na leitura desta grandeza.

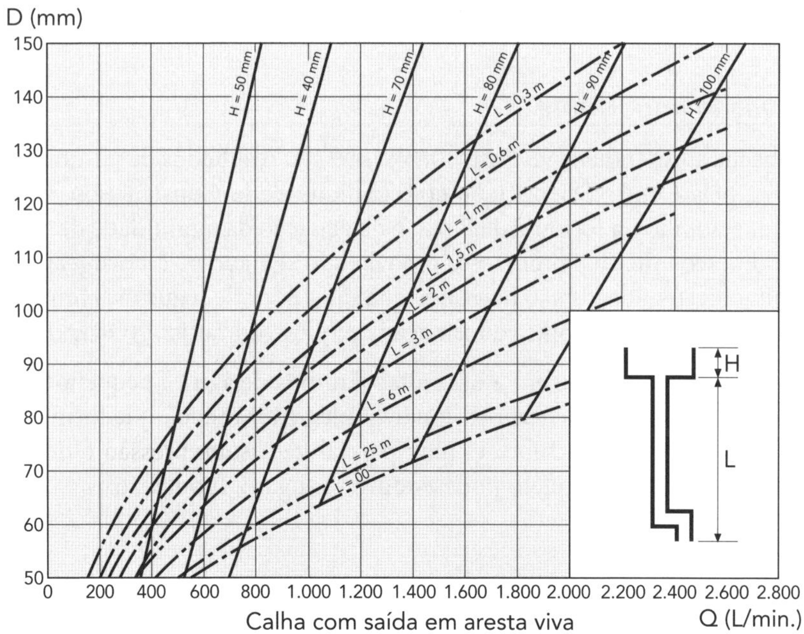

Figura 4.9 Ábaco para determinação de diâmetros de condutores verticais (calha com saída em aresta viva).

Fonte: ABNT, 1989.

c)

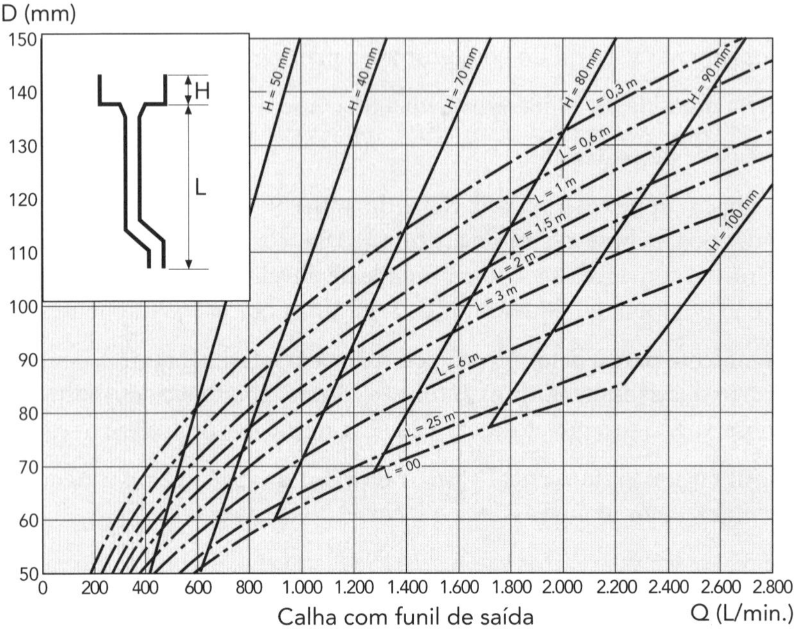

Figura 4.10 Ábaco para determinação de diâmetros de condutores verticais (calha com funil de saída).

Fonte: ABNT, 1989.

Observação importante

Esses ábacos apresentados na NBR 10844:1999 são resultados de pesquisas realizadas em 1972 pela Centre Scientifique et Technique de la Construction - CSTC, da Bélgica, com o auxilio da fórmula de Bazin e da equação da quantidade de movimento no sentido do escoamento. Porém, esse modelo apresentado pela norma apresenta algumas limitações: os ábacos não possuem qualquer fator de segurança implícito e não há a garantia de prevenção contra a formação de "plug hidráulico" (ORESTES, 1998).

Os ábacos da norma induzem a usar altas lâminas de água e pequenos diâmetros de condutores verticais, podendo ocasionar o "plug hidráulico", que forma um efeito pistão ou embolo dentro do tubo. O plug parcial gera sobrepressão e depressão no condutor vertical, se for completo pode estourar e sugar a tubulação.

Exemplo de dimensionamento

Determinar o diâmetro do condutor vertical para as seguintes condições:

- calha com saída em aresta viva;

- vazão (Q) = 1300 L/min;
- comprimento (L) = 2,0 m;
- altura da lâmina d'água na calha (H) = 80 mm.

Com estes dados, de acordo com o método preconizado na norma, no ábaco da Figura 4.9, é possível concluir que o condutor vertical deve ter diâmetro (D) = 100 mm.

RELAÇÃO DA VAZÃO COM O DIÂMETRO DO CONDUTOR VERTICAL

Nos trechos de queda de condutores verticais de águas pluviais o escoamento é anelar, isto é, uma lâmina d'água escoa pelas paredes do condutor em forma de anel e, no interior deste, há escoamento de ar. De acordo com DEL CONTI (1993), há um limite a ser observado a fim de evitar o aumento do anel hidráulico; o que, consequentemente, levaria a uma mudança de regime de escoamento anelar, resultando no surgimento de várias manifestações patológicas.

A formação desse fenômeno é mais frequente quando a vazão no condutor é tal que o anel hidráulico ocupa uma área de seção entre 1/4 (25%) a 1/3 (33,33%) da área da seção transversal da tubulação. Em situações eminentes de aumento da área da coroa líquida pode ocorrer a transição do escoamento livre para o escoamento afogado. Nessa mudança de regime de escoamento, quando a vazão no condutor é tal que o anel hidráulico ocupa uma área de seção superior a 1/3 da área da seção transversal da tubulação é comum à ocorrência do plug hidráulico e até mesmo situações de pressões negativas (subpressões), resultando em diversos problemas tais como ruídos indesejáveis, vibrações, flutuações de pressão e até mesmo o colapso do condutor vertical. Esse fenômeno é mais comum em prédios acima de quatro pavimentos. Para evitar a ocorrência desse fenômeno deve-se limitar a taxa de ocupação da seção transversal interna pela coroa líquida, tal que:

$$T_0 = \frac{\text{área da coroa líquida}}{\text{área da seção transversal interna}} = \frac{A_0}{A}$$

onde:

T_0 = taxa de ocupação (enchimento) deve ser < 30 %

A_0 = área da coroa líquida (por onde escoa a água)

A = área da seção transversal do condutor vertical

Então, no dimensionamento de condutores verticais de águas pluviais é recomendável que a taxa de ocupação da coroa líquida (anel hidráulico) não seja superior a 30% (valor intermediário entre 25% e 33,33%) da área da seção transversal da tubulação.

Outra variável importante para a determinação da capacidade máxima de admissão de um condutor vertical de águas pluviais é a velocidade terminal. De acordo com FOX (2014) a velocidade terminal é a velocidade de regime permanente de uma massa líquida em queda livre que eventualmente atinge. Basicamente, a velocidade de escoamento no condutor será crescente até o momento que atingirá um valor máximo. Essa velocidade máxima assume um valor constante após percorrer parte da extensão do tubo (comprimento terminal), sendo a mesma para os demais trechos do condutor vertical. Isso ocorre devido ao equilíbrio alcançado entre a força de atração gravitacional sobre o líquido e o atrito do fluxo líquido com as paredes do tubo.

Com fundamento nas variáveis apresentadas (taxa de ocupação da seção transversal interna pela coroa líquida e a velocidade terminal dentro do tubo de queda), de acordo com a equação da continuidade, a vazão é diretamente proporcional à velocidade terminal e a área da coroa líquida:

$$Q = V \text{ x } A_0$$

onde:

Q = vazão de projeto na prumada em m^3/seg.;

V = velocidade terminal em m/seg.;

A_0 = área da coroa líquida em m^2.

Desenvolvendo matematicamente a equação da continuidade e utilizando a vazão medida em litros por minuto (L/min.) temos que, a capacidade de um condutor vertical baseada na limitação da taxa de ocupação pode ser determinada por meio da equação abaixo:

$$Q = \frac{0{,}000187 \times T_0^{5/3} \times (D)^{8/3}}{n}$$

onde:

Q = vazão de projeto na prumada em L/min.;

T_0 = taxa de ocupação do escoamento no tubo vertical;

n = coeficiente de Manning;

D = diâmetro do condutor vertical em milímetros.

Substituindo na equação o valor do coeficiente de Manning, de acordo com o material utilizado na fabricação dos tubos, a determinação da vazão para condutores plásticos e de ferro fundido, sem que estes funcionem como condutos forçados, pode ser obtida por meio das seguintes equações:

- Condutores plásticos (PVC):

  $$Q = 0{,}019\,(T_0)^{5/3} \times (D)^{8/3}$$

- Condutores de ferro fundido (novo)

  $$Q = 0{,}0156\,(T_0)^{5/3} \times (D)^{8/3}$$

Tabela 4.7a Vazão máxima que pode escoar pelo condutor vertical de PVC, sem que este funcione como conduto forçado

Taxa de enchimento (T_0)	25%	30%
D (mm)	Vazão (litros/min)	
50	63,96	86,68
75	188,57	255,54
100	-----	550,33
150	-----	1.622,55
200	-----	3.494,37
250	-----	6.335,72

Tabela 4.7b Áreas máximas em projeção horizontal, em m², a serem drenadas por condutores verticais.

Precipitação (mm/h)	Diâmetro do condutor vertical			
	50	75	100	125
25	267,8	818,4	1711,2	3217,8
50	135,9	409,2	855,6	1608,9
76	89,3	272,5	570,1	1072,3
101	67,0	204,6	427,8	804,5
127	53,5	168,7	342,2	648,6
152	44,6	136,7	283,5	536,1
178	38,1	117,2	244,6	439,9
203	33,5	102,3	213,9	402,2
229	29,8	91,1	190,2	357,6
254	27,0	81,1	171,1	321,8
279	24,2	74,4	155,8	292,5
305	22,3	67,9	142,3	267,8

O Uniform Plumbing (1973) propõe a Tabela 4.7b para a determinação do diâmetro do condutor vertical em função das áreas máximas a serem drenadas e da intensidade de precipitação.

Método prático

Dada a complexidade do dimensionamento e o desconhecimento das condições de escoamento no interior dos condutores verticais de águas pluviais, apresenta-se como sugestão um critério simplificado muito utilizado por alguns projetistas, salvo em casos especiais, e que correlaciona a área do telhado com a seção do condutor vertical para uma chuva critica de 150 mm/h.

Neste método, ao invés de acharmos o diâmetro do condutor, fixamos este e determinamos o número de condutores em função da área máxima de telhado que cada diâmetro pode escoar, conforme recomendado na Tabela 4.8.

Tabela 4.8 Diâmetro do tubo em função da vazão e área de contribuição

Diâmetro (mm)	Vazão (L/s)	Área máxima de telhado (m^2)
50	0,57	14
75	1,76	42
100	3,78	90
125	7,00	167
150	11,53	275
200	25,18	600

Fonte: Lucas Nogueira Garcez, 1988.

Observação importante

Esse método prático proposto por GARCEZ (1988), se baseia na relação "um cm^2 de área de conduto para cada m^2 de área de cobertura de telhado a ser esgotada". Outros métodos surgiram depois e mostraram que a capacidade dos condutores verticais é bem superior àquelas propostas por GARCEZ (1988). Porém, de acordo com DEL CONTI (1993) há um limite a ser observado na taxa de ocupação do tubo. Para evitar problemas, em edifícios com mais de três pavimentos, recomenda-se tubos com maior espessura (Série Reforçada).

Exemplo de dimensionamento

Dimensionar os condutores verticais de águas pluviais para o telhado representado na Figura 4.11, sabendo-se que as paredes são de alvenaria e de espessura 0,25 cm.

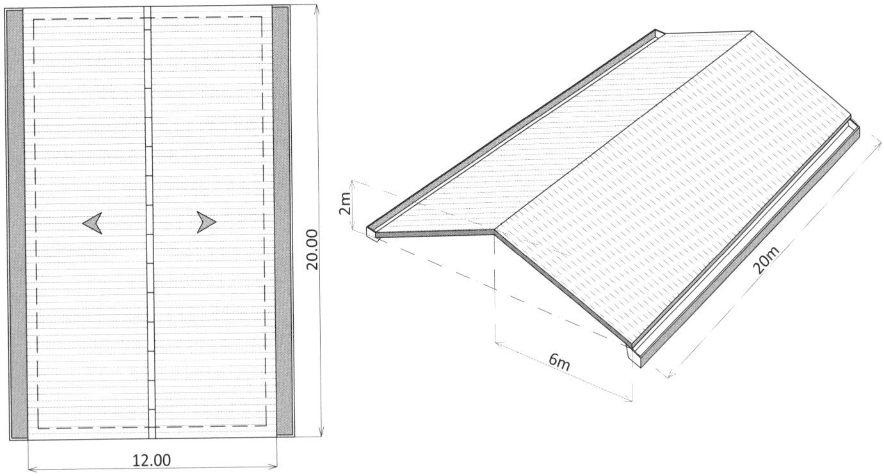

Figura 4.11 Dimensionamento de condutores verticais.

Solução:

Como as paredes são de 0,25 cm, deveremos usar tubos de 100 mm. Conforme a tabela 4.8, um tubo de 100 mm escoa 90 m² de telhado.

a.

$$n=\frac{At}{Ac}$$

onde:

n = número de condutores por calha;

At = área de contribuição do telhado;

Ac = área escoada pelo condutor = 90 m².

$$A_t = \left(a + \frac{h}{2}\right) \times b$$

$$A_t = \left(6 + \frac{2}{2}\right) \times 20$$

$$A_t = 140 \text{ m}^2$$

$$n = \frac{140}{90}$$

$$n = 1{,}55$$

Adotam-se 2 condutores de 100 mm em cada uma das superfícies inclinadas do telhado.

COBERTURAS HORIZONTAIS DE LAJE

É muito comum o empoçamento de água em coberturas horizontais de laje, mesmo não ocorrendo tempestades. Isso acontece normalmente por conta da declividade incorreta da laje para o escoamento da água e da obstrução ou quantidade insuficiente de ralos. Para evitar isso, as superfícies horizontais de laje devem ter declividade mínima de 0,5%, garantindo o escoamento das águas pluviais até os pontos de drenagem.

A drenagem deve ser feita por mais de uma saída, exceto nos casos em que não haja risco de obstrução. Quando necessário, a cobertura deve ser subdividida em áreas menores, com caimentos de orientações diferentes, para evitar grandes percursos de água. De acordo com a NBR 10844:1989, os trechos da linha perimetral da cobertura e das eventuais aberturas (escadas, claraboias etc.) que possam receber água devem ser dotados de platibanda ou calha por conta do caimento. Os ralos hemisféricos (cuja grelha é hemisférica) devem ser usados onde os ralos planos possam causar obstruções – por exemplo, pelo acúmulo de folhas de vegetação ou detritos –, dado o formato característico de sua grelha, que permite a retenção desse tipo de material em sua porção inferior e a passagem da água por cima, ao formar certa altura de lâmina líquida. Dessa forma, uma aplicação muito útil para o ralo hemisférico é sua adoção em calhas sujeitas à deposição de folhas de vegetação.

Além da declividade necessária para o escoamento das águas e do posicionamento correto de ralos de drenagem, a cobertura horizontal de laje deve ser especialmente projetada para ser impermeável. Para que isso ocorra, é importante uma boa compatibilização do sistema de drenagem com o de impermeabilização, uma vez que são necessárias algumas perfurações para acomodar os dispositivos de coleta de águas da chuva, como os ralos.

É importante esses fatores ao projetar e executar coberturas horizontais de laje, para evitar o empoçamento de água nessas estruturas.

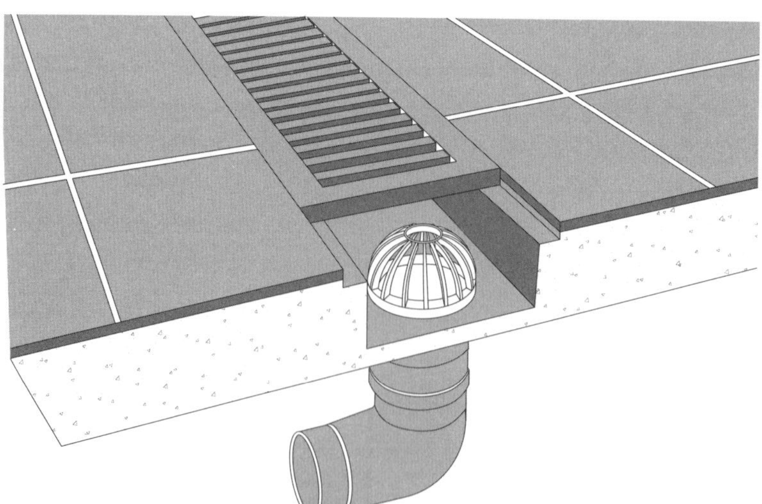

Figura 4.12 Detalhe de ralo hemisférico.

DIMENSIONAMENTO DE RALOS HEMISFÉRICOS

A principal vantagem para aplicação dos ralos hemisféricos em situações específicas de projeto deve-se ao fato de a grelha hemisférica, situada na embocadura de um condutor vertical ao fundo da calha, admitir água em seu interior de modo predominantemente radial, decorrente da forma peculiar das aberturas ou ranhuras de sua grelha.

O dimensionamento dos ralos hemisféricos deve ser feito de forma a compensar o estrangulamento causado pela impermeabilização no diâmetro do tubo de descarga. Devem ser adotados para os diâmetros dos ralos hemisféricos os DN imediatamente superiores aos calculados para cada coluna de águas pluviais. Os condutores verticais de águas pluviais devem ser dimensionados de acordo com os critérios estabelecidos pela NBR 10844:1989 levando-se em consideração o valor da intensidade pluviométrica e a área de contribuição de vazão da cobertura horizontal a ser drenada.

UTILIZAÇÃO DE BUZINOTES

Para a drenagem de marquises, podem ser utilizados buzinotes, tubos de pequeno diâmetro e extensão, que esgotam as águas que neles chegam. Utilizam-se buzinotes com diâmetro mínimo de 50 mm, para evitar o entupimento, devendo haver um para cada 13,5 m^2, sendo um mínimo de dois por marquise. A desvantagem de se utilizar buzinotes para a drenagem de águas pluviais em marquises é que ficam pingando.

É importante ressaltar que, em marquises, a deficiente disposição de águas pluviais pode provocar o acúmulo de água, facilitando a oxidação da armadura negativa do concreto armado. A armadura oxidada gera trincas que aumenta a penetração da água; agrava-se ainda mais o dano à armadura, levando, frequentemente o colapso da marquise.

CONDUTORES HORIZONTAIS

Os condutores horizontais têm a finalidade de recolher as águas pluviais dos condutores verticais e (ou) da superfície do terreno e conduzi-las até os locais permitidos pelos dispositivos legais. Os condutores podem ser previstos em qualquer pavimento da edificação (desde a cobertura, até o nível do piso).

A ligação entre condutores verticais e condutores horizontais aparentes será feita por meio de curva de raio longo e junção de 45º. Nas tubulações aparentes, a NBR 10844:1989 recomenda a instalação de inspeções sempre que houver conexões com outra tubulação, mudança de declividade, mudança de direção e, ainda, a cada trecho de 20 m nos percursos retilíneos. No caso de as tubulações serem enterradas, em vez de visitas de inspeção, devem ser previstas caixas de inspeção.

Quando esses coletores estiverem situados em terreno firme e não estiverem sujeitos a choques, as tubulações comumente utilizadas são de PVC ou de ferro fundido, quando aparentes, em razão da maior rigidez e maior resistência ao impacto (veja a

Seção "Materiais utilizados"). O autor do projeto de drenagem de águas pluviais deverá verificar a resistência das tubulações enterradas quanto às cargas externas, permanentes e eventuais a que estarão expostas, e se necessário, projetar reforços para garantir que as tubulações não sejam danificadas.

DIMENSIONAMENTO DOS CONDUTORES HORIZONTAIS

O dimensionamento de condutores horizontais de águas pluviais em sistemas prediais envolve vários fatores, como a área de contribuição a ser drenada, a intensidade da chuva, as características do local e os critérios de projeto aplicados na NBR 10844:1989 e regulamentos locais. Como o sistema predial de águas pluviais funciona por gravidade, é necessário que os condutores horizontais possuam declividade, para facilitar o escoamento. Os condutores horizontais devem ser projetados, sempre que possível, com declividade uniforme, com valor mínimo de 0,5%. Em alguns casos, essa declividade pode ser suficiente, mas em outros casos, dependendo das condições do local e da vazão esperada, uma declividade maior pode ser necessária para garantir um escoamento adequado.

Para o dimensionamento dos condutores horizontais de seção circular emprega-se a fórmula de Manning-Strickler, com altura de lâmina d'água igual a 2/3 do diâmetro interno do tubo. A Tabela 4.9, extraída da norma, fornece a capacidade de condutores horizontais de seção circular para vazões em L/min em função da declividade, do diâmetro e da rugosidade.

Tabela 4.9 Capacidade de condutores horizontais de seção circular (vazões em litros/min.)

Diâmetro interno (mm)	(*n* = 0,011): PVC, cobre, alumínio e fibrocimento				(*n* = 0,012): Ferro fundido, concreto liso				(*n* = 0,013): Cerâmica áspera, concreto áspero			
	0,5%	1%	2%	4%	0,5%	1%	2%	4%	0,5%	1%	2%	4%
50	32	45	64	90	29	41	59	83	27	38	54	76
75	95	133	188	267	87	122	172	245	80	113	159	226
100	204	287	405	575	187	264	372	527	173	243	343	486
125	370	521	735	1 040	339	478	674	956	313	441	622	882
150	602	847	1.190	1.690	552	777	1.100	1.550	509	717	1.010	1.430
200	1.300	1.820	2.570	3.650	1.190	1.670	2.360	3.350	1.100	1.540	2.180	3.040
250	2.350	3.310	4.660	6.620	2.150	3.030	4.280	6.070	1.990	2.800	3.950	5.600
300	3.820	5.380	7.590	10.800	3.500	1.930	6.960	9.870	3.230	4.550	6.420	9.110

Nota

As vazões da Tabela 4.9 foram calculadas pela fórmula de Manning-Strickler, com altura de lâmina de água igual a 2/3 D.

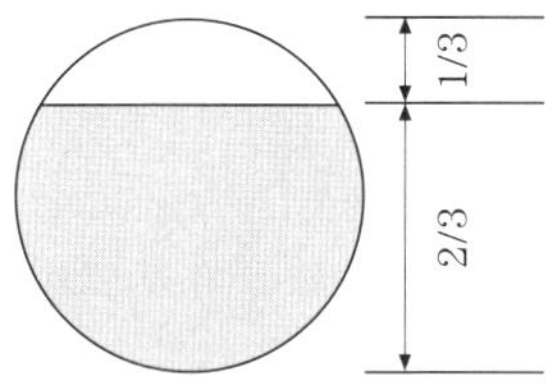

Condutor em regime de escoamento livre
(não afogado e por gravidade)

Exemplo de dimensionamento

Dimensionar os trechos das redes coletoras de águas pluviais, em PVC, indicadas na Figura 4.13, para uma declividade de 2%, supondo uma precipitação (I) de 160 mm/h.

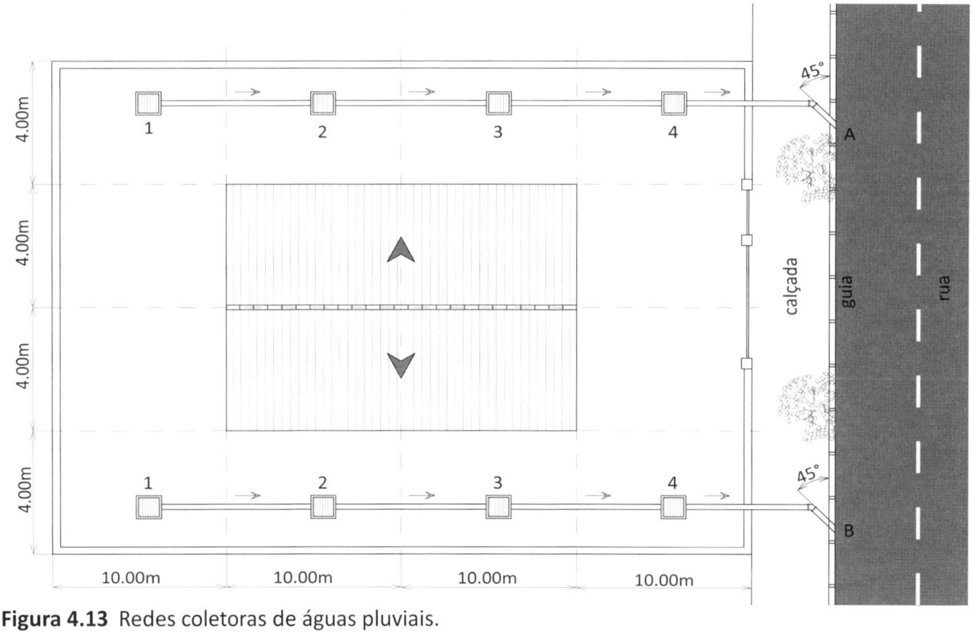

Figura 4.13 Redes coletoras de águas pluviais.

Solução

No presente caso temos duas redes distintas, que chamaremos de rede A e rede B, colocando as letras nas extremidades das redes junto à rua. Em seguida dividimos a área total a escoar em áreas de contribuição para cada caixa de inspeção, conforme assinaladas em linhas tracejadas. Depois dividimos a rede em trechos cujas extremidades são as caixas de inspeção. A vazão de contribuição de cada trecho da rede será caculada por meio da fórmula:

$$Q = \frac{I \times A}{60}$$

Rede A = Rede B

Trecho 1 – 2

$$Q = \frac{160 \times 80}{60} = 213 \text{ L/min}$$

Trecho 2 – 3

$$Q = \frac{160 \times 160}{60} = 427 \text{ L/min}$$

Trecho 3 – 4

$$Q = \frac{160 \times 240}{60} = 640 \text{ L/min}$$

Trecho 4 – 5

$$Q = \frac{160 \times 320}{60} = 853 \text{ L/min}$$

Observações

- Para facilitar a organização dos cálculos, é recomendada a elaboração de uma Planilha de cálculo (veja a Tabela 4.10). Com a vazão calculada em cada trecho e a declividade adotada encontra-se o diâmetro na Tabela 4.9.
- Para facilitar a execução das redes, recomenda-se adotar diâmetro de 100 mm nos trechos que ultrapassarem esse valor. Ás vezes, é melhor adotar dois tubos de 100 mm ao invés de um tubo de 125 mm.
- Os condutores horizontais desaguam na guia da sarjeta a 45°.

Tabela 4.10 Planilha de cálculo

Rede	Trecho	Área de contribuição (m²)		Vazão (L/min)	Diâmetro (mm)
		Simples	Acumulada		
A = B	1 – 2	80	80	213	100
	2 – 3	80	160	427	125 (2ø100)
	3 – 4	80	240	640	125 (2ø100)
	4 – 5	80	320	853	150 (3ø100)

SISTEMA DE BOMBEAMENTO DE ÁGUAS PLUVIAIS

Quando não há uma rede de drenagem disponível sob a rua, a água pluvial da edificação geralmente é direcionada para a sarjeta na frente do lote. Isso é comum em cidades onde a infraestrutura de drenagem é limitada. Por esta razão, os níveis projetados da edificação devem ser convenientemente estudados com relação ao escoamento das águas pluviais por gravidade.

Se o terreno estiver em nível inferior à rua, as águas pluviais deverão correr para a rua mais próxima, passando pelo terreno vizinho, conforme previsto no Código Civil Brasileiro. O lote à jusante deve receber as águas pluviais do lote situado à montante, mas, em virtude da desinformação dos moradores, isso acaba gerando problemas. A passagem das águas pluviais pelo lote à jusante deverá ser feita por meio de tubulações, em locais predeterminados.

Quando não são estudados convenientemente os níveis do terreno, acaba-se comprometendo a ligação dos condutores horizontais de águas pluviais, sendo até necessário, em alguns casos, o bombeamento das águas de chuva de pontos localizados abaixo do nível da rua. Essa solução sempre que possível deve ser evitada, em vista de seu custo e manutenção. Além disso, quedas de energia, muito comuns em dias de tempestade, interrompem o funcionamento do sistema, causando a inundação dos pavimentos localizados abaixo do nível da rua. Por isso, é necessário um sistema alternativo, com utilização de gerador de energia elétrica. Esse sistema deve ser previsto pelo arquiteto e pelo engenheiro hidráulico na fase de projeto e funcionar por comando automático. Assim, quando faltar energia elétrica, o gerador fará com que o sistema funcione automaticamente.

As caixas coletoras de águas pluviais deverão ser independentes de caixas coletoras de esgoto sanitário e, providas de instalações de bombeamento compostas cada uma de, pelo menos, duas unidades, sendo uma para reserva. Deverão ser especificadas bombas apropriadas para água suja, de tipo vertical ou submersível, providas de válvula de retenção e de registros de fechamento em separado para cada unidade e de preferência com acionamento automático e por motor elétrico.

Quando o nível do terreno está abaixo do nível da rua, às vezes, para não adotar o sistema descrito, acontecem ligações clandestinas das águas pluviais na rede de esgoto, sobrecarregando e comprometendo a rede pública de coleta de esgoto, pois ela não é dimensionada para suportar essa vazão.

O dimensionamento das tubulações de esgoto é feito de forma que o esgoto não chegue a ocupar todo o espaço da tubulação, atingindo apenas um determinado nível, inferior ao diâmetro interno da tubulação, possibilitando seu escoamento por gravidade, sem exercer pressões sobre a parede do tubo.

As águas pluviais jamais devem ser lançadas em redes de esgoto, pois as instalações prediais de águas pluviais se destinam exclusivamente ao recolhimento e à condução das águas pluviais, não se admitindo, em hipótese alguma, quaisquer interligações com outras instalações prediais.

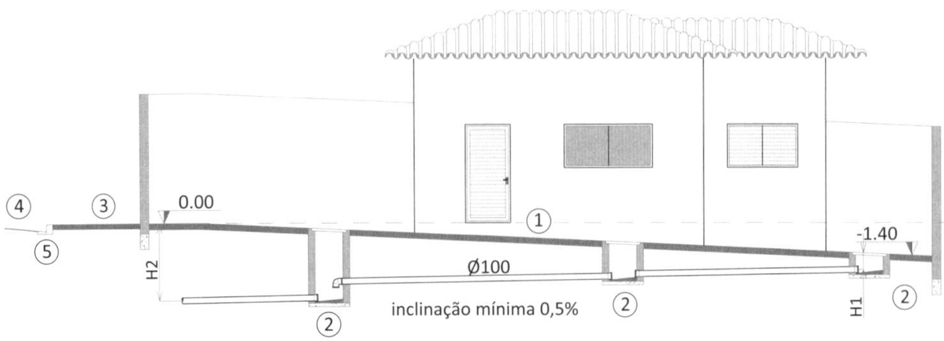

1 - Nível natural do terreno
2 - Caixa de captação de água pluvial
3 - Calçada
4 - Rua
5 - Guia (águas pluviais)

Figura 4.14 Rede coletora de águas pluviais em terreno com declividade acentuada para o fundo (necessidade de bombeamento).

CAIXAS COLETORAS DE ÁGUAS PLUVIAIS

São caixas detentoras de areia e/ou inspeção, que permitem a interligação de coletores e a limpeza e desobstrução das canalizações. Deve ser prevista no projeto próximo aos condutores verticais, para receber água da cobertura e encaminhá-la para os condutores horizontais. Também devem ser executadas sempre que houver mudança de direção da tubulação horizontal, mudança de diâmetro e de declividade da tubulação horizontal, a cada trecho de 20 m em percursos retilíneos.

Quando há possibilidade de entrada de terra ou areia nas grelhas das caixas de inspeção, estas serão construídas de forma a reter esses materiais, impedindo o carreamento para dentro da tubulação, e por isto são chamadas "caixas de areia". O fundo dessas caixas geralmente recebe uma camada de brita para receber sedimentos e resíduos, reduzindo bastante, ou até mesmo impedindo, a entrada destes nos coletores horizontais. São indicadas para redes enterradas de drenagem pluvial, em edificações residenciais ou comerciais, e podem possuir grelhas superficiais para também coletar as águas de drenagem de pisos.

As caixas deverão ter: seção circular de 0,60 m de diâmetro ou quadrada de 0,60 m de lado, no mínimo, e profundidade máxima de 1 m. A profundidade das caixas é calculada em função de suas distâncias e da declividade dos condutores horizontais. As caixas de inspeção também podem ser pré-fabricadas, de plástico (veja a Seção "Caixa múltipla").

Em algumas edificações, como postos de serviço de lavagem e lubrificação de veículos, bem como em garagens, as águas utilizadas não podem escoar diretamente nas redes públicas. Nesses casos, há necessidade de instalar caixas separadoras do óleo, da graxa e da lama, evitando o despejo nos coletores públicos, o que certamente traria sérios problemas ambientais.

MATERIAIS UTILIZADOS

Como foi visto, vários são os materiais empregados nas tubulações de águas pluviais. Os materiais mais comuns são o PVC e o ferro fundido. Quando se optar pelo PVC, nos prédios com mais de três pavimentos, é recomendável a utilização de tubos e conexões reforçados, como os tubos da *Série R* produzidos pela Tigre.

O ferro fundido, por ser um material mais resistente, deve ser utilizado em instalações aparentes sujeitas a choques.

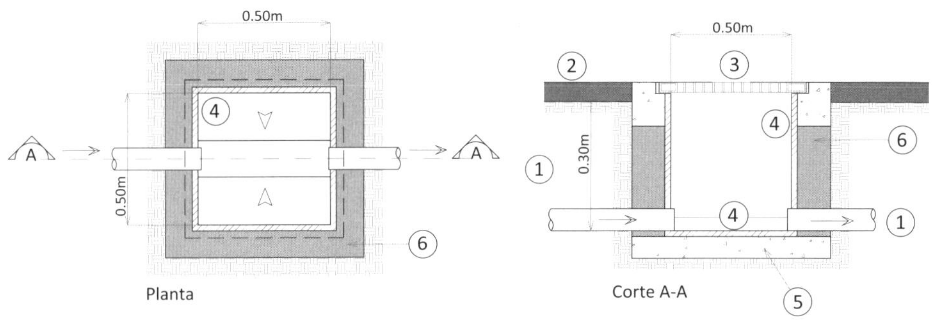

1 - Condutor horizontal
2 - Piso acabado
3 - Grelha de concreto alumínio ou metal
4 - Argamassa de areia e cimento com impermeabilizante
5 - Base de concreto magro
6 - Alvenaria ou concreto

Figura 4.15 Caixa de inspeção de águas pluviais em alvenaria.

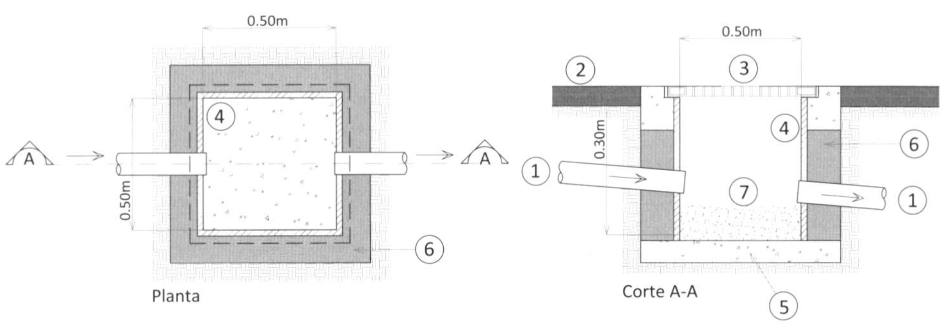

1 - Condutor horizontal
2 - Piso acabado
3 - Grelha de concreto alumínio ou metal
4 - Argamassa de areia e cimento com impermeabilizante
5 - Base de concreto magro
6 - Alvenaria ou concreto
7 - Brita nº 1

Figura 4.16 Caixa de areia em alvenaria.

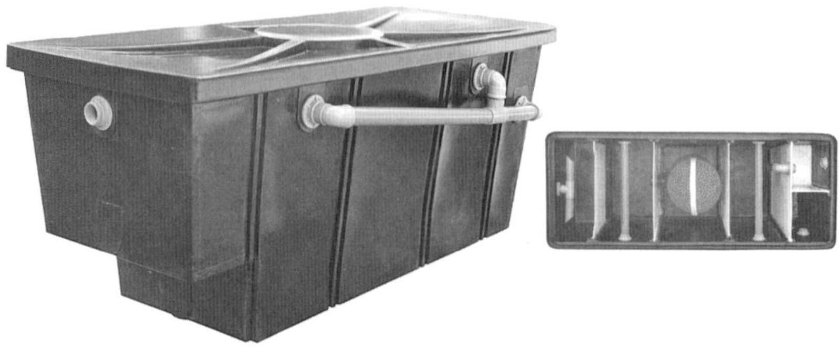

Figura 4.17 Caixa separadora de óleo e graxa.

SISTEMA DE APROVEITAMENTO DE ÁGUA DA CHUVA EM EDIFICAÇÕES[2]

Atualmente, temos dois problemas críticos no cenário de desenvolvimento urbano: a escassez de recursos naturais, especialmente, a da água em decorrência da degradação de sua qualidade e as inundações ocasionadas pelo aumento das áreas impermeáveis e da deficiência dos sistemas de drenagem urbana.

O aproveitamento da água pluvial em atividades que não necessitem de água potável pode reduzir significativamente o consumo no edifício, contribuir para o combate à escassez de água, além de controlar o escoamento superficial nas vias urbanas.

É importante ressaltar, porém, que a água da chuva deve ser armazenada em reservatório independente, pois não é indicada para o consumo. Deve ser armazenada, preferencialmente, em reservatórios subterrâneos, tipo cisternas.

A NBR 15527:2019 - Aproveitamento de água de chuva de coberturas para fins não potáveis, fornece os requisitos para o aproveitamento de água de chuva de coberturas em áreas urbanas para fins não potáveis.

O sistema predial de aproveitamento de água pluvial para usos domésticos não potáveis é formado pelos seguintes subsistemas ou componentes: captação, condução, tratamento, armazenamento, tubulações sob pressão, sistema automático ou manual de comando e utilização. Entende-se por usos domésticos não potáveis aqueles que não requerem características de qualidade tão exigentes quanto à potabilidade, como: a descarga de bacias sanitárias e mictórios, a limpeza de pisos e paredes, a rega de jardins, a lavagem de veículos e a água de reserva para combate a incêndio.

O funcionamento do sistema é muito simples: as águas pluviais são captadas por meio de calhas, passam por um filtro, que separa de impurezas a água de chuva, e seguem para a cisterna ou para o reservatório subterrâneo.

---

2 Alves; Zanella; Santos, 2008.

Após a desinfecção, são bombeadas para um reservatório independente na cobertura, que deve conter extravasor, dispositivo de esgotamento, cobertura, inspeção, ventilação e segurança, além de ser equipado com um sistema de válvula solenoide, conforme requisitos apresentados na NBR 15527:2019. O sistema de válvula solenoide consiste em uma válvula acionada eletricamente e comandada por uma boia de nível, que permite a entrada de água tratada da rede pública quando o nível mínimo no reservatório pluvial for atingido. Recomenda-se adotar como nível mínimo o valor correspondente a 30% da capacidade do reservatório. Desse modo, os vasos sanitários não deixam de ser abastecidos em casos de falta de chuva ou em casos em que a demanda de água for superior à capacidade de coleta do sistema. Quando for utilizado o sistema de válvula solenoide, também é preciso adotar dispositivos que impeçam a conexão cruzada. Para isso, recomenda-se projetar o reservatório de água potável acima do reservatório de água pluvial, de modo a possibilitar a realimentação por gravidade, sendo que o tubo de realimentação deve estar 5 cm acima do reservatório pluvial. Caso o projeto arquitetônico não permita a elevação do reservatório de água potável em relação ao reservatório de água pluvial, é possível realizar essa realimentação com o uso de bomba.

Quando se trata de reúso de águas pluviais, é importante ressaltar que, apesar de ser uma alternativa ecologicamente correta, o aproveitamento de águas pluviais deve ser implementado de forma responsável. A água de chuva possui substâncias tóxicas e bactérias que, em caso de ingestão ou contato com a pele e mucosas, pode causar doenças, desde simples irritação na pele a graves infecções intestinais.

Em sistemas de aproveitamento de águas de chuvas, o sistema de tratamento é especificado em função da caracterização da qualidade da água recebida e pode variar de acordo com a tipologia da edificação, a finalidade do sistema, a qualidade da água demandada e a viabilidade técnica e econômica para implantação do sistema.

Sempre que houver reúso das águas pluviais para finalidades não potáveis, inclusive quando destinado a lavagem de veículos ou áreas externas, deverão ser atendidas as normas sanitárias vigentes e as condições técnicas específicas estabelecidas pelo órgão municipal responsável pela Vigilância Sanitária, visando:

- Evitar o consumo indevido, definindo sinalização de alerta padronizada a ser colocada em local visível junto ao ponto de água não potável e determinando os tipos de utilização admitidos para a água não potável;
- Garantir padrões de qualidade de água apropriadas ao tipo de utilização previsto, definindo os dispositivos, processos e tratamentos necessários para a manutenção dessa qualidade;
- Impedir a contaminação do sistema predial destinado à água potável proveniente da rede pública ou de sistema particular, sendo terminantemente vedada qualquer comunicação entre esse sistema e o sistema predial destinado à água não potável.

NORMAS TÉCNICAS

É fundamental consultar as normas técnicas brasileiras, caso o projetista queira se aprofundar no assunto. Os documentos relacionados a seguir são indispensáveis à aplicação do reúso das águas pluviais para finalidades não potáveis:

NBR 15527:2019 – Água de chuva – aproveitamento de coberturas em áreas urbanas para fins não potáveis – Requesitos.

NBR 10844:1989 – Instalações prediais de águas pluviais.

NBR 12213:1992 – Projeto de captação de água de superfície para abastecimento público - Procedimento.

NBR 12414:2020 - Projeto de estação de bombeamento ou de estação elevatória de água - Requisitos.

NBR 12217:1994 – Projeto de reservatório de distribuição de água para abastecimento público - Procedimento.

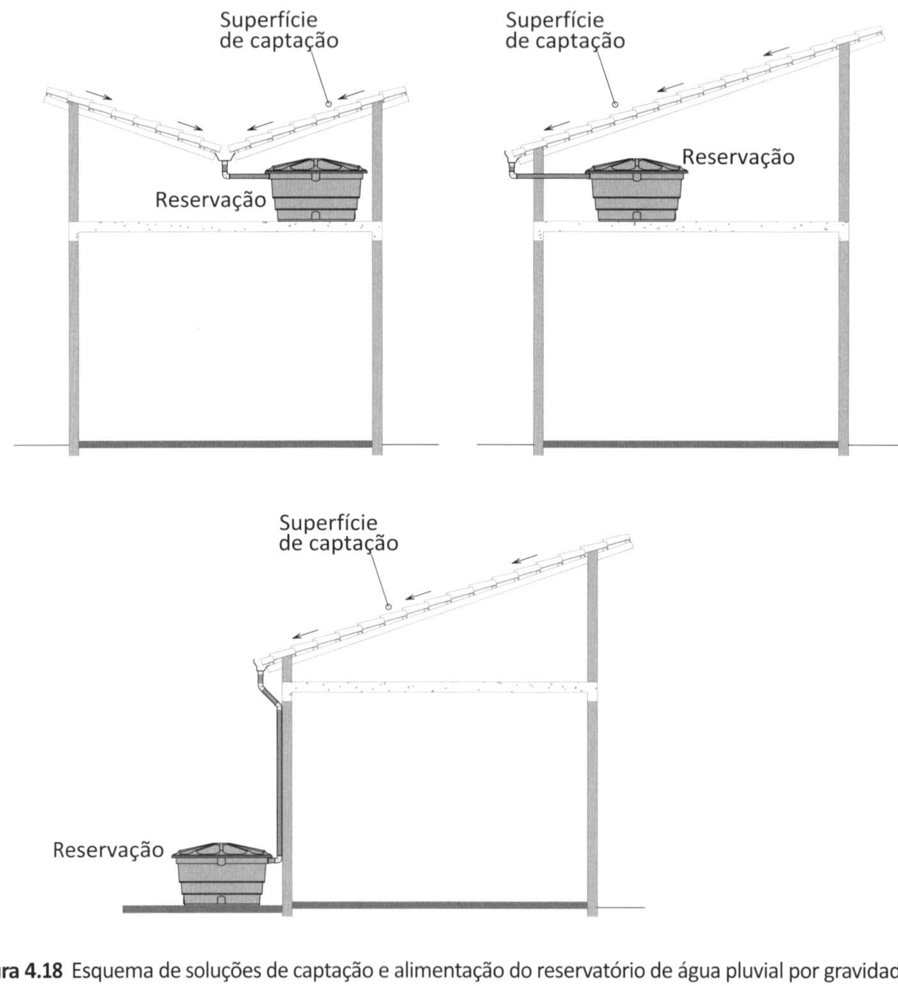

Figura 4.18 Esquema de soluções de captação e alimentação do reservatório de água pluvial por gravidade.

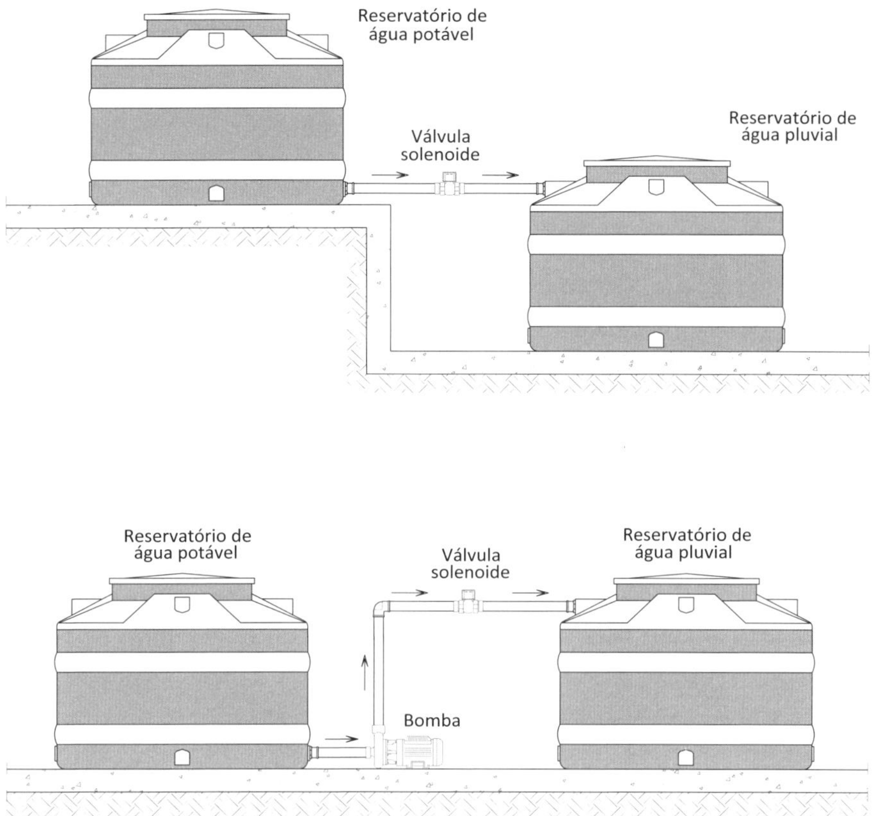

Figura 4.19 Sistema de realimentação do reservatório de águas pluviais com válvula solenoide.

DIMENSIONAMENTO DO RESERVATÓRIO DE ÁGUA PLUVIAL

De acordo com a NBR 15527:2019 - Água de chuva – aproveitamento de coberturas em áreas urbanas para fins não potáveis, o volume dos reservatórios de águas pluviais deve ser dimensionado com base em critérios técnicos, econômicos, e ambientais. Existem diversos métodos de dimensionamento de reservatório que resultam em distintos volumes, sendo que alguns estão apresentados na norma.

A escolha do método mais adequado é de fundamental importância para a viabilidade técnico-econômica de implantação de um sistema de aproveitamento de água pluvial, uma vez que o reservatório é um item essencial do sistema.

No dimensionamento dos reservatórios busca-se determinar a capacidade volumétrica que atenda ao máximo possível à demanda exercida com um menor custo de implantação. É importante lembrar que nem sempre haverá chuva suficiente para atender toda a demanda estabelecida em projeto e nem sempre será possível armazenar toda chuva precipitada (por questões físicas e econômicas).

Atualmente, a maioria dos projetos de reservatórios de água pluvial com a finalidade de aproveitamento em fins não potáveis tem sido conduzida na base de critérios puramente empíricos. A predominância de tais critérios sobre critérios racionais é decorrência da variedade e complexidade dos métodos de dimensionamento encontrados na literatura, o que, muitas vezes, dificulta a utilização dos mesmos.

MÉTODO DE RIPPL

Este Método baseia-se no dimensionamento do reservatório de água pluvial pela máxima diferença acumulada entre o volume captado e a demanda (consumo mensal da edificação, que pode ser constante ou variável). É indicada a utilização de valores diários, embora valores mensais também sejam aceitos, em caso de ausência dos primeiros. O dimensionamento pode ser feito pelo "Método Analítico" ou "Método Gráfico".

Para o "Método Analítico", emprega-se a Tabela 4.11, reproduzida do trabalho de Amorim e Pereira (2008), que facilita muito o dimensionamento.

No "Método Gráfico", são lançados em um gráfico os volumes de chuvas acumulados no período de um ano. Traçam-se retas paralelas pela curva, tangenciando os pontos mais altos e mais baixo do gráfico. O volume do reservatório é obtido pela diferença (distância vertical) entre duas paralelas.

Tabela 4.11 Dimensionamento do reservatório pelo "Método de Rippl". Adaptada de Amorim e Pereira (2008)

(1)	(2)	(3)	(4)	(5)	(6)	(7)	(8)	(9)
	P	A		Vol. Aproveitável	Demanda mensal	V_{ap} - D	Dif. Acum.	V Reserv AP
Mês	(mm)	(m^2)	C × η	(m^3)	(m^3)	(m^3)	(m^3)	(m^3)
Jan								
Fev								
Mar								
Abr								
Mai								
Jun								
Jul								
Ago								
Set								
Out								

(continua)

Tabela 4.11 Dimensionamento do reservatório pelo "Método de Rippl". Adaptada de Amorim e Pereira (2008) *(continuação)*

(1)	(2)	(3)	(4)	(5)	(6)	(7)	(8)	(9)
	P	A		Vol. Aproveitável	Demanda mensal	V_{ap} - D	Dif. Acum.	V Reserv AP
Mês	(mm)	(m^2)	C × η	(m^3)	(m^3)	(m^3)	(m^3)	(m^3)
Nov								
Dez								
Total								

(1) Mês do ano

(2) Precipitação média mensal ou diária (mm)

(3) Área de coleta (m^2)

(4) Produto do coeficiente de escoamento superficial pela eficiência do sistema de captação

(5) Volume aproveitável (m^3): volume máximo de água pluvial que poderá ser coletado no intervalo de um mês ou diariamente, calculado pela equação: $V = P \times A \times C \times n$

Onde:

V = Volume máximo de água pluvial que poderá ser coletado no intervalo de um mês ou diariamente (m^3);

P = Precipitação média mensal ou diária (mm);

A = Área de coleta (m^2);

C = Coeficiente de escoamento superficial;

n = Eficiência do sistema de captação.

(6) Demanda mensal a ser atendida (m^3)

(7) Volume aproveitável – Demanda (m^3): diferença entre o volume de água pluvial aproveitável e o volume da demanda a ser atendida

(8) Diferença acumulada (m^3): volume obtido pelo somatório das diferenças negativas do volume aproveitável menos a demanda

(9) Volume do reservatório de água pluvial (m^3): volume adquirido no somatório da diferença negativa do volume de chuva e da demanda

MÉTODO PRÁTICO BRASILEIRO OU MÉTODO DE AZEVEDO NETTO

O método prático brasileiro é o primeiro método empírico apresentado na NBR 15527:2019. Este método relaciona a capacidade de armazenamento do reservatório com a quantidade de meses com seca ou pouca chuva, uma variável não utilizada nos demais métodos. Obtém-se o volume do reservatório de água pluvial por meio da equação:

$$V = 0{,}0042 \times Pa \times A \times T$$

onde:

V = volume do reservatório (litros);

Pa = precipitação pluviométrica anual média em mm;

A = área de coleta em projeção em m^2;

T = número de meses de pouca chuva ou seca (adimensional).

MÉTODO PRÁTICO ALEMÃO

É um método empírico, segundo o qual se toma o menor entre os seguintes valores para o volume do reservatório: 6% do volume anual de consumo ou 6% do volume anual de precipitação aproveitável

$$V_{adotado} = \text{mínimo entre } (V \text{ e } D) \times 0{,}06$$

onde:

V = volume de precipitação anual aproveitável (litros);

D = demanda anual de água não potável (litros);

$V_{adotado}$ = volume do reservatório (litros).

MÉTODO PRÁTICO INGLÊS

Este é um dos métodos mais simples apresentado na NBR 15527:2019. Baseia-se em uma estimativa de que o volume ideal para o reservatório seja de 5% da precipitação aproveitada pela área de captação disponível. Para uma dada área, neste método, haverá variação apenas entre as áreas das residencias, sendo os valores do consumo desprezados neste cálculo.

$$V = 0{,}05 \times P \times A$$

onde:

P = precipitação média anual em mm;

A = área de coleta em projeção no terreno em m^2;

V = volume de água pluvial aproveitável ou o volume do reservatório de água pluvial (litros).

MÉTODO PRÁTICO AUSTRALIANO

Este método utiliza uma lógica de análise continua através dos meses, avaliando o volume remanescente do mês anterior, a chuva total aproveitável do mês e a demanda também mensal. O cálculo do volume do reservatório é realizado por tentativas, até que sejam otimizados os valores de volume do reservatório, com atendimento confiável.

$$Q = \frac{(A \times C \times (P - I))}{1000}$$

onde:

C = coeficiente de escoamento superficial, geralmente 0,8;

P = precipitação média mensal em mm;

I = interceptação da água que molha as superfícies e perdas por evaporação (seguindo recomendação da NBR 15527:2019, geralmente 2 mm);

A = área de coleta em m^2;

Q = volume mensal produzido pela chuva em m^3.

O cálculo do volume do reservatório é realizado por tentativas, até sejam utilizados valores otimizados de confiança e volume do reservatório.

$$V_{(t)} = V_{(t-1)} + Q_t - D_t$$

onde:

Q_t = volume mensal produzido pela chuva no mês t em m^3;

$V_{(t)}$ = volume de água que está no tanque no fim do mês t m^3;

$V_{(t-1)}$= volume de água que está no reservatório no início do mês t em m^3;

D_t = demanda mensal de água não potável em m^3.

PROGRAMA COMPUTACIONAL NETUNO[3]

É um programa computacional que tem por objetivo determinar o potencial de economia de água potável em função da capacidade do reservatório, por meio do aproveitamento de água pluvial para usos em que a água não precisa ser potável. O programa permite que se façam simulações do potencial de economia de água potável tanto para um volume de reservatório quanto para diversos volumes, ao mesmo tempo. O programa gera gráficos que possibilitam analisar comparativamente o potencial de economia para diferentes volumes de reservatórios, facultando ao usuário escolher o volume mais adequado a suas necessidades.

3 Netuno, 2014.

Para a simulação de diversos reservatórios, o Netuno possibilita determinar o volume ideal do reservatório inferior.

INSTALAÇÃO DE CISTERNAS INDUSTRIALIZADAS[4]

As cisternas para armazenamento de águas pluviais podem ser moldadas *in loco* (concreto, alvenaria etc.) ou industrializadas, como de polietileno. As principais vantagens das cisternas pré-fabricadas são: a rapidez e facilidade de instalação, a capacidade de transporte para locais de difícil acesso e a possibilidade de adaptação a diferentes necessidades e capacidades de armazenamento. Além disso, essas cisternas são frequentemente projetadas com recursos adicionais, como filtros para a remoção de detritos e sistemas de controle de qualidade da água armazenada.

Em regiões onde a disponibilidade de água é limitada, as cisternas para armazenamento de águas pluviais, podem ser uma solução eficiente para coletar, armazenar e utilizar a água pluvial para irrigação de jardins, lavagem de pisos, descarga de vasos sanitários e outros usos não potáveis.

A Acqualimp apresenta uma linha de cisternas projetadas especialmente para armazenamento de água abaixo do nível do solo (enterradas) com volumes de 3.000 L, 5.000 L e 10.000 L. Porém, é importante ressaltar que esse tipo de cisterna pode ser instalada se, e somente se, o lençol freático estiver abaixo de sua base de assentamento. A distância mínima aconselhada pelo fabricante é de 1 m entre a base e o nível máximo que o lençol freático poderá atingir em períodos de cheia. Antes da escavação do solo e execução da base de assentamento para a colocação da cisterna, bem como para a instalação de todos os acessórios (necessários para o seu funcionamento adequado) é importante consultar o manual do fabricante. De acordo com a capacidade da cisterna que será instalada o fabricante sugere que a base tenha uma espessura de 5 cm para cisternas de 5.000 e 10.000 litros.

Exemplo de dimensionamento

Calcular o volume de água que se pode esperar de uma chuva média.

Dados:

área (A): 120 m^2 de telhado;

intensidade pluviométrica (I): 150 mm/h = 2,5 mm/min.;

tempo de duração da chuva (t): 5 min.

Solução:

Volume = $I \times t \times A$;

4 Acqualimp.

$$V = 2{,}5 \text{ mm/min} \times 5 \text{ min} \times 120 \text{ m}^2;$$

$$V = 1{,}50 \text{ m}^3 = 1.500 \text{ litros.}$$

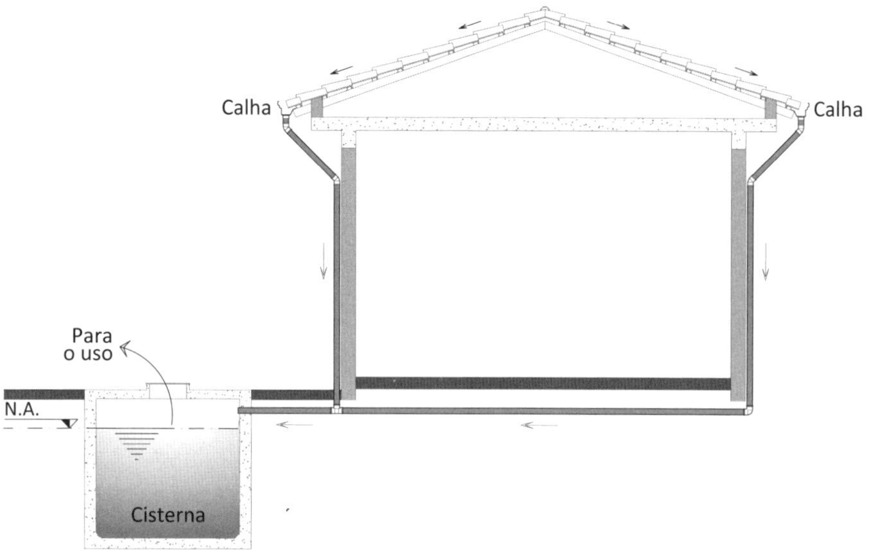

Figura 4.20 Uso de cisternas para captação de água pluvial.

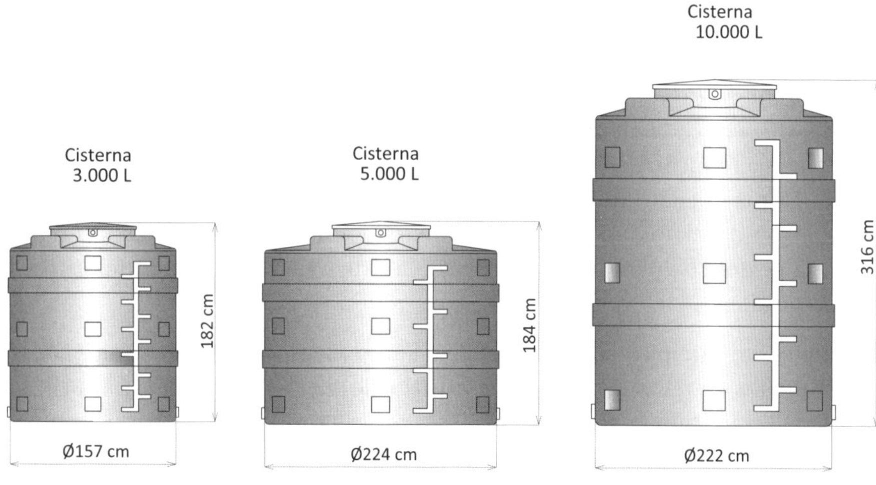

Fonte: Acqualimp

Figura 4.21 Dimensões aproximadas das cisternas.

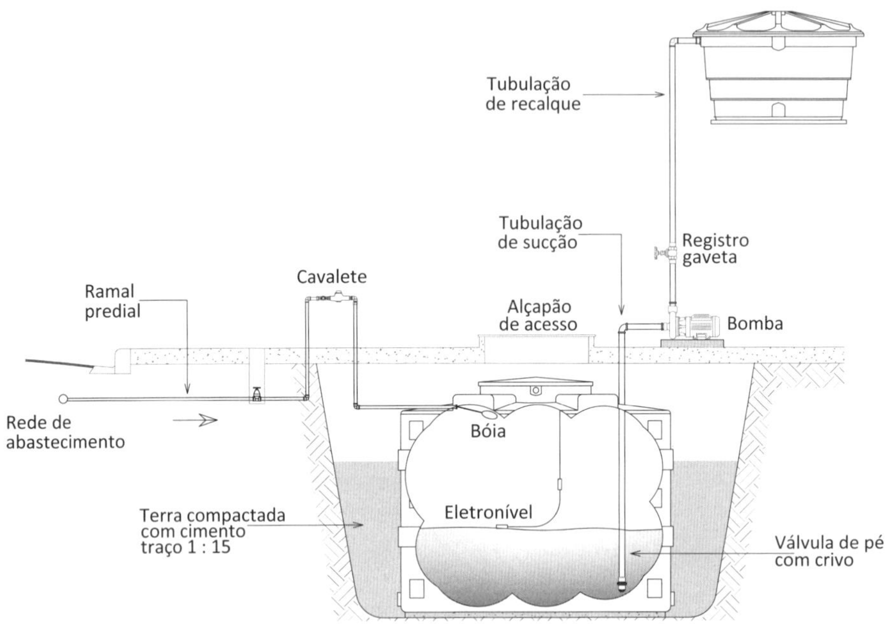

Figura 4.22 Instalação geral da cisterna equipada Acqualimp.

SISTEMA DE DRENAGEM DE ÁGUAS PLUVIAIS E DE CONTROLE NA FONTE[5]

A implantação de sistemas de drenagem de águas pluviais e de controle na fonte possibilita que em cada elemento de ocupação urbana, seja residencial, comercial ou industrial, haja redução da vazão de contribuição para os sistemas de drenagem urbana. Desta forma, o efeito multiplicativo de redução da vazão de contribuição, em razão da adoção de vários pontos de controle na fonte, evitaria o aumento das vazões máximas à jusante de uma bacia hidrográfica urbana, minimizando ou impedindo a formação de cheias.

Em alguns municípios do Estado de São Paulo a legislação determina a construção de reservatórios de retenção (poços de infiltração) de águas pluviais para compensar as áreas que serão impermeabilizadas. Esses reservatórios (poços de infiltração) terão a função de retardar o lançamento das águas pluviais nas vias públicas durante um determinado tempo, minimizando as causas de inundações.

No Estado de São Paulo, de acordo com a Lei Estadual 12.526/07, tornou-se obrigatória a implantação de sistema para captação e retenção de águas pluviais coletadas por telhados, coberturas, terraços e pavimentos descobertos, em lotes edificados ou não, que tenham área impermeabilizada superior a 500 m^2, com os seguintes objeti-

5 John; prado, 2010.

vos: reduzir a velocidade de escoamento de águas pluviais para as bacias hidrográficas em áreas urbanas com alto coeficiente de impermeabilização do solo e dificuldade de drenagem; controlar a ocorrência de inundações, amortecer e minimizar os problemas das vazões de cheias e, conseqüentemente, a extensão dos prejuízos; contribuir para a redução do consumo e o uso adequado da água potável tratada. Alguns municípios possuem legislação própria, devendo ser adotada a mais restritiva delas.

MODELOS DE SISTEMAS DE CONTROLE NA FONTE

Os sistemas de drenagem de águas pluviais e de controle na fonte podem incluir uma variedade de técnicas e medidas, como a implantação de bacias de detenção, pavimentos permeáveis, telhados verdes, cisternas de retenção, valas de infiltração, entre outros. Essas medidas têm como objetivo captar, armazenar, infiltrar ou retardar o escoamento da água pluvial, permitindo que seja gerenciada no próprio local de origem.

No modelo tradicional, normalmente adotado nas cidades, deverá ser instalado um sistema que conduza toda a água captada por telhados, coberturas, terraços e pavimentos descobertos ao(s) dispositivo(s) de retenção (poços de infiltração) das águas pluviais, de modo que a água precipitada não seja lançada diretamente para ruas e sarjetas. A água contida pelo reservatório deverá preferencialmente infiltrar-se no solo, podendo ser despejada na rede pública de drenagem, após uma hora de chuva ou ser conduzida para outro reservatório para ser utilizada para finalidades não potáveis (veja a Seção "Sistema de aproveitamento de água pluvial integrado ao sistema de infiltração").

O poço de infiltração, ilustrado na Figura 4.24, consiste de um poço similar a uma cisterna, com parede de tubos de concreto perfurados ou de alvenaria de tijolos maciço em crivo revestida externamente com manta geotêxtil e preenchida com brita n. 1 nas laterais fazendo a interface manta-solo. O fundo apresenta uma camada de brita n. 0 com espessura mínima de 30 cm, também revestida por manta geotêxtil, que serve como filtro para a água que será infiltrada no solo.

Os poços de infiltração também podem ser executados em subsolos de edifícios, entretanto, são necessárias algumas adequações para que o sistema conduza a água de um nível abaixo da via pública para o nível da sarjeta, após o enchimento do poço. Além da altura do solo de aterro, deve-se executar o poço de infiltração de modo que a sua tampa fique abaixo do nível de fundo das caixas de passagem mais próximas para evitar a inundação delas, em virtude do encharcamento do terreno e possíveis afloramentos de água no subsolo.

Para maior eficiência dos poços de infiltração, localizados abaixo do nível da rua, recomenda-se a instalação de um conjunto motor-bomba com o objetivo de recalcar a água pluvial, após atingir o nível máximo, indicado por uma boia de nível dentro do poço de infiltração. Isto possibilitará o esvaziamento do poço abaixo desse nível, apenas pela sua própria capacidade de infiltração.

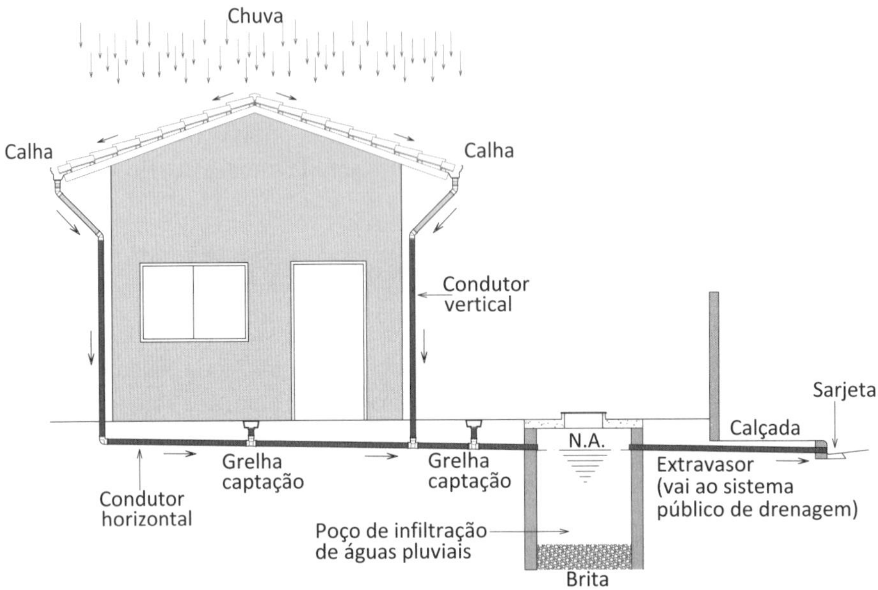

Figura 4.23 Poço de infiltração de águas pluviais em edifícios.

Fonte: John; Prado, 2010.

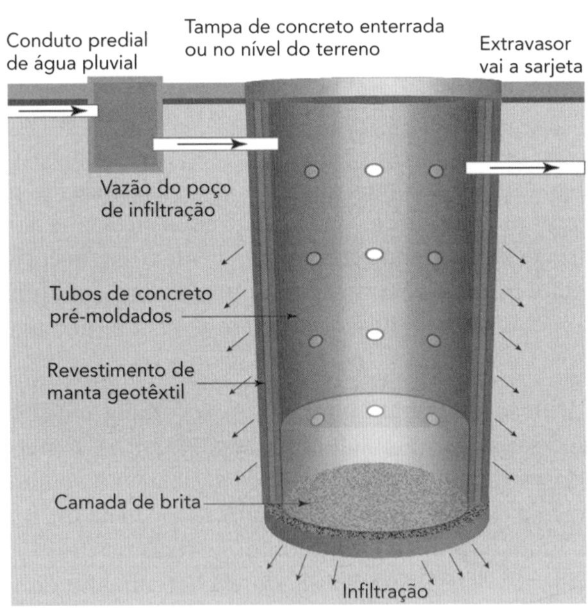

Figura 4.24 Detalhe do poço de infiltração de águas pluviais.

Fonte: John; Prado, 2010.

DIMENSIONAMENTO DO POÇO DE INFILTRAÇÃO

Para o dimensionamento do poço de infiltração de água pluvial são necessárias as seguintes informações:

- Tempo de retorno, que, segundo a NBR 10844:1989, para áreas pavimentadas, pode ser adotado igual a um ano;
- Intensidade pluviométrica local para o tempo de retorno de um ano;
- Coeficiente de *runoff* em função do material da área de contribuição;
- Área de contribuição;
- Maior nível sazonal do lençol freático, em virtude de dois fatores:
  - níveis muito elevados inviabilizam a implantação desse sistema, pois impossibilitam a infiltração da água pluvial;
  - recomendação, da NBR 7229:1997 para o caso de sumidouros, para afastar no mínimo 1,50 m do nível sazonal mais elevado do lençol freático, a fim de evitar sua contaminação por poluentes transportados pela água.
- Caracterização do solo, o que permite verificar se a infiltração e a percolação de água no terreno interfere de forma deletéria na estabilidade do solo;
- Coeficiente de permeabilidade, o que permite estimar a área necessária para a infiltração de um determinado volume de água precipitada.

Roteiro de cálculo

a) Calcular a intensidade pluviométrica (i), com T (período de retorno) = 1 ano e t (duração da chuva) = 5 minutos.

b) Calcular a área de contribuição da cobertura conforme recomendações da NBR 10844:1989.

c) O coeficiente de escoamento superficial pode ser adotado $c = 1$, uma vez que a superfície do telhado é considerada impermeável.

d) A vazão de projeto é determinada por meio da equação:

$$Q = \frac{c \times i \times A}{60}$$

onde:

Q = vazão de projeto, L/min;

c = coeficiente de escoamento superficial;

i = intensidade da chuva, mm/h;

A = área de contribuição, m^2.

e) Calcular o volume total precipitado sobre a área de contribuição para o tempo de cinco minutos, por considerar que esse valor seja capaz de reduzir o pico de cheia do hidrograma de chuvas de maior frequência e com as mesmas características.

f) Considerar a permeabilidade do solo para reduzir o volume do poço de infiltração ou considerar o solo do poço de infiltração completamente impermeável, como coeficiente de segurança.

g) Calcular a capacidade total de armazenamento do poço por meio das equações:

$$V_{\text{poço}} = V_{\text{total}} - V_{\text{vazios}}$$

$$V_{\text{vazios}} = V_{\text{brita}} - I_{\text{vazios}}$$

onde:

$V_{\text{poço}}$ = volume do poço acima da camada de brita;

V_{total} = volume que poço deve armazenar durante a chuva de projeto;

V_{brita} = volume de pedras com vazios;

V_{vazios} = volume de vazios;

I_{vazios} = índice de vazios.

Conhecendo-se o volume de armazenamento necessário e a capacidade de armazenamento da camada de brita pode-se, então, calcular a profundidade (H) necessária do poço de infiltração.

$$H = \frac{V_{poço}}{A_{seção}}$$

SISTEMA DE APROVEITAMENTO DE ÁGUA PLUVIAL INTEGRADO AO SISTEMA DE INFILTRAÇÃO

Várias pesquisas vêm sendo desenvolvidas em nosso país com objetivos de utilização da água pluvial em atividades domésticas ou industriais, mas quase nenhuma para sistema de aproveitamento de água pluvial integrado a um sistema de infiltração na fonte, aumentando o controle do escoamento superficial e reduzindo os problemas causados pelas enchentes urbanas. O aproveitamento da água pluvial em atividades domésticas, combinado com um sistema de infiltração na fonte, é uma estratégia eficiente para aumentar o controle do escoamento superficial e reduzir os problemas causados pelas enchentes urbanas. Esse tipo de sistema é conhecido como sistema de aproveitamento de água pluvial integrado (SAAP).

A água da chuva é coletada por meio de calhas instaladas nos telhados e direcionada para um sistema de armazenamento. Antes de ser armazenada, a água passa por um filtro para remover detritos, como folhas, galhos e sujeira, evitando o acúmulo de sedimentos no reservatório. Depois de filtrada a água pluvial é armazenada em um reservatório específico para esse fim. Pode ser um tanque enterrado no solo, uma cisterna ou um tanque elevado.

O sistema de infiltração é projetado para permitir que a água pluvial armazenada seja gradualmente liberada para o solo de forma controlada, evitando o excesso excessivo de água na superfície. Isso é feito por meio de dispositivos como poços de infiltração, valas de infiltração ou canteiros de absorção. A água armazenada pode ser utilizada em atividades domésticas que não contêm água potável, como descargas de vasos sanitários, lavagem de carros, limpeza de pisos e rega de jardins. Isso reduz a demanda por água potável e conserva os recursos hídricos. Além economizar água potável, esse sistema ajuda a mitigar os problemas de enchentes urbanas. Ao infiltrar a água no solo, o sistema também contribui para a recarga dos aquíferos subterrâneos, aumentando a disponibilidade de água a longo prazo.

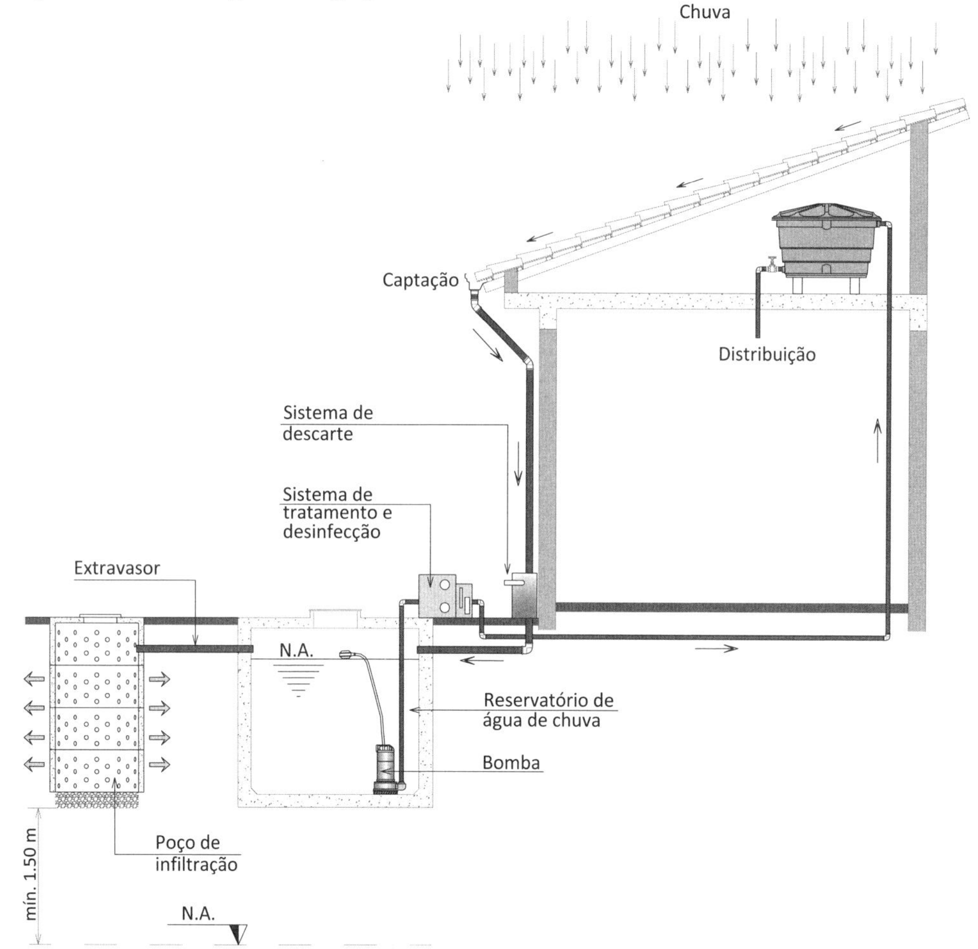

Figura 4.25 Sistema de aproveitamento de água pluvial integrado ao sistema de drenagem de água pluvial por poço de infiltração.

Fonte: John; Prado, 2010.

Referências

AIDAR, F. H. O incômodo ruído das instalações hidráulicas. *Revista Téchne*, São Paulo, n. 35, p. 38-42, jul.-ago. 1988.

ALVES, W. C.; ZANELLA, L.; SANTOS, M. F. L. Sistema de aproveitamento de águas pluviais: usos não potáveis. *Revista Téchne*, São Paulo, n. 133, p. 100-104, abr. 2008.

ALYANAC, A.; SARAVALLE, R.; ROCA, B. M. Sistema predial de água fria e quente em polietileno reticulado (PEX). Pini, *Téchne*, São Paulo, n. 44, p. 53-56, jan.-fev. 2000.

AMANCO. *Linha predial*. São Paulo, 2015. Disponível em: <http://assets.production.amanco.com.br.s3.amazonaws.com/uploads/gallery_asset/file/1/CATALOGO_LINHA_PREDIAL_2015.pdf>. Acesso em: 24 jun. 2016.

AMORIM, S. V.; PEREIRA, D. J. A. Estudo comparativo dos métodos de dimensionamento para reservatórios utilizados em aproveitamento de água pluvial. *Ambiente Construído*, Porto Alegre, v. 8, n. 2, p. 53-66, 2008a.

AMORIM, S. V.; PEREIRA, D. J. A. Estudo comparativo dos métodos de dimensionamento para reservatórios utilizados em aproveitamento de água pluvial. In: ENCONTRO NACIONAL DE TECNOLOGIA DO AMBIENTE CONSTRUÍDO, 12., Fortaleza, 2008. *Anais...* Fortaleza: Antac, 2008b.

APPAN, A. A dual-mode system for hamessing roofwater for non-potable uses. *Urban Water*, Abingdon, v. 1, n. 4, p. 317-321, 1999.

ABNT – ASSOCIAÇÃO BRASILEIRA DE NORMAS TÉCNICAS. NBR 10844:1989 – Instalações prediais de águas pluviais.

NBR 12213:1992 – Projeto de captação de água de superfície para abastecimento público.

NBR 12214:1992 – Projeto de sistema de bombeamento de águas para abastecimento público.

NBR 7229:1993 – Projeto, construção e operação de sistemas de tanques sépticos.

NBR 12217:1994 – Projeto de reservatório de distribuição de água para abastecimento público.

NBR 5899:1995 – Aquecedor de água a gás instantâneo.

NBR 13969:1997 – Tanques sépticos – unidades de tratamento complementar e disposição final dos efluentes líquidos – projeto, construção e operação.

NBR 8160:1999 – Sistemas prediais de esgoto sanitário – projeto e execução.

NBR 13714:2000 – Sistemas de hidrantes e de mangotinhos para combate a incêndio.

NBR 14931:2004 – Execução de estruturas de concreto – procedimento.

NBR 5410:2004 – Instalações elétricas de baixa tensão.

NBR 8130:2004 - Aquecedor de água a gás tipo instantâneo - Requisitos e métodos de ensaio.

NBR 9575:2010 – Impermeabilização – seleção e projeto.

NBR 14037:2011 – Diretrizes para elaboração de manuais de uso, operação e manutenção das edificações - Requisitos para elaboração e apresentação de conteúdos.

NBR 15939:2011 – Sistemas de Tubulações Plásticas para Instalações Prediais de Água Quente e Fria – Polietileno Reticulado.

NBR 16057:2012 - Sistema de aquecimento de água a gás (SAAG) – Projeto e instalação.

NBR 15575:2013 – NBR 15575:2013 - Edificações habitacionais - Desempenho - Parte 6: Requisitos para sistemas hidrossanitários.

NBR 6118:2014 – Projeto de estruturas de concreto – procedimento.

NBR 10540:2016 – Aquecedores de água a gás tipo acumulação – Terminologia.

NBR 10152:2017 – Acústica – Níveis de pressão sonora em ambientes internos a edificações.

NBR 14799:2018 – Reservatório poliolefínico para água potável – requisitos.

NBR 14800:2018 – Reservatório poliolefínico para água potável – instalações em obra.

NBR 16728-2:2019 – Tanques, lavatórios e bidês, Parte 2: Procedimento para instalação.

NBR 16727-2:2019 –Bacia sanitária, Parte 2: Procedimento para instalação.

NBR 15527:2019 - Aproveitamento de água de chuva de coberturas para fins não potáveis - Requisitos.

NBR 15527:2019 – Água de chuva – aproveitamento de coberturas em áreas urbanas para fins não potáveis.

NBR 5626:2020 – Sistemas prediais de água fria e água quente - Projeto, execução, operação e manutenção.

NBR 13103:2020 - Instalação de Aparelhos a gás – Requisitos.

NBR 15569:2020 – Sistema de aquecimento solar de água em circuito direto: requisitos de projeto e instalação.

AZEVEDO NETTO, FERNANDEZ, M. F. *Manual de hidráulica*. 9. ed. São Paulo: Blucher, 2015.

BASINGER, M.; MOLTALTO, F.; LALL, U. A rainwater harvesting system reliability model based on nonparametric stochastic rainfell generator. *Journal of Hydrology*, Amsterdam, v. 392, n. 3-4, p. 105-118, out. 2010.

BEZERRA, S. M C. et al. Dimensionamento de reservatório para aproveitamento de água de chuva: comparação entre métodos da

BORGES, R. S.; BORGES, W. L. *Manual de instalações prediais, hidráulico-sanitárias e de gás*. 4. ed. São Paulo: Pini, 1987.

BOTELHO, M. H. C.; RIBEIRO Jr., G. A. Instalações hidráulicas prediais Utilizando tubos plásticos. 4. ed. São Paulo: Blucher, 2014.

BRASIL. Lei nº 8.666, de 21 de junho de 1993. Regulamenta o art. 37, inciso XXI, da Constituição Federal, institui normas para licitações e contratos da Administração Pública e dá outras providências. *Diário Oficial da União*, Brasília, DF, 22 jun. 1993.

______. Ministério da Educação. Secretária de Educação Profissional e Tecnológica. Instituto Federal de Educação, Ciência e Tecnologia Catarinense. Pró-Reitoria de Desenvolvimento Institucional. Departamento de Engenharia. *Instruções normativas para elaboração de projetos de instalação predial de água fria,* água quente, esgoto sanitário e drenagem de águas pluviais. Blumenau, 2010. Disponível em: <http://ifc.edu.br/wp-content/uploads/2014/05/Instru%C3%A7%C3%B5es-Normativas-Projcto-Hidrossanit%C3%A1rio.pdf>. Acesso em: 10 maio 2016.

______. Fundação Nacional de Saúde (FUNASA). *Manual de saneamento*. 5. ed. Brasília: FUNASA, 2019.

______. Agência Nacional de Águas. *Atlas Esgotos: Despoluição de Bacias Hidrográficas*. [s.d.]. Disponível em: <http://atlasesgotos.ana.gov.br/>. Acesso em: 12 fev. 2020.

CAMPOS, J. R. *Instalações prediais de água quente*. São Carlos: Escola de Engenharia de São Carlos da Universidade de São Paulo, 1982.

CAPOZZI, S. Trabalho em conjunto. Pini, *Téchne*, São Paulo, n. 34, p. 32-34, maio-jun. 1998.

CARVALHO, G. S.; OLIVEIRA, S. C.; MORUZZI, R. B. Cálculo do volume do reservatório de sistemas de aproveitamento de água de chuva: comparação entre métodos para aplicação em residência unifamiliar. In: SIMPÓSIO NACIONAL DE SISTEMAS PREDIAIS, 10., São Carlos, 2007, *Anais*... São Carlos, 2007.

CARVALHO, W. F. *Medição individualizada de água em apartamentos*. 2010. Monografia (Curso de Especialização em Construção Civil) – Universidade Federal de Minas Gerais, Belo Horizonte, 2010.

CIB SYMPOSIUM ON CONSTRUCTION AND ENVIRONMENT, 2000, São Paulo. *Proceedings*... São Paulo: Escola Politécnica da Universidade de São Paulo, 2000. 1 CD-ROM.

CICHINELLI, G. Soluções não potáveis. *Revista Téchne*, São Paulo, n. 133, p. 54-57, abr. 2008.

CIOCCHI, L. Para utilizar água de chuva em edificações. *Revista Téchne*, São Paulo, n. 72, p. 58-60, mar. 2003.

COELHO, A. C. *Medição de água individualizada*: manual de consulta. Recife: Editora do autor, 2007.

COSTA, D. Com todo o respeito, aproveite a natureza. *Revista Arquitetura & Construção*, São Paulo, p. 74-77, nov. 2004.

CREDER, H. *Instalações hidráulicas e sanitárias*. 5. ed. Rio de Janeiro: Livros Técnicos e Científicos, 1991.

DEL CONTI, C. Estudo sobre o dimensionamento de sistemas prediais de drenagem de águas pluviais de coberturas e pequenas áreas pavimentadas. Dissertação (Mestrado). Escola Politécnica da Universidade de São Paulo, São Paulo, 1994.

DI BERNARDO, L. *Instalação predial de águas pluviais*. São Carlos: Escola de Engenharia de São Carlos da Universidade de São Paulo, 1984.

DI BERNARDO, L.; BLUNDI, C. E.; ARAÚJO FILHO, A. R. DE. *Instalações prediais de água fria*. São Carlos: Escola de Engenharia de São Carlos da Universidade de São Paulo, 1981.

ENGEPROG PROJETOS & CONSTRUÇÕES LTDA. *Projetos hidráulicos*. São Bernardo do Campo, [20--]. Disponível em: <http://www.engeprogprojetos.com.br/index.php?view=article&catid=46%3Aservicos&id=55%3Aprojetos-hidraulicos&format=pdf&option=com_content&Itemid=63>. Acesso em: 10 maio 2016.

EROKSUZ, E.; RAHMAN, A. rainwater tanks in multi-unit buildings: a case study for three Australian cities. *Resources, Conservation and Recycling*, Amsterdam, v. 54, n. 12, p. 1449-1452, 2010.

FERNADES, V.M.C. Influência do uso de dispositivos de admissão de ar no comportamento hidráulico-pneumático dos sistemas prediais de coleta de esgotos sanitários de edifícios residenciais. PCC-EPEUSP. São Paulo, 1993.

FERNANDES, V. M. C. ; GONCALVES, Orestes M. Análise do uso de válvulas de admissão de ar nos sistemas de esgotos sanitários brasileiros. In: Encontro Nacional de Tecnologia do Ambiente Construído, 2002, Foz do Iguaçu. Encontro Nacional de Tecnologia do Ambiente Construído, 2002. p. 1931-1940.

FEWKES, A. The use of rainwater for WC flushin: the field testing of a collection system. *Building and Environment*, Kidlington, v. 34, n. 6, p. 765-772, nov. 1999.

FORESTI, E.; BLUNDI, C. E. *Instalações prediais de esgotos sanitários*. São Carlos: Escola de Engenharia de São Carlos da Universidade de São Paulo, 1980.

FOX, R. W.; McDONALD, A. T. e PRINCHARD, P. J. Introdução à Mecânica dos Fluidos. 8ª ed. Rio de Janeiro: Editora LTC, 2014.

GARCEZ, L. N. *Elementos de engenharia hidráulica e sanitária*. 2. ed. São Paulo: Blucher, 1976.

GHISI, E. Parameters influencing the sizing of rainwater tanks for use in houses. *Water Resources Management*, Middletown, v. 24, n. 10, p. 2318-2403, 2010.

GHISI, E.; BRESSAN, D. L.; MARTINI, M. Rainwater tank capacity and potential for potable water avings by using rainwater in the residential sector of Southeastern Brazil. *Building and Environment*, Kidlington, v. 42, n. 1, p. 1654-1666, 2007.

GONÇALVES, O. M. *Formulação de modelo para o estabelecimento de vazões de projeto em sistemas prediais de distribuição de água fria*. 1986. 388 p. Tese (Doutorado em Engenharia Civil) – Escola Politécnica, Universidade de São Paulo, São Paulo, 1986.

GONÇALVES, O. M. Avanços conceituais e tecnológicos. *Revista Téchne*, São Paulo, n. 12, p. 30-34, set.-out. 1994.

GONÇALVES, O. M. et al. Noções básicas. In: PRADO, R. T. de A. (Org.). *Execução e manutenção de sistemas hidráulicos prediais*. São Paulo: Pini, 2000. p. 99-103.

GUIA DA ENGENHARIA. Dimensionamento de condutores verticais de águas pluviais. Disponível em: <https://www.youtube.com/watch?v=ED6vm1XfUTc. Acesso em: 16 junho 2021.

ILHA, M. S. O.; GONÇALVES, O. M. *Sistemas prediais de água fria*. São Paulo: EPUSP, 1994. 113 p. Série Texto Técnico do Departamento de Engenharia de Construção Civil, TT/PCC/08 – Sistemas prediais de água fria.

ILHA, M. S. O.; OLIVEIRA, L. H.; GONÇALVES, O. M. Sistemas de medição individualizada de água: como determinar as vazões de projeto para a especificação dos hidrômetros? *Eng. Sanit. Ambient.*, Rio de Janeiro, v. 15, n. 2, abr.-jun. 2010.

JOHN, V. M.; PRADO, R. T. A. *Boas práticas para habitação mais sustentável*. São Paulo: Páginas & Letras, 2010. Disponível em: <http://www.caixa.gov.br/Downloads/selo_azul/Selo_Casa_Azul.pdf>. Acesso em: 10 maio 2016.

LEAL, U. Ruídos em tubulações podem ter várias causas. *Revista Téchne*, São Paulo, n. 72, p. 48-51, mar. 2004.

LIMA, C. F. M; ANDERY, P. R. P; VEIGA, A. C. R. Análise do processo de projeto de sistemas hidrossanitários prediais. *Pesquisa em Arquitetura e Construção*, Campinas, v. 7, n. 2, p. 102-113, jun. 2016.

LORENZI, L. S. *Análise Crítica e Proposições de Avanço nas Metodologias de Ensaios Experimentais de Desempenho à Luz da ABNT NBR 15575 (2013) para Edificações Habitacionais de Interesse Social Térreas*. 2013. Tese (Doutorado em Engenharia Civil) – Universidade Federal do Rio Grande do Sul, Porto Alegre, 2013.

MACINTYRE, A. J. *Instalações hidráulicas prediais e industriais*. 4. ed. Rio de Janeiro: LTC, 2017.

MANO, C. Criatividade em ebulição. *Revista Téchne*, São Paulo, n. 38, p. 32-35, jan.-fev. 1999.

MEDEIROS, H. Pressão reduzida. *Revista Téchne*, São Paulo, n. 139, p. 58-59. out. 2008.

MELLO CAMPOS, R. Água aquecida o ano todo. *Arquitetura & Construção*, São Paulo, n. 9, p. 11-117, jul. 2008.

MELO, V. de O.; AZEVEDO NETTO, J. M. *Instalações prediais hidráulico-sanitárias*. São Paulo: Blucher, 1988.

NAKAMOTO, S.; HACHICH, V. F. Sistema de proteção contra incêndio com tubos de CPVC e Sprinklers. *Revista Téchne*, São Paulo, n. 132, p. 78-80, mar. 2008.

NAKAMURA, J. Condução racionalizada. Pini, *Téchne*, São Paulo, n. 192, p. 38-40, mar. 2013.

NAKAMURA, J. Relatora comenta capítulo da Norma de Desempenho que trata de sistemas hidrossanitários. *Revista Téchne*, São Paulo, n. 201, p. 38-41, dez. 2013.

NETUNO. Florianópolis: LabEEE-USFC, 2004. Disponível em: <http://www.labeee.ufsc.br/downloads/softwares/Netuno>. Acesso em: 10 maio 2016.

OKAMOTO, P. S.; MELHADO; S. B. *A Norma Brasileira de Desempenho e o Processo de Projeto de Empreendimentos Residenciais*, In: ENCONTRO NACIONAL DE TECNOLOGIA DO AMBIENTE CONSTRUÍDO, Maceió, 2014. *Anais*... Maceió, 2014.

OKAMOTO, P. S. *Os impactos da norma brasileira de desempenho sobre o processo de projeto de edificações residenciais*. São Paulo, 2015. Dissertação (Mestrado em Ciências) Escola Politécnica da Universidade de São Paulo. Departamento de Engenharia de Construção Civil. São Paulo, 2015.

OLIVEIRA, L. H. de et al. *Guia de conservação da água em domicílio*. Brasília, DF: Funasa, 2004.

OLIVEIRA, L. H. ; GONCALVES, O. M. . TT/PCC/18 Sistemas prediais de águas pluviais. São Paulo: Escola Politécnica da USP, 1998 (Texto Técnico).

OLIVEIRA, M. V. C. de; CARVALHO, A. R. *Saneamento do meio*. 5. ed. São Paulo: Senac, 2005.

PIO, A. A. B. et al. (coord.). *Conservação e reúso da água em edificações*. São Paulo: SidusCon, 2005. Disponível em: <http://sindusconsp.com.br//downloads/prodserv/publicacoes/manual_ agua_em_edificacoes.pdf>. Acesso em: 24 maio 2016.

QUEIROZ, A. et al. Aqueça a água com energia solar. *Arquitetura & Construção*, São Paulo, p. 90-95, out. 2000.

RAMACHO, E. Instalação de caixa de gordura pré-fabricada de ABS. *Revista Téchne*, São Paulo, n. 134, p. 78-80, maio 2008.

RAMOS, HÉLDER DOS REIS. *Manutenção de sistemas hidráulicos prediais*: manual de intervenção preventiva. 2010. Dissertação (Mestrado em Engenharia Civil) – Universidade do Porto, Porto, 2010.

REALI, M. A. P. et al. *Instalações prediais de água fria*. São Carlos: Escola de Engenharia de São Carlos da Universidade de São Paulo, 2002.

ROCHA, S. Caminho suave. Pini, *Téchne*, São Paulo, n. 26, p. 22-23, mar.-abr. 1997.

SAUTCHÚK, C. A. et al. *Conservação e reúso de água*. São Paulo: Fiesp, 2005.

SUZUKI, R. T. *Aula 12*: Sistema PEX. 2008. Disponível em: <https://www.suzuki.arq.br/unidadeweb/aula%2012/aula12.htm>. Acesso em: 19 jul. 2018.

TIGRE. Manual técnico Tigre: orientações técnicas sobre instalações prediais. 5. ed. Joinville, 2013.

URBANO, E. Bomba de água manual: modelo puxa-empurra: projeto experimental de baixo custo. [S.l]: Sempre Sustentável, [20--]. Disponível em: <http://sempresustentavel.com.br/hidrica/bombasdeagua/bomba-de-agua-model1.htm>. Acesso em: 24 jun. 2016.

VARANDA, G.; LACERDA, M. Banho bom com aquecedor a gás. *Arquitetura & Construção*, São Paulo, p. 104-107, maio 2001.

VERÓL, A.P.; VAZQUES.E.G.; MIGUES.M.G. *Sistemas Prediais hidráulicos e sanitários: projetos práticos e sustentáveis*. 1ª ed. – (Reimpr.). Rio de Janeiro: Livros Técnicos e Científicos (LTC), 2021.

WENZEL, M. A gota d'água. *Revista Arquitetura & Construção*, São Paulo, p. 96-99, jun. 2003.

WETLANDS CONSTRUÍDOS. Tratamento de esgotos: como funciona uma Estação de Tratamento de Efluentes compacta? Disponível em: <https://www.wetlands.com.br/post/tratamento-de-esgotos-como-funciona-uma-estacao-de-tratamento-de--efluentes-compacta>. Acesso em: 10 mar. 2020.

ANEXO 1

Metodologia para elaboração e apresentação de projetos[1]

RESPONSABILIDADE TÉCNICA

Todos os projetos devem obedecer a normas técnicas, leis, decretos e regulamentos das concessionárias locais. Os projetos devem garantir níveis aceitáveis de funcionalidade, segurança, conforto, durabilidade e economia.

De acordo com as normas da ABNT a elaboração do projeto de sistemas prediais hidráulicos e sanitários deve ser de responsabilidade de profissional de nível superior, legalmente habilitado pelas leis do país. Em toda as peças gráficas do projeto, em qualquer nível do seu desenvolvimento (estudo preliminar, projeto básico, projeto executivo e projeto realizado), devem constar os dados de registro do profissional responsável junto ao CREA (Conselho Regional de Engenharia) ou junto ao CAU (Conselho de Arquitetura e Urbanismo), a saber: número da carteira e da região. O projeto deve conter todas as informações necessárias à sua perfeita compreensão e materialização. Também é importante ressaltar que o projeto e especificação dos ma-

1 Brasil, 2010; Engeprog, [20--]

teriais, aparelhos, equipamentos e dispositivos de qualquer uma das partes constituintes das instalações devem ser feitas de acordo com as normas brasileiras.

METODOLOGIA DE TRABALHO

A elaboração de um projeto de sistemas hidráulicos e sanitários é um processo complexo que envolve, além dos vários subsistemas das instalações, diversas interfaces com outros projetos e outras especialidades técnicas. Portanto, a coordenação do projeto deve considerar a necessidade de integração das equipes, bem como os conhecimentos e experiências dos profissionais envolvidos. Além disso, depois da publicação da NBR 15575:2013 - Edificações habitacionais - Desempenho, cuja versão foi cancelada e atualizada em 2021, a dinâmica atual da indústria imobiliária tem exigido uma otimização dos projetos para garantir um melhor planejamento, controle e qualidade das obras.

Para que essa otimização seja possível, torna-se necessário o estabelecimento de uma metodologia de trabalho na qual as etapas a serem cumpridas atendam adequadamente às necessidades de todos os intervenientes e contribuam para a interação eficiente entre os profissionais contratados para a elaboração dos projetos.

Ao elaborar o *layout* dos ambientes que contêm equipamentos hidráulicos e sanitários, o autor do projeto de arquitetura deve consultar o projetista de instalações hidráulicas e sanitárias visando a racionalização das instalações, bem como a incorporação de novas tecnologias. Por outro lado, o projetista de instalações hidráulicas e sanitárias deve atender aos requisitos da NBR 15575-6:2021. Esta parte da Norma de Edificações Habitacionais -Desempenho, estabelece os requisitos e critérios de desempenho que aplicam-se ao sistema hidrossanitário da edificação.

COLETA DE DADOS

Nesta etapa deve-se solicitar do contratante o projeto executivo de arquitetura (plantas baixas, cortes, fachadas, detalhes gerais) e as plantas de forma da estrutura na escala 1:50.

Também é importante fazer uma consulta prévia à concessionária visando obter informações sobre as características da oferta de água no local de execução da obra (disponibilidade de vazão, faixa de variação das pressões, constância do abastecimento, características da água etc.).

Algumas informações são extremamente importantes para a elaboração do projeto:

- Condições locais de atendimento pelos serviços públicos (água, esgoto e águas pluviais);
- Condicionantes relacionados à topografia do terreno;
- Conceituação do empreendimento e dos sistemas a serem previstos, além de

informações que afetem a definição de *shafts* e dos espaços técnicos;

- Informações sobre demandas de suprimento de água, coleta de esgoto e outras necessidades de sistemas hidráulicos para abastecer os equipamentos a serem integrados ao empreendimento;
- Croquis da implantação do pavimento térreo, com níveis preliminares;
- Plantas de arquitetura (plantas de todos os pavimentos e cortes passando por todos os pavimentos);
- Paisagismo, plantas de tratamento de pisos e áreas ajardinadas, com marcação de pontos e equipamentos hidráulicos;
- Espaços necessários para o encaminhamento das tubulações;
- Estrutura (pré-formas da estrutura de todos os pavimentos);
- Tecnologias de construção a serem utilizadas.

Cada cidade possui leis que podem interferir diretamente no projeto hidráulico-sanitário, principalmente, com relação ao aproveitamento e destinação das águas pluviais. No caso de captação de água subterrânea, obter informações sobre as características da água, o nível do lençol freático e a avaliação do risco de contaminação, além da vazão de água potável disponível.

ESTUDOS PRELIMINARES

Como foi visto, os documentos necessários e procedimentos das concessionárias podem variar em função de cada localidade. De qualquer forma, nos estudos preliminares devem ser analisados:

- Croquis dos ambientes molhados e posicionamento das peças de utilização e aparelhos sanitários;
- Áreas ergonômicas mínimas para a instalação e utilização dos aparelhos;
- Localização, volume e altura dos reservatórios, sistema de abastecimento adotado;
- Definição e posicionamento de *shafts* e espaços técnicos para a passagem das tubulações;
- Dimensões principais de outros espaços, inclusive alturas de entreforro, necessários para passagem de tubulações e sistemas técnicos;
- Demarcação de zonas de encaminhamento das tubulações primárias, com indicação de posicionamento, altura ocupada e caimento nos pavimentos, em que se detectar essa necessidade;
- Estudo dos traçados de dutos, tubulações e linhas principais de sistemas hidráulicos em todos os pavimentos, e análise de interferências com os demais projetos que compõem o sistema construtivo;

- Estudo e posicionamento de colunas, equipamentos, ralos e outros dispositivos de captação, como caixas de inspeção e sistemas de combate a incêndio;
- Croquis das salas e centrais técnicas (plantas, cortes, vistas e detalhes, conforme a necessidade), com marcação de todas as necessidades a serem atendidas pelos projetos das demais especialidades (dimensões, pés-direitos, portas, aberturas, janelas, forros, condições de acesso de pessoas e equipamentos, proximidade de outros ambientes etc.);
- Indicação de grandes furos na estrutura ou trechos de instalação embutidos em alvenaria armada.

É importante ressaltar que, os ambientes e centrais técnicas de sistemas hidráulicos incluem reservatórios, salas de equipamentos e de bombas, salas de aquecedores, áreas para instalação de equipamentos de aquecimento, caldeiras, poços de captação e bombeamento de efluentes, centrais de armazenamento de gás, abrigos para medidores de água e gás, caixa de retenção de águas pluviais, além de outros sistemas, que devam ser considerados pelas demais especialidades.

ANTEPROJETO

Para a elaboração do anteprojeto deve-se analisar os projetos de arquitetura e estrutura da construção, pois o projeto hidrossanitário deve seguir esses projetos, já que um depende do outro para funcionar bem. Com o projeto de arquitetura, quase sempre é anexado um memorial descritivo, que tem em detalhes todos os materiais que serão utilizados na construção (marcas e tipos) para que a qualidade seja mantida. É importante especificar produtos que tenham garantia e qualidade, também seguir a risca tudo que foi recomendado no memorial descritivo.

Nesta etapa, é importante discutir o projeto e esclarecer qualquer dúvida com o contratante, arquiteto, responsável técnico pela obra e demais projetistas, responsáveis pelos projetos técnicos complementares. O objetivo principal desta etapa é fazer a compatibilização do projeto hidráulico-sanitário com os demais projetos da edificação, principalmente, com os projetos: arquitetônico e estrutural.

Os projetos de arquitetura e de estrutura interferem de forma direta no projeto hidrossanitário, por esse motivo é preciso estudar e identificar pontos de conflitos e antecipar soluções com os demais projetistas.

A análise de interferência dos projetos deve ser feita através da sobreposição de layers (planta baixa de arquitetura e planta de forma) para definir o posicionamento das prumadas de água, esgoto e águas pluviais. Em algumas situações, pode ser necessário atravessar uma viga, por exemplo. Nesse caso, é primordial que essa informação seja passada ao projetista para que o cálculo estrutural da viga com essa perfuração seja prevista pelo projetista estrutural. A passagem de uma tubulação por uma viga é uma decisão que não deve ser tomada no momento da execução da obra, porque pode causar sérios danos e imprevistos à estrutura da edificação.

O anteprojeto pode ser divido em três etapas:

a) Concepção do projeto;
   - Definição da capacidade de utilização da edificação;
   - Definição do(s) sistema(s) de abastecimento;
   - Definição dos pontos de utilização;
   - Definição do sistema de reservatórios e equipamentos;
   - Definição da localização das tubulações.

b) Determinação das vazões;
   - Determinação das vazões do alimentador predial e seus eventuais ramais, de todos os trechos da rede de distribuição, das tubulações de limpeza de reservatórios e extravasores;
   - Determinação das necessidades de reservação e capacidade dos equipamentos.

c) Dimensionamento.

PROJETO

Depois de fazer a análise dos projetos, os estudos preliminares, reuniões para esclarecimento de dúvidas e a compatibilização dos projetos, começa a etapa final: o desenvolvimento do projeto definitivo.

O projeto hidrossanitário deve ser apresentado de forma clara e legível, obedecendo às normas técnicas construtivas da ABNT, Prefeitura Municipal, Corpo de Bombeiros, Vigilância Sanitária e demais órgãos competentes, quando for necessário. O projeto completo de instalações prediais hidráulico-sanitárias compreende: memorial descritivo e justificativo, memorial de cálculo, especificações de materiais e equipamentos, desenhos (plantas, perspectivas isométricas, detalhes construtivos), relação de materiais e equipamentos, enfim, todos os detalhes necessários ao perfeito entendimento do projeto. A apresentação gráfica dos projetos deverá ser desenvolvida em *softwares*, aplicativos das áreas de engenharia e arquitetura, entregues uma cópia digitalizada e uma cópia impressa ao cliente. As folhas serão numeradas, tituladas, datadas, com identificação do autor do projeto. Podem ser elaboradas quantas pranchas de desenho forem necessárias para garantir uma boa apresentação, de forma que venha a facilitar a leitura, análise e execução do projeto. A seguir apresentam-se os principais procedimentos, critérios e padrões a serem adotados para elaboração dos projetos de instalações prediais hidráulico-sanitárias.[2]

---

2 Brasil, 2010; Engeprog, [20--].

SISTEMAS PREDIAIS DE ÁGUA FRIA

Os projetos de sistemas prediais de água fria deverão ser apresentados impressos em pranchas numeradas, tituladas, datadas, com identificação do autor do projeto e com selo específico. Deve ser entregue ao cliente uma cópia de cada planta, detalhes ou esquemas verticais, em arquivo digital.

Podem ser utilizadas quantas pranchas de desenho forem necessárias para garantir uma boa apresentação, de forma que venha a facilitar a leitura, análise e execução do projeto.

APRESENTAÇÃO GRÁFICA

a) Planta de situação ao nível da rua, em escala mínima de 1:750. Nessa planta devem constar as seguintes indicações: localização de todas as tubulações externas, redes existentes das concessionárias, localização do cavalete para hidrômetro e outros pontos que sejam importantes para implantação do projeto. Deve indicar a direção do norte verdadeiro. Deve constar na prancha uma legenda indicativa, de forma que seja possível identificar a função de cada tubulação, ou seja, se é uma tubulação de alimentação do reservatório, linha de recalque etc.;

b) Projeto de implantação da obra no terreno em escala adequada, indicando áreas a serem ampliadas ou detalhadas;

c) Planta baixa de cada pavimento (pavimento tipo, térreo, garagem, subsolo, cobertura etc.) em escala 1:50, contendo a indicação das tubulações quanto a comprimentos, materiais e diâmetros, com localização precisa dos aparelhos sanitários e pontos de consumo, indicação de conexões (tê, joelho, curva etc.), localização dos reservatórios, dos conjuntos motobomba, estações redutoras de pressão ou outros equipamentos necessários ao funcionamento do sistema de abastecimento de água fria. Deve ser integrada a essa prancha uma legenda adequada indicando a função de cada tubulação, ou seja, se alimentação do reservatório, linha de recalque, linha de alimentação dos pontos de consumo, linha de extravazão etc.;

d) Detalhamento em perspectiva isométrica em escala 1:20, dos banheiros, cozinhas, lavanderias e demais dependências que necessitam de abastecimento de água fria, indicando diâmetros, cotas verticais (altura de abastecimento), nível do piso acabado, conexões, válvulas, registros e outros elementos;

e) Deve ser indicado o sistema de abastecimento dos vasos sanitários, podendo ser: válvula de descarga (VD), caixa de descarga (CD) ou caixa acoplada (CA);

f) Deve ser apresentado detalhamento da alimentação e saída dos reservatórios;

g) Deve ser incluído um esquema vertical sempre que a obra tiver mais do que um pavimento, ou sempre que o projetista julgar necessária sua apresentação;

h) Quando houver sobreposição de tubulação, deve ser indicada a espessura da parede;

i) Deve ser colocado, junto à prancha de desenho, um resumo de quantidade de peças a serem utilizadas na obra, de forma que venha a facilitar a leitura do projeto.

SISTEMAS PREDIAIS DE ÁGUA QUENTE

O projeto de sistemas prediais de água quente é composto por elementos gráficos, memoriais, desenhos e especificações técnicas que definem a instalação do sistema de aquecimento, reservação e distribuição de água quente na edificação.

Deverão ser projetadas de forma que sejam compatíveis com o projeto de arquitetura e demais projetos complementares, visando à máxima economia de energia, ao menor desperdício e ao máximo aproveitamento da água. Deve ser entregue ao cliente uma cópia de cada planta, detalhes ou esquemas verticais, em arquivo digital.

APRESENTAÇÃO GRÁFICA

a) Planta baixa de cada pavimento (pavimento tipo, térreo, garagem, subsolo, cobertura etc.) em escala 1:50, contendo a indicação das tubulações quanto a comprimentos, materiais e diâmetros, com localização precisa dos aparelhos sanitários e ponto de consumo, equipamentos e reservatórios;

b) Tipo de aquecedores utilizados;

c) Detalhamento em perspectiva isométrica, em escala 1:20, dos banheiros, cozinhas, lavanderias e demais dependências que necessitam de abastecimento de água quente, indicando diâmetros, cotas verticais (altura de abastecimento), conexões, válvulas, registros e outros elementos;

d) Tipo e espessura do isolamento adotado quando isso for necessário.

SISTEMAS PREDIAIS DE ESGOTO SANITÁRIO

O projeto de sistema predial de esgoto sanitário é composto por elementos gráficos, memoriais, desenhos e especificações técnicas que definem a instalação do sistema de coleta, condução e afastamento dos despejos de esgoto sanitários das edificações. Os projetos deverão ser apresentados impressos em pranchas numeradas, tituladas, datadas, com identificação do autor do projeto e com selo específico.

Deve ser entregue ao cliente uma cópia de cada planta, detalhes ou esquemas verticais, em arquivo digital.

Assim como os projetos de sistemas de água fria e quente, podem ser utilizadas quantas pranchas de desenho forem necessárias para garantir uma boa apresentação, de forma que venha a facilitar a leitura, a análise e a execução da obra. Devem ser incluídos detalhamentos específicos de caixas de inspeção, caixas de passagem, caixa de gordura, caixa separadora de óleo, caixa coletora, ligações em instalações prediais já existentes, ou qualquer outro elemento previsto em projeto.

APRESENTAÇÃO GRÁFICA

a) Planta de situação ao nível da rua, em escala mínima de 1:750. Devem constar as seguintes indicações: localização de todas as tubulações externas, redes existentes das concessionárias e outros pontos que sejam importantes para implantação do projeto. Deve constar na prancha uma legenda indicativa, de forma que seja possível identificar a função de cada tubulação, ou seja, se é coletor externo, coletor predial etc., especificando comprimento, diâmetro e inclinação da tubulação. Localização e caracterização do sistema de tratamento quando for o caso;

b) Projeto de implantação da obra no terreno em escala adequada indicando áreas a serem ampliadas e detalhadas. Indicar a posição das caixas de tratamento, caixas de inspeção etc.;

c) Planta baixa de cada pavimento (pavimento tipo, térreo, garagem, subsolo, cobertura etc.) em escala 1:50, contendo a indicação das tubulações quanto a material, diâmetro e elevação, com localização precisa dos aparelhos sanitários, ralos e caixas sifonadas, peças e caixas de inspeção, tubos de ventilação, caixas coletoras, caixas separadoras e instalações de conjunto motobomba quando houver;

d) Desenhos da instalação de esgoto sanitário referente à rede geral, com indicação de diâmetro dos tubos, ramais, coletores e subcoletores;

e) Detalhamento em planta, na escala 1:20 ou 1:25, dos conjuntos sanitários (banheiros, cozinhas, lavanderias) e/ou outros ambientes com despejo de água, indicando diâmetro das tubulações, posição de ralo sifonado, posição do ramal de ventilação, coluna de ventilação e tubo de queda;

f) Deve ser indicado o tipo de descarga do vaso sanitário: válvula de descarga (VD), caixa de descarga (CD) ou caixa acoplada (CA);

g) Esquema vertical sempre que a obra tiver mais do que um pavimento ou sempre que o projetista julgar necessária sua apresentação;

h) Quando houver sobreposição de tubulação, deve ser indicada a espessura da parede;

i) Deve ser colocado junto à prancha de desenho um resumo de quantidade de peças a serem utilizadas na obra, de forma que venha a facilitar a leitura do projeto.

SISTEMAS PREDIAIS DE ÁGUAS PLUVIAIS

O projeto de sistemas prediais de águas pluviais é composto por elementos gráficos, memoriais, desenhos e especificações técnicas que definem a instalação do sistema de captação, condução, afastamento e reaproveitamento das águas pluviais de superfície e de infiltração das edificações.

Deverão ser projetadas de forma que sejam compatíveis com o projeto de arquitetura e demais projetos complementares.

O projeto deve ser apresentado de forma clara e legível, obedecendo às normas da ABNT, da Prefeitura Municipal e demais órgãos competentes, quando for necessário, principalmente quando se tratar de projetos especiais, como clínicas veterinárias, hospitais, laboratórios etc.

Fazem parte do projeto de drenagem pluvial: águas pluviais provenientes das coberturas, terraços, marquises e outros; águas pluviais externas, provenientes de áreas impermeáveis descobertas, como pátios, quintais, ruas, estacionamentos e outros; águas pluviais de infiltração, provenientes de superfícies receptoras permeáveis como jardins, áreas não pavimentadas e outras.

O projeto entregue ao cliente deverá conter os seguintes elementos: pranchas com desenhos: planta, detalhamentos etc.; memorial descritivo; memorial de cálculo (roteiro de cálculo); Anotação de Responsabilidade Técnica (ART) e demais documentos que venham a ser solicitados.

O projeto de sistemas prediais de águas pluviais deve ser apresentado impresso em pranchas numeradas, tituladas, datadas, com identificação do autor do projeto e com selo específico.

Deve ser entregue ao cliente uma cópia de cada planta, detalhes ou esquemas verticais, em arquivo digital.

Podem ser utilizadas quantas pranchas de desenho forem necessárias para garantir uma boa apresentação, de forma que venha a facilitar a leitura, a análise e a execução do projeto. Devem ser incluídos detalhamentos específicos de caixas de inspeção, bocas de lobo e poço de visita, bem como a ligação da nova rede de drenagem a outra já existente.

APRESENTAÇÃO GRÁFICA

a) Planta de situação ao nível da rua, em escala mínima de 1:750. Devem contar as seguintes indicações: localização de ramais externos, redes existentes das concessionárias, posicionamento de todos os elementos de coleta e características das respectivas áreas de contribuição, com dimensões, limites, cotas, inclinação, sentido de escoamento e permeabilidade. Quando houver necessidade deve-se indicar as áreas detalhadas. Deve-se indicar o local de armazenamento em caso de reaproveitamento de águas pluviais;

b) Projeto de implantação da obra no terreno em escala adequada indicando áreas a serem ampliadas e detalhadas;

c) Legenda adequada indicando a função de cada tubulação, redes externas, coletores horizontais, coletores verticais etc.;

d) As caixas de inspeção, redes coletoras, poços de visita, bocas de lobo, canaletas e outras peças, devem ser detalhadas separadamente, indicando as cotas de fundo e de tampa, cotas dos tubos afluente e efluente;

e) Planta da cobertura e demais pavimentos da edificação em que existirem áreas de contribuição (terraços e marquises), em escala 1:50, contendo a indicação das tubulações quanto a material, diâmetro e declividades, e demais características dos condutores verticais, calhas, rufos e canaletas. Devem constar água furtada, beiral e platibanda;

f) Plantas baixas com indicação das prumadas de águas pluviais, usualmente na escala 1:50. Esses desenhos devem indicar as caixas coletoras dos condutores verticais e respectivas dimensões, apresentar o traçado em planta dos condutores horizontais, indicando diâmetros, caixas de passagem, cotas e conexões eventualmente necessárias;

g) Cortes, em escala 1:50, indicando o posicionamento dos condutores verticais, quando for necessário para melhor elucidação;

h) Desenhos em escala adequada, nos quais constem o posicionamento, as dimensões físicas e as características de instalações de bombeamento, quando houver, detalhes de drenos, caixas de inspeção, de areia e coletora, canaletas, ralos, suportes, fixações, filtros e demais equipamentos para uso no sistema de captação para reaproveitamento e outros;

i) Espessura necessária de parede, quando a canalização utilizada para condutor vertical ultrapassar o limite usual;

j) Detalhamento referente ao projeto de captação para reaproveitamento da água pluvial em escala conveniente, apresentando eventuais tratamentos da água coletada;

k) Desenho do esquema geral da instalação.

MEMORIAL DESCRITIVO

O memorial descritivo tem por finalidade indicar os serviços a serem executados estabelecendo Normas, Especificação de Serviços e Materiais nos aspectos pertinentes às particularidades da obra. O memorial descritivo fará uma exposição geral do projeto, das partes que o compõem e dos princípios em que se baseou, apresentando, ainda, justificativa que evidencie o atendimento às exigências estabelecidas pelas respectivas normas técnicas; explicará a solução apresentada, evidenciando a sua compatibilidade com o projeto arquitetônico e com os demais projetos especializados e sua exequibilidade.

De modo geral, o memorial descritivo deve ser apresentado impresso em papel no formato A4, com folhas numeradas, tituladas, rubricadas, datadas e assinadas pelo responsável técnico. Deve ser utilizada fonte Arial ou Times New Roman com tamanho 12, e entrelinhas 1,15 ou 1,5. Deve ser entregue ao cliente uma cópia do memorial descritivo em arquivo digital, podendo ter as extensões DOC ou PDF.

Junto com o memorial descritivo deve ser entregue a relação de materiais e equipamentos (inclusive caixas específicas de tratamento), contendo a descrição completa, quantidade e unidade de medição, e modelo.

O memorial descritivo deve especificar todos os materiais e serviços a serem executados, estipulando as condições mínimas de qualidade, tipo, modelo, características técnicas e sem definição de marcas.

MEMORIAL DE CÁLCULO

Deve ser apresentado com o mesmo formato do memorial descritivo. Quando for utilizada planilha eletrônica para dimensionamento do projeto deve ser entregue ao cliente uma cópia desse arquivo digital com extensão XLS, e outra cópia do arquivo com extensão PDF.

SISTEMAS PREDIAIS DE ÁGUA FRIA

No memorial de cálculo dos sistemas prediais de água fria deve-se demonstrar o cálculo para determinação do consumo diário da edificação, levando em consideração o tipo e número de usuários, e demanda dos aparelhos, bem como o cálculo do volume dos reservatórios inferior e superior, especificando as dimensões desses reservatórios e incluindo reserva técnica de incêndio.

Descrever e fundamentar o método adotado para o dimensionamento, o roteiro de cálculo, ou apresentar planilha específica, para dimensionamento do alimentador predial, barrilete, colunas de água e ramais, especificando vazão, perda de carga, diâmetro da tubulação e cálculo da pressão nos pontos mais desfavoráveis.

Deve apresentar o cálculo completo de dimensionamento dos conjuntos motobomba e de outros equipamentos necessários.

Apesar da NBR 5626:2020 não ter mais valores mínimos de vazões e diâmetros, nas peças de utilização, o projetista terá que declarar e explicar a vazão considerada no projeto. Essa mudança deu mais liberdade ao projetista deixando a seu cargo a definição do método mais adequado para estimativa das vazões, seja esse método empírico ou probabilístico, desde que reconhecido e devidamente fundamentado.

A elaboração de uma planilha de cálculo é muito útil para o projetista, pois permite o conhecimento das pressões residuais em todos os trechos do barrilete e das colunas de distribuição. Através dessas pressões pode-se verificar as pressões de funcionamento dos diversos aparelhos em qualquer pavimento do edifício (principalmente a pressão dinâmica do chuveiro do último pavimento que é considerada a mais crítica).

SISTEMAS PREDIAIS DE ÁGUA QUENTE

No memorial de cálculo de sistemas prediais de água quente deve-se determinar a capacidade volumétrica de armazenamento de água quente em função do consumo e da capacidade de recuperação do equipamento e dados do fabricante.

O memorial de cálculo dos sistemas prediais de água quente é idêntico ao memorial dos sistemas prediais de água fria. Como foi visto, a elaboração de uma planilha de cálculo é muito útil para o projetista, pois permite o conhecimento das pressões residuais em todos os trechos do barrilete e das colunas de distribuição.

SISTEMAS PREDIAIS DE ESGOTO SANITÁRIO

O memorial de cálculo de sistemas prediais de esgoto sanitário deve ser apresentado com o mesmo formato do memorial descritivo. Quando forem utilizadas planilhas eletrônicas para dimensionamento do projeto deve ser entregue ao cliente uma cópia desse arquivo digital com extensão XLS e outra cópia do arquivo com extensão PDF.

A determinação da contribuição de despejos e o dimensionamento da tubulação, trecho por trecho, deverão obedecer ao estipulado na NBR 8160:1999, levando em consideração o tipo e número de usuários, e de eventuais equipamentos e necessidades de demanda.

O cálculo das vazões deve ser apresentado por meio da contabilização estatística das diversas peças, simultaneidade de utilização e seus respectivos pesos. Devem ser realizados os dimensionamentos dos sistemas de ventilação das tubulações, bem como o cálculo das profundidades e declividades das redes.

Quando for necessário o uso de conjunto elevatório, deverá ser apresentado o dimensionamento do sistema de recalque, definição do conjunto motobomba, vazão e altura manométrica.

Em caso de necessidade de sistema de tratamento de esgoto, deve ser apresentado o dimensionamento do sistema e indicado a eficiência na remoção de cargas orgânicas e adequação às condições de lançamento em corpos receptores ou na infiltração no subsolo.

SISTEMAS PREDIAIS DE ÁGUAS PLUVIAIS

Os cálculos para o dimensionamento dos sistemas prediais de drenagem pluvial, devem seguir parâmetros em função da área de contribuição e do regime de chuvas, considerando vazão a escoar, intensidade e duração.

Devem ser apresentados todos os cálculos referentes ao dimensionamento de calhas, condutores verticais e horizontais, ramais e suas interligações, poços de visita, caixas de inspeção e de ligação, bocas de lobo, canaletas e outros sistemas necessários para o perfeito escoamento da água das chuvas.

MANUAL USO, OPERAÇÃO E MANUTENÇÃO

O projeto deve trazer subsídios para elaboração do "Manual de uso, operação e manutenção", atendendo à ABNT NBR 14037:2011 - Diretrizes para elaboração de manuais de uso, operação e manutenção das edificações - Requisitos para elaboração e apresentação de conteúdos. As informações sobre operação, uso e manutenção contidas no manual podem incluir: modelo e características dos equipamentos contidos nos sistemas prediais hidrossanitários (SPHS); descrição do funcionamento do sistema e seus componentes; diagrama geral, mostrando componentes do SPHS e suas inter-relações; procedimento para partida de equipamentos (bombas, pressurizadores etc.), desligamento, situações de emergência e segurança; quadro sintomático com problemas mais comuns e suas soluções.

O projeto também deve trazer subsídios para elaboração do programa de "Manutenção preventiva" contido no "Manual de uso, operação e manutenção" conforme a ABNT NBR 5674:2012 - Manutenção de edificações – Requisitos para o sistema de gestão de manutenção. Esses manuais devem ser mantidos em posse do responsável legal pela edificação

ENTREGA DOS PROJETOS

Hoje, o mercado de trabalho exige cada vez mais do projetista a elaboração de projetos de modo ágil e com qualidade. A execução dessa tarefa sem a utilização de um bom software para elaboração de projetos é uma tarefa muito difícil. Os objetivos desses programas computadorizados são auxiliar o profissional a otimizar a elaboração de plantas baixas e isométricas de instalações hidráulicas, detalhando os esgotos primário e secundário, utilizando vários materiais, e também gerar listas de materiais com o intuito de minimizar erros e permitir orçar com mais eficiência.

Existem no mercado diversos programas computadorizados que auxiliam na elaboração dos projetos de instalações prediais hidráulicas e sanitárias e em seu desenho, inclusive de perspectivas isométricas. Essas ferramentas podem auxiliar no dimensionamento, desenho, cálculos e documentação, agilizando o processo e reduzindo erros.

Atualmente, a tecnologia BIM (building information modeling ou modelagem de informação da construção) vem sendo cada vez mais utilizada por escritórios de arquitetura e engenharia, tanto no Brasil como no exterior. Trata-se de um conceito que envolve o gerenciamento de informações dentro de um edifício desde sua fase inicial de projeto, para o qual é criado um modelo digital que abrange todo o ciclo de vida da edificação.

A entrega do projeto hidrossanitário deve seguir alguns requisitos para garantir agilidade e qualidade. O projeto deve ser documentado de forma clara e organizada. Os desenhos, diagramas, tabelas e textos descritivos devem transmitir as informações de maneira compreensível e precisa. Deverá ser fornecido detalhes suficientes para a construção e instalação dos sistemas hidrossanitários. Isso inclui desenhos técnicos precisos, especificações de materiais, detalhes de instalação e instruções claras para os instaladores.

O projeto deverá estar em conformidade com as normas e regulamentos locais, estaduais e nacionais. Isso inclui códigos de construção, regulamentos de saúde e segurança, e normas específicas para sistemas hidrossanitários.

ANEXO 2

Simbologia utilizada em projetos

CONSIDERAÇÕES GERAIS

A simbologia desempenha um papel fundamental nos projetos de sistemas prediais hidrossanitários (água fria, água quente, esgoto e águas pluviais). Ela é uma linguagem visual que permite representar de forma clara e concisa os diferentes componentes e elementos desses sistemas, facilitando a compreensão e comunicação entre os profissionais envolvidos na construção, instalação e manutenção desses sistemas. Os símbolos ajudam os instaladores a identificar a localização exata de cada componente e a entender como eles devem ser instalados.

O projetista deve ter sempre em mente os símbolos mais usados, de modo que todos os profissionais envolvidos na construção do edifício possam ler (interpretar) os projetos de instalações hidráulico-sanitárias. Existe grande diversidade de representações. De qualquer maneira, a legenda completa deve compreender todos os símbolos e abreviaturas utilizados no projeto e ser colocada em todas as pranchas, para uma perfeita interpretação dos desenhos. A seguir, são apresentadas algumas simbologias utilizadas em sistemas prediais hidráulicos e sanitárias.

ÁGUA FRIA E ÁGUA QUENTE

- Finalidade diâmetro
- AF – Coluna de água fria
- AQ – Coluna de água quente
- EX – Coluna de extravazão
- LI – Coluna de limpeza
- Válvula de retenção
- Registro de gaveta
- Registro de pressão
- Válvula de pé de crivo
- AP – Coluna do alimentador predial
- RP – Coluna do ramal predial
- REC – Coluna de recalque
- SUC – Coluna de sucção
- Joelho de 90°
- Curva de 90°
- Tê de 90°
- Tubulação de água fria
- Tubulação de água quente
- Tubulação ascendente
- Tubulação descendente
- Tubulação que passa
- Joelho de 45°
- Curva de 45°
- Tê de 45°

ESGOTO

- Tubulação ascendente
- Tubulação descendente
- Tubulação que passa
- Finalidade diâmetro
- TQ – Tubo de queda
- TG – Tubo de gordura
- TS – Tubo secundário
- CV – Coluna de ventilação
- VP – Ventilação primária
- VS – Ventilação secundária
- Tubulação primária
- Tubulação secundária
- Tubulação de ventilação
- Tubo operculado
- Bujão
- Válvula de retenção
- Ralo sifonado ou caixa sifonada com grelha
- Ralo sifonado com tampa cega (RSTC)
- Ralo seco
- Caixa de Inspeção
- Poço de visita
- Caixa de gordura
- Caixa de gordura especial
- Caixa sifonada
- Caixa sifonada especial
- Fossa
- FA – Filtro anaeróbio
- Sumidouro

ÁGUAS PLUVIAIS

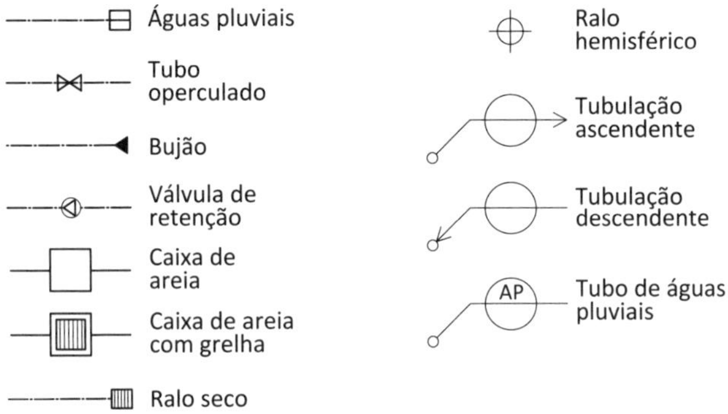

ANEXO 3

Norma de Desempenho NBR 15575:2021 – Parte 6: Instalações hidrossanitárias

Marcelo Fabiano Costella

Gabriela Schneider de Sousa Bottega

Este capítulo tem por objetivo apresentar os aspectos gerais da norma de desempenho, as etapas do processo de projeto hidrossanitário e, em seguida, discutir os itens da Parte 6 da norma de desempenho, tendo em vista a atuação do projetista de instalações hidrossanitárias, para cada um dos requisitos do usuário.

A NORMA DE DESEMPENHO

O conjunto de normas denominado NBR 15575:2021 foi desenvolvido com a finalidade de estabelecer um padrão de desempenho mínimo nas edificações habitacionais, visando à qualidade e à inovação tecnológica na construção. Ela abrange diversos aspectos relacionados ao desempenho das edificações habitacionais, incluindo segurança estrutural, segurança contra incêndio, estanqueidade, conforto térmico, acústico e lumínico, além de durabilidade e funcionalidade dos sistemas e componentes construtivos. Assim, o desempenho está relacionado às exigências dos usuários de edifícios habitacionais e seus sistemas quanto ao seu comportamento em uso, sendo uma consequência da forma como são construídos.

Este capítulo é baseado na NBR 15575:2021: Edificações Habitacionais – Desempenho, a qual será denominada Norma de Desempenho ao longo do texto. Essa norma estava em vigor desde 2013, cuja versão foi atualizada em 2021, e é dividida em seis partes:

- Parte 1: Requisitos gerais;
- Parte 2: Requisitos para os sistemas estruturais;
- Parte 3: Requisitos para os sistemas de pisos;
- Parte 4: Requisitos para os sistemas de vedações verticais internas e externas;
- Parte 5: Requisitos para os sistemas de cobertura;
- Parte 6: Requisitos para os sistemas hidrossanitários.

A NBR 15575:2021 representa um avanço para a construção do Brasil, sendo que, a partir do conceito de comportamento em uso, inicia-se um pensamento em relação ao desempenho desde a concepção do projeto (LORENZI, 2013).

Dessa forma, busca-se assegurar que as edificações atendam às necessidades dos usuários e proporcionem condições adequadas de habitabilidade.

Para este livro *Sistemas prediais hidráulicos e sanitários – princípios básicos para elaboração de projetos*, o principal interesse está relacionado com a Parte 6, a qual, oficialmente, é designada "Requisitos para os sistemas hidrossanitários".

A Parte 6, contudo, também possui relação com as demais partes da norma, as quais derivam as exigências do usuário da norma ISO 6241 e as utilizam como parâmetros para o estabelecimento dos requisitos e critérios. Tais requisitos do usuário estão presentes em cada uma das partes da norma, sendo doze no total:

1) segurança estrutural;
2) segurança contra o fogo;
3) segurança no uso e na operação;
4) estanqueidade;
5) desempenho térmico;
6) desempenho acústico;
7) desempenho lumínico;
8) saúde, higiene e qualidade do ar;
9) funcionalidade e acessibilidade;
10) conforto tátil e antropodinâmico;
11) durabilidade e manutenibilidade;
12) impacto ambiental.

Para cada requisito, a NBR 15575:2021 estabelece um nível de desempenho mínimo (M), intermediário (I) e superior (S). Enquanto o nível mínimo de desempenho é obrigatório, os demais consideram a possibilidade de melhoria da qualidade da edificação, por isso, quando da utilização dos níveis intermediário e superior de desempenho, estes devem ser informados e destacados em projeto.

Todavia, são poucos os requisitos que possuem indicação de níveis de desempenho intermediário e superior. Na Parte 6, por exemplo, os únicos critérios que apresentam níveis de desempenho variados se referem ao desempenho acústico, e estão relacionados aos ruídos gerados na operação de equipamentos hidrossanitários prediais. Entretanto, o atendimento ao requisito de desempenho acústico não é obrigatório na versão da norma do ano de 2021.

AVALIAÇÃO DE DESEMPENHO

A avaliação de desempenho está resumida na Figura A3.1.

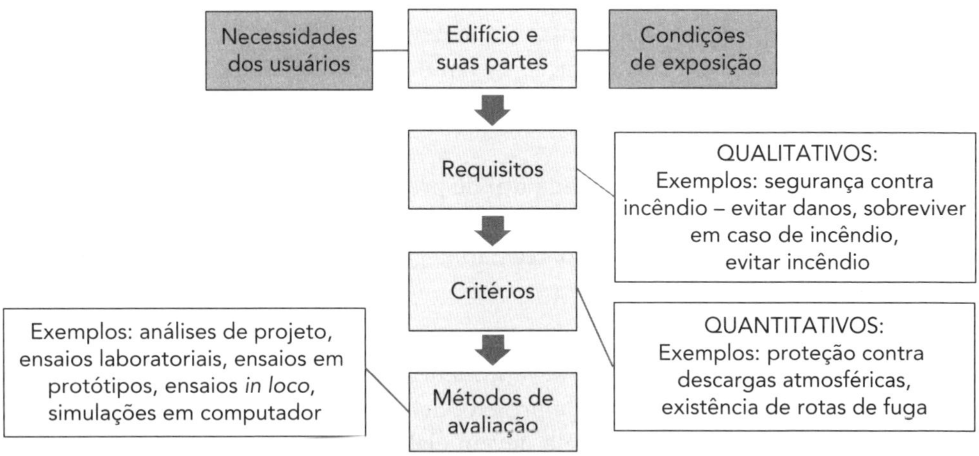

Figura A3.1 Estrutura de abordagem da norma de desempenho.

Fonte: Costella (2018).

A partir das necessidades dos usuários e das respectivas condições de exposição, o edifício e suas partes são projetados. Para isso, os requisitos de desempenho devem ser considerados, os quais são as exigências qualitativas dos usuários em relação ao desempenho da edificação. Em relação à Parte 6, um exemplo é o requisito 7.2, o qual trata das solicitações dinâmicas dos sistemas hidrossanitários, que não devem provocar golpes e vibrações que comprometam a estabilidade estrutural desses sistemas.

O objetivo do requisito 7.2 é garantir que essas prescrições dinâmicas sejam controladas de forma adequada para evitar danos aos sistemas hidrossanitários, bem como para preservar a estabilidade estrutural da edificação como um todo.

Já os critérios de desempenho são a forma quantitativa de expressar o requisito de desempenho. No mesmo exemplo, o critério 7.2.2 determina que o sistema hidrossanitário deve atender à pressão estática máxima estabelecida na NBR 5626:2020, que, por sua vez, estabelece o valor de 400 kPa.

Enfim, o método de avaliação de desempenho possui várias possibilidades, dentre as quais se destacam os ensaios laboratoriais, os ensaios de tipo, os ensaios em campo, as inspeções em protótipos ou em campo, as simulações e a análise de projetos. No exemplo em questão, o método de avaliação consiste em verificar em projeto o atendimento à NBR 5626:2020.

INCUMBÊNCIAS DOS INTERVENIENTES

Outro ponto de destaque são as incumbências dos intervenientes, as quais definem o papel de cada ente do processo de construção: fornecedor de materiais, projetista, construtor/incorporador e usuário.

O fornecedor de insumo, material, componente e/ou sistema deve caracterizar o desempenho de acordo com a norma, o que deveria incluir o prazo de vida útil do produto e os cuidados em sua operação e manutenção. Entretanto, esse tem sido um dos gargalos da aplicação da norma, uma vez que a maioria dos fabricantes tem dificuldade de atender a esse requisito.

O projetista deve estabelecer a vida útil de projeto (VUP) de cada sistema, especificando cada produto, material e processo, sendo que estes devem atender ao nível mínimo de desempenho. Nesse caso, recai uma grande responsabilidade sobre o projetista, pois a especificação é complexa e inclui a durabilidade, tendo em vista a necessidade de estabelecer a VUP.

O construtor e o incorporador devem identificar os riscos previsíveis na época do projeto e, junto com a equipe de projeto, definir os níveis de desempenho para cada elemento da construção. Ainda devem elaborar o manual de uso, operação e manutenção, com os prazos de vida útil (VUP) e de garantia superiores ou iguais aos citados na norma. Cabe destacar a necessidade de elaborar um plano detalhado e exequível de manutenção.

Já o usuário deve utilizar de forma correta a edificação, sem alterar nenhuma das características de projeto iniciais e, principalmente, realizar a manutenção de acordo com o manual de uso, operação e manutenção.

VIDA ÚTIL DE PROJETO

A vida útil é uma medida temporal de durabilidade de um edifício ou de suas partes – em outras palavras, a vida útil é a quantificação da durabilidade.

A NBR 15575-1:2021 determina o tempo em que um edifício mantém o desempenho esperado por meio dos conceitos de "vida útil", "vida útil de projeto" e "vida útil requerida". Ao associar desempenho a vida útil e durabilidade, a norma trata não apenas do nível de qualidade da edificação, mas também do período durante o qual a edificação será capaz de manter esse nível de qualidade.

A vida útil (*service life*) é o período de tempo em que o edifício (seus sistemas e elementos) se presta às atividades para as quais foi projetado com atendimento aos níveis de desempenho mínimos previstos, considerando a correta execução do plano de manutenção especificado no manual de uso, operação e manutenção. Vida útil estimada (*predicted service life*) é o termo usado para definir a durabilidade prevista da edificação, a qual pode ser estimada a partir de dados históricos de desempenho do produto ou de ensaios de envelhecimento acelerado.

Vida útil de projeto (*design life*) é uma estimativa teórica de tempo para o qual um edifício é projetado, considerando que nesse período o desempenho do empreendimento atenda aos requisitos mínimos normativos. Esse tempo é estimado considerando os materiais usados na construção, o local em que será construído e o total atendimento ao plano de manutenção previsto no manual de uso, operação e manutenção.

A vida útil de projeto (VUP) pode ser entendida como uma expressão de caráter econômico, em que o usuário tem a opção de escolher pela melhor relação entre custo e tempo de usufruto do bem (o benefício). A norma ainda comenta que se podem escolher entre uma infinidade de técnicas e materiais ao projetar um sistema ou elemento. Enquanto alguns desses materiais, em conjunto com as técnicas adequadas, podem ter vida útil de projeto de vinte anos, outros não passam de cinco anos.

Nesse aspecto, os fabricantes precisam informar as características de desempenho dos seus produtos de modo compatível com as exigências de desempenho da norma, principalmente em relação à durabilidade. Além disso, a Norma de Desempenho menciona que para a VUP mínima poder ser atingida é necessário que os fabricantes de materiais e componentes que serão utilizados nas construções informem em documentação técnica as recomendações necessárias para a manutenção corretiva e preventiva.

Enfim, para obter um material confiável e de qualidade, não basta garantir suas características técnicas iniciais, é necessário também que esse material se comporte de maneira satisfatória ao longo de sua vida útil, ou seja, que tenha durabilidade adequada à sua proposta. Para os sistemas hidrossanitários, a VUP mínima é de vinte anos. Para complementar, a VUP também é apresentada para os seus subsistemas (Quadro A3.1).

É importante salientar que, conforme estabelecido na norma, os prazos de vida útil iniciam-se na data de conclusão da obra, representada pela expedição do Auto de Conclusão de Edificação, Habite-se ou outro documento legal.

Entretanto, para que essa vida útil possa ser atingida é fundamental que no manual de uso, operação e manutenção sejam definidos os processos de manutenção, bem como sua periodicidade. Esse manual deve ser entregue ao usuário, que deve cumprir as manutenções previstas.

Quadro A3.1 Exemplos de VUP dos componentes do sistema hidrossanitário

Parte da edificação	Exemplos	VUP (anos)		
		Mínimo	Intermediário	Superior
Instalações prediais embutidas em vedações e manuteníveis somente por quebra das vedações ou revestimentos (inclusive forros falsos e pisos elevados não acessíveis)	Tubulações e demais componentes (inclui registros e válvulas) de instalações hidrossanitárias, de gás, de combate a incêndio, de águas pluviais, elétricos	≥ 20	≥ 25	≥ 30
	Reservatórios de água não facilmente substituíveis, redes alimentadoras e coletoras, fossas sépticas e negras, sistemas de drenagem não acessíveis e demais elementos e componentes de difícil manutenção e/ou substituição	≥ 13	≥ 17	≥ 20
	Componentes desgastáveis e de substituição periódica, como gaxetas, vedações, guarnições e outros	≥ 3	≥ 4	≥ 5
Instalações aparentes ou espaços de fácil acesso	Tubulações e demais componentes	≥ 4	≥ 5	≥ 6
	Aparelhos e componentes de instalações facilmente substituíveis, como louças, torneiras, sifões, engates flexíveis e demais metais sanitários, aspersores (*sprinklers*), mangueiras, interruptores, tomadas, disjuntores, luminárias, tampas de caixas, fiação e outros	≥ 3	≥ 4	≥ 5
	Reservatórios de água	≥ 8	≥ 10	≥ 12
Equipamentos funcionais manuteníveis e substituíveis (médio custo de manutenção)	Equipamentos de recalque, pressurização, aquecimento de água, condicionamento de ar, filtragem, combate a incêndio e outros	≥ 8	≥ 10	≥ 12

Fonte: adaptado de NBR 15575-1:2021 (ABNT).

Assim, a norma também estabelece o requisito da manutenibilidade, que pode ser definida como o grau de facilidade de um sistema, elemento ou componente de ser mantido ou recolocado no estado no qual possa executar suas funções requeridas, sob condições de uso especificadas, quando a manutenção é executada sob condições determinadas, procedimentos e meios prescritos (ABNT, 2021).

Nesse contexto, a manutenção não deve ser pensada apenas na pós-ocupação do edifício, mas deve ser pensada também pelo projetista, na etapa de projeto. Para Ramos (2010), o conceito de manutenção tem passado por alterações, não sendo mais um conjunto de ações, da forma mais econômica, para manter ou restabelecer um bem num determinado estado ou assegurando um determinado serviço. O conceito passa a ser mais abrangente, consistindo em um conjunto de ações ou tarefas executadas ao longo da vida útil do edifício que tem por finalidade repor sua operacionalidade nas melhores condições de qualidade, custo, segurança, conforto e bem-estar.

A manutenção de edifícios, de acordo com a NBR 14037:2011: Diretrizes para elaboração de manuais de uso, operação e manutenção das edificações – Requisitos para elaboração e apresentação dos conteúdos, é um "conjunto de atividades a serem realizadas para conservar ou recuperar a capacidade funcional da edificação e de suas partes a fim de atender às necessidades e segurança dos seus usuários".

As atividades de manutenção, bem como sua periodicidade, devem estar especificadas no manual de uso, operação e manutenção da edificação, que é regido pela NBR 14037:2011, a qual estabelece os requisitos mínimos para elaboração e apresentação dos conteúdos do manual, o qual deve ser elaborado pelo construtor e/ou incorporador e entregue ao usuário.

Ramos (2010) destaca que os aspectos de manutenção devem ser considerados durante a fase de projeto. A vida de um edifício compreende duas etapas: a primeira corresponde ao processo de produção do edifício, e a segunda é o uso do edifício. É na segunda etapa que se observa o desempenho do edifício e se avalia se este cumpre satisfatoriamente as finalidades para as quais foi concebido. Quanto aos custos dessas etapas, para um empreendimento com vida útil de cinquenta anos, as despesas relacionadas com as fases de concepção e execução representam em torno de 20% a 25% dos custos totais, enquanto a fase de exploração e manutenção corresponde de 75% a 80% dos custos.

O PROCESSO DE PROJETO DE SISTEMAS HIDROSSANITÁRIOS

O processo de projeto como um todo é essencial para a garantia da qualidade e do desempenho das edificações, bem como para a otimização dos processos construtivos (LIMA; ANDERY; VEIGA, 2016).

A Parte 6 da Norma de Desempenho apresenta uma lista de verificações para os projetos dos sistemas hidrossanitários, cujo atendimento consiste na comprovação de alguns critérios de desempenho. De acordo com esta lista, existem seis fases de projeto, conforme Quadro A3.2.

Quadro A3.2 Fases de projeto

Fase	Descrição
A	Concepção do produto
B	Definição do produto
C	Identificação e solução de interfaces
D	Projeto e detalhamento de especialidades
E	Pós-entrega dos projetos
F	Pós-entrega da obra

Fonte: adaptado de NBR 15575-6:2021 (ABNT).

As fases A e B são fases iniciais, sendo que a fase A compreende a análise das condicionantes locais e consultas às concessionárias de serviços públicos, e pode ser dividida em três etapas: levantamento de dados (LV); programa de necessidades (PN) e estudo de viabilidade (EV). Já a fase B compreende definição de ambientes e espaços técnicos, consultas às concessionárias de serviços públicos e assessoria para adoção de novas tecnologias, podendo ser subdividida em três etapas: estudo preliminar (EP); anteprojeto (AP) e projeto legal (PL).

As fases C e D consistem em projeto básico (PB) e projeto executivo (PE), respectivamente. A fase C compreende posicionamento de dispositivos e componentes hidráulicos, definição e *layout* de salas técnicas, traçado de tubulações hidráulicas principais e definição e *layout* de *shafts*. Já a fase D compreende dimensionamentos hidráulicos gerais, projeto e detalhamento de instalações localizadas, plantas de distribuição hidráulica, preparação de esquemas verticais da instalação, detalhamento de ambientes e centrais técnicas, elaboração de memoriais e especificações, elaboração de plantas de marcação de lajes, verificação da adequação e conformidade de elementos, sistemas e/ou componentes, detalhamento de montagem de instalação em *shafts*, marcação e especificação de suportes e elaboração de planilha de quantidades de materiais.

As fases E e F são as fases finais, sendo que a fase E compreende a apresentação do projeto, programa básico de acompanhamento da obra e esclarecimento de dúvidas. Já a fase F compreende atividades de avaliação e/ou assessoria e projetos de alterações.

Como foi visto, a norma apresenta uma lista de verificações que deve ser seguida durante o projeto dos sistemas hidrossanitários. Essas verificações consistem em ações específicas que devem ser realizadas para verificar o atendimento aos critérios de desempenho.

Apesar das fases serem bem definidas, é comum a ausência do profissional da área de sistemas hidrossanitários nas fases iniciais de projeto, de concepção e definição da edificação, ou seja, as questões relativas a esses sistemas geralmente não são consideradas nessas fases. O trabalho de Lima, Andery e Veiga (2016) demostra esses resultados, os quais sugerem poucos avanços nas práticas de mercado relativas a esse aspecto nos últimos dez anos. Devido a essa falha nas fases iniciais, a especialidade de hidráulica elabora internamente a compatibilização dessa disciplina com as demais, concentrando estudos preliminares, anteprojeto e projeto básico em uma única etapa.

Os autores ainda identificaram em sua pesquisa que uma das principais dificuldades encontradas pelos projetistas e construtores quanto à NBR 15575:2021 é a obtenção de dados técnicos relativos à especificação de materiais e produtos, e também observaram que a maioria dos fornecedores ainda não oferece manuais técnicos com as informações completas para auxiliar os projetistas nessa especificação de materiais.

Além disso, a comunicação entre projetistas e fornecedores não é frequente. Como consequência, os projetistas, algumas vezes, especificam materiais e sistemas construtivos cujos detalhes técnicos e de instalação/utilização pouco conhecem (OKAMOTO; MELHADO, 2014).

Nesse cenário, Okamoto e Melhado (2014) levantaram algumas posturas favoráveis ao processo de projeto diante das exigências impostas pela Norma de Desempenho. As empresas incorporadoras/construtoras necessitam reavaliar as medidas de contratação de projetistas e fornecedores, de forma a garantir o atendimento das normas vigentes, contratar consultorias especializadas, para que procedimentos internos possam ser alterados na empresa, e realizar o planejamento para a realização de ensaios de caracterização de componentes e sistemas de edifícios já executados.

Já os projetistas necessitarão de treinamento e orientações acerca das exigências normativas e legais relativas à construção civil, e formar comitês internos para o estudo da Norma de Desempenho e de outras vigentes. Ademais, devem solicitar maior *feedback* às empresas contratantes em relação aos projetos desenvolvidos, ao mesmo tempo que passa a alertá-las mais frequentemente sobre alterações no produto tendo em vista as novas exigências.

Os fornecedores de materiais e sistemas construtivos deverão realizar ensaios para melhor caracterizarem seus produtos, fornecendo mais informações que norteiem as tomadas de decisão de projetistas e construtores/incorporadores, além de realizar treinamentos com projetistas e incorporadoras/construtoras, auxiliando-os na especificação de seus produtos. Além disso, exige-se mais informações técnicas também para os usuários, descritas em embalagens e manuais dos usuários (OKAMOTO; MELHADO, 2014).

Essas diretrizes visam melhorar a comunicação entre os fornecedores, projetistas, desenvolvedores, incorporadoras e usuários finais, fornecendo uma melhor compreensão e especificação dos produtos, além de garantir o atendimento aos critérios de desempenho.

NORMA DE DESEMPENHO EM INSTALAÇÕES HIDROSSANITÁRIAS

Na Parte 6 da Norma de Desempenho são apresentados os requisitos e critérios de desempenho para os sistemas hidrossanitários, compreendendo os sistemas prediais de água fria e água quente, de esgoto sanitário e ventilação e de águas pluviais.

Em termos de referências normativas, as seis partes da NBR 15575:2021 possuem mais de duzentas normas referenciadas, sendo a maioria de normas nacionais. Na Parte 6 são mencionadas 62 normas, das quais 61 são nacionais e 1 internacional.

Dentre os doze requisitos do usuário apresentados ao longo da norma, na Parte 6 não são estabelecidos critérios para os requisitos de desempenho térmico e desempenho lumínico, pois estes não se aplicam a sistemas hidrossanitários, enquanto o requisito de desempenho acústico é apresentado em caráter não obrigatório. Portanto, para sistemas hidrossanitários há nove requisitos a serem atendidos obrigatoriamente. Vale ainda ressaltar que nessa parte são estabelecidos apenas os níveis mínimos (M) de desempenho, sendo que somente para o requisito de desempenho acústico há as opções de nível mínimo (M), intermediário (I) ou superior (S).

Para os nove requisitos a serem atendidos existem, ao todo, 42 critérios de desempenho, alguns dos quais não são específicos de sistemas hidrossanitários, como é o caso do critério de extintores de incêndio. A seguir serão apresentados os principais critérios de incumbência do projetista de sistemas hidrossanitários.

SEGURANÇA ESTRUTURAL

REQUISITO – RESISTÊNCIA MECÂNICA DOS SISTEMAS HIDROSSANITÁRIOS E DAS INSTALAÇÕES

Critério – Tubulações suspensas

É comum encontrar tubulações suspensas em sistemas prediais, especialmente em áreas como subsolos de edifícios. A suspensão das tubulações é realizada por meio de suportes ou sistemas de fixação apropriados, que podem ser constituídos por elementos metálicos, como braçadeiras, tirantes, perfis ou outros dispositivos de sustentação. Esses suportes devem ser projetados e instalados de forma a garantir estabilidade e segurança das tubulações.

De acordo com a NBR 15575:2021, o sistema de fixação das tubulações suspensas, bem como as próprias tubulações, aparentes ou não, devem resistir a um peso cinco vezes maior que o peso próprio da tubulação cheia de água, além de não apresentar deformações maiores que 0,5% do vão. O método de avaliação indicado é um ensaio de tipo realizado em laboratório ou campo, aplicando-se as cargas mencionadas no ponto médio entre dois fixadores e/ou suportes ancorados conforme indicação em projeto e verificando se houve colapso ou deformação da tubulação após trinta minutos.

Figura A3.2 Ensaio de resistência mecânica de tubulações suspensas.

Recomendações semelhantes, entretanto genéricas, são apresentadas na NBR 5626:2020, no item 6.6, o qual prevê que os trechos horizontais de tubulações de água fria e quente devem ser projetados de modo a evitar deformação excessiva, sendo que a distância entre suportes não pode permitir deformações incompatíveis com as característica do componente, considerando a tubulação cheia de água.

Além disso, acerca de fixadores, a NBR 8160:1999, no Anexo E, recomenda que o intervalo entre os dispositivos fixadores deve ser tal que não provoque trechos passíveis de acumulação de esgoto e ou contradeclividades, devendo garantir a declividade da tubulação.

Entende-se que esse critério é de responsabilidade tanto do construtor quanto do projetista de instalações. O construtor deve realizar o ensaio de forma a validar o sistema de ancoragem utilizado. Porém, cabe ao projetista fazer a especificação do tipo de suportes e das distâncias entre eles, respeitando ainda as indicações do fabricante para cada diâmetro de tubulação.

Critério – Tubulações enterradas

As tubulações enterradas devem manter sua integridade. A avaliação desse critério consiste em verificar a existência de berços e envelopamentos no projeto hidrossanitário, com base em cálculos que devem constar no projeto ou em literaturas específicas.

Esse critério também é apresentado na NBR 5626:2020 no item 6.19.4, o qual define que as tubulações enterradas devem ser protegidas dos esforços solicitantes resultantes de cargas de superfície (como carga de tráfego, por exemplo) e instaladas de modo a evitar deformações decorrentes de recalques do solo. Além disso, se forem tubulações metálicas, devem ser protegidas contra corrosão.

Além disso, a NBR 5626:2020 recomenda que em solos sujeitos a recalques, devem ser projetados berços especiais de assentamento, devendo manter distanciamento em relação à elementos estruturais. Se a tubulação contiver registro de fechamento ou de utilização, deve-se prever acesso para manobras na superfície, como uma caixa de proteção, por exemplo.

No Anexo E da NBR 8160:1999 há recomendações quanto ao assentamento de tubulações em valas, como remoção de materiais perfurantes e lama, e ancoragens que resistam às possíveis solicitações do solo, tráfego externo, entre outras.

Critério – Tubulações embutidas

As tubulações embutidas não devem sofrer esforços externos que venham a danificá-la ou comprometer a estanqueidade ou o fluxo. A avaliação desse critério consiste em verificar no projeto se existem, nos pontos de transição (parede × piso, parede × pilar etc.), dispositivos que assegurem que os esforços não sejam transmitidos à tubulação e, portanto, a responsabilidade de apresentar essas soluções é do projetista.

Embora este critério não seja bem esclarecido na norma, é possível associá-lo às especificações já apresentadas na NBR 8160:1999 e NBR 5626:2020. De acordo com o item E.4 do Anexo E da NBR 8160:1999, as tubulações devem ser fixadas de forma que não sofram danos causados pela movimentação da estrutura ou por outras solicitações mecânicas. Assim, o método de fixação das instalações deve considerar os movimentos causados por variação de temperatura. Quando as tubulações atravessam paredes ou pisos, devem ser protegidas por material que absorva as movimentações.

Semelhantemente, os itens 6.19.1 e 6.19.2 da NBR 5626:2020 tratam da interação das tubulações com elementos construtivos e estruturais, destacando que as tubulações não devem ser embutidas ou solidarizadas em elementos estruturais. A sua fixação deve permitir a movimentação e facilitar a manutenção. Nos casos necessários de passagens nesses elementos, deve-se prever tubulações encamisadas ou alojadas em passagens específicas para este fim. Também deve-se preservar a integridade física e funcional das tubulações instaladas em pisos e paredes frente aos deslocamentos previstos nesses elementos.

A Figura A3.3 apresenta uma situação que não atende a esse critério, pois não há possibilidade de movimentação da tubulação.

Figura A3.3 Tubulação de esgoto sem possibilidade de movimentação.

Critério – Pressão estática máxima

O sistema hidrossanitário deve atender ao critério de pressão estática máxima estabelecido na NBR 5626:2020, cujo valor é de 400 kPa (40 mca). A avaliação desse critério consiste na análise do projeto hidrossanitário, sendo o projetista de instalações o responsável por atender à NBR 5626:2020 e declarar tal atendimento em projeto.

Deve-se atentar para este critério principalmente em edifícios altos, a fim de evitar problemas de excesso de pressão que podem ocasionar ruídos, vibrações, rompimentos de engates flexíveis, danos em equipamentos (válvulas, torneiras e chuveiros), golpe de aríete, panes em equipamentos ligados a rede hidráulica, rachadura (ruptura) nas conexões resultando vazamentos e manutenção constante nas instalações e desconforto ao usuário.

Para esses casos, podem ser utilizadas válvulas redutoras de pressão (VRP), porém sua adoção deve ser feita ainda em fase de projeto, pois adaptações em edifícios já consolidados causam transtornos aos usuários devido às reformas, além de custos financeiros.

REQUISITO – SOLICITAÇÕES DINÂMICAS DOS SISTEMAS HIDROSSANITÁRIOS

Critério – Sobrepressão máxima quando da parada de bombas de recalque

A velocidade do fluído deve ser inferior a 10 m/s. A avaliação compreende uma análise do projeto, sendo o projetista de instalações o responsável por prever velocidade compatível, a qual deve declarar em projeto. Para tal, deve-se especificar tubulações de diâmetros compatíveis com a vazão de recalque, além de uma motobomba de potência adequada.

Este critério não é muito claro, pois refere-se à sobrepressão máxima na parada de bombas de recalque, mas apresenta critério quanto à velocidade do fluído na tubulação, embora esses parâmetros tenham relação.

Entende-se que o principal objetivo é evitar o incômodo causado pelo ruído excessivo. Não existe um parâmetro exato na NBR 5626:2020, mas no item 6.5.11 destaca-se que a localização e disposição das bombas devem evitar transmissão de vibração e ruídos.

SEGURANÇA CONTRA INCÊNDIO

REQUISITO – EVITAR PROPAGAÇÃO DE CHAMAS ENTRE PAVIMENTO

Critério – Evitar propagação de chamas entre pavimento

As prumadas de esgoto sanitário e ventilação, quando aparentes, fixadas em alvenaria ou no interior de *shafts*, devem ser de material não propagante.

A avaliação deste critério se dá por meio de análise de projeto, no qual o projetista deve especificar tubulações de material não propagante, informação que deve ser fornecida pelo fabricante.

De acordo com Nunes (2006), as formulações do PVC rígido são resistentes à ignição e propagação de chamas. A combustão ocorre quando a fonte de calor é aplicada permanentemente no material, porém, quando retirada a fonte de calor, a combustão é interrompida, podendo ser considerado autoextinguível.

Este critério refere-se especificamente aos materiais das tubulações, que não devem propagar chamas. Porém, além disso, deve-se prever elementos que impeçam a propagação do incêndio pelos *shafts*. Essa especificação, que se aplica aos sistemas hidrossanitários, consta da Parte 3, intitulada Requisitos para sistemas de piso, da norma NBR 15575:2021, referente ao sistema de pisos, nos critérios 8.3.3, 8.3.5 e 8.3.9.

O critério 8.3.3 estabelece que as aberturas existentes nos pisos para prumadas elétricas e hidráulicas devem ser providas de selagem corta-fogo (Figura A3.4).

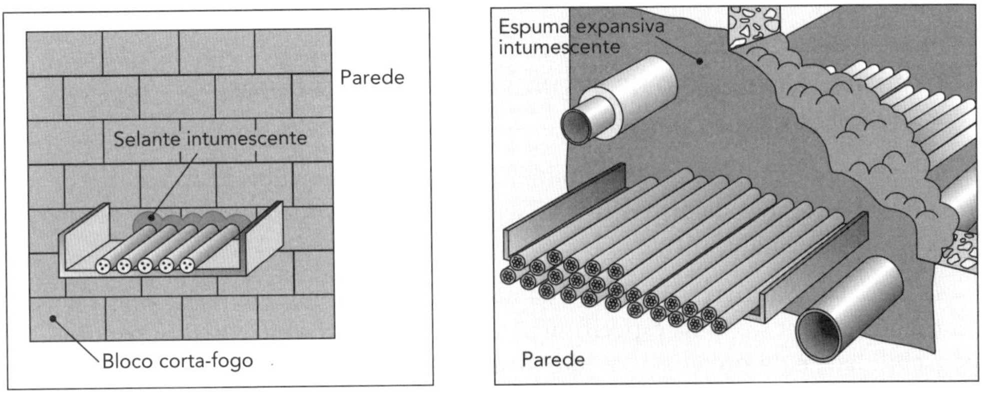

Figura A3.4 Exemplos de selagem corta-fogo em aberturas de paredes e pisos.

Fonte: adaptada de Hilti (2019).

Semelhantemente, o critério 8.3.5 indica que as tubulações de materiais poliméricos com diâmetro superior a 40 mm passantes no piso devem receber selagem capaz de fechar o vazio deixado pelo tubo ao ser consumido pelo fogo. Essa selagem pode ser substituída por prumadas enclausuradas, as quais devem ser dotadas de paredes corta-fogo com resistência ao fogo idêntica à do piso, conforme o critério 8.3.9.

Não há exigência da norma para o projetista de instalações hidrossanitárias quanto às especificações de selagem corta-fogo nessas instalações. Entretanto, é importante que este faça a declaração em projeto, indicando sua necessidade.

SEGURANÇA NO USO E OPERAÇÃO

REQUISITO – RISCO DE CHOQUES ELÉTRICOS E QUEIMADURAS EM SISTEMAS DE EQUIPAMENTOS DE AQUECIMENTO E EM ELETRODOMÉSTICOS OU ELETROELETRÔNICOS

Critério – Corrente de fuga em equipamentos

Os equipamentos elétricos devem atender às prescrições da NBR 12090:2016 e NBR 14016:2015, as quais estabelecem os métodos de ensaio para determinação de corrente de fuga em chuveiros elétricos e aquecedores instantâneos e torneiras elétricas, respectivamente, limitando-se a corrente de fuga para outros aparelhos a 15 mA. Como método de avaliação, indica-se um ensaio conforme essas normas, o qual se entende que deve ser realizado pelo fornecedor, cujo laudo deve ser exigido pelo construtor.

Entretanto, é comum que as construtoras não forneçam os equipamentos, sendo estes de responsabilidade do usuário. Assim, não é definido se essa condição deve ser especificada pelo projetista de instalações hidrossanitárias ou elétricas, mas deve constar no manual de uso, operação e manutenção (manual do usuário).

Critério – Dispositivo de segurança em aquecedores elétricos de acumulação

Os aquecedores elétricos de acumulação devem ser providos de dispositivo de alívio de sobrepressão e de dispositivo de segurança que corte a alimentação de energia em caso de superaquecimento.

O método de avaliação indicado na norma consiste em uma verificação da existência desse dispositivo na especificação do aparelho. Ou seja, entende-se que a responsabilidade é do projetista do hidrossanitário na especificação do aparelho, seja a instalação por parte da construtora ou do proprietário, o qual deverá buscar essas informações junto ao fabricante.

REQUISITO – RISCO DE EXPLOSÃO, QUEIMADURAS OU INTOXICAÇÃO POR GÁS

Critério – Dispositivos de segurança em aquecedores de acumulação a gás

Os aquecedores de acumulação a gás devem ser providos de dispositivo de alívio de sobrepressão e dispositivo de segurança que corte a alimentação do gás em caso de superaquecimento. A avaliação indicada pela norma consiste em duas etapas: verificação da existência desse dispositivo na especificação do aparelho e inspeção na etiqueta do aquecedor.

Entende-se que, na primeira etapa, a responsabilidade é do projetista de instalações hidrossanitárias, que deve especificar um aparelho adequado, cuja comprovação se dá no memorial descritivo dos sistemas. Já na segunda, a responsabilidade é do construtor, que deve comprovar a existência do dispositivo por meio de relatório de inspeção.

Entretanto, muitas vezes as construtoras não fornecem esses equipamentos, que ficam sob responsabilidade do usuário. Assim, é mais coerente considerar o atendimento ao critério mediante a especificação do aparelho pelo projetista.

Nesse sentido, tem-se o exemplo da Instrução Normativa 08 (IN 08) do Corpo de Bombeiros Militar de Santa Catarina (2018), a qual exige a instalação dos aquecedores de acumulação ou passagem a gás de exaustão natural no momento da vistoria de habite-se. Entretanto, em seu art. 71, indica que se os aquecedores forem do tipo de exaustão forçada ou fluxo balanceado, não é obrigatória sua instalação por parte da construtora, mas esta deve fixar placa informativa com recomendações de instalação e especificações do aparelho, como vazão (l/min) e potência (kcal/min). Ademais, em seu art. 72, ainda especifica que, no ato da vistoria, deve ser apresentada cópia do manual do proprietário, contendo as orientações e especificações de instalação dos aquecedores a gás.

REQUISITO – TEMPERATURA DE UTILIZAÇÃO DA ÁGUA

Critério – Temperatura de aquecimento

O sistema de mistura de água fria, regulagem de vazão e outras técnicas deve permitir a regulagem da temperatura da água no ponto de utilização no limite de 50 °C. Para a avaliação, os equipamentos devem atender a essa condição quando ensaiados, conforme NBR 12090:2016, NBR 14011:2015 e NBR 14016:2015, e o projeto deve atender à NBR 5626:2020. Assim, supõe-se que a responsabilidade de ensaiar os aparelhos é do fornecedor e a responsabilidade de atender à NBR 5626:2020 é do projetista do hidrossanitário.

Em relação ao projeto, de acordo com a NBR 5626:2020 - Sistemas prediais de água fia e água quente - Projeto, execução, manutenção e operação, a temperatura da água aquecida deve ser de, no máximo, 70°C a fim de garantir a segurança do usuário. Onde houver possibilidade de a temperatura da água quente ultrapassar 45°C em pontos de utilização de água quente para uso corporal, deve-se empregar recurso de segurança intrínseca com atuação automática para limitar a temperatura a este valor.

Quanto aos ensaios, a NBR 12090:2016 se refere à determinação de corrente de fuga em chuveiros elétricos, enquanto a NBR 14011:2015 e a NBR 14016:2015 referem-se aos requisitos e determinação de corrente de fuga em aquecedores instantâneos e torneiras elétricas. Não são mencionadas normas referentes a outros sistemas de aquecimento, como os aquecedores a gás do tipo passagem e acumulação, ou ainda aquecedores solares. Desse modo, não há clareza quanto aos sistemas contemplados neste critério.

Além disso, há certa subjetividade em relação à temperatura máxima de 50°C, se é no ponto de consumo ou nos próprios equipamentos. No caso de aparelhos elétricos como chuveiros, o ponto de consumo é o próprio aparelho. Já no caso de aquecedores a gás, o aparelho está distante do ponto de consumo e a água perde calor ao longo da tubulação, o que questiona a limitação de temperatura nestes aparelhos. Nesse sentido, a NBR 8130:2004 especifica a temperatura máxima da água de 80°C na saída de aquecedores de passagem a gás, e muitos aquecedores disponíveis no mercado possibilitam a regulagem até 70°C.

DURABILIDADE E MANUTENIBILIDADE

REQUISITO – VIDA ÚTIL DE PROJETO DAS INSTALAÇÕES HIDROSSANITÁRIAS

Critério – Vida útil de projeto

A vida útil de um projeto hidrossanitário é de extrema importância, pois está diretamente relacionada ao desempenho, funcionalidade e durabilidade dos sistemas hidrossanitários ao longo do tempo. A vida útil é o período de tempo estimado em que se espera que os sistemas hidrossanitários continuem operando de forma satisfatória, atendendo às necessidades dos usuários e cumprindo os requisitos exigidos.

As instalações hidrossanitárias devem manter a capacidade funcional durante a vida útil de projeto, considerando intervenções periódicas de manutenção e conservação.

Os valores de VUP estão previstos na Tabela C.5 da Parte 1 da NBR 15575:2021; para o sistema hidrossanitário esse valor é de no mínimo 20 anos para atender ao desempenho mínimo (M), 25 anos para atender ao nível de desempenho intermediário (I) e 30 anos para o nível superior (S). A responsabilidade de especificar a VUP é do projetista, bem como a periodicidade de manutenções e substituições a fim de atingir os valores da VUP. Porém, a decisão da VUP deve ser tomada em conjunto com o construtor.

Destaca-se que, para atender aos valores previstos, é imprescindível o emprego de componentes e materiais de qualidade compatível com a VUP estabelecida, execução de técnicas e métodos que possibilitem a obtenção da VUP, atendimento dos programas de manutenção, atendimento aos cuidados preestabelecidos para o correto uso da edificação e uso conforme as condições previstas no projeto.

Neste critério é estabelecida uma premissa de projeto pela Norma de Desempenho, a qual indica que, em virtude da complexidade e variedade dos componentes do sistema hidrossanitário, considerando ainda que a vida útil também é função da agressividade do meio ambiente e das características intrínsecas dos materiais e dos solos, os componentes podem apresentar vida útil menor do que as estabelecidas para o sistema hidrossanitário como VUP. Assim, no projeto deve constar o prazo de substituição e manutenções periódicas pertinentes. Na Tabela C.6 da Parte 1 da NBR 15575:2021 são apresentados alguns exemplos de VUP dos componentes da edificação a fim de atender aos níveis de desempenho, sendo alguns referentes aos sistemas hidrossanitários.

Este critério é um dos mais difíceis de se cumprir, pois, para determinar a VUP dos sistemas hidrossanitários, o projetista precisa de dados de vida útil de cada componente do sistema, para que possa determinar os prazos de manutenção e substituição. Porém, os fabricantes, em sua maioria, não apresentam esses dados. É necessário que estes realizem testes em seus produtos e passem a disponibilizar claramente essas informações.

Critério – Projeto e execução das instalações hidrossanitárias

A qualidade do projeto e da execução dos sistemas hidrossanitários deve atender às normas brasileiras vigentes. A norma sugere a aplicação da lista de verificações anexa à própria norma, segundo a qual o projetista deve atender de forma objetiva aos conteúdos e produtos gerados em cada fase de projeto, da fase A à fase F.

A responsabilidade do atendimento a esse critério é do projetista, que deve apresentar em projeto a declaração do atendimento às normas vigentes para cada sistema considerado.

O conteúdo da lista de verificações da norma também é apresentado no Manual de Escopo de Projeto e Serviços de Instalações Hidráulicas da ABRASIP (2012), e consiste em uma sequência de atividades, organizadas em fases bem definidas e que permitem determinar cronogramas, medições e outras etapas. O documento fornece orientações para o desenvolvimento do projeto completo, sendo um importante guia para o projetista e o empreendedor e/ou construtor.

Critério – Durabilidade dos sistemas, elementos, componentes e instalações

Os elementos, componentes e instalações dos sistemas hidrossanitários devem possuir durabilidade compatível com a VUP. Isso envolve a seleção de materiais adequados, considerando as condições ambientais e as solicitações a que os sistemas serão submetidos. Além disso, a durabilidade dos sistemas hidrossanitários está relacionada à necessidade de manutenção e substituição de componentes ao longo do tempo. A norma indica que se siga o disposto na seção 14 da Parte 1 da NBR 15575:2021, a qual determina que o projeto deve especificar a VUP para cada sistema. Além disso, o critério 14.2.3 da Parte 1 descreve algumas formas de avaliação da durabilidade dos componentes. Basicamente, estas são:

a) por meio do atendimento às normas relacionadas com a durabilidade, por exemplo a NBR 6118:2014, que trata do projeto de estruturas de concreto armado;

b) pela comprovação da durabilidade dos elementos e sua correta utilização conforme normas associadas a eles e que tratam de sua especificação, aplicação e ensaios, como a NBR 5649:2006, sobre os requisitos de reservatórios de fibrocimento;

c) por meio de normas estrangeiras;

d) por meio de análise de campo de inspeção em protótipos;

e) pela análise dos resultados obtidos em ensaios eficazes.

Quanto à alternativa b, a Norma de Desempenho cita o exemplo da NBR 5649:2006, porém esta não apresenta dados temporais de durabilidade, apenas especifica os critérios para sua correta fabricação e utilização. Sendo assim, não é possível entender como se dá a comprovação da durabilidade por essa norma.

Entretanto, entende-se que é responsabilidade do projetista de instalações especificar em projeto a durabilidade dos componentes, necessitando, para isso, do fornecimento de dados dos fabricantes. Além disso, é importante que o construtor exija do fornecedor o documento que comprove a durabilidade de seu produto, principalmente para componentes mais específicos e de custo elevado, como reservatórios, bombas, válvulas redutoras de pressão etc.

REQUISITO – MANUTENIBILIDADE DAS INSTALAÇÕES HIDRÁULICAS, DE ESGOTO E DE ÁGUAS PLUVIAIS

Critério – Inspeções em tubulações de esgoto e águas pluviais

Devem ser previstos dispositivos de inspeção, como caixas e outras peças de inspeção, nas tubulações de esgoto e de águas pluviais, conforme descrito na NBR 8160:1999 e na NBR 10844:1989, respectivamente. É de responsabilidade do projetista especificar esses dispositivos no projeto hidrossanitário.

De acordo com a NBR 8160:1999, o interior das tubulações, embutidas ou não, deve ser acessível por meio de caixas ou dispositivos de inspeção, destinadas a inspeção, desobstrução, junção, mudança de declividade e/ou tubulações.

Nesse contexto, embora não seja uma exigência, nem prática comum, é recomendável a execução de *shafts* visitáveis, os quais facilitam eventuais reparos.

Critério – Manual de operação, uso e manutenção das instalações hidrossanitárias

O fornecedor do sistema hidrossanitário deve especificar todas as suas condições de uso, operação e manutenção, incluindo o projeto *as built* (como construído). A avaliação desse critério consiste em verificar essas especificações no manual de uso, operação e manutenção, também denominado manual do usuário, cuja responsabilidade de elaboração é do construtor. Porém, é de responsabilidade dos projetistas disporem todas as informações e especificações necessárias para sua elaboração.

A ausência ou insuficiência de especificação das condições de uso, operação e manutenção pode acarretar falhas de manutenção pelo usuário, as quais, por sua vez, podem gerar manifestações patológicas. Nesse sentido, recomenda-se fortemente que o projetista forneça informações mais específicas, por exemplo: procedimento e periodicidade da limpeza de caixas de gordura; procedimento e periodicidade da limpeza de calhas; vazão dos aparelhos instantâneos de aquecimento a gás, a fim de orientar a compra do aparelho; limpeza de caixas sifonadas; reposição de água em caixas sifonadas pouco utilizadas para manter o fecho hídrico.

SAÚDE, HIGIENE E QUALIDADE DO AR

REQUISITO – CONTAMINAÇÃO BIOLÓGICA DA ÁGUA NA INSTALAÇÃO DE ÁGUA POTÁVEL

Critério – Independência do sistema de água

A norma apresenta dois critérios neste item. Primeiramente, indica que o sistema de água potável deve ser separado fisicamente de qualquer outra instalação que conduza água não potável de qualidade insatisfatória, desconhecida ou questionável. Posteriormente, indica que os componentes do sistema não podem transmitir substâncias tóxicas à água por meio de metais pesados, causando dúvidas.

O método de avaliação proposto é a verificação do projeto quanto ao atendimento às normas referentes as tubulações, como as normas de fabricação de PVC, PPR, CPVC, cobre, PEX e registros. Deve-se mencionar em projeto a utilização de componentes e materiais que assegurem essa condição.

Percebe-se que o segundo critério não trata da independência do sistema de água e que os critérios apresentados são distintos, dificultando sua compressão. Quanto à especificação de independência do sistema de água, esta é mencionada na NBR 5626:2020 no item 6.5.1.2, prescrevendo que se deve evitar conexão cruzada de redes distintas.

Conexão cruzada consiste em qualquer meio (ligação física em uma peça, dispositivo ou outro arranjo) que põe em contato a água potável com água de outra qualidade. Tal ligação pode permitir que a água escoe de uma tubulação para a outra, dependendo do diferencial de pressão entre elas.

Critério – Risco de estagnação da água

Os componentes da instalação hidráulica não podem permitir o empoçamento de água ou a estagnação por falta de renovação. A avaliação consiste no atendimento às normas de fabricação e ensaios de tanques, pias de cozinhas e válvulas, de responsabilidade do fornecedor, cujos laudos devem ser exigidos pelo construtor.

Com base no método de avaliação proposto, a norma refere-se ao risco de empoçamento de águas nos aparelhos sanitários. Entretanto, há riscos de estagnação da água no próprio sistema de água potável, como nos reservatórios, cujos formatos em alguns casos podem possibilitar a formação de zonas de estagnação.

A NBR 5626:2020 estabelece no item 6.5.6.6 que o formato do reservatório e a disposição das tubulações de entrada e saída devem evitar o risco de zonas de estagnação dentro do reservatório. Além disso, no caso de a reserva técnica de incêndio ser armazenada junto ao volume de consumo, deve-se assegurar a recirculação total da água armazenada.

Este critério baseia-se no princípio da contaminação biológica da água potável. É importante considerar que a estagnação de água nas instalações de esgoto e águas pluviais também pode apresentar riscos, como no caso de caixas sifonadas instaladas em locais de uso não frequente, situação em que a falta de renovação da água é propícia para o surgimento de focos de mosquitos da dengue, devendo-se adotar soluções para sua renovação, ou recomendar ao usuário a aplicação de telas protetoras e a renovação da água.

REQUISITO – CONTAMINAÇÃO DA ÁGUA POTÁVEL DO SISTEMA PREDIAL

Critério – Tubulações e componentes de água potável enterrados

As tubulações e componentes de água potável enterrados devem ser projetados e instalados de forma a prevenir a contaminação da água. A contaminação da água potável pode representar riscos à saúde dos usuários e comprometer a qualidade do abastecimento. Os componentes do sistema enterrados devem ser protegidos contra entrada de animais ou corpos estranhos e líquidos que possam contaminar a água potável. Para tal, o projetista deve atender a todos os critérios de projeto descritos na NBR 5626:2020 e NBR 8160:1999. Conforme item 6.15 da NBR 5626:2020, as tubulações não podem ficar alojadas em locais que podem comprometer a qualidade da água, como caixas de inspeção de esgoto, sumidouros, dentre outros. O item 6.5.3.2 enfatiza que deve haver afastamento do alimentador predial em relação a fontes poluidoras.

REQUISITO – CONTAMINAÇÃO POR REFLUXO DE ÁGUA

Critério – Separação atmosférica

Com o objetivo de evitar refluxo da água, deve ser prevista separação atmosférica, podendo ser adotada a separação atmosférica padronizada ou outros dispositivos. A avaliação desse critério consiste na análise do projeto hidrossanitário, o qual deve atender à NBR 5626:2020, sendo portanto de responsabilidade do projetista.

A NBR 5626:2020 define separação atmosférica como separação física, cujo meio é preenchido com ar, entre o ponto de utilização ou suprimento e o nível de transbordamento do reservatório ou aparelho. Ou seja, consiste na distância vertical entre a saída da água da peça de utilização e o nível de transbordamento do aparelho sanitário, ou reservatório.

Essa medida visa proteger o ponto de utilização, preservando a potabilidade da água no interior das tubulações, evitando assim a retrossifonagem, a qual consiste no refluxo de água do reservatório ou aparelho sanitário para o interior da tubulação devido à sua pressão ser inferior à atmosférica.

O refluxo de água servida para dentro das tubulações provoca a contaminação de toda a instalação de água potável. Esse fenômeno costuma ocorrer em aparelhos sanitários que possuem a entrada de água potável abaixo do nível de transbordamento.

A NBR 5626:2020, no item 6.15.2, indica como dispositivo mais efetivo de prevenção ao refluxo a separação atmosférica padronizada (Figura 25.5). No caso de reservatórios, esta consiste na diferença de cota entre a tubulação de alimentação e o nível máximo de água (nível do extravasor), ou seja, a tubulação de alimentação sempre deverá estar acima do extravasor, respeitando a distância "s".

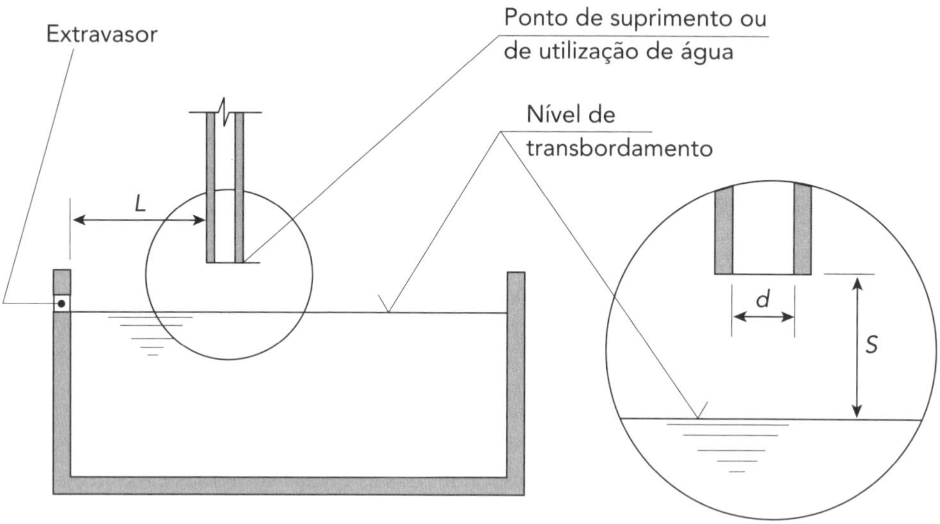

d – Diâmetro interno do ponto de suprimento ou utilização de água

S – Separação atmosférica

L – Distância mínima entre o ponto de suprimento ou de utilização de água e qualquer obstáculo próximo a ele

$L_{mín.} = 3\ d$

Altura mínima da separação atmosférica	
d mm	$S_{mín.}$ mm
d ≤ 14	20
14 < d ≤ 21	25
21 < d ≤ 41	70
41 < d	2 d

Figura A3.5 Separação atmosférica padronizada.

Fonte: NBR 5626:1998 (ABNT).

Em edifícios de múltiplos pavimentos alimentados a partir do reservatório superior, além da separação atmosférica, cada coluna de distribuição deve dispor de meio capaz de admitir ar por ocasião do seu esvaziamento e de expulsar durante o enchimento (veja Figura 1.25a). Em residências unifamiliares a proteção pode ser obtida pela ventilação da rede de distribuição (veja Figura 1.25b).

REQUISITO – AUSÊNCIA DE ODORES PROVENIENTES DA INSTALAÇÃO DE ESGOTO

Critério – Estanqueidade aos gases

O sistema de esgoto sanitário deve ser projetado de forma que não ocorra retrossifonagem ou rompimento do fecho hídrico. Para tanto, o projetista deve atender à NBR 8160:1999, na qual são especificadas as condições de ventilação para a instalação de esgoto, apresentando tal declaração no projeto.

A NBR 8160:1999 estabelece que o subsistema de ventilação pode ser previsto apenas com ventilação primária e, na insuficiência desta, com ventilação primária mais ventilação secundária. A ventilação primária é proporcionada pelo ar que escoa no tubo de queda em porção seca, que é prolongado até a atmosfera, constituindo a tubulação de ventilação primária. A ventilação secundária consiste na adoção de ramais e colunas de ventilação que interligam os ramais de descarga ou de esgoto à ventilação primária, prolongados acima da cobertura.

De acordo com os resultados de pesquisas, o retorno de odores é uma das manifestações patológicas mais recorrentes nos sistemas hidrossanitários. Uma das razões para tal manifestação patológica é o não atendimento a esses critérios de projeto no subsistema de ventilação de esgoto, previstos na NBR 8160:1999.

O fecho hídrico, presente nos desconectores dos aparelhos, consiste em uma lâmina de água de, no mínimo, 5 cm destinada à proteção dos aparelhos contra o retorno de odores e insetos, sendo que são considerados desconectores as caixas sifonadas e os sifões.

O rompimento do fecho hídrico em uma caixa sifonada, por exemplo, pode ocorrer na ausência de instalação inadequada dos ramais de ventilação, conforme indicado na Figura A3.6. A NBR 8160:1999 estabelece a distância mínima de 2 DN entre a saída de um desconector e um tubo ventilador, e distâncias máximas de acordo com o diâmetro do ramal de esgoto.

FUNCIONALIDADE E ACESSIBILIDADE

REQUISITO – FUNCIONAMENTO DAS INSTALAÇÕES DE ÁGUA

Critério – Dimensionamento da instalação de água fria e quente

O sistema predial de água fria e quente deve fornecer água na pressão, vazão e volume compatíveis com o uso, considerando a possibilidade de uso simultâneo. De acordo com a NBR 5626:2020, o método adotado para determinação das vazões de projeto deve ser convenientemente justificado nos elementos descritivos integrantes do projeto.

REQUISITO – FUNCIONAMENTO DAS INSTALAÇÕES DE ESGOTO

Critério – Dimensionamento da instalação de esgoto

O sistema predial de esgoto deve coletar e afastar o esgoto da edificação, em vazões adequadas, sem que haja transbordamento, acúmulo na instalação, contaminação do solo ou retorno a aparelhos não utilizados. Para a avaliação, indica-se uma análise de projeto, no qual o projetista deve atender às normas referentes ao sistema de esgoto: NBR 8160:1999, NBR 7229:1993 e NBR 13969:1997.

Ressalta-se que, apesar de não mencionado diretamente na Norma de Desempenho, o projetista deve atentar para soluções que evitem o retorno de espuma, sendo essa uma manifestação patológica frequente, principalmente em lavanderias.

A NBR 8160:1999, no item 4.2.4.2, indica em edifícios verticais, nos tubos de queda que recebem esgoto com espuma (de pias, tanques, máquinas de lavar, e similares), devem ser adotadas soluções que evitem o retorno de espuma para os ambientes. A norma recomenda algumas soluções, como: uso de dispositivos antiespuma; não efetuar ligações de tubulações de esgoto ou de ventilação nas regiões de sobrepressão (Figura 25.7); e efetuar o desvio do tubo de queda para a horizontal com curvas de 90° de raio longo ou duas curvas de 45°, a fim de atenuar a sobrepressão.

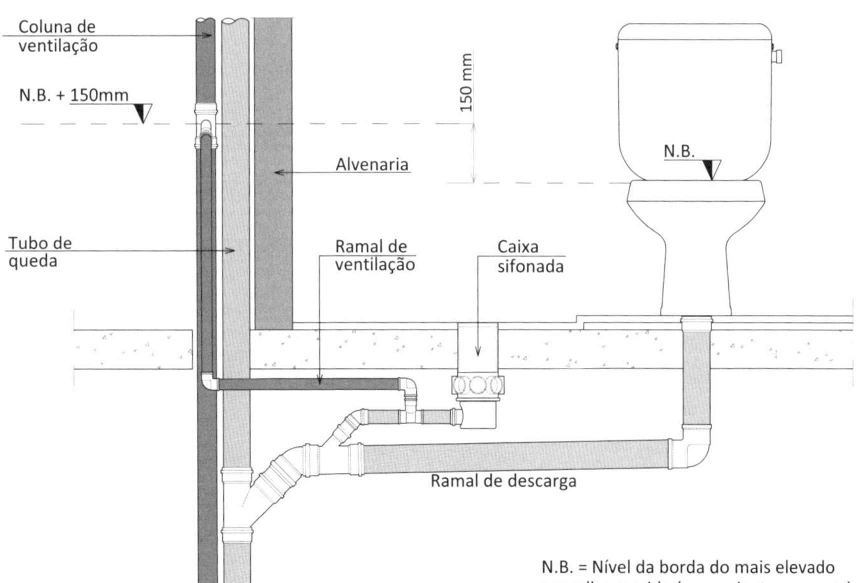

Figura A3.6 Esquema de ligação da ventilação de esgoto.

Fonte: NBR 8160:1999 (ABNT).

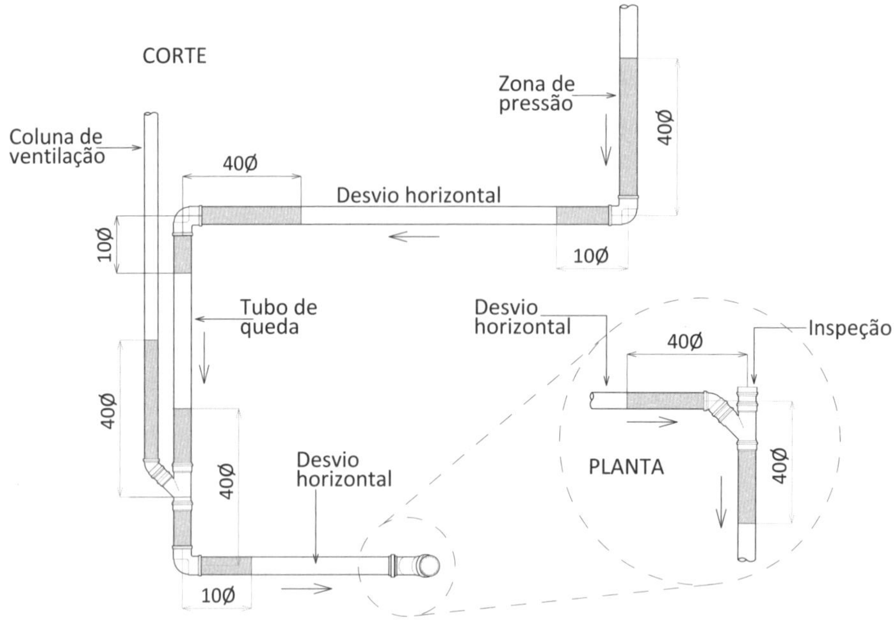

Figura A3.7 Zonas de sobrepressão.

Fonte: NBR 8160:1999 (ABNT).

REQUISITO – FUNCIONAMENTO DAS INSTALAÇÕES DE ÁGUAS PLUVIAIS

Critério – Dimensionamento de calhas e condutores

As calhas e condutores devem suportar vazão de projeto, devendo esta ser calculada a partir da intensidade de chuva adotada para o local, considerando o período de retorno recomendado. A avaliação consiste em uma análise de projeto, no qual o projetista deve atender à NBR 10844:1989.

ADEQUAÇÃO AMBIENTAL

REQUISITO – CONTAMINAÇÃO DO SOLO E DO LENÇOL FREÁTICO

Critério – Tratamento e disposição de efluentes

A rede de esgoto deverá estar ligada à rede pública de esgoto ou a um sistema localizado de tratamento e disposição de efluentes, atendendo à NBR 8160:1999, NBR 7229:1993 e NBR 13969:1997, as quais indicam os critérios de projeto das instalações prediais de esgoto e sistemas de tratamento e disposição. A avaliação consiste em análise de projeto, no qual o projetista deve atender às normas, declarando isso no projeto.

No aspecto de deposição de esgoto, a Parte 1 da NBR 15575:2020 apresenta o critério 18.4.1, denominado "utilização e reúso de água", que não é apresentado na Parte 6, porém refere-se aos sistemas hidrossanitários.

Este critério, além de exigir que as águas servidas sejam encaminhadas à rede pública ou a tratamento adequado, recomenda que as instalações hidrossanitárias minimizem o consumo de água e possibilitem o reúso, medida que reduz o volume de esgoto a ser tratado. Para tanto, a norma estabelece os parâmetros mínimos de qualidade da água nos casos de reúso para fins não potáveis.

GRÁFICA PAYM
Tel. [11] 4392-3344
paym@graficapaym.com.br